21世纪高等学校计算机专业实用规划教材

Java Web 开发实战

◎千锋教育高教产品研发部 / 编著

清华大学出版社
北京

内容简介

本书把提升读者的实战技能作为编写目标，使用通俗易懂的语言、丰富多样的实例，对 Java Web 开发涉及的核心技术进行了详细的讲解。全书共分 17 章，内容包括 JDBC 基础、JDBC 进阶、DBUtils 工具包、XML、Web 开发前奏、HTTP 协议、Servlet 详解、会话跟踪、JSP 详解、EL 表达式、JSTL 标签库、Filter 详解、Listener 详解、文件上传和下载、MVC 设计模式、程序日志工具和人力资源管理系统等。本书避免一味地铺陈理论，以实战带动讲解，让读者快速掌握技术，并能学以致用。书中最后讲解的项目案例，涵盖从前期设计到最终实施的整个过程，对全书知识点进行串联和巩固，使读者融会贯通，进而掌握 Java Web 开发的精髓。

本书由浅入深、循序渐进，适合有 Java 语言基础的学习者学习。通过对本书的学习，读者可以掌握 Java Web 的开发技能，为胜任相关工作岗位打下坚实基础。

本书封面贴有清华大学出版社防伪标签，无标签者不得销售。
版权所有，侵权必究。举报：010-62782989，beiqinquan@tup.tsinghua.edu.cn。

图书在版编目（CIP）数据

Java Web 开发实战 / 千锋教育高教产品研发部编著. —北京：清华大学出版社，2018（2022.3重印）
（21 世纪高等学校计算机专业实用规划教材）
ISBN 978-7-302-51103-8

Ⅰ. ①J… Ⅱ. ①千… Ⅲ. ①JAVA 语言 -程设设计 -高等学校 -教材 Ⅳ. ①TP312.8

中国版本图书馆 CIP 数据核字（2018）第 195623 号

责任编辑：闫红梅　张爱华
封面设计：胡耀文
责任校对：徐俊伟
责任印制：沈　露

出版发行：清华大学出版社
网　　址：http://www.tup.com.cn, http://www.wqbook.com
地　　址：北京清华大学学研大厦 A 座　　邮　编：100084
社 总 机：010-83470000　　邮　购：010-62786544
投稿与读者服务：010-62776969，c-service@tup.tsinghua.edu.cn
质 量 反 馈：010-62772015，zhiliang@tup.tsinghua.edu.cn
课 件 下 载：http://www.tup.com.cn, 010-62795954

印 装 者：北京鑫海金澳胶印有限公司
经　　销：全国新华书店
开　　本：185mm×260mm　　印　张：28.5　　字　数：655 千字
版　　次：2018 年 11 月第 1 版　　印　次：2022 年 3 月第 7 次印刷
印　　数：9001～11000
定　　价：69.00 元

产品编号：078611-02

编委会

主　　任：杜海峰　罗力文　胡耀文
副 主 任：贾嘉树　程　琳
委　　员：（排名不论先后）
　　　　　甘杜芬　李海生　袁怀民
　　　　　孔德凤　徐　娟　武俊生
　　　　　常　娟　王玉清　夏冰冰
　　　　　周雪芹　孙玉梅　杨　忠
　　　　　张　朋　卞秀运

序 preface

北京千锋互联科技有限公司（以下简称"千锋教育"）成立于2011年1月，立足于职业教育培训领域，公司现有教育培训、高校服务、企业服务三大业务板块。教育培训业务分为大学生技能培训和职后技能培训；高校服务业务主要提供校企合作全解决方案与定制服务；企业服务业务主要为企业提供专业化综合服务。公司总部位于北京，目前已在18个城市成立分公司，现有教研讲师团队300余人。公司目前已与国内20 000余家IT相关企业建立人才输送合作关系，每年培养"泛IT"人才近两万人，十年间累计培养10余万"泛IT"人才，累计向互联网输出免费学习视频850套以上，累积播放次数9500万以上。每年有数百万名学员接受千锋教育组织的技术研讨会、技术培训课、网络公开课及免费学科视频等服务。

千锋教育自成立以来一直秉承初心至善、匠心育人的工匠精神，打造学科课程体系和课程内容，高教产品部认真研读国家教育政策，在"三教改革"和公司的战略指导下，集公司优质资源编写高校教材，目前已经出版新一代IT技术教材50余种，积极参与高校的专业共建、课程改革项目，将优质资源输送到高校。

高校服务

"锋云智慧"教辅平台（www.fengyunedu.cn）是千锋教育专为中国高校打造的智慧学习云平台依托千锋先进的教学资源与服务团队，可为高校师生提供全方位教辅服务，助力学科和专业建设。平台包括视频教程、原创教材、教辅平台、精品课、锋云录等专题栏目，为高校输送教材配套的课程视频、教学素材、教学案例、考试系统等教学辅助资源和工具，并为教师提供其他增值服务。

"锋云智慧"服务 QQ 群

读者服务

学 IT 有疑问，就找"千问千知"，这是一个有问必答的 IT 社区，平台上的专业答疑辅导老师承诺在工作时间 3 小时内答复您学习 IT 时遇到的专业问题。读者也可以通过扫描下方的二维码，关注"千问千知"微信公众号，浏览其他学习者分享的问题和收获。

"千问千知"微信公众号

资源获取

本书配套资源可添加小千的 QQ 2133320438 或扫下方二维码索取。

小千的 QQ

前言 Foreword

当今,科学技术与信息技术的快速发展和社会生产力变革对 IT 行业从业者提出了新的需求,从业者不仅要具备专业技术能力,还需要具备业务实践能力和健全的职业素质,复合型技术人才更受企业青睐。高校毕业生求职面临的第一道门槛就是技能与经验,教科书也应紧随新一代信息技术和新职业要求的变化及时更新。

本书倡导快乐学习,实战就业,在语言描述上力求准确、通俗易懂。引入企业项目案例,针对重要知识点,精心挑选案例,将理论与技能深度融合,促进隐性知识与显性知识的转化。案例讲解包含设计思路、运行效果、实现思路、代码实现、技能技巧详解。引入企业项目案例,从动手实践的角度,帮助读者逐步掌握前沿技术,为高质量就业赋能。

在章节编排上循序渐进,在语法阐述中尽量避免使用生硬的术语和枯燥的公式,从项目开发的实际需求入手,将理论知识与实际应用相结合,促进学习和成长,快速积累项目开发经验,从而在职场中拥有较高起点。

本书特点

"Java Web 开发实战"是计算机专业学生必修的一门重要专业拓展选修课。本书内容覆盖全面、讲解详细,帮助读者了解 Java Web 技术发展应用的领域与前景,激发读者的学习兴趣,为进一步学习和应用计算机技术奠定良好的基础。

阅读本书你将学习到以下内容。

第 1 章:本章主要讲解 JDBC 的基本概念及体系结构,相关接口及制作规范和 JDBC 的基本操作。

第 2 章:本章主要讲解 JDBC 的高级用法,主要包括讲解数据库事务,数据库连接池的概念及原理。

第 3 章:本章主要讲解 DBUtils 工具包的概念及常用 API,通过 DBUtils 工具包优化访问数据库时的操作。

第 4 章：本章主要讲解 XML 的基本概念和解析方式，为后续进一步学习 Web 编程奠定基础。

第 5 章：本章主要讲解 Web 的基本概念及核心标准。

第 6 章：本章主要讲解 HTTP 的相关概念及工作机制。

第 7 章：本章主要讲解 Servlet 涉及的相关技术。

第 8 章：本章主要讲解对会话跟踪涉及的相关技术。

第 9 章：本章主要讲解 JSP 的概念、工作原理及生命周期、内置对象。

第 10 章：本章主要讲解 EL 表达式的概念、语法和隐含对象的使用方法。

第 11 章：本章主要讲解 JSTL 标签库的概念及相关用法。

第 12 章：本章主要讲解 Filter 的概念、工作原理、创建及配置方法以及常用的 API 使用方法。

第 13 章：本章主要讲解 Listener 的概念、工作原理、创建及配置方法以及常用的 API 使用方法。

第 14 章：本章主要讲解文件的上传及下载的相关知识。

第 15 章：本章主要讲解 MVC 设计模式的原理，JSP Model 1 和 JSP Model 2 的结构和应用方法。

第 16 章：本章主要讲解日志的机制及相关工具的使用方法。

第 17 章：本章通过一个人力资源管理系统来讲解全书涉及的主要知识点，帮助读者更好地理解 Java Web 的技术精髓。

通过学习本书，读者可以系统性地掌握 Java Web 所涉及的核心技术及在项目开发中的具体应用方法。读者可以从项目的开发背景，需求分析，开发环境，系统预览，数据库的设计与创建，具体开发环境的搭建，分模块编码实现项目等层面全面感受实战案例，掌握通过 Java Web 进行开发的具体方法。

读者服务

学 IT 有疑问，就找"千问千知"，这是一个有问必答的 IT 社区，平台上的专业答疑辅导老师承诺在工作时间 3 小时内答复读者学习 IT 时遇到的专业问题。读者也可以通过扫描"序"中的二维码，关注"千问千知"微信公众号，浏览其他学习者在学习中分享的问题和收获。

还可以登录"锋云智慧"教辅平台 www.fengyunedu.cn 获取免费的教学和学习资源。"锋云智慧"教辅平台是千锋专为高校打造的智慧学习云平台，传承千锋教育多年来在 IT 职业教育领域积累的丰富资源与经验，可为高校师生提供全方位教辅服务，依托千锋先进的教学资源，重构传统的 IT 教学模式。

资源获取

本书配套资源可添加小千 QQ 号 2133320438 索取。

致谢

本书的编写和整理工作由北京千锋互联科技有限公司高教产品研发部完成,千锋教育的 500 多名学员参与了教材的试读工作,他们站在初学者的角度对教材提出了许多宝贵的修改意见,在此表示衷心的感谢。

意见反馈

在本书的编写过程中,虽然力求完美,但难免有一些不足之处,欢迎各界专家和读者朋友们给予宝贵的意见,联系方式:textbook@1000phone.com。

目录

学习Coding知识

获取配套教学资源包

考试系统　在线作业　云课堂
教学PPT　教学设计　……

成就Coding梦想

在线视频：http://www.codingke.com/
配套源码：微信2570726663
　　　　　Q Q 2570726663

学IT有疑问，就找千问千知！

第1章　JDBC 基础……………………1
- 1.1 JDBC 入门…………………………1
  - 1.1.1 持久化……………………1
  - 1.1.2 JDBC 的概念……………2
  - 1.1.3 JDBC 的体系结构………2
  - 1.1.4 JDBC 的常用 API………3
  - 1.1.5 JDBC URL………………6
- 1.2 JDBC 开发…………………………6
  - 1.2.1 JDBC 程序的开发步骤…6
  - 1.2.2 加载并注册数据库驱动…7
  - 1.2.3 获取数据库连接…………7
  - 1.2.4 获取 SQL 语句执行者…8
  - 1.2.5 执行 SQL 语句并操作结果集…8
  - 1.2.6 回收数据库资源…………9
  - 1.2.7 编写一个 JDBC 程序……9
- 1.3 PreparedStatement 对象的使用………11
  - 1.3.1 SQL 注入…………………11
  - 1.3.2 PreparedStatement 与 Statement 对比…………11
  - 1.3.3 使用 PreparedStatement 对象操作数据库…………12
  - 1.3.4 使用 PreparedStatement 对象实现批量处理………14
- 1.4 JDBC 基本操作……………………15
- 1.5 本章小结……………………………25
- 1.6 习题…………………………………26

第 2 章　JDBC 进阶 28

2.1　数据库事务 28
2.1.1　事务的概念 28
2.1.2　事务的 ACID 属性 30
2.1.3　数据库的隔离级别 31
2.1.4　JDBC 事务处理 32

2.2　数据库连接池 35
2.2.1　数据库连接池的必要性 35
2.2.2　数据库连接池 35
2.2.3　工作原理 36
2.2.4　自定义数据库连接池 37

2.3　C3P0 数据库连接池 39
2.3.1　C3P0 数据库连接池介绍 39
2.3.2　C3P0 数据库连接池使用 40

2.4　DBCP 数据库连接池 43
2.4.1　DBCP 数据库连接池介绍 43
2.4.2　DBCP 数据库连接池使用 43

2.5　本章小结 46
2.6　习题 46

第 3 章　DBUtils 工具包 49

3.1　初识 DBUtils 49
3.1.1　DBUtils 简述 49
3.1.2　DBUtils 核心成员 49

3.2　DBUtils 实现 DML 操作 51
3.2.1　创建 QueryRunner 对象 51
3.2.2　DBUtils 实现 DML 操作 51

3.3　DBUtils 实现 DQL 操作 56
3.3.1　JavaBean 56
3.3.2　ArrayHandler 与 ArrayListHandler 58
3.3.3　BeanHandler 与 BeanListHandler 60
3.3.4　MapHandler、MapListHandler 与 KeyedHandler 62
3.3.5　ColumnListHandler 与 ScalarHandler 65

3.4　DBUtils 的高级操作 67
3.4.1　DBUtils 批处理 67
3.4.2　DBUtils 事务管理 68

3.5　DBUtils 实现 Dao 封装 72

3.6	本章小结	78
3.7	习题	78

第 4 章 XML ... 80

- 4.1 初识 XML ... 80
  - 4.1.1 XML 简介 ... 80
  - 4.1.2 XML 与 HTML 的区别 ... 81
  - 4.1.3 XML 的功能 ... 82
  - 4.1.4 XML 在 Java Web 中的应用 ... 82
  - 4.1.5 XML 的编辑工具 ... 83
- 4.2 XML 的语法规范 ... 84
  - 4.2.1 XML 文档的整体结构 ... 84
  - 4.2.2 文档声明 ... 85
  - 4.2.3 XML 元素 ... 85
  - 4.2.4 XML 属性 ... 87
  - 4.2.5 XML 注释 ... 88
  - 4.2.6 转义字符的使用 ... 89
  - 4.2.7 CDATA 区 ... 89
- 4.3 XML 解析 ... 90
  - 4.3.1 DOM 解析简介 ... 90
  - 4.3.2 DOM 解析实例 ... 90
  - 4.3.3 SAX 解析简介 ... 92
  - 4.3.4 SAX 解析实例 ... 93
  - 4.3.5 DOM 与 SAX 的对比 ... 95
  - 4.3.6 DOM4J 简介 ... 95
  - 4.3.7 DOM4J 解析实例 ... 96
  - 4.3.8 XPath 解析简介 ... 97
  - 4.3.9 XPath 解析实例 ... 98
- 4.4 本章小结 ... 99
- 4.5 习题 ... 99

第 5 章 Web 开发前奏 ... 101

- 5.1 Web 基础知识 ... 101
  - 5.1.1 理解 Web ... 101
  - 5.1.2 Web 的三个核心标准 ... 102
  - 5.1.3 C/S 架构和 B/S 架构 ... 103
- 5.2 Tomcat 服务器 ... 104
  - 5.2.1 Tomcat 简介 ... 105

5.2.2 Tomcat 的安装 ··· 105
5.2.3 Tomcat 的启动及关闭 ·· 106
5.2.4 Tomcat 的设置 ··· 108
5.2.5 在 Eclipse 中使用 Tomcat ··································· 109
5.3 Web 应用 ··· 114
5.3.1 Web 应用简介 ·· 114
5.3.2 发布 Web 应用 ··· 114
5.3.3 使用 Eclipse 开发 Web 应用 ································ 116
5.4 本章小结 ·· 120
5.5 习题 ·· 120

第 6 章 HTTP 协议 ··· 122

6.1 HTTP 协议概述 ··· 122
6.1.1 HTTP 协议简介 ·· 122
6.1.2 HTTP 与 TCP/IP ··· 123
6.1.3 HTTP 的版本 ··· 124
6.1.4 HTTP 与 HTTPS ··· 126
6.1.5 HTTP 报文 ·· 127
6.2 HTTP 请求 ·· 129
6.2.1 HTTP 的请求方法 ··· 129
6.2.2 HTTP 请求行 ··· 131
6.2.3 HTTP 请求头 ··· 132
6.3 HTTP 响应 ·· 135
6.3.1 HTTP 响应行 ··· 135
6.3.2 HTTP 响应头 ··· 137
6.4 HTTP 其他消息头 ··· 139
6.4.1 通用消息头 ··· 139
6.4.2 实体消息头 ··· 140
6.5 本章小结 ·· 141
6.6 习题 ·· 142

第 7 章 Servlet 详解 ··· 144

7.1 Servlet 基础 ·· 144
7.1.1 Servlet 简介 ··· 144
7.1.2 Servlet 接口及实现类 ··· 145
7.1.3 Servlet 生命周期 ··· 147
7.2 Servlet 开发 ·· 148
7.2.1 Servlet 的创建 ·· 148

	7.2.2	Servlet 的配置 ·····················	151
	7.2.3	Servlet 的发布及访问 ···············	153
7.3	Servlet 核心 API ····························	154
7.4	ServletConfig 接口 ···························	155
7.5	ServletContext 接口 ··························	157
	7.5.1	获取 Web 应用的初始化信息 ··········	157
	7.5.2	获取 Web 应用的基础信息 ············	159
	7.5.3	作为存取数据的容器 ················	160
	7.5.4	获取 Web 应用的文件信息 ············	161
7.6	HttpServletRequest 接口 ······················	163
	7.6.1	获取请求行信息 ····················	163
	7.6.2	获取请求头信息 ····················	165
	7.6.3	获取请求体信息 ····················	166
	7.6.4	获取请求参数 ······················	168
	7.6.5	作为存取数据的容器 ················	171
	7.6.6	请求转发 ··························	171
7.7	HttpServletResponse 接口 ·····················	173
	7.7.1	设置响应状态 ······················	173
	7.7.2	设置响应头信息 ····················	173
	7.7.3	获取响应体消息 ····················	174
	7.7.4	请求重定向 ························	176
7.8	本章小结 ·································	178
7.9	习题 ·····································	178

第 8 章 会话跟踪 ·································· 180

8.1	会话简介 ·································	180
8.2	Cookie 机制 ······························	181
	8.2.1	Cookie 简介 ·······················| 181
	8.2.2	Cookie 类 ·························| 182
	8.2.3	Cookie 的应用 ·····················| 188
8.3	Session 机制 ·····························	190
	8.3.1	Session 简介 ······················| 190
	8.3.2	Session 类 ························| 191
	8.3.3	Session 的生命周期 ················| 192
	8.3.4	Session 的应用 ····················| 192
	8.3.5	URL 重写技术 ·····················| 196
8.4	本章小结 ·································	199
8.5	习题 ·····································	200

第 9 章　JSP 详解 202

9.1　JSP 概述 202
9.1.1　JSP 简介 202
9.1.2　JSP 工作原理 206
9.1.3　JSP 基本结构 207
9.2　JSP 脚本元素 208
9.2.1　JSP 表达式 208
9.2.2　JSP 脚本片段 209
9.2.3　JSP 声明 210
9.2.4　JSP 注释 211
9.3　JSP 指令元素 214
9.3.1　page 指令 214
9.3.2　include 指令 216
9.3.3　taglib 指令 217
9.4　JSP 动作元素 217
9.4.1　<jsp:include>动作元素 218
9.4.2　<jsp:forward>动作元素 219
9.4.3　<jsp:param>动作元素 220
9.4.4　与 JavaBean 相关的动作元素 223
9.5　JSP 内置对象 225
9.5.1　概述 225
9.5.2　out 对象 226
9.5.3　pageContext 对象 227
9.5.4　exception 对象 229
9.6　本章小结 231
9.7　习题 231

第 10 章　EL 表达式 233

10.1　EL 表达式简介 233
10.2　EL 的语法 236
10.2.1　EL 中的常量 236
10.2.2　EL 中的变量 238
10.2.3　EL 中的操作符 238
10.2.4　EL 中的运算符 241
10.3　EL 的隐含对象 243
10.3.1　概述 243
10.3.2　与 Web 域相关的隐含对象 244

	10.3.3 与请求参数相关的隐含对象	245
	10.3.4 其他隐含对象	247
10.4	EL 的自定义函数	251
10.5	本章小结	253
10.6	习题	253

第 11 章 JSTL 标签库 — 255

11.1	JSTL 概述	255
	11.1.1 JSTL 简介	255
	11.1.2 JSTL 的安装使用	256
11.2	Core 标签库	258
	11.2.1 通用标签	259
	11.2.2 条件标签	265
	11.2.3 迭代标签	268
	11.2.4 URL 相关标签	271
11.3	I18N 标签库	277
	11.3.1 国际化标签	277
	11.3.2 格式化标签	280
11.4	Functions 标签库	283
11.5	本章小结	285
11.6	习题	285

第 12 章 Filter 详解 — 287

12.1	Filter 概述	287
	12.1.1 Filter 简介	287
	12.1.2 Filter 相关 API	288
	12.1.3 Filter 的生命周期	289
12.2	Filter 开发	290
	12.2.1 Filter 的创建	290
	12.2.2 Filter 的配置	293
12.3	Filter 的链式调用	297
12.4	Filter 的应用	300
	12.4.1 使用 Filter 防止盗链	301
	12.4.2 使用 Filter 过滤敏感词	303
	12.4.3 使用 Filter 实现字符编码	306
12.5	本章小结	309
12.6	习题	309

第 13 章　Listener 详解 ... 311

- 13.1　Listener 简介 ... 311
- 13.2　Listener 开发 ... 312
- 13.3　Listener 的 API ... 316
  - 13.3.1　与 ServletContext 对象相关的接口 ... 316
  - 13.3.2　与 HttpSession 对象相关的接口 ... 319
  - 13.3.3　与 ServletRequest 对象相关的接口 ... 328
- 13.4　Listener 的应用 ... 332
- 13.5　本章小结 ... 337
- 13.6　习题 ... 338

第 14 章　文件上传和下载 ... 339

- 14.1　文件上传简介 ... 339
- 14.2　文件上传的实现 ... 340
  - 14.2.1　Commons FileUpload 组件的核心 API ... 340
  - 14.2.2　Commons FileUpload 组件的下载 ... 342
  - 14.2.3　实现单个文件上传 ... 345
  - 14.2.4　实现多文件批量上传 ... 348
  - 14.2.5　限制上传文件的类型和大小 ... 350
- 14.3　文件下载简介 ... 354
- 14.4　文件下载的实现 ... 355
- 14.5　本章小结 ... 357
- 14.6　习题 ... 357

第 15 章　MVC 设计模式 ... 359

- 15.1　MVC 设计模式简介 ... 359
- 15.2　JSP 开发模式 ... 360
  - 15.2.1　JSP Model 1 模式 ... 361
  - 15.2.2　JSP Model 1 模式的应用 ... 362
  - 15.2.3　JSP Model 2 模式 ... 367
  - 15.2.4　JSP Model 2 模式的应用 ... 368
- 15.3　本章小结 ... 371
- 15.4　习题 ... 372

第 16 章　程序日志工具 ... 374

- 16.1　日志机制简介 ... 374
- 16.2　Log4j 基础 ... 375

		16.2.1	Log4j 简介	375

- 16.2.1 Log4j 简介 375
- 16.2.2 Logger 376
- 16.2.3 Appender 376
- 16.2.4 Layout 377
- 16.3 Log4j 应用 378
  - 16.3.1 Log4j 工具的下载 378
  - 16.3.2 Log4j 工具的配置 379
  - 16.3.3 Log4j 工具的使用 380
- 16.4 本章小结 382
- 16.5 习题 382

第 17 章 人力资源管理系统 384

- 17.1 系统概述 384
  - 17.1.1 开发背景 384
  - 17.1.2 需求分析 385
  - 17.1.3 开发环境 385
  - 17.1.4 系统预览 385
- 17.2 数据库设计 387
- 17.3 搭建开发环境 389
- 17.4 通用模块 389
- 17.5 用户模块 393
- 17.6 招聘管理模块 404
- 17.7 培训管理模块 413
- 17.8 薪金管理模块 425
- 17.9 本章小结 434
- 17.10 习题 435

第 1 章 JDBC 基础

本章学习目标
- 了解持久化的概念。
- 理解 JDBC 的基本概念及体系结构。
- 理解 JDBC 的相关接口及规范。
- 掌握 JDBC 的基本操作。

在项目的开发过程中,数据库的支持是必不可少的。为了在 Java 语言中提供对数据库访问的支持,Sun 公司于 1996 年提供了一套访问数据库的标准 API,即 JDBC。之后,主流的数据库提供商均在自己的驱动中实现了 JDBC 提供的接口。通过 JDBC,应用程序可以完成对不同种类的数据库的访问。接下来,本章将对 JDBC 涉及的相关知识进行详细讲解。

1.1 JDBC 入门

1.1.1 持久化

持久化是指将数据存储到可永久保存的存储设备中。持久化的主要应用场景是将内存中的对象存储在数据库、XML 数据文件或其他种类的磁盘文件中。

同时,持久化也是将程序数据在瞬时状态和持久状态之间转换的机制,它的出现是为了弥补计算机内存的缺陷,这可以从以下两个方面进行理解。

- 内存掉电后数据会丢失,但有些数据是无论如何都不能丢失的,如银行账号、交易信息等,这些数据都需要存储到可永久保存的存储设备中。
- 内存过于昂贵,与磁盘、光盘相比,内存的价格要高很多,而且维护成本较高,因此,内存资源是相对稀缺的。在程序的运行过程中,因为内存容量限制,一些数据需要被持久化到外部存储设备中。

持久化有多种实现形式,在 Java 编程中,常见的持久化方式是将程序产生的数据存储到数据库中,而 JDBC 则是实现这一过程的重要工具。

1.1.2 JDBC 的概念

JDBC 是 Java DataBase Connectivity（Java 数据库连接）的简写，它是一套用于执行 SQL 语句的 Java API，由一组用 Java 语言编写的类和接口组成，是 Java 程序访问数据库的标准规范。

通过 JDBC 提供的 API，应用程序可以连接到数据库，并使用 SQL 语句完成对数据库中数据的插入、删除、更新、查询等操作，如图 1.1 所示。有了 JDBC，开发人员无须为访问不同的数据库而编写不同的应用程序，只需要使用 JDBC 编写一个通用程序即可。

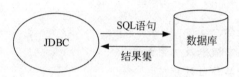

图 1.1　JDBC 访问数据库

应用程序在使用 JDBC 访问特定的数据库时，需要与不同的数据库驱动进行连接。JDBC 提供接口，而驱动是接口的实现，没有驱动将无法完成数据库的连接。每个数据库提供商都需要提供自己的驱动，用来连接本公司的数据库，如图 1.2 所示。

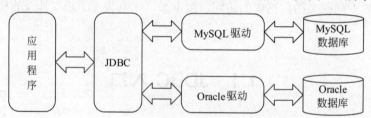

图 1.2　通过数据库驱动实现与数据库的连接

1.1.3 JDBC 的体系结构

JDBC 具有自身独特的体系结构，具体如图 1.3 所示。

从图 1.3 可以看出，JDBC 的体系结构由三层组成，具体如下。
- JDBC API：面向程序，供 Java 程序开发人员使用。
- JDBC Driver Manager：注册数据库驱动，供 Java 程序开发人员使用。
- JDBC Driver API：面向数据库，供数据库厂商使用。

其中，JDBC API 通过 Driver Manager（驱动管理器）实现与数据库的透明连接，提供获取数据库连接、执行 SQL 语句、获得结果等功能。JDBC API 使开发人员获得了标准的、纯 Java 的数据库程序设计接口，在 Java 程序中为访问任意类型的数据库提供支持。JDBC Driver Manager（驱动管理器）为应用程序装载数据库驱动，确保使用正确的驱动来访问每个数据源。JDBC Driver Manager 的一个特色功能是能够支持连接到多个异构数据库的多个并发驱动程序。JDBC Driver API 提供了数据库厂商编写驱动程序时必须实现的接口。

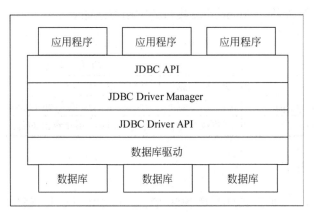

图 1.3　JDBC 的体系结构

JDBC 扩展了 Java 的能力，它让开发人员在开发数据库程序时真正实现"一次编写，处处运行"，例如，企业可以通过 JDBC 程序让使用不同操作系统的员工在互联网上连接到多个全球数据库上，而这些全球数据库可以是不相同的。

1.1.4　JDBC 的常用 API

JDBC 定义了一系列操作数据库的接口和类，这些接口和类位于 java.sql 包中。本节将详细介绍 JDBC 的常用 API。

1. Driver 接口

Driver 接口是所有 JDBC 驱动程序必须要实现的接口，该接口供数据库厂商使用。在编写 JDBC 程序时，必须先装载特定数据库厂商的驱动程序，装载驱动程序通过 java.lang.Class 类中的静态方法 forName() 实现。

2. DriverManager 类

DriverManager 类用于加载 JDBC 驱动并创建与数据库的连接，DriverManager 类的常用方法如表 1.1 所示。

表 1.1　DriverManager 类的常用方法

方 法 名 称	功 能 描 述
registerDriver（Driver driver）	注册数据库的驱动程序
getConnection（String url，String user，String password）	获取数据库连接

3. Connection 接口

Connection 接口表示 Java 程序和数据库的连接，Java 程序和数据库的交互是通过 Connection 接口来完成的。Connection 接口的常用方法如表 1.2 所示。

表 1.2　Connection 接口的常用方法

方 法 名 称	功 能 描 述
createStatement()	创建向数据库发送 SQL 的 Statement 对象
prepareStatement(String sql)	创建向数据库发送预编译 SQL 的 PreparedSatement 对象
prepareCall(String sql)	创建执行存储过程的 CallableStatement 对象

4. Statement 接口

Statement 接口用于向数据库发送 SQL 语句，Statement 接口提供了三种执行 SQL 语句的方法，具体如表 1.3 所示。

表 1.3　Statement 接口的方法

方 法 名 称	功 能 描 述
execute(String sql)	运行语句，返回是否有结果集
executeQuery(String sql)	运行 select 语句，返回 ResultSet 结果集
executeUpdate(String sql)	运行 insert/update/delete 语句，返回更新的行数

5. PreparedStatement 接口

PreparedStatement 接口继承自 Statement 接口，用于执行预编译的 SQL 语句，PreparedStatement 接口提供了一些对数据库进行基本操作的方法，具体如表 1.4 所示。

表 1.4　PreparedStatement 接口的方法

方 法 名 称	功 能 描 述
executeQuery()	运行 select 语句，返回 ResultSet 结果集
executeUpdate()	运行 insert/update/delete 语句，返回更新的行数
addBatch()	把多条 SQL 语句放到一个批处理中
executeBatch()	向数据库发送一批 SQL 语句执行

6. CallableStatement 接口

CallableStatement 接口继承自 PreparedStatement 接口，由 prepareCall() 方法创建，用于调用 SQL 的存储过程。CallableStatement 接口提供了一些对数据库进行基本操作的方法，具体如表 1.5 所示。

表 1.5 CallableStatement 接口的方法

方 法 名 称	功 能 描 述
wasNull()	查询最后一个读取的 OUT 参数是否为 SQL 类型的 Null 值
setNull(String parameterName, int sqlType)	将指定参数设置为 SQL 类型的 NULL
getInt(int parameterIndex)	以 Java 语言中 int 值的形式获取数据库中 Integer 类型参数的值
setString(String parameterName, String x)	将指定参数设置为给定的 Java 类型的 String 值
registerOutParameter(int parameterIndex, int sqlType)	按顺序位置 parameterIndex 将 OUT 参数注册为 SQL 类型

7. ResultSet 接口

ResultSet 接口表示执行 select 查询语句获得的结果集，该结果集采用逻辑表格的形式进行封装。ResultSet 接口中提供了一系列操作结果集的方法，具体如表 1.6 所示。

表 1.6 ResultSet 接口的方法

方 法 名 称	功 能 描 述
getString(int index)、getString(String columnName)	获得在数据库里是 varchar、char 等类型的数据对象
getFloat(int index)、getFloat(String columnName)	获得在数据库里是 Float 类型的数据对象
getDate(int index)、getDate(String columnName)	获得在数据库里是 Date 类型的数据对象
getBoolean(int index)、getBoolean(String columnName)	获得在数据库里是 Boolean 类型的数据对象
getObject(int index)、getObject(String columnName)	向数据库发送一批 SQL 语句执行
next()	移动到下一行
previous()	移动到前一行
absolute(int row)	移动到指定行
beforeFirst()	移动到 resultSet 的最前面
afterLast()	移动到 resultSet 的最后面

ResultSet 对象维护了一个指向表格数据行的指针，指针默认在第一行之前。调用 next()或 previous()等移动指针的方法，可以使指针指向具体的数据行，然后通过调用 getObject()方法获取指定的查询结果。

8. ResultSetMetaData 接口

ResultSetMetaData 接口用于获取关于 ResultSet 对象中列的类型和属性信息的对象。ResultSetMetaData 接口的常用方法如表 1.7 所示。

表 1.7 ResultSetMetaData 接口的常用方法

方 法 名 称	功 能 描 述
getColumCount()	返回所有字段的数目
getColumName(int colum)	根据字段的索引值取得字段的名称
getColumType (int colum)	根据字段的索引值取得字段的类型

1.1.5 JDBC URL

JDBC URL 提供了一种标识数据库的方法，它可以使 JDBC 程序识别指定的数据库并与之建立连接。大家在编写 JDBC 程序时，无须关注 JDBC URL 的形成过程，只需使用与所用的数据库一起提供的 URL 即可。

JDBC URL 的标准语法如图 1.4 所示（以 MySQL 为例）。

图 1.4　JDBC URL 的标准语法

从图 1.4 可以看到，JDBC URL 由协议、子协议、主机:端口、数据库名称、参数等组成。其中，JDBC URL 中的协议总是 JDBC，子协议因数据库厂商的不同而有所差异，在本例中为 MySQL，主机为数据库所在的主机地址，端口为 MySQL 数据库的默认端口号 3306，参数多为连接属性的配置信息，包括数据库的用户名、密码、编码、套接字连接的超时等。JDBC URL 的常用参数如表 1.8 所示。

表 1.8　JDBC URL 的常用参数

参 数 类 型	参 数 名 称
user	数据库用户名，用于连接数据库
password	用户密码，用于连接数据库
useUnicode	是否使用 Unicode 字符集，如果参数 characterEncoding 设置为 gb2312 或 gbk，本参数值必须设置为 true
characterEncoding	当 useUnicode 设置为 true 时，指定字符编码，如可设置为 gb2312、gbk、utf8
autoReconnect	当数据库连接异常中断时，是否自动重新连接
autoReconnectForPools	是否使用针对数据库连接池的重连策略
failOverReadOnly	自动重连成功后，连接是否设置为只读
maxReconnectsautoReconnect	重试连接的次数
initialTimeoutautoReconnect	两次重连之间的时间间隔，单位：秒（s）
connectTimeout	与数据库服务器建立 socket 连接时的超时，单位：毫秒（ms）。0 表示永不超时，适用于 JDK 1.4 及更高版本
socketTimeoutsocket	操作（读写）超时，单位：毫秒（ms）。0 表示永不超时

1.2　JDBC 开发

1.2.1　JDBC 程序的开发步骤

编写一个 JDBC 程序需要完成六个步骤，具体如下。

- 加载并注册数据库驱动（Driver 类）。
- 获取数据库连接（Connection 对象）。
- 获取 SQL 语句执行者（Statement 对象）。
- 执行 SQL 语句。
- 操作结果集（ResultSet 对象）。
- 回收数据库资源。

编写 JDBC 程序的每个步骤都离不开 JDBC 相关 API 的支持，下面将对编写 JDBC 程序的具体步骤进行详细的讲解。

1.2.2 加载并注册数据库驱动

JDBC 定义了驱动接口 java.sql.Driver，MySQL 数据库的驱动包为接口 java.sql.Driver 提供了实现类 com.mysql.jdbc.Driver。在实际的开发过程中，一般采用 Class 类的 forName 方法加载驱动类，具体实现代码如下。

```
Class.forName("com.mysql.jdbc.Driver");
```

加载类时，将执行被加载类的静态代码块，而 com.mysql.jdbc.Driver 类有一个静态代码块，具体如下。

```
static{
    try{
        java.sql.DriverManager.registerDriver(newDriver());
    }catch(SQLExceptione){
        throw new RuntimeException("can't register driver!");
    }
}
```

因此，Driver 类在加载过程中即完成了对驱动的注册。

1.2.3 获取数据库连接

DriverManager 类是驱动管理类，管理一组 JDBC 驱动程序，它通过属性 drivers 存入很多驱动类。当 DriverManager 获取连接的时候，它会把 drivers 里的各个驱动的 URL 和创建连接时传进来的 URL 逐一比较，遇到对应的 URL，则会尝试建立连接。通过 DriverManager 类获取连接（Connection 对象）的具体实现代码如下。

```
Connection conn = DriverManager.getConnection
    (String url, String username, String password);
```

从上述代码片段中可以看出，DriverManager 类的 getConnection()方法共有三个参数，它们分别表示数据库 URL、登录数据库的用户名和密码，如果三者均匹配成功，就可获取数据库连接，为 JDBC 实现对数据库的操作奠定基础。

1.2.4 获取 SQL 语句执行者

Connection 对象提供了三种获取 SQL 语句执行者（Statement 对象）的方法，其中，调用 createStatement()方法获取 Statement 对象，调用 prepareStatement()方法获取 PreparedSatement 对象，调用 prepareCall()方法获取 CallableStatement 对象。以获取 Statement 对象为例，具体实现代码如下。

```
Statement statement = conn.createStatement();
```

如果要获取 PreparedStatement 对象和 CallableStatement 对象，还需传入 String 类型的 SQL 语句作为参数。

1.2.5 执行 SQL 语句并操作结果集

Statement 对象提供了三种方法执行 SQL 语句，其中，execute()方法可以执行任何 SQL 语句；executeUpdate()方法用于执行 DDL 语句和 DML 语句，执行 DDL 语句时，返回值为 0，执行 DML 语句时，返回值为影响的行数；executeQuery()方法用于执行实现查询功能的 SQL 语句，返回值是一个结果集（ResultSet 对象）。

以 executeQuery()方法为例，具体实现代码如下。

```
ResultSet resultSet = statement.executeQuery(sql);
```

结果集（ResultSet 对象）封装了执行查询 SQL 语句后返回的结果，程序可以通过遍历结果集获取每一行的数据。ResultSet 对象具有指向其当前数据行的指针，在最开始的时候指针被置于第一行之前，可调用 ResultSet 接口的 next()方法将指针移动到下一行，在实际应用中常将 ResultSet 接口的 next()方法放在 while()循环中，如果有下一行，则返回 True，遍历继续进行，如果没有下一行，则返回 False，遍历结束。

从结果集中获取数据分为两个步骤：首先调用 next()、previous()、first()、last()等方法移动指针，然后调用 getXxx()方法获取指针指向行的特定列的值。该方法既可以使用列索引作为参数，也可以使用列名称作为参数。使用列索引作为参数的性能更好，使用列名称作为参数的可读性更好，操作结果集的具体实现代码如下。

```
while (rs.next()) {
    Object object = resultSet.getObject(1);
}
```

其中，参数"1"表示获取当前指针指向行的第一列的数据，除此之外，getObject()方法的参数名称也可以是 String 类型的数据表的列名，此时 getObject()方法获取的是该列名对应的数据。

1.2.6 回收数据库资源

为了节省资源，提升性能，包括 Connection、Statement、ResultSet 在内的 JDBC 资源在使用之后要及时关闭。正确关闭的顺序是：先得到的后关闭，后得到的先关闭。回收数据库资源的具体实现代码如下。

```
resultSet.close();
statement.close();
conn.close();
```

1.2.7 编写一个 JDBC 程序

前面讲解了编写 JDBC 程序的具体步骤，接下来通过一个实例来演示 JDBC 程序的具体实现。

（1）在 MySQL 中创建数据库 chapter01 和数据表 student，SQL 语句如下。

```sql
DROP DATABASE IF EXISTS chapter01;
CREATE DATABASE chapter01;
USE chapter01;
CREATE TABLE student(
sid INT PRIMARY KEY AUTO_INCREMENT, #ID
sname VARCHAR(20), #学生姓名
age VARCHAR(20), #学生年龄
course VARCHAR(20) #专业
);
```

（2）向数据表 student 中添加数据，SQL 语句如下。

```sql
INSERT INTO student(sname,age,course) VALUES ('zhangsan','20','Java');
INSERT INTO student(sname,age,course) VALUES ('lisi','21','Java');
INSERT INTO student(sname,age,course) VALUES ('wangwu','22','Java');
INSERT INTO student(sname,age,course) VALUES ('zhaoliu','22','Python');
INSERT INTO student(sname,age,course) VALUES ('sunqi','22','PHP');
INSERT INTO student(sname,age,course) VALUES ('zhangsansan','22','PHP');
```

（3）通过 SQL 语句测试数据是否添加成功，执行结果如下。

```
mysql> SELECT * FROM STUDENT;
+-----+----------+------+--------+
| sid | sname    | age  | course |
+-----+----------+------+--------+
|  1  | zhangsan | 20   | Java   |
|  2  | lisi     | 21   | Java   |
```

```
|   3 | wangwu      |  22 | Java   |
|   4 | zhaoliu     |  22 | Python |
|   5 | sunqi       |  22 | PHP    |
|   6 | zhangsansan |  22 | PHP    |
+-----+-------------+-----+--------+
6 rows in set (0.00 sec)
```

从以上执行结果可以看出，数据添加成功。

（4）在 Eclipse 中新建 Java 工程 chapter01，在工程 chapter01 下新建目录 lib，将 MySQL 数据库中的驱动 jar 包 mysql-connector-java-5.1.37-bin.jar 复制到 lib 目录下，右击 lib 目录下的 mysql-connector-java-5.1.37-bin.jar，在弹出的菜单中选择 Build Path→Add to Build Path 命令，完成 jar 包的导入。在工程 chapter01 的 src 目录下新建 com.qfedu.jdbc 包，在该包下新建类 TestJDBC01，具体代码如例 1.1 所示。

【例 1.1】 TestJDBC01.java

```
1   package com.qfedu.jdbc;
2   import java.sql.Connection;
3   import java.sql.DriverManager;
4   import java.sql.ResultSet;
5   import java.sql.Statement;
6   public class TestJDBC01 {
7       public static void main(String[] args) throws Exception {
8           //加载并注册数据库驱动
9           Class.forName("com.mysql.jdbc.Driver");
10          String url ="jdbc:mysql://localhost:3306/chapter01";
11          String username="root";
12          String password ="root";
13          //获取数据库连接
14          Connection conn
15              =DriverManager.getConnection(url,username,password);
16          Statement statement = conn.createStatement();
17          //获取执行者对象
18          String sql = "select * from student where sname ='zhangsan' ";
19          //执行SQL语句
20          ResultSet resultSet = statement.executeQuery(sql);
21          System.out.println("sid|sname|age|course");
22          //处理结果集
23          while (resultSet.next()) {
24              int sid = resultSet.getInt("sid");
25              String sname = resultSet.getString("sname");
26              String age = resultSet.getString("age");
27              String course = resultSet.getString("course");
28              System.out.println(sid+"|"+sname+"|"+age+"|"+course);
29          }
```

```
30            //关闭资源
31            resultSet.close();
32            statement.close();
33            conn.close();
34        }
35    }
```

执行 TestJDBC01 类，运行结果如图 1.5 所示。

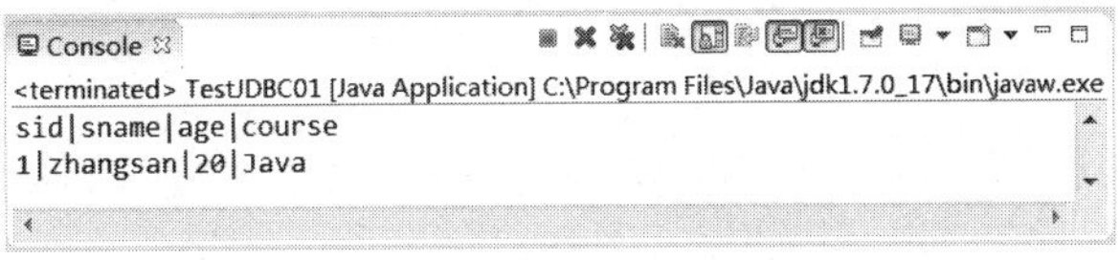

图 1.5　执行 TestJDBC01 类的运行结果

从以上执行结果可以看出，程序查询出数据表 student 中的数据并输出到控制台。

1.3　PreparedStatement 对象的使用

1.3.1　SQL 注入

SQL 注入是比较常见的网络攻击方式，它利用现有程序的漏洞，将恶意的 SQL 命令注入后台数据库，最终达到欺骗服务器并实现攻击者意图的目的。在程序的运行过程中，SQL 注入会造成数据库信息泄露、网页被篡改、网站被挂木马等问题。

接下来，将通过一个简单的实例来说明 SQL 注入发生的过程。如果在某个系统的登录模块中有如下一个验证权限的 SQL 语句。

SELECT * FROM 用户表 WHERE name = 用户输入的用户名 AND password = 用户输入的密码;

正常情况下，用户需要输入正确的登录名和密码才能完成登录。但是，如果用户把输入的密码改为 "12345 or 1=1"，那么真正执行的 SQL 语句会变为：

SELECT * FROM 用户表 WHERE name = 用户输入的用户名 AND password = 12345 OR 1=1;

此时，上述查询已基本失效，无论密码对错，用户均可以成功登录，使得程序存在重大的安全隐患，这就是 SQL 注入的一个具体场景。

前文已经介绍过，Statement 对象可以通过三种方法向数据库发送 SQL 语句，而这三种方法均是通过传递字符串类型的 SQL 语句作为参数来实现的，由此可见，使用 statement 类会存在 SQL 注入的问题。

1.3.2　PreparedStatement 与 Statement 对比

PreparedStatement 是用来执行 SQL 查询语句的 API 之一，主要用于执行参数化的操作。PreparedStatment 对象可以对 SQL 语句进行预编译，这可以有效地避免 SQL 注入引发的问题，同时也提升了代码的可维护性和可读性。

与 Statement 对比，PreparedStatement 具有以下优点。

1. PreparedStatement 能够执行参数化的 SQL 语句

由于 PreparedStatement 能够执行带参数的 SQL 语句，因此开发人员可以通过修改参数来反复调用同一个 SQL 语句，这样可以避免反复书写相同 SQL 语句的烦琐。

参数化的 SQL 语句，具体如下。

```
SELECT sname FROM student WHERE sid= ? ;
```

其中，"？"是参数的占位符，程序可以通过传入不同的 sid 值完成参数化查询。

2. PreparedStatement 比 Statement 效率更高

使用 PreparedStatement 时，数据库系统会对 SQL 语句进行预编译处理，执行计划同样会被缓存起来，这条预编译的 SQL 语句能在将来的查询中重用，这样一来，它比 Statement 对象生成的查询速度更快，性能更好。为了减少数据库的负载，在实际开发中一般使用 PreparedStatement。

3. PreparedStatement 可以防止 SQL 注入攻击

使用 PreparedStatement 的参数化操作可以阻止大部分的 SQL 注入。在使用参数化查询的情况下，数据库系统不会将参数的内容视为 SQL 指令的一部分来处理，而是在数据库完成 SQL 指令的编译后，才套用参数执行。

1.3.3 使用 PreparedStatement 对象操作数据库

PreparedStatement 对象通过 executeUpdate()方法实现对数据库的写入，通过 executeQuery()方法实现对数据库的查询。使用 PreparedStatement 对象操作数据库的步骤与使用 Statement 对象类似，具体如下。

- 加载并注册数据库驱动（Driver 类）。
- 获取数据库连接（Connection 对象）。
- 书写要执行的 SQL 语句，其中，操作的数据用占位符"？"表示。
- 获取 SQL 语句执行者（PreparedStatement 对象）。
- 为 SQL 语句中的参数赋值。
- 执行 SQL 语句。
- 操作结果集（ResultSet 对象）。
- 回收数据库资源。

下面通过一个实例来演示使用 PreparedStatement 对象操作数据库。

在 src 目录下的 com.qfedu.jdbc 的包下新建 TestJDBC02 类，具体代码如例 1.2 所示。

【例 1.2】 TestJDBC02.java

```java
package com.qfedu.jdbc;
import java.sql.Connection;
import java.sql.DriverManager;
import java.sql.PreparedStatement;
import java.sql.ResultSet;
public class TestJDBC02 {
    public static void main(String[] args) throws Exception {
        //加载并注册数据库驱动
        Class.forName("com.mysql.jdbc.Driver");
        String url ="jdbc:mysql://localhost:3306/chapter01";
        String username="root";
        String password ="root";
        //获取数据库连接
        Connection conn
            =DriverManager.getConnection(url,username,password);
        //书写SQL语句
        String sql = "select * from student where sname = ?";
        //获取执行者对象
        PreparedStatement pstat = conn.prepareStatement(sql);
        //设置参数
        pstat.setString(1, "zhangsan");
        //执行SQL语句
        ResultSet resultSet = pstat.executeQuery();
        System.out.println("sid|sname|age|course");
        //处理结果集
        while (resultSet.next()) {
            int sid = resultSet.getInt("sid");
            String sname = resultSet.getString("sname");
            String age = resultSet.getString("age");
            String course = resultSet.getString("course");
            System.out.println(sid+"|"+sname+"|"+age+"|"+course);
        }
        //关闭资源
        resultSet.close();
        pstat.close();
        conn.close();
    }
}
```

执行 TestJDBC02 类，运行结果如图 1.6 所示。

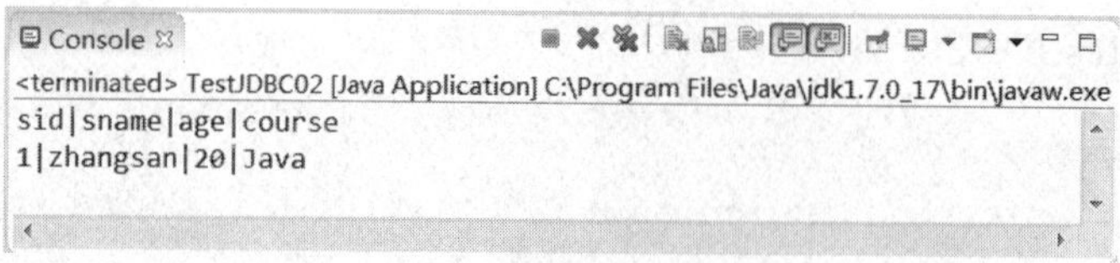

```
Console ☒
<terminated> TestJDBC02 [Java Application] C:\Program Files\Java\jdk1.7.0_17\bin\javaw.exe
sid|sname|age|course
1|zhangsan|20|Java
```

图 1.6　执行 TestJDBC02 类的运行结果

从以上执行结果可以看出，程序查询出数据表 student 中的数据并输出到控制台。

1.3.4　使用 PreparedStatement 对象实现批量处理

在实际的项目开发过程中，有时需要向数据库发送多条语句相同、但参数不同的 SQL 语句，这时需重复写上很多条 SQL 语句，具体如下。

```
INSERT INTO student(sname,age,course) VALUES('name0','22' ,'Java');
INSERT INTO student(sname,age,course) VALUES('name1','22' ,'Java');
INSERT INTO student(sname,age,course) VALUES('name2','22' ,'Java');
```

为了避免重复发送相同的 SQL 语句，提升执行效率，在实际开发过程中常采用 PreparedStatement 对象的批处理机制。下面本书通过一个实例来演示 PreparedStatement 对象的批处理机制。

在 src 目录下的 com.qfedu.jdbc 包下新建类 TestJDBC03，具体代码如例 1.3 所示。

【例 1.3】　TestJDBC03.java

```
1   package com.qfedu.jdbc;
2   import java.sql.Connection;
3   import java.sql.DriverManager;
4   import java.sql.PreparedStatement;
5   public class TestJDBC03 {
6       public static void main(String[] args) throws Exception {
7           //加载并注册数据库驱动
8           Class.forName("com.mysql.jdbc.Driver");
9           String url ="jdbc:mysql://localhost:3306/chapter01";
10          String username="root";
11          String password ="root";
12          //获取数据库连接
13          Connection conn
14              =DriverManager.getConnection(url,username,password);
15          //书写SQL语句
16          String sql = "insert into student (sname,age,course) values
                (?,?,?)";
17          //获取执行者对象
18          PreparedStatement  pstat =conn.prepareStatement(sql);
19          for(int i=0;i<=2;i++){
```

```
20                    //为字段赋值
21                    pstat.setString(1, "name"+i);
22                    pstat.setString(2, "22");
23                    pstat.setString(3, "Java");
24                    //添加进批
25                    pstat.addBatch();
26                    //设置条件：当i对10取余为0时,先执行一次批语句,然后将批清除
27                    if(i%10==0){
28                        pstat.executeBatch();
29                        pstat.clearBatch();
30                    }
31                }
32                //将批中剩余的语句执行完毕
33                pstat.executeBatch();
34                //关闭资源
35                pstat.close();
36                conn.close();
37            }
38        }
```

执行 TestJDBC03 类，向数据表 student 中插入三条数据。通过 SQL 语句测试数据是否添加成功，执行结果如下。

```
mysql> SELECT * FROM STUDENT;
+-----+-------------+------+--------+
| sid | sname       | age  | course |
+-----+-------------+------+--------+
|  1  | zhangsan    |  20  | Java   |
|  2  | lisi        |  21  | Java   |
|  3  | wangwu      |  22  | Java   |
|  4  | zhaoliu     |  22  | Python |
|  5  | sunqi       |  22  | PHP    |
|  6  | zhangsansan |  22  | PHP    |
|  7  | name0       |  22  | Java   |
|  8  | name1       |  22  | Java   |
|  9  | name2       |  22  | Java   |
+-----+-------------+------+--------+
9 rows in set (0.00 sec)
```

从以上执行结果可以看出，程序成功向数据表添加了三条数据。

1.4 JDBC 基本操作

为了帮助大家熟练应用 JDBC 编程，接下来，本节将通过一个综合案例来讲解 JDBC

的基本操作，确保大家能够深刻地理解 JDBC 的增、删、改、查，并能灵活地利用 JDBC 完成对数据库的各项操作。

1. 创建一个 Java 类 Student

在工程 chapter01 下创建 com.qfedu.jdbc.domain 包，并在该包下创建用于保存学生数据的类 Student，具体代码如例 1.4 所示。

【例 1.4】 Student.java

```
1   package com.qfedu.jdbc.domain;
2   public class Student {
3       private int sid;
4       private String sname;
5       private String age;
6       private String course;
7       public Student() {
8           super();
9       }
10      public Student(int sid, String sname, String age, String course) {
11          super();
12          this.sid = sid;
13          this.sname = sname;
14          this.age = age;
15          this.course = course;
16      }
17      public int getSid() {
18          return sid;
19      }
20      public void setSid(int sid) {
21          this.sid = sid;
22      }
23      public String getSname() {
24          return sname;
25      }
26      public void setSname(String sname) {
27          this.sname = sname;
28      }
29      public String getAge() {
30          return age;
31      }
32      public void setAge(String age) {
33          this.age = age;
34      }
35      public String getCourse() {
```

```
36          return course;
37      }
38      public void setCourse(String course) {
39          this.course = course;
40      }
41      @Override
42      public String toString() {
43          return "Student [id="+sid+", sname="+sname+", age="+age
44              + ", course=" + course + "]";
45      }
46  }
```

2. 创建 JDBCUtils 工具类

在开发过程中，每次对数据库的操作都需要注册驱动、获取连接、释放资源等，这样会造成大量的重复代码。为了降低冗余，提升开发效率，一般将 JDBC 的相关操作封装到 JDBC 工具类中。在 src 目录下新建 com.qfedu.jdbc.utils 包，并在该包下创建 JDBCUtils 工具类，具体代码如例 1.5 所示。

【例 1.5】 JDBCUtils.java

```
1   import java.sql.Connection;
2   import java.sql.DriverManager;
3   import java.sql.PreparedStatement;
4   import java.sql.ResultSet;
5   import java.sql.SQLException;
6   public class JDBCUtils {
7       private static String url = "jdbc:mysql://localhost:3306/chapter01";
8       private static String user = "root";
9       private static String pass = "root";
10      private static Connection conn = null;
11      static{
12          try{
13              Class.forName("com.mysql.jdbc.Driver");
14              conn = DriverManager.getConnection(url, user, pass);
15          }catch(Exception ex){
16              ex.printStackTrace();
17              //数据库连接失败,直接停止程序,抛出运行时期异常
18              throw new RuntimeException("数据库连接失败");
19          }
20      }
21      //获取连接
22      public static Connection getConnecton(){
23          return conn;
24      }
```

```
25        //释放资源
26        public static void release(Connection conn,PreparedStatement
27            pstat,ResultSet rs) {
28            if (rs!=null) {
29                try {
30                    rs.close();
31                } catch (SQLException e) {
32                    e.printStackTrace();
33                }
34                rs=null;
35            }
36            release(conn,pstat);
37        }
38        public static void release(Connection conn,PreparedStatement pstat) {
39            if (pstat!=null) {
40                try {
41                    pstat.close();
42                } catch (SQLException e) {
43                    e.printStackTrace();
44                }
45                pstat=null;
46            }
47            if (conn !=null) {
48                try {
49                    conn.close();
50                } catch (SQLException e) {
51                    e.printStackTrace();
52                }
53                conn=null;
54            }
55        }
56    }
```

3. 新建 StudentDao 类

在 src 目录下新建 com.qfedu.jdbc.dao 包，并在该包下新建 StudentDao 类，该类提供对数据库表的增加、修改、删除、查询等操作，具体代码如例1.6 所示。

【例1.6】 StudentDao.java

```
1    package com.qfedu.jdbc.dao;
2    import java.sql.Connection;
3    import java.sql.PreparedStatement;
4    import java.sql.ResultSet;
5    import java.sql.SQLException;
```

```java
6   import java.util.ArrayList;
7   import com.qfedu.jdbc.domain.Student;
8   import com.qfedu.jdbc.utils.JDBCUtils;
9   public class StudentDao {
10      //添加Student
11      public boolean insert(Student student){
12          boolean flag =false ;
13          PreparedStatement pstat = null;
14          Connection conn = JDBCUtils.getConnecton();
15          String sql ="insert into student(sid,sname,age,course)
16              values(?,?,?,?)";
17          try {
18              pstat = conn.prepareStatement(sql);
19              pstat.setInt(1, student.getSid());
20              pstat.setString(2, student.getSname());
21              pstat.setString(3, student.getAge());
22              pstat.setString(4, student.getCourse());
23              int num = pstat.executeUpdate();
24              if (num>0) {
25                  flag =true;
26              }
27          } catch (SQLException e) {
28              e.printStackTrace();
29          }finally {
30              JDBCUtils.release(conn, pstat);
31          }
32          return flag;
33      }
34      //更新Student
35      public boolean update(Student student){
36          boolean flag =false ;
37          PreparedStatement pstat = null;
38          Connection conn = JDBCUtils.getConnecton();
39          String sql ="update student set sname=?,age=?,course=? where
40              sid=? ";
41          try {
42              pstat = conn.prepareStatement(sql);
43              pstat.setInt(4, student.getSid());
44              pstat.setString(1, student.getSname());
45              pstat.setString(2, student.getAge());
46              pstat.setString(3, student.getCourse());
47              int num = pstat.executeUpdate();
48              if (num>0) {
49                  flag =true;
```

```java
50              }
51          } catch (SQLException e) {
52              e.printStackTrace();
53          }finally {
54              JDBCUtils.release(conn, pstat);
55          }
56          return flag;
57      }
58      //删除Student
59      public boolean delete(Student student){
60          boolean flag =false ;
61          PreparedStatement pstat = null;
62          Connection conn = JDBCUtils.getConnecton();
63          String sql ="delete from student where sid=?";
64          try {
65              pstat = conn.prepareStatement(sql);
66              pstat.setInt(1, student.getSid());
67              int num = pstat.executeUpdate();
68              if (num>0) {
69                  flag =true;
70              }
71          } catch (SQLException e) {
72              e.printStackTrace();
73          }finally {
74              JDBCUtils.release(conn, pstat);
75          }
76          return flag;
77      }
78      //查询所有Student
79      public ArrayList<Student> selectAll(){
80          PreparedStatement pstat = null;
81          Connection conn = JDBCUtils.getConnecton();
82          String sql ="select * from student";
83          ArrayList<Student> list = new ArrayList<>();
84          try {
85              pstat = conn.prepareStatement(sql);
86              ResultSet rs = pstat.executeQuery(sql);
87              while (rs.next()) {
88                  Student newStudent = new Student();
89                  newStudent.setSid(rs.getInt("sid"));
90                  newStudent.setSname( rs.getString("sname"));
91                  newStudent.setAge(rs.getString("age"));
92                  newStudent.setCourse(rs.getString("course"));
93                  list.add(newStudent);
```

```
94                      }
95                  } catch (SQLException e) {
96                      e.printStackTrace();
97                  }finally {
98                      JDBCUtils.release(conn, pstat);
99                  }
100                 return list;
101             }
102             //查询单个Student
103             public Student selectOne(Student student){
104                 PreparedStatement pstat = null;
105                 Connection conn = JDBCUtils.getConnecton();
106                 String sql ="select * from student where sid = ? ";
107                 Student newStudent = new Student();
108                 try {
109                     pstat = conn.prepareStatement(sql);
110                     pstat.setInt(1, student.getSid());
111                     ResultSet rs = pstat.executeQuery();
112                     while (rs.next()) {
113                         newStudent.setSid(rs.getInt("sid"));
114                         newStudent.setSname( rs.getString("sname"));
115                         newStudent.setAge(rs.getString("age"));
116                         newStudent.setCourse(rs.getString("course"));
117                     }
118                 } catch (SQLException e) {
119                     e.printStackTrace();
120                 }finally {
121                     JDBCUtils.release(conn, pstat);
122                 }
123                 return newStudent;
124             }
125         }
```

4. 编写测试类 TestInsert

在 src 目录下新建 com.qfedu.jdbc.test 包,并在该包下新建 TestInsert 类,该类用于测试向表中添加数据的操作,具体代码如例 1.7 所示。

【例 1.7】 TestInsert.java

```
1   package com.qfedu.jdbc.test;
2   import com.qfedu.jdbc.dao.StudentDao;
3   import com.qfedu.jdbc.domain.Student;
4   public class TestInsert {
5       public static void main(String[] args) {
```

```
6          StudentDao studentDao = new StudentDao();
7          Student student = new Student();
8          student.setSid(10);
9          student.setSname("sunqi");
10         student.setAge("23");
11         student.setCourse("python");
12         studentDao.insert(student);
13     }
14 }
```

执行 TestInsert 类，向数据表 student 中插入数据，通过 SQL 语句测试数据是否添加成功，执行结果如下。

```
mysql>   SELECT * FROM STUDENT;
+-----+--------------+------+--------+
| sid | sname        | age  | course |
+-----+--------------+------+--------+
|   1 | zhangsan     |   20 | Java   |
|   2 | lisi         |   21 | Java   |
|   3 | wangwu       |   22 | Java   |
|   4 | zhaoliu      |   22 | Python |
|   5 | sunqi        |   22 | PHP    |
|   6 | zhangsansan  |   22 | PHP    |
|   7 | name0        |   22 | Java   |
|   8 | name1        |   22 | Java   |
|   9 | name2        |   22 | Java   |
|  10 | sunqi        |   23 | Python |
+-----+--------------+------+--------+
10 rows in set (0.00 sec)
```

从以上执行结果可以看出，程序成功地向数据表添加了一条数据。

5．编写测试类 TestUpdate

在 src 目录下的 com.qfedu.jdbc.test 包下新建 TestUpdate 类，该类用于测试更新表中数据的操作，具体代码如例 1.8 所示。

【例 1.8】 TestUpdate.java

```
1  package com.qfedu.jdbc.test;
2  import com.qfedu.jdbc.dao.StudentDao;
3  import com.qfedu.jdbc.domain.Student;
4  public class TestUpdate {
5      public static void main(String[] args) {
6          StudentDao studentDao = new StudentDao();
7          Student student = new Student();
8          student.setSid(10);
```

```
9            student.setSname("zhouba");
10           student.setAge("24");
11           student.setCourse("Java");
12           studentDao.update(student);
13       }
14  }
```

执行 TestUpdate 类，更新数据库中 sid 值为 10 的数据信息，通过 SQL 语句测试数据是否更新成功，执行结果如下。

```
mysql> SELECT * FROM STUDENT;
+-----+-------------+------+--------+
| sid | sname       | age  | course |
+-----+-------------+------+--------+
|  1  | zhangsan    | 20   | Java   |
|  2  | lisi        | 21   | Java   |
|  3  | wangwu      | 22   | Java   |
|  4  | zhaoliu     | 22   | Python |
|  5  | sunqi       | 22   | PHP    |
|  6  | zhangsansan | 22   | PHP    |
|  7  | name0       | 22   | Java   |
|  8  | name1       | 22   | Java   |
|  9  | name2       | 22   | Java   |
| 10  | zhouba      | 24   | Java   |
+-----+-------------+------+--------+
10 rows in set (0.00 sec)
```

从以上执行结果可以看出，程序成功地更新了 sid 值为 10 的数据。

6．编写测试类 TestDelete

在 src 目录下的 com.qfedu.jdbc.test 包下新建 TestDelete 类，该类用于测试删除表中数据的操作，具体代码如例 1.9 所示。

【例 1.9】 TestDelete.java

```
1   package com.qfedu.jdbc.test;
2   import com.qfedu.jdbc.dao.StudentDao;
3   import com.qfedu.jdbc.domain.Student;
4   public class TestDelete {
5       public static void main(String[] args) {
6           StudentDao studentDao = new StudentDao();
7           Student student = new Student();
8           student.setSid(10);
9           studentDao.delete(student);
10      }
11  }
```

执行 TestDelete 类，删除数据库中 sid 值为 10 的数据信息，通过 SQL 语句测试数据是否删除成功，执行结果如下。

```
mysql> SELECT * FROM STUDENT;
+-----+-------------+------+--------+
| sid | sname       | age  | course |
+-----+-------------+------+--------+
|  1  | zhangsan    |  20  | Java   |
|  2  | lisi        |  21  | Java   |
|  3  | wangwu      |  22  | Java   |
|  4  | zhaoliu     |  22  | Python |
|  5  | sunqi       |  22  | PHP    |
|  6  | zhangsansan |  22  | PHP    |
|  7  | name0       |  22  | Java   |
|  8  | name1       |  22  | Java   |
|  9  | name2       |  22  | Java   |
+-----+-------------+------+--------+
9 rows in set (0.00 sec)
```

从以上执行结果可以看出，程序成功地删除了 sid 值为 10 的数据。

7. 编写测试类 TestSelectOne

在 src 目录下的 com.qfedu.jdbc.test 包下新建 TestSelectOne 类，该类用于测试查询表中单条数据的操作，具体代码如例 1.10 所示。

【例 1.10】 TestSelectOne.java

```
1   package com.qfedu.jdbc.test;
2   import com.qfedu.jdbc.dao.StudentDao;
3   import com.qfedu.jdbc.domain.Student;
4   public class TestSelectOne {
5       public static void main(String[] args) {
6           StudentDao studentDao = new StudentDao();
7           Student student = new Student();
8           student.setSid(1);
9           Student findStudent = studentDao.selectOne(student);
10          System.out.println(findStudent.toString());
11      }
12  }
```

执行 TestSelectOne 类，程序的运行结果如图 1.7 所示。

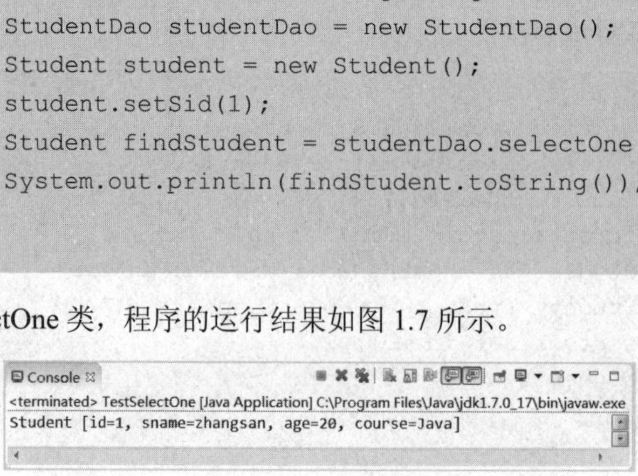

```
Console 
<terminated> TestSelectOne [Java Application] C:\Program Files\Java\jdk1.7.0_17\bin\javaw.exe
Student [id=1, sname=zhangsan, age=20, course=Java]
```

图 1.7 执行 TestSelectOne 类的运行结果

从以上执行结果可以看出，程序成功地查询出 sid 值为 1 的数据并输出到控制台。

8．编写测试类 TestSelectAll

在 src 目录下的 com.qfedu.jdbc.test 包下新建 TestSelectAll 类，该类用于测试查询表中所有数据的操作，具体代码如例 1.11 所示。

【例 1.11】 TestSelectAll.java

```
1   package com.qfedu.jdbc.test;
2   import java.util.ArrayList;
3   import com.qfedu.jdbc.dao.StudentDao;
4   import com.qfedu.jdbc.domain.Student;
5   public class TestSelectAll {
6       public static void main(String[] args) {
7           StudentDao studentDao = new StudentDao();
8           ArrayList<Student> list = studentDao.selectAll();
9           for (Student student : list) {
10              System.out.println(student.toString());
11          }
12      }
13  }
```

执行 TestSelectAll 类，程序的运行结果如图 1.8 所示。

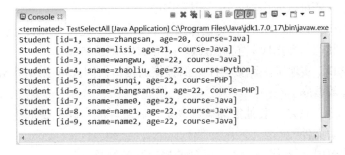

图 1.8　执行 TestSelectAll 类的运行结果

从以上执行结果可以看出，程序成功地查询出表 student 中的所有数据并输出到控制台。

1.5　本章小结

本章主要介绍了 JDBC 的基本知识，包括 JDBC 的概念、体系结构以及核心 API，通过操作案例对知识点进行巩固和串联，通过对本章内容的学习，大家应该了解 JDBC 的概念，掌握 JDBC 的开发流程并可以开发简单的 JDBC 程序。

1.6 习 题

1. 填空题

（1）JDBC API 的含义是 Java 应用程序连接_____的编程接口。
（2）_____接口负责建立与指定数据库的连接。
（3）_____接口的对象用于执行预编译的 SQL 语句，它是 Statement 接口的子接口。
（4）_____接口表示从数据库中返回的结果集。
（5）_____接口用于获取关于 ResultSet 对象中列的类型和属性信息的对象。

2. 选择题

（1）在下列选项中，可以用于调用存储过程或函数的接口是（　　）。
  A．CallableStatement   B．Statement
  C．PreparedStatement   D．Connection

（2）下列有关 JDBC 的选项正确的是（　　）。
  A．JDBC 是一种通用的数据库连接技术，JDBC 技术不仅可以应用在 Java 程序里，还可以应用在 C++应用程序中
  B．JDBC 技术是 SUN 公司设计出来的专门用于连接 Oracle 数据库的技术，连接其他的数据库只能采用微软的 ODBC 解决方案
  C．JDBC 实现了主流数据库厂商提供的接口，因此可以连接 MySQL、Oracle 等数据库
  D．JDBC 只是一套抽象的调用规范，底层程序实际上要依赖于每种数据库的驱动文件

（3）下列选项中，不属于 JDBC 用到的接口和类的是（　　）。
  A．System   B．Statement
  C．Connection   D．ResultSet

（4）Connection 建立 PreparedStatement 对象所调用的方法是（　　）。
  A．createPrepareStatement()   B．prepareStatement()
  C．createPreparedStatement()   D．preparedStatement()

（5）下面的选项中加载 MySQL 驱动正确的是（　　）。
  A．Class.forName("com.mysql.jdbcDriver")
  B．Class.forName("com.mysql.jdbc.Driver")
  C．Class.forName("com.mysql.driver.Driver")
  D．Class.forName("com.mysql.jdbc.MySQLDriver")

3. 思考题

（1）简述 JDBC 的概念及其核心 API。

（2）简述 JDBC 编程的一般步骤。

4. 编程题

通过 JDBC，查询姓名中包含 zhangsan 的所有学生信息，并把信息显示在控制台中，要求使用 PreparedStatement 接口。

第 2 章

JDBC 进阶

本章学习目标
- 理解数据库的事务及其属性。
- 掌握 JDBC 事务处理。
- 理解数据库连接池的概念及原理。
- 掌握两种开源数据库连接池的使用。

在初步学习了 JDBC 编程之后，大家可以熟练地完成对数据库的增删改查等基本操作。接下来，本章将讲解 JDBC 高级的用法，包括事务处理、连接池等，这些技术构成了 Java Web 分层开发中持久层的核心要件，是 Java 程序操作数据库的重要支撑。

2.1 数据库事务

2.1.1 事务的概念

事务，是指数据库中的一个操作序列，它由一条或多条 SQL 命令所组成，这些 SQL 命令不可分割，只有当事务中的所有 SQL 命令被成功执行后，整个事务引发的操作才会被更新到数据库，如果有一条执行失败，所有操作都将会被取消。

下面通过一个生活实例来讲解数据库的事务。现在很多商店都提供扫码支付功能，假如李磊购物之后需向商家支付 500 元，其购物行为触发的 SQL 语句如下。

```
UPDATE  account  SET money = money-500  WHERE name='lilei';
UPDATE  account  SET money = money+500  WHERE name='shop';
```

这两条 SQL 命令属于同一个操作序列，只有全部被成功执行时，整个事务才会被更新到数据库，否则，全部 SQL 命令都要被取消。这就避免了李磊账户少 500 元而商家账户金额不变的情况。

各大数据库厂商均提供了对事务的支持，接下来以 MySQL 为例讲解数据库中事务的管理。

MySQL 数据库共有两种方式来管理事务。

1. 自动提交事务

在默认状态下，MySQL 自动提交事务，即每执行一条 SQL 语句就提交一次事务。这可以通过 MySQL 的全局变量 autocommit 进行查看，SQL 语句如下。

```
SHOW VARIABLES LIKE '%commit%';
```

通过 SQL 语句查看当前数据库的事务状态，执行结果如下。

```
mysql> SHOW VARIABLES LIKE '%commit%';
+--------------------------------+-------+
| Variable_name                  | Value |
+--------------------------------+-------+
| autocommit                     | ON    |
| innodb_commit_concurrency      | 0     |
| innodb_flush_log_at_trx_commit | 1     |
+--------------------------------+-------+
3 rows in set (0.00 sec)
```

从以上执行结果可以看出，全局变量 autocommit 的值为 ON，这时，数据库事务是默认提交的。

关闭数据库自动提交事务的功能，SQL 语句如下。

```
SET AUTOCOMMIT = 0;    #0 是 OFF,1 是 ON
```

以上 SQL 语句的执行结果如下。

```
mysql> SET AUTOCOMMIT = 0;
Query OK, 0 rows affected (0.00 sec)
```

再次通过 SQL 语句查看当前数据库的事务状态，执行结果如下。

```
mysql> SHOW VARIABLES LIKE '%commit%';
+--------------------------------+-------+
| Variable_name                  | Value |
+--------------------------------+-------+
| autocommit                     | OFF   |
| innodb_commit_concurrency      | 0     |
| innodb_flush_log_at_trx_commit | 1     |
+--------------------------------+-------+
3 rows in set (0.00 sec)
```

从以上执行结果可以看出，全局变量 autocommit 的值为 OFF，这时，数据库事务是需要手动提交的。

2. 手动提交事务

手动进行事务管理时，首先要开启事务（Start Transaction），再提交（Commit）或回滚（Rollback）事务。提交事务会将整个事务中的操作更新到数据库，回滚事务则会取消整个事务中已执行的所有操作。当手动提交事务时，上文实例中购物支付触发的SQL语句如下。

```
START TRANSACTION;        #开启事务
UPDATE  account  SET money = money-500  WHERE name='lilei';
UPDATE  account  SET money = money+500  WHERE name='shop';
COMMIT;        #提交事务
#或者（提交或回滚二选一）
ROLLBACK   #回滚事务
```

在实际的开发过程中，事务是并发控制的基本单位，将一组操作序列组合为一个要么全部成功要么全部失败的单元，可以简化错误，恢复并使应用程序更加可靠。

2.1.2 事务的 ACID 属性

ACID，是数据库事务正确执行的四个基本要素的缩写，它包含原子性（Atomicity）、一致性（Consistency）、隔离性（Isolation）、持久性（Durability）。一个支持事务的数据库，必需要具有这四种特性，否则在事务管理中无法保证数据的正确性。

1. 原子性

整个事务中的所有操作是不可分割的，要么完全执行，要么完全不执行，不能停滞在中间某个环节。事务的操作序列如果全部成功，就必须完全应用到数据库；如果有一项操作失败，就不能对数据库有任何影响。

2. 一致性

事务完成时，数据必须是一致的，即与事务开始之前，数据存储中的数据处于一致状态，保证数据的无损。以转账为例，假设用户 A 和用户 B 两者的钱加起来一共是 5000，那么不管 A 和 B 之间如何转账，转几次账，事务结束后两个用户的钱相加起来应该还是 5000，这就是事务的一致性。

3. 隔离性

隔离性是指事务与事务之间互相独立、彼此隔离。当多个用户并发访问数据库时，如操作同一张表，数据库为每一个用户开启的事务，不能被其他事务的操作所干扰。对于任意两个并发的事务 T1 和 T2，在事务 T1 看来，T2 要么在 T1 开始之前就已经结束，要么在 T1 结束之后才开始，这样每个事务都感觉不到有其他事务在并发地执行。

关于事务的隔离性，数据库提供了多种隔离级别，稍后会介绍。

4．持久性

持久性是指事务一旦提交，那么对数据库中的数据的改变就是永久性的，即使是数据库系统遇到故障也不会丢失事务处理的效果。如：在银行转账的过程中，转账后账户的数据要能被永远地保存下来。

2.1.3 数据库的隔离级别

对数据库而言，其明显的特征是资源可以被多个用户共享。当相同的数据库资源被多个用户（多个事务）同时访问时，如果没有采取必要的隔离措施，就会导致各种并发问题，破坏数据的完整性。

如果不考虑隔离性，数据库将会存在如下三种并发问题。

1．脏读

一个事务读到了另一个事务尚未提交的更改数据。例如，事务 T1 修改某一数据后，事务 T2 读取同一数据，然后事务 T1 由于某种原因撤销修改，这时 T1 已修改过的数据恢复原值，T2 读到的数据就与数据库中的数据不一致，其读到的数据就为"脏"数据，对该数据的操作也无法被承认。

2．不可重复读

不可重复读是指一个事务读取数据后，另一个事务执行更新操作，使第一个事务无法再现前一次的读取结果。例如，事务 T1 读取 B=100 进行运算，事务 T2 读取同一数据 B，对其进行修改后将 B=200 写回数据库。这时，T1 为了对读取值进行校对重读 B，而 B 已为 200，导致此次读取值与第一次读取值不一致。

3．幻读

幻读是指一个事务读取数据后，另一个事务执行插入操作，使第一个事务无法再现前一次的读取结果。例如，事务 T1 两次统计所有账户的总金额，在这期间，事务 T2 插入了一条新记录，使得两次统计的总金额不一致。

为了解决并发造成的问题，数据库规范定义了四种隔离级别，用于限定事务之间的可见性，不同的事务隔离级别对应的解决数据并发问题的能力是不同的，具体如表 2.1 所示。

表 2.1 数据库的隔离级别

隔 离 级 别	脏　　读	不可重复读	幻　　读
read uncommitted（读未提交）	允许	允许	允许
read committed（读已提交）	不允许	允许	允许
repeatable read（可重复读）	不允许	不允许	允许
serializable（串行化）	不允许	不允许	不允许

- read uncommitted（读未提交）：一个事务读到另一个事务没有提交的数据。
- read committed（读已提交）：一个事务读到另一个事务已经提交的数据。
- repeatable read（可重复读）：在一个事务中读到的数据始终一致，无论其他事务是否提交。
- serializable（串行化）：只能同时执行一个事务，相当于事务中的单线程。

在以上四种隔离级别中，安全性最高的是 serializable（串行化），最低的是 read uncommitted（读未提交），当然安全性能越高，执行效率就越低。像 serializable（串行化）这样的级别，就是以锁表的方式，使其他事务只能在锁外等待，所以平时选用何种隔离级别应该根据实际情况来定。MySQL 数据库默认的隔离级别为 repeatable read（可重复读）。

2.1.4 JDBC 事务处理

在 JDBC 的数据库操作中，Connection 对象为事务管理提供了如下三种方法。
- setAutoCommit(boolean autocommit)：设置是否自动提交事务。
- commit ()：提交事务。
- rollback()：回滚。

默认情况下，JDBC 的事务是自动提交的，一条对数据库的更新表达式代表一项事务。操作成功后，系统将自动调用 commit()来提交，否则将调用 rollback()来回滚。

如果想要手动进行事务管理，需要调用 setAutoCommit(false)来禁止自动提交。在讲解事务的概念时，本书介绍过李磊到商店购物时扫码支付的场景，接下来通过案例对 JDBC 事务处理作详细讲解，具体步骤如下。

1. 创建数据库和表

创建一个名称为 chapter02 的数据库，并在该数据库中创建名为 account 的表，向表中插入若干条数据，具体的 SQL 语句如下。

```
DROP DATABASE IF EXISTS chapter02;
CREATE DATABASE chapter02;
USE chapter02;
CREATE TABLE account(
id INT PRIMARY KEY AUTO_INCREMENT, #ID
aname VARCHAR(20), #姓名
money DOUBLE #余额
);
INSERT INTO account(aname,money) VALUES('lilei',3000);
INSERT INTO account(aname,money) VALUES('shop',20000);
```

上述 SQL 语句运行完毕后，在命令行窗口检查数据库环境是否搭建成功，执行 select 语句，执行结果如下。

```
mysql> SELECT * FROM account;
+----+-------+-------+
| id | aname | money |
+----+-------+-------+
|  1 | lilei |  3000 |
|  2 | shop  | 20000 |
+----+-------+-------+
2 rows in set (0.00 sec)
```

从以上执行结果可以看出，数据插入成功。

2．创建 Java 工程

在 Eclipse 中新建 Java 工程 chapter02，在工程 chapter02 下新建目录 lib，将 MySQL 数据库的驱动 jar 包 mysql-connector-java-5.1.37-bin.jar 复制到 lib 目录下，右击 lib 目录下的 mysql-connector-java-5.1.37-bin.jar，在弹出的菜单中选择 Build Path→Add to Build Path 命令，完成 jar 包的导入。在工程 chapter02 的 src 目录下新建 com.qfedu.chapter02 包，在 com.qfedu.chapter02 包下新建 TestPayment 类，该类用于模拟支付过程，其中，lilei 将支付给 shop 人民币 100 元，具体代码如例 2.1 所示。

【例 2.1】　TestPayment.java

```
1   package com.qfedu.chapter02;
2   import java.sql.Connection;
3   import java.sql.DriverManager;
4   import java.sql.PreparedStatement;
5   import java.sql.SQLException;
6   public class TestPayment {
7       public static void main(String[] args) {
8         Connection conn = null;
9         PreparedStatement pstat1 = null;
10        PreparedStatement pstat2 = null;
11        try {
12            Class.forName("com.mysql.jdbc.Driver");
13            conn=DriverManager.getConnection
14                ("jdbc:mysql://localhost:3306/chapter02","root","root");
15            //关闭事务的自动提交
16            conn.setAutoCommit(false);
17            //lilei的账户减去100元
18            pstat1 = conn.prepareStatement
19                ("UPDATE account SET money = money-100 WHERE aname=?");
20            pstat1.setString(1, "lilei");
21            pstat1.executeUpdate();
22            //shop的账户增加100元
```

```java
23        pstat2 = conn.prepareStatement
24            ("UPDATE account SET money = money+100 WHERE aname=?");
25        pstat2.setString(1, "shop");
26        pstat2.executeUpdate();
27        //提交事务
28        conn.commit();
29        System.out.println("支付完毕");
30    } catch (Exception e) {
31        //如果有异常,回滚事务
32        try {
33            conn.rollback();
34            System.out.println("支付失败");
35        }catch (SQLException e1) {
36            e1.printStackTrace();
37        }
38    }    finally{
39            //释放资源
40         if (pstat1!=null) {
41            try {
42                pstat1.close();
43            } catch (SQLException e) {
44                e.printStackTrace();
45            }
46            pstat1=null;
47        }
48         if (pstat2!=null) {
49            try {
50                pstat2.close();
51            } catch (SQLException e) {
52                e.printStackTrace();
53            }
54            pstat2=null;
55        }
56         if (conn !=null) {
57            try {
58                conn.close();
59            } catch (SQLException e) {
60                e.printStackTrace();
61            }
62            conn=null;
63        }
64     }
65  }
66 }
```

代码运行完毕，再次发送 select 语句，运行结果如下。

```
mysql> SELECT * FROM account;
+----+-------+-------+
| id | aname | money |
+----+-------+-------+
|  1 | lilei |  2900 |
|  2 | shop  | 20100 |
+----+-------+-------+
2 rows in set (0.00 sec)
```

由此可见，JDBC 已将本次事务引发的操作提交到数据库中。

2.2 数据库连接池

2.2.1 数据库连接池的必要性

本书第 1 章已经介绍过，编写 JDBC 程序一般会按照装载数据库驱动、建立数据库连接、执行 SQL 语句、断开数据库连接的步骤进行。

然而在实际的开发过程中，建立连接是一个费时的活动。每一次请求都要建立一次数据库连接，每次向数据库建立连接的时候都要将 Connection 对象加载到内存中，若遇到访问量剧增的情况，势必会造成系统资源和时间的大量消耗，严重的甚至会造成服务器的崩溃。而且，对于每一次的数据库连接，使用完后都得断开，数据库的连接资源不能得到很好的重复利用。如果程序出现异常而未能关闭连接，将会导致数据库系统中的内存泄露，最终导致重启数据库。

从以上分析可以看出，传统的管理数据库连接的方式存在缺陷，为了解决这个问题，在实际开发中通常使用数据库连接池技术。

2.2.2 数据库连接池

数据库连接池，简单地说，就是为数据库连接建立一个"缓冲池"。预先在缓冲池中放入一定数量的连接，当需要建立数据库连接时，只需从"缓冲池"中取出一个，使用完毕之后再放回去即可，具体如图 2.1 所示。

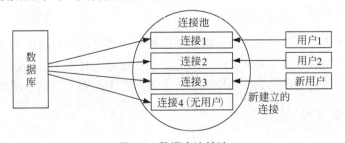

图 2.1 数据库连接池

数据库连接池负责分配、管理和释放数据库连接，它允许应用程序重复使用一个现有的数据库连接，而不是重新建立一个。数据库连接池对连接资源进行管理和调配，共有四个方面的优势。

1．资源重用

由于数据库连接得到重用，避免了频繁创建、释放连接引起的大量的性能开销。在减少系统消耗的基础上，也增进了系统运行环境的平稳性，减少内存碎片以及数据库临时进程/线程的数量。

2．更快的系统响应速度

数据库连接池在初始化过程中，往往已经创建了若干个数据库连接置于池中备用。此时连接的初始化工作均已完成。对于业务请求处理而言，直接利用现有的可用连接，可以避免数据库连接初始化和释放过程的时间开销，从而缩减了系统的整体响应时间。

3．新的资源分配手段

对于多程序共享同一数据库的系统，可在应用层通过数据库连接池配置某一程序能够使用的最大数据库连接数，避免某一程序独占所有数据库资源。

4．统一的连接管理，避免数据库连接泄露

在较为完备的数据库连接池的实现中，可根据预先的连接占用超时设定，强制收回被占用的连接，从而避免了常规数据库在连接操作中可能出现的资源泄露。

2.2.3 工作原理

连接池技术的核心思想是连接的复用，通过建立一个数据库连接池以及一套连接使用、分配、管理策略，使得该连接池中的连接可以得到高效、安全的复用，避免了数据库连接频繁建立、关闭的开销。另外，由于对 JDBC 中的原始连接进行了封装，从而方便了数据库应用对于连接的使用，提高了开发效率。

对连接池的工作原理可以从连接池的建立、连接池的管理、连接池的关闭、连接池的配置四个方面去理解。

1．连接池的建立

一般在系统初始化时，连接池会根据系统的配置建立，并在池中建立若干个连接对象，以便使用时能从连接池中获取。为避免连接随意建立和关闭造成的系统开销，连接池中的连接不能随意创建和关闭。Java 中提供了很多容器类，可以方便地构建连接池。

2．连接池的管理

连接池的管理策略是连接池机制的核心，会对系统性能产生很大的影响。当线程请求数据库连接时，首先查看连接池中是否有空闲连接，如果存在空闲连接，则将连接分配给线程使用。如果没有空闲连接，则查看当前所开的连接数是否已经达到最大连接数，如果没有达到就重新创建一个连接。如果达到，就按设定的最大等待时间进行等待，如果超出最大等待时间，则抛出异常。

当线程释放数据库连接时，先判断该连接的引用次数是否超过了规定值，如果超过了就从连接池中删除该连接，否则就保留该连接以为其他线程服务。该策略保证了数据库连接的有效复用，避免了频繁建立释放连接所带来的系统资源开销。

3．连接池的关闭

当应用程序退出时，关闭连接池中的所有连接，释放连接池中的相关资源，该过程正好与创建相反。

4．连接池的配置

数据库连接池中采用 minConn 和 maxConn 来限制连接的数量。minConn 是应用启动时连接池所创建的连接数，如果过大启动将变慢，但是启动后响应更快；如果过小启动将加快，但是最初使用时会因为连接不足而延缓执行速度，可以通过反复试验来确定饱和点。maxConn 是连接池中的最大连接数，设定连接池的最大连接数来防止系统无尽地与数据库进行连接。

2.2.4 自定义数据库连接池

为了方便大家理解，接下来将演示如何自定义一个简单的连接池。自定义连接池，其基本思想就是新建一个 List 集合来充当连接池，然后在连接池中添加几个连接，当使用连接的时候，从连接池中获取，当不使用时，将连接归还到连接池中。

（1）在 src 目录下的 com.qfedu.chapter02 包下新建 MyConnectionPool 类，该类用于模拟连接池的基本功能，具体代码如例 2.2 所示。

【例 2.2】 MyConnectionPool.java

```
1    package com.qfedu.chapter02;
2    import java.sql.Connection;
3    import java.sql.DriverManager;
4    import java.util.LinkedList;
5    public class MyConnectionPool {
6        private static LinkedList<Connection> myPool =
7                new LinkedList<Connection>();
8        //模拟初始化连接池,在连接池中建立三个连接
9        static{
10           try {
11               for (int i = 0; i < 3; i++) {
12                   //注册驱动
```

```
13              Class.forName("com.mysql.jdbc.Driver");
14              //通过 JDBC 获得连接
15              Connection connection = DriverManager.getConnection
16              ("jdbc:mysql://localhost:3306/chapter02", "root", "root");
17              //将连接加入到连接池中
18              myPool.add(connection);
19          }
20      } catch (Exception e) {
21          e.printStackTrace();
22      }
23  }
24  //获取连接
25  public static Connection getConnection(){
26      return myPool.removeFirst();
27  }
28  //将连接放回连接池
29  public static void releaseConnection(Connection conn){
30      if (conn!=null) {
31          myPool.add(conn);
32      }
33  }
34 }
```

（2）在 src 目录下的 com.qfedu.chapter02 包下新建 TestMyConnectionPool 类，该类用于测试连接池的效果，具体代码如例 2.3 所示。

【例 2.3】 TestMyConnectionPool.java

```
1   package com.qfedu.chapter02;
2   import java.sql.Connection;
3   public class TestMyConnectionPool {
4       public static void main(String[] args) {
5           for (int i = 0; i <5; i++) {
6               try {
7                   //从连接池获得连接
8                   Connection conn = MyConnectionPool.getConnection();
9                   System.out.println(conn);
10                  //将连接放回连接池
11                  MyConnectionPool.releaseConnection(conn);
12              } catch (Exception e) {
13                  e.printStackTrace();
14              }
15          }
16      }
17  }
```

执行 TestMyConnectionPool 类，运行结果如图 2.2 所示。

图 2.2　执行 TestMyConnectionPool 类的运行结果

从以上执行结果可以看出，控制台显示连接池中的 Connection 对象。

以上实例模拟了连接池的实现过程，在实际开发中已有很多性能优良的第三方连接池可供使用，开发者一般只需理解连接池的原理，如果没有特殊要求就无须自行定义连接池。

为了方便地利用数据库连接池进行开发，Java 语言为数据库连接池提供了公共的接口 DataSource，第三方数据库连接池一般都要实现该接口，从而使 Java 程序能够在不同的数据库连接池之间切换。

目前常用的数据库连接池 C3P0 和 DBCP，它们都是实现 DataSource 接口的。接下来，本书将对这两种数据库连接池作重点讲解。

2.3　C3P0 数据库连接池

2.3.1　C3P0 数据库连接池介绍

在目前的开发中，C3P0 是使用较多的开源数据库连接池之一，它性能高效，支持 JDBC 定义的规范，扩展性好，可以和 Hibernate、Spring 等开源框架整合使用，很受开发者欢迎。

C3P0 数据库连接池通过核心类 ComboPooledDataSource 实现 DataSource 接口，该类支撑着整个连接池的主要功能。它提供了充足的方法来实现对数据库连接池的配置和操作，具体如表 2.2 所示。

表 2.2　ComboPooledDataSource 类的方法

方 法 名 称	功 能 描 述
void setDriverClass(String driverClass)	设置连接数据库的驱动
void setJdbcUrl(String jdbcUrl)	设置连接数据库的路径
void setUser(String user)	设置数据库的用户名
void setPassword(String password)	设置数据库的密码
void setMaxPoolSize(int maxPoolSize)	设置数据库连接池的最大连接数
void setMinPoolSize(int minPoolSize)	设置数据库连接池的最小连接数
void setInitialPoolSize(int initialPoolSize)	设置数据库连接池初始化的连接数
void setMaxIdleTime(int maxIdleTime)	设置连接的最大空闲时间
Connection getConnection()	获得连接

2.3.2 C3P0 数据库连接池使用

使用 C3P0 数据库，主要是对其核心类 ComboPooledDataSource 方法的调用，在此之前，首先要获得一个可用的 ComboPooledDataSource 对象。通常情况下，获得该对象的方法有如下两种。

1. 直接创建 ComboPooledDataSource 对象并设置属性

这种实现方式使用 ComboPooledDataSource 类直接创建对象，然后调用方法为其设置属性，最后获取数据库的连接，接下来将通过具体实例对这一过程进行讲解。

（1）将 C3P0 连接池的 jar 包 c3p0-0.9.2-pre5.jar 和 mchange-commons-java-0.2.3.jar 复制到工程 chapter02 的 lib 目录下，右击 lib 目录下的上述 jar 包，在弹出的菜单中选择 Build Path→Add to Build Path，完成 jar 包的导入。

（2）在 src 目录下的 com.qfedu.chapter02 包下新建 TestC3P0_1 类，具体代码如例 2.4 所示。

【例 2.4】 TestC3P0_1.java

```java
1   package com.qfedu.chapter02;
2   import com.mchange.v2.c3p0.ComboPooledDataSource;
3   public class TestC3P0_1 {
4       public static void main(String[] args) throws Exception {
5           //核心类
6           ComboPooledDataSource dataSource = new ComboPooledDataSource();
7           //基本四项设置
8           dataSource.setDriverClass("com.mysql.jdbc.Driver");
9           dataSource.setJdbcUrl("jdbc:mysql://localhost:3306/chapter02");
10          dataSource.setUser("root");
11          dataSource.setPassword("root");
12          //其他设置
13          //初始化连接数为10
14          dataSource.setInitialPoolSize(10);
15          //设置最大连接数为20
16          dataSource.setMaxPoolSize(20);
17          //设置最小连接数为3
18          dataSource.setMinPoolSize(3);
19          //设置每次创建的连接数
20          dataSource.setAcquireIncrement(3);
21          System.out.println(dataSource.getConnection());
22      }
23  }
```

（3）执行 TestC3P0_1 类，运行结果如图 2.3 所示。

图 2.3　执行 TestC3P0_1 类的运行结果

从以上执行结果可以看出，控制台显示出连接池中的 Connection 对象，这就说明，C3P0 数据库连接池成功获得数据库连接对象。

2．通过读取配置文件创建 ComboPooledDataSource 对象

使用这种方式，首先将数据库连接池的配置信息写入 c3p0-config.xml 文件中，然后通过 ComboPooledDataSource 类的构造方法读取配置信息并创建该类对象，最后调用该类对象的方法获取数据库连接。接下来通过具体实例对这一过程进行讲解。

（1）在 src 目录下创建一个 c3p0-config.xml 的配置文件，具体代码如例 2.5 所示。

【例 2.5】　c3p0-config.xml

```xml
1   <?xml version="1.0" encoding="UTF-8"?>
2   <c3p0-config>
3       <!-- 默认配置,如果没有指定则使用这个配置 -->
4       <default-config>
5           <property name="driverClass">com.mysql.jdbc.Driver</property>
6           <property name="jdbcUrl">
7               jdbc:mysql://localhost:3306/chapter02</property>
8           <property name="user">root</property>
9           <property name="password">root</property>
10          <property name="checkoutTimeout">30000</property>
11          <property name="idleConnectionTestPeriod">30</property>
12          <property name="initialPoolSize">10</property>
13          <property name="maxIdleTime">30</property>
14          <property name="maxPoolSize">100</property>
15          <property name="minPoolSize">10</property>
16          <property name="maxStatements">200</property>
17          <user-overrides user="test-user">
18              <property name="maxPoolSize">10</property>
19              <property name="minPoolSize">1</property>
20              <property name="maxStatements">0</property>
21          </user-overrides>
22      </default-config>
23      <!-- 命名的配置,指定时使用 -->
24      <named-config name="qfedu">
25          <property name="driverClass">com.mysql.jdbc.Driver</property>
26          <property name="jdbcUrl">
```

```
27                    jdbc:mysql://localhost:3306/chapter02</property>
28            <property name="user">root</property>
29            <property name="password">root</property>
30            <!-- 如果池中数据连接不够时一次增长多少个 -->
31            <property name="acquireIncrement">5</property>
32            <property name="initialPoolSize">20</property>
33            <property name="minPoolSize">10</property>
34            <property name="maxPoolSize">40</property>
35            <property name="maxStatements">0</property>
36            <property name="maxStatementsPerConnection">5</property>
37        </named-config>
38    </c3p0-config>
```

在 c3p0-config.xml 文件中，<default-config>…</default-config>标签中的内容为默认配置，如果在创建 ComboPooledDataSource 对象时没有指定配置信息，就默认采用该配置。<named-config name="qfedu">…</named-config>标签中的内容为命名配置，如果想要采用该配置，就必须在创建 ComboPooledDataSource 对象时传入<named-config>标签中 name 属性的值。

（2）在 src 目录下的 com.qfedu.chapter02 包下新建 TestC3P0_2 类，该类用于测试 C3P0 数据库连接池的功能，具体代码如例 2.6 所示。

【例 2.6】 TestC3P0_2.java

```
1  package com.qfedu.chapter02;
2  import com.mchange.v2.c3p0.ComboPooledDataSource;
3  public class TestC3P0_2 {
4      public static void main(String[] args) throws Exception {
5          //使用 name 属性值为 qfedu 的配置
6          ComboPooledDataSource dataSource = new
7              ComboPooledDataSource("qfedu");
8          System.out.println(dataSource.getConnection());
9      }
10 }
```

（3）执行 TestC3P0_2 类，运行结果如图 2.4 所示。

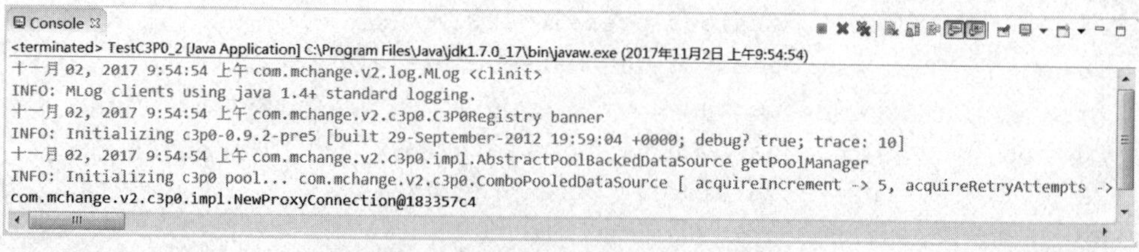

图 2.4 执行 TestC3P0_2 类的运行结果

从以上执行结果可以看出，控制台显示出连接池中的 Connection 对象，这就说明，

C3P0 数据库连接池成功获得数据库连接对象。

2.4 DBCP 数据库连接池

2.4.1 DBCP 数据库连接池介绍

DBCP 是数据库连接池（DataBase Connection Pool）的简称，是由 Apache 组织开发的开源数据库连接池。该连接池既可以与应用服务器整合使用，也可由应用程序独立使用。Tomcat 服务器即内置了该数据库连接池。

DBCP 数据库连接池通过 BasicDataSource 核心类实现 DataSource 接口，与 C3P0 连接池的 CombopooledDataSource 类相同，BasicDataSource 类也提供了一套 API 来完成对连接池对象的配置和操作。BasicDataSource 类提供的方法如表 2.3 所示。

表 2.3 BasicDataSource 类的方法

方法名称	功能描述
void setDriverClassName(String driverClassName)	设置连接数据库的驱动
void setUrl(String url)	设置连接数据库的路径
void setUsername(String username)	设置数据库的用户名
void setPassword(String password)	设置数据库的密码
void setMaxActive(int maxActive)	设置数据库连接池的最大连接数
void setMinIdle(int minIdle)	设置数据库连接池的最小连接数
void setInitialSize(int initialSize)	设置数据库连接池初始化的连接数
Connection getConnection()	获得连接

除了 BasicDataSource 类，DBCP 数据库连接池还提供了 BasicDataSourceFactory 类用于创建 BasicDataSource 对象，它通过调用 createDataSource()方法读取配置文件信息并返回一个连接池对象给调用者，这些与 C3P0 是不同的。

2.4.2 DBCP 数据库连接池使用

当使用 DBCP 数据库连接池时，首先要获取 BasicDataSource 对象。获取 BasicDataSource 对象有两种方法，具体如下。

1. 直接创建 BasicDataSource 并设置属性

这种实现方式采用硬编码方式，直接创建 BasicDataSource 对象后调用方法为其设置属性值，最后获取数据库的连接，接下来将通过具体实例对这一过程进行讲解。

（1）将 DBCP 连接池的 jar 包 commons-dbcp-1.4.jar 和 commons-pool-1.6.jar 复制到工程 chapter02 的 lib 目录下，右击 lib 目录下的上述 jar 包，在弹出的菜单中选择 Build Path→Add to Build Path 命令，完成 jar 包的导入。

（2）在 src 目录下的 com.qfedu.chapter02 包下新建 TestDBCP_1 类，具体代码如例 2.7 所示。

【例 2.7】 TestDBCP_1.java

```
1   package com.qfedu.chapter02;
2   import java.sql.SQLException;
3   import org.apache.commons.dbcp.BasicDataSource;
4   public class TestDBCP_1 {
5       public static void main(String[] args) throws SQLException {
6           BasicDataSource dataSource = new BasicDataSource();
7           //基本四项设置
8           dataSource.setDriverClassName("com.mysql.jdbc.Driver");
9           dataSource.setUrl("jdbc:mysql://localhost:3306/chapter02");
10          dataSource.setUsername("root");
11          dataSource.setPassword("root");
12          //其他设置
13          dataSource.setInitialSize(10);
14          dataSource.setMaxIdle(20);
15          dataSource.setMinIdle(3);
16          dataSource.setMaxActive(15);
17          System.out.println(dataSource.getConnection());
18      }
19  }
```

（3）执行 TestDBCP_1 类，运行结果如图 2.5 所示。

图 2.5　执行 TestDBCP_1 类的运行结果

从以上执行结果可以看出，控制台显示连接池中的 Connection 对象，这就说明，DBCP 数据库连接池成功获得数据库连接对象。

2. 通过读取配置文件创建 BasicDataSource 对象

使用这种方式，首先将数据库连接池的配置信息写入 dbcpconfig.properties 文件中，然后通过 BasicDataSourceFactory 类读取配置信息并创建 BasicDataSource 对象，最后调用该对象的方法获取数据库连接，接下来将通过具体实例对这一过程进行讲解。

（1）首先在 src 根目录下创建 dbcpconfig.properties 文件，具体代码如例 2.8 所示。

【例 2.8】 dbcpconfig.properties

```
1   #连接基本配置
2   driverClassName=com.mysql.jdbc.Driver
```

```
3   url=jdbc:mysql://localhost:3306/chapter02
4   username=root
5   password=root
6   #初始化连接
7   initialSize=10
8   #最大连接数量
9   maxActive=50
10  #最大空闲连接
11  maxIdle=20
12  #最小空闲连接
13  minIdle=5
14  #超时等待时间以毫秒为单位,6000 ms/1000 等于 60 s
15  maxWait=60000
```

（2）在 src 目录下的 com.qfedu.chapter02 包下新建 TestDBCP_2 类，该类用于测试 DBCP 数据库连接池的功能，具体代码如例 2.9 所示。

【例 2.9】 TestDBCP_2.java

```
1   package com.qfedu.chapter02;
2   import java.io.InputStream;
3   import java.sql.SQLException;
4   import java.util.Properties;
5   import javax.sql.DataSource;
6   import org.apache.commons.dbcp.BasicDataSourceFactory;
7   public class TestDBCP_2 {
8       public static void main(String[] args) throws SQLException,
        Exception {
9           //用类加载器的方式加载文件
10          InputStream is =TestDBCP_2.class.getClassLoader()
11              .getResourceAsStream("dbcpconfig.properties");
12          Properties props = new Properties();
13          props.load(is);
14          //使用 BasicDataSourceFactory 调用静态方法,获得 dataSource
15          DataSource dataSource =BasicDataSourceFactory
16              .createDataSource(props);
17          System.out.println(dataSource.getConnection());
18      }
19  }
```

（3）执行 TestDBCP_2 类，运行结果如图 2.6 所示。

```
Console
<terminated> TestDBCP_2 [Java Application] C:\Program Files\Java\jdk1.7.0_17\bin\javaw.exe
jdbc:mysql://localhost:3306/chapter02, UserName=root@localhost,
MySQL Connector Java
```

图 2.6 执行 TestDBCP_2 类的运行结果

从以上执行结果可以看出，控制台显示连接池中的 Connection 对象，这就说明，DBCP 数据库连接池成功获得数据库连接对象。

2.5 本章小结

本章主要介绍了 JDBC 事务处理以及数据库连接池的相关知识，包括事务的概念、属性、JDBC 事务处理，数据库连接池的概述以及工作原理等，最后通过案例对 C3P0 和 DBCP 两种数据库连接池技术进行了详细讲解。通过对本章内容的学习，大家应该掌握 JDBC 处理事务以及通过数据库连接池获取连接的开发流程。

2.6 习题

1．填空题

（1）事务有_____、_____、_____、_____四种属性。
（2）多个事务并发访问数据库，可能会造成_____、_____、_____等问题。
（3）数据库规范定义了_____、_____、_____、_____四种隔离级别。
（4）开发中常用的两个数据库连接池分别为_____、_____。
（5）向数据库提交事务的 SQL 语句是_____。

2．选择题

（1）关于数据库事务，下列说法错误的是（　　）。
　　A．JDBC 事务处理，默认情况下，事务是需要手动提交的
　　B．事务所包含的操作不可分割，要么全部执行，要么全部不执行
　　C．已提交事务使数据库进入一个新的一致状态
　　D．已中止事务对数据库所做的任何改变必须撤销
（2）在 JDBC 事务处理中，能够调用方法对事务进行控制的是（　　）。
　　A．Connection　　　　　　　　　　B．Statement
　　C．ResultSet　　　　　　　　　　　D．DriverManager
（3）数据库连接池一般要实现的通用接口是（　　）。
　　A．DataSource　　　　　　　　　　B．Statement
　　C．ResultSet　　　　　　　　　　　D．PreparedStatement
（4）关于数据库连接池，下列说法错误的是（　　）。
　　A．数据库连接池可以提高并发访问数据库的性能
　　B．客户程序使用连接池访问数据库时，必须从连接池获取连接
　　C．客户程序从连接池获取的连接在使用完之后必须关闭物理连接

D．连接池需要对可用的空闲连接进行维护

（5）下列说法不是数据库连接池优点的是（　　）。

A．资源重用

B．更快的系统响应速度

C．一个连接池可以连接多个数据库

D．统一的连接管理，避免数据库连接泄露

3．思考题

（1）简述 JDBC 事务的处理机制。

（2）简述连接池的工作原理。

4．编程题

假设已给定一个 c3p0-config.xml 文件，且默认配置节点为 qfedu，写出从 C3P0 数据库连接池中获取数据库连接的代码。

c3p0-config.xml

```
1   <?xml version="1.0" encoding="UTF-8"?>
2   <c3p0-config>
3       <default-config>
4           <property name="driverClass">com.mysql.jdbc.Driver</property>
5           <property name="jdbcUrl">
6               jdbc:mysql://localhost:3306/chapter02</property>
7           <property name="user">root</property>
8           <property name="password">root</property>
9           <property name="checkoutTimeout">30000</property>
10          <property name="idleConnectionTestPeriod">30</property>
11          <property name="initialPoolSize">10</property>
12          <property name="maxIdleTime">30</property>
13          <property name="maxPoolSize">100</property>
14          <property name="minPoolSize">10</property>
15          <property name="maxStatements">200</property>
16          <user-overrides user="test-user">
17              <property name="maxPoolSize">10</property>
18              <property name="minPoolSize">1</property>
19              <property name="maxStatements">0</property>
20          </user-overrides>
21      </default-config>
22      <named-config name="qfedu">
23          <property name="driverClass">com.mysql.jdbc.Driver</property>
24          <property name="jdbcUrl">
25              jdbc:mysql://localhost:3306/chapter02</property>
26          <property name="user">root</property>
```

```xml
27          <property name="password">root</property>
28          <property name="acquireIncrement">5</property>
29          <property name="initialPoolSize">20</property>
30          <property name="minPoolSize">10</property>
31          <property name="maxPoolSize">40</property>
32          <property name="maxStatements">0</property>
33          <property name="maxStatementsPerConnection">5</property>
34     </named-config>
35 </c3p0-config>
```

第 3 章

DBUtils 工具包

本章学习目标
- 了解 DBUtils 工具包的概念和常用 API。
- 掌握 DBUtils 工具包的增删改查操作。
- 掌握 DBUtils 工具包的事务处理。

在使用 JDBC 访问数据库时，必然要经过注册驱动、获取连接、访问数据库、处理结果集、释放资源等操作，而这些操作中步骤烦琐、代码冗余，不利于开发效率的提升。为此，Apache 组织提供了 DBUtils 工具包来解决这些问题。

3.1 初识 DBUtils

3.1.1 DBUtils 简述

DBUtils 是一个对 JDBC 进行封装的开源工具类库，由 Apache 组织提供，它能够简化 JDBC 应用程序的开发，降低开发者的工作量。

简单概括，DBUtils 工具包主要有三个作用，具体如下。
- 写操作，对于数据表的增、删、改，只需写 SQL 语句即可。
- 读操作，把结果集转换成 Java 常用集合类，方便对结果集进行处理。
- 优化性能，可以使用数据源、JNDI、数据库连接池等技术来减少代码冗余。

3.1.2 DBUtils 核心成员

由于 DBUtils 是对 JDBC 的封装，所以它的类包是围绕实现 JDBC 的功能来设计的。JDBC 需要多行代码才能实现的功能，DBUtils 只需调用一个工具类即可实现。DBUtils 提供了一系列的 API，具体如图 3.1 所示。

从图 3.1 可以看出，DBUtils 工具包主要有三个核心 API。通过它们，DBUtils 工具包基本覆盖了 JDBC 的所有操作。

1. DBUtils 类

该类主要为装载 JDBC 驱动、关闭资源等常规操作提供方法，它的方法一般是静态的，直接以类名调用。DBUtils 类的常用方法如表 3.1 所示。

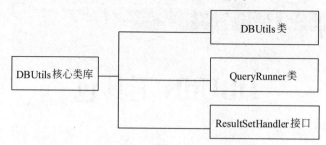

图 3.1　DBUtils 核心类库

表 3.1　DBUtils 类的常用方法

方 法 名 称	功 能 描 述
void close(Connection conn)	当连接不为 NULL 时，关闭连接
void close(Statement stat)	当声明不为 NULL 时，关闭声明
void close(ResultSet rs)	当结果集不为 NULL 时，关闭结果集
void closeQuietly(Connection conn)	当连接不为 NULL 时，关闭连接，并隐藏一些在程序中抛出的 SQL 异常
void closeQuietly(Statement stat)	当声明不为 NULL 时，关闭声明，并隐藏一些在程序中抛出的 SQL 异常
void closeQuietly(ResultSet rs)	当结果集不为 NULL 时，关闭结果集，并隐藏一些在程序中抛出的 SQL 异常
void commitAndCloseQuietly(Connection conn)	提交连接后关闭连接，并隐藏一些在程序中抛出的 SQL 异常
Boolean loadDriver(String driveClassName)	装载并注册 JDBC 驱动程序，如果成功就返回 TRUE

2．QueryRunner 类

该类用于执行 SQL 语句，和 JDBC 中 PreparedStatement 类的功能类似。它封装了执行 SQL 语句的代码，在获取结果集时和接口 ResultSetHandler 配合使用。QueryRunner 类的常用方法如表 3.2 所示。

表 3.2　QueryRunner 类的常用方法

方 法 名 称	功 能 描 述
Object query(Connection conn, String sql, ResultSetHandler rsh, Object[] params)	执行查询操作，需传入 Connection 对象
Object query(String sql, ResultSetHandler rsh, Object[] params)	执行查询操作
Object query(Connection conn, String sql, ResultSetHandler rsh)	用来执行一个不需要置换参数的更新操作
int update(Connection conn, String sql, Object[] params)	用来执行一个更新（插入、更新或删除）操作
int update(Connection conn, String sql)	用来执行一个不需要置换参数的更新操作
int[] batch(Connection conn, String sql, Object[][] params)	批量添加、更改、删除
int[] batch(String sql, Object[][] params)	批量添加、更改、删除

3．ResultSetHandler 接口

该接口主要用于处理查询之后获取的结果。为了应对各种各样的查询场景，DBUtils 提供了十余种该接口的实现类，每个实现类都有自己的独特之处，开发者可根据实际情况调用。ResultSetHandler 接口的实现类如表 3.3 所示。

表 3.3　ResultSetHandler 接口的实现类

类　名　称	功　能　描　述
ArrayHandler	将查询结果的第一行数据保存到 Object 数组中
ArrayListHandler	将查询结果的每一行先封装到 Object 数组中，然后将数据存入到 List 集合中
BeanHandler	将查询结果的第一行数据封装到类对象中
BeanListHandler	将查询结果的每一行封装到 JavaBean 对象中，然后再存入到 List 集合中
ColumnListHandler	将查询结果指定列的数据封装到 List 集合中
MapHandler	将查询结果的第一行数据封装到 map 集合中（key 是列名，value 是列值）
MapListHandler	将查询结果的每一行封装到 map 集合中（key 是列名，value 是列值），再将 map 集合存入 List 集合
BeanMapHandler	将查询结果的每一行数据封装到 User 对象中，再存入到 map 集合中（key 是列名，value 是列值）
KeyedHandler	将查询结果的每一行数据封装到 map1 集合中（key 是列名，value 是列值），然后将 map1 集合（有多个）存入到 map2 集合中（只有一个）
ScalarHandler	封装类似 count、avg、max、min、sum 等函数的执行结果

3.2　DBUtils 实现 DML 操作

3.2.1　创建 QueryRunner 对象

QueryRunner 类是 SQL 语句的执行者，它有两种构造方法。使用不同的构造方法，会对其成员方法的调用产生不同的影响。QueryRunner 类的构造方法如下。

- new QueryRunner(DataSource ds)。
- new QueryRunner()。

第一种是有参构造，需要传入数据源对象作为参数。它的事务是自动控制的，一个 SQL 命令即一个事务。使用此构造方法构建对象，当调用其方法（如 query、update）时，无须考虑 Connection 对象。

第二种是无参构造，可以进行事务的手动管理。使用此构造方法构建对象，当调用其方法（如 query、update）时，需要在参数中传入 Connection 对象。

在不考虑事务管理时，通常采用第一种方法。

3.2.2　DBUtils 实现 DML 操作

DML 操作主要包括添加、删除、修改等，由于不涉及结果集处理，步骤相对简单。

下面将通过案例分别讲解 DBUtils 对数据的添加、删除、修改等操作。

1. 搭建开发环境

创建数据库 chapter03，在数据库中创建数据表 students，具体 SQL 语句如下。

```
DROP DATABASE IF EXISTS chapter03;
CREATE DATABASE chapter03;
USE chapter03;
CREATE TABLE students(
 s_id INT PRIMARY KEY AUTO_INCREMENT, #ID
 s_name VARCHAR(20), #姓名
 s_age INT#年龄
);
```

向表 students 中插入四条数据，具体语句如下。

```
INSERT INTO students(s_name, s_age) VALUES ('lilei',14);
INSERT INTO students(s_name, s_age) VALUES ('hanmeimei',13);
INSERT INTO students(s_name, s_age) VALUES ('tom',13);
INSERT INTO students(s_name, s_age) VALUES ('lucy',12);
```

向 MySQL 数据库发送查询语句，测试数据是否已经添加到数据库，运行结果如下。

```
mysql> SELECT * FROM STUDENTS;
+------+-----------+-------+
| s_id | s_name    | s_age |
+------+-----------+-------+
|    1 | lilei     |    14 |
|    2 | hanmeimei |    13 |
|    3 | tom       |    13 |
|    4 | lucy      |    12 |
+------+-----------+-------+
4 rows in set (0.00 sec)
```

打开 Eclipse，新建 Java 工程 chapter03，在工程 chapter03 下新建目录 lib，分别将 MySQL 数据库的驱动 jar 包，C3P0 数据库连接池的 jar 包，DBUtils 工具包的 jar 包复制到 lib 目录下，右击 lib 目录下的上述 jar 包，在弹出的菜单中选择 Build Path→Add to Build Path 命令，完成 jar 包的导入。将工程 chapter02 中的 c3p0-config.xml 文件复制到工程 chapter03 中的 src 目录下，将 c3p0-config.xml 文件中的数据库名改为 chapter03。

2. 编写工具类

新建一个工具类 C3P0Utils，该类用于向 DBUtils 提供数据库连接池，具体代码如例 3.1 所示。

【例 3.1】 C3P0Utils.java

```
1   package com.qfedu.utils;
2   import java.sql.Connection;
3   import java.sql.SQLException;
4   import javax.sql.DataSource;
5   import com.mchange.v2.c3p0.ComboPooledDataSource;
6   public class C3P0Utils {
7       //通过读取c3p0-config文件获取连接池对象,使用name值为qfedu的配置
8       private static ComboPooledDataSource dataSource =
9           new ComboPooledDataSource("qfedu");
10      //提供一个dataSource数据源
11      public static DataSource getDataSource(){
12          return dataSource;
13      }
14  }
```

3. DBUtils 对数据的添加操作

新建一个测试类 TestDBUtils_Insert，该类用于测试 DBUtils 对数据的添加操作，具体代码如例 3.2 所示。

【例 3.2】 TestDBUtils_Insert.java

```
1   package com.qfedu.test;
2   import java.sql.SQLException;
3   import org.apache.commons.dbutils.QueryRunner;
4   import com.qfedu.utils.C3P0Utils;
5   public class TestDBUtils_Insert {
6       public static void main(String[] args) throws SQLException {
7           //通过有参构造方法生成一个QueryRunner对象
8           QueryRunner queryRunner = new
9               QueryRunner(C3P0Utils.getDataSource());
10          //创建一个SQL语句,向数据库插入数据
11          String sql = "insert into students(s_name,s_age)
12              values('david',15)";
13          //执行SQL语句
14          int count = queryRunner.update(sql);
15          if (count >0) {
16          System.out.println("数据添加成功");
17          } else {
18              System.out.println("数据添加失败");
19          }
20      }
21  }
```

运行结果如图 3.2 所示，控制台显示数据添加成功。

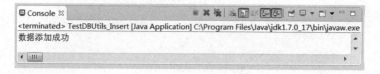

图 3.2 数据添加成功

向 MySQL 数据库发送查询语句,数据已成功添加,运行结果如下。

```
mysql> SELECT * FROM STUDENTS;
+------+-----------+-------+
| s_id | s_name    | s_age |
+------+-----------+-------+
|    1 | lilei     |    14 |
|    2 | hanmeimei |    13 |
|    3 | tom       |    13 |
|    4 | lucy      |    12 |
|    5 | david     |    15 |
+------+-----------+-------+
5 rows in set (0.00 sec)
```

4. DBUtils 对数据的修改操作

编写一个测试类 TestDBUtils_Update,该类用于测试 DBUtils 对数据的修改操作,具体代码如例 3.3 所示。

【例 3.3】 TestDBUtils_Update.java

```
1    package com.qfedu.test;
2    import java.sql.SQLException;
3    import org.apache.commons.dbutils.QueryRunner;
4    import com.qfedu.utils.C3P0Utils;
5    public class TestDBUtils_Update {
6        public static void main(String[] args) throws SQLException {
7            //通过有参构造方法生成一个 QueryRunner 对象
8            QueryRunner queryRunner = new
9                QueryRunner(C3P0Utils.getDataSource());
10           //创建一个 SQL 语句,向数据库插入数据
11           String sql = "update students set s_age= 13 where s_name='david'";
12           //执行 SQL 语句
13           int count = queryRunner.update(sql);
14           if (count >0) {
15           System.out.println("数据修改成功");
16           } else {
17               System.out.println("数据修改失败");
18           }
```

```
19        }
20    }
```

运行结果如图 3.3 所示，控制台显示数据修改成功。

图 3.3　数据修改成功

向 MySQL 数据库发送查询语句，数据已成功修改，运行结果如下。

```
mysql> SELECT * FROM STUDENTS;
+------+-----------+-------+
| s_id | s_name    | s_age |
+------+-----------+-------+
|    1 | lilei     |    14 |
|    2 | hanmeimei |    13 |
|    3 | tom       |    13 |
|    4 | lucy      |    12 |
|    5 | david     |    13 |
+------+-----------+-------+
5 rows in set (0.00 sec)
```

5．DBUtils 对数据的删除操作

编写一个测试类 TestDBUtils_Delete，该类用于测试 DBUtils 对数据的删除操作，具体代码如例 3.4 所示。

【例 3.4】　TestDBUtils_ Delete.java

```
1   package com.qfedu.test;
2   import java.sql.SQLException;
3   import org.apache.commons.dbutils.QueryRunner;
4   import com.qfedu.utils.C3P0Utils;
5   public class TestDBUtils_Delete {
6       public static void main(String[] args) throws SQLException {
7           //通过有参构造方法生成一个 QueryRunner 对象
8           QueryRunner queryRunner = new
9               QueryRunner(C3P0Utils.getDataSource());
10          //创建一个 SQL 语句,向数据库插入数据
11          String sql = "delete from  students  where s_name='david'";
12          //执行 SQL 语句
13          int count = queryRunner.update(sql);
14              if (count >0) {
```

```
15                  System.out.println("数据删除成功");
16              } else {
17                  System.out.println("数据删除失败");
18              }
19      }
20 }
```

运行结果如图 3.4 所示，控制台显示数据删除成功。

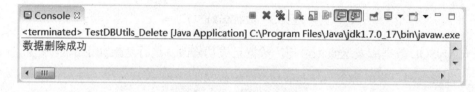

图 3.4 数据删除成功

向 MySQL 数据库发送查询语句，数据已成功删除，运行结果如下。

```
mysql> SELECT * FROM STUDENTS;
+------+-----------+-------+
| s_id | s_name    | s_age |
+------+-----------+-------+
|    1 | lilei     |    14 |
|    2 | hanmeimei |    13 |
|    3 | tom       |    13 |
|    4 | lucy      |    12 |
+------+-----------+-------+
4 rows in set (0.00 sec)
```

3.3 DBUtils 实现 DQL 操作

3.3.1 JavaBean

JavaBean 是 Java 语言中一个可重复利用的组件。简单而言，它本质上就是一个类，一个要遵循 JavaBean 编码规范的特殊类。编写一个 JavaBean 要遵循的规范，具体如图 3.5 所示。

使用 JavaBean 一定要遵循它的编码规范，避免程序出错。JavaBean 常用于封装数据，在 Java 程序与数据库的交互中，尤其是在处理从数据库获得的结果集时，通常会采用 JavaBean 封装数据。

为方便大家对 JavaBean 的理解，接下来自定义一个 JavaBean。

在工程 chapter03 的 src 目录下新建一个包 com.qfedu.bean，新建类 Students，具体代码如例 3.5 所示。

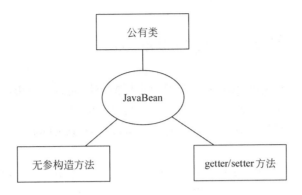

图 3.5 JavaBean 的编码规范

【例 3.5】 Students.java

```
1   package com.qfedu.bean;
2   //公有类
3   public class Students {
4       //提供私有属性
5       private String s_name;
6       private Integer s_age;
7       //提供无参构造方法
8       public Students() {
9           super();
10      }
11      //提供 getter/setter 方法
12      public String getS_name() {
13          return s_name;
14      }
15      public void setS_name(String s_name) {
16          this.s_name = s_name;
17      }
18      public Integer getS_age() {
19          return s_age;
20      }
21      public void setS_age(Integer s_age) {
22          this.s_age = s_age;
23      }
24  }
```

该 Students 类是一个简单的 JavaBean，它是公有类，提供了无参构造方法，及可供外界访问的 getter/setter 方法。

3.3.2 ArrayHandler 与 ArrayListHandler

调用 QueryRunner 类的 query()方法可以完成数据库的查询。DBUtils 提供了十余种处理方式，来应对不同场景下的结果集处理。

第一种处理方式是将结果集封装进数组，可以由 ArrayHandler 或 ArrayListHandler 实现。

ArrayHandler 与 ArrayListHandler 的对比情况如表 3.4 所示。前者是将结果集的第一行存储到数组中，而后者是将结果集的每一行封装到一个数组中，再把所有数组存储到 List 集合中。

表 3.4 ArrayHandler 与 ArrayListHandler 对比

类 名 称	相 同 点	不 同 点
ArrayHandler	都要首先将结果集封装进数组	封装单条数据，把结果集的第一条数据的字段值放入一个数组中
ArrayListHandler		封装多条数据，把每条数据的字段值各放入一个数组，再把所有数组都放入 List 集合中

下面通过实例来演示 ArrayHandler 的用法，具体代码如例 3.6 所示。

【例 3.6】 TestDBUtils_ArrayHandler.java

```java
1  package com.qfedu.test;
2  import java.sql.SQLException;
3  import org.apache.commons.dbutils.QueryRunner;
4  import org.apache.commons.dbutils.handlers.ArrayHandler;
5  import com.qfedu.utils.C3P0Utils;
6  public class TestDBUtils_ArrayHandler {
7      public static void main(String[] args) throws SQLException {
8          //通过有参构造方法生成一个QueryRunner对象
9          QueryRunner queryRunner = new
10             QueryRunner(C3P0Utils.getDataSource());
11         //创建一个SQL语句,向数据库查询数据
12         String sql = "select * from students  where s_id= ? ";
13         //执行SQL语句,调用QueryRunner类的query()方法
14         //第一个参数为SQL语句,第二个参数为结果集对象,第三个参数为SQL语句中的参数
15         Object[] arr = queryRunner.query(sql, new ArrayHandler(), new
16             Object[]{1});
17         //遍历结果集,并打印到控制台
18         for (int i = 0; i < arr.length; i++) {
19             System.out.print(arr[i]+",");
20         }
21     }
22 }
```

执行 TestDBUtils_ArrayHandler 类，运行结果如图 3.6 所示。

```
Console
<terminated> TestDBUtils_ArrayHandler [Java Application] C:\Program Files\Java\jdk1.7.0_17\bin\javaw.exe
1,lilei,14,
```

图 3.6　执行 TestDBUtils_ArrayHandler 类的运行结果

从以上示例代码可以看出，和 QueryRunner 类的 query()方法配合，ArrayHandler 类可将查询到的结果集封装到数组之中，并可将数组内的信息打印到控制台。

下面通过一个实例来测试 ArrayListHandler 的用法，具体代码如例 3.7 所示。

【例 3.7】　TestDBUtils_ArrayListHandler.java

```
1   package com.qfedu.test;
2   import java.sql.SQLException;
3   import java.util.List;
4   import org.apache.commons.dbutils.QueryRunner;
5   import org.apache.commons.dbutils.handlers.ArrayListHandler;
6   import com.qfedu.utils.C3P0Utils;
7   public class TestDBUtils_ArrayListHandler {
8       public static void main(String[] args) throws SQLException {
9           //通过有参构造方法生成一个QueryRunner对象
10          QueryRunner queryRunner = new
11              QueryRunner(C3P0Utils.getDataSource());
12          //创建一个SQL语句,向数据库查询数据
13          String sql = "select * from students ";
14          //执行SQL语句,调用QueryRunner类的query()方法
15          //第一个参数为SQL语句,第二个参数为结果集对象
16          List<Object[]> list = queryRunner.query
17              (sql, new ArrayListHandler());
18          //遍历结果集,并打印到控制台
19          for (Object[] arr : list) {
20              for (int i = 0; i < arr.length; i++) {
21                  System.out.print(arr[i]+",");
22              }
23              System.out.println();
24          }
25      }
26  }
```

执行 TestDBUtils_ArrayListHandler 类，运行结果如图 3.7 所示。

图 3.7 执行 TestDBUtils_ArrayListHandler 类的运行结果

从以上示例代码可以看出,和 QueryRunner 类的 query()方法配合,ArrayListHandler 类将查询到的结果封装到数组之中,并将所有数组封装到一个 List 对象中,控制台打印出了查询到的全部信息。

3.3.3 BeanHandler 与 BeanListHandler

第二种处理方式是将结果集封装进 JavaBean,可以由 BeanHandler 或 BeanListHandler 实现。在具体封装时,表中数据的字段和 JavaBean 的属性是相互对应的,一条数据表记录被封装进一个对应的 JavaBean 对象中。

表 3.5 BeanHandler 与 BeanListHandler 对比

类 名 称	相 同 点	不 同 点
BeanHandler	都要首先将结果集封装进 JavaBean	封装单条数据,把结果集的第一条数据的字段值放入一个 JavaBean 中
BeanListHandler		封装多条数据,把每条数据的字段值各放入一个 JavaBean 中,再把所有 JavaBean 都放入 List 集合中

BeanHandler 与 BeanListHandler 的对比情况如表 3.5 所示。前者是将结果集的第一行存储到 JavaBean 中,而后者是将结果集的每一行各封装到一个 JavaBean 中,再把所有 JavaBean 都存储到 List 集合中。

下面通过实例来演示 BeanHandler 的用法,具体代码如例 3.8 所示。

【例 3.8】 TestDBUtils_BeanHandler.java

```
1    package com.qfedu.test;
2    import java.sql.SQLException;
3    import org.apache.commons.dbutils.QueryRunner;
4    import org.apache.commons.dbutils.handlers.ArrayHandler;
5    import org.apache.commons.dbutils.handlers.BeanHandler;
6    import com.qfedu.bean.Students;
7    import com.qfedu.utils.C3P0Utils;
8    public class TestDBUtils_BeanHandler {
9        public static void main(String[] args) throws SQLException {
10           //通过有参构造方法生成一个 QueryRunner 对象
11           QueryRunner queryRunner = new
12               QueryRunner(C3P0Utils.getDataSource());
```

```
13        //创建一个SQL语句,向数据库查询数据
14        String sql = "select * from students where s_id= ? ";
15        //执行SQL语句,调用QueryRunner类的query()方法
16        //第一个参数为SQL语句,第二个参数为结果集对象,第三个参数为SQL语句中的参数
17        Students students = queryRunner.query(sql, new
18            BeanHandler(Students.class), new Object[]{1});
19        //遍历结果集,并打印到控制台
20        System.out.println("name值为"+students.getS_name()+",age值为
21            "+students.getS_age());
22     }
23 }
```

执行 TestDBUtils_BeanHandler 类,运行结果如图 3.8 所示。

```
Console
<terminated> TestDBUtils_BeanHandler [Java Application] C:\Program Files\Java\jdk1.7.0_17\bin\javaw.exe
name值为lilei, age值为14
```

图 3.8 执行 TestDBUtils_BeanHandler 类的运行结果

从以上示例代码可以看出,和 QueryRunner 类的 query()方法配合,BeanHandler 类将查询到的结果集封装到 JavaBean 之中,并可将 JavaBean 内的信息打印到控制台。

下面通过一个实例来测试 BeanListHandler 的用法,具体代码如例 3.9 所示。

【例 3.9】 TestDBUtils_BeanListHandler.java

```
1  package com.qfedu.test;
2  import java.sql.SQLException;
3  import java.util.ArrayList;
4  import java.util.List;
5  import org.apache.commons.dbutils.QueryRunner;
6  import org.apache.commons.dbutils.handlers.BeanListHandler;
7  import com.qfedu.bean.Students;
8  import com.qfedu.utils.C3P0Utils;
9  public class TestDBUtils_BeanListHandler {
10     public static void main(String[] args) throws SQLException {
11        //通过有参构造方法生成一个QueryRunner对象
12        QueryRunner queryRunner = new
13            QueryRunner(C3P0Utils.getDataSource());
14        //创建一个SQL语句,向数据库查询数据
15        String sql = "select * from students ";
16        //执行SQL语句,调用QueryRunner类的query()方法
17        //第一个参数为SQL语句,第二个参数为结果集对象
18        ArrayList<Students> list = queryRunner.query(sql, new
19            BeanListHandler(Students.class));
20        //遍历结果集,并打印到控制台
21        for (Students stu : list) {
22            System.out.println("name值为"+stu.getS_name()+",age值为
23                "+stu.getS_age());
```

```
24        }
25        System.out.println();
26    }
27 }
```

执行 TestDBUtils_BeanListHandler 类，运行结果如图 3.9 所示。

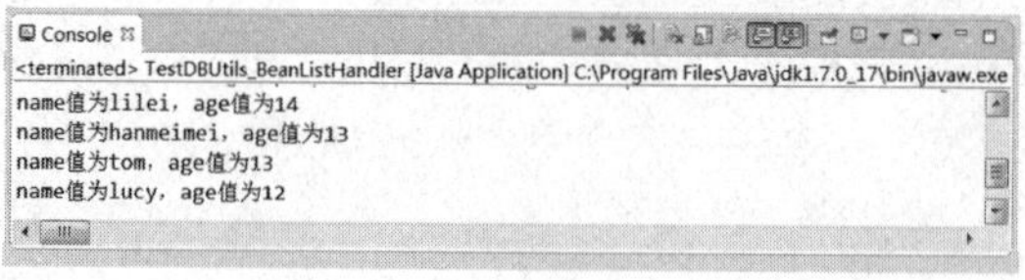

图 3.9　执行 TestDBUtils_BeanListHandler 类的运行结果

从以上示例代码可以看出，和 QueryRunner 类的 query()方法配合，BeanListHandler 类将查询到的结果封装到 JavaBean 之中，并将所有 JavaBean 封装到一个 List 对象中，控制台打印出了查询到的全部信息。

3.3.4　MapHandler、MapListHandler 与 KeyedHandler

第三种处理方式是将结果集封装进 Map 集合中，可以由 MapHandler、MapListHandler 或 KeyedHandler 实现。在具体封装时，数据表中数据的字段名和字段值以 Map 映射的方式存储。

MapHandler、MapListHandler、KeyedHandler 的对比情况如表 3.6 所示。开发者应根据具体场景选择使用。

表 3.6　MapHandler、MapListHandler、KeyedHandler 对比

类　名　称	相　同　点	不　同　点
MapHandler	都要首先将结果集存储为 Map 映射	封装单条数据，把结果集的第一条数据的字段名和字段值存储为 Map 映射
MapListHandler		封装多条数据，把每条数据的字段名和字段值各存储为一个 Map 映射，再把所有 Map 映射都放入 List 集合中
KeyedHandler		封装多条数据，把每条数据的字段名和字段值各存储为一个 Map 映射，再把所有 Map 映射根据指定 key 都放入一个新的 Map 映射中

下面通过实例来演示 MapHandler 的用法，具体代码如例 3.10 所示。

【例 3.10】　TestDBUtils_MapHandler.java

```
1  package com.qfedu.test;
2  import java.sql.SQLException;
3  import java.util.Map;
4  import org.apache.commons.dbutils.QueryRunner;
5  import org.apache.commons.dbutils.handlers.MapHandler;
6  import com.qfedu.utils.C3P0Utils;
```

```
7   public class TestDBUtils_MapHandler {
8       public static void main(String[] args) throws SQLException {
9           //通过有参构造方法生成一个 QueryRunner 对象
10          QueryRunner queryRunner = new
11              QueryRunner(C3P0Utils.getDataSource());
12          //创建一个 SQL 语句,向数据库查询数据
13          String sql = "select * from students where s_id= ? ";
14          //执行 SQL 语句,调用 QueryRunner 类的 query()方法
15          //第一个参数为 SQL 语句,第二个参数为结果集对象,第三个参数为 SQL 语句中的参数
16          Map<String, Object> map = queryRunner.query(sql, new MapHandler(),
17              new Object[]{1});
18          //打印到控制台
19          System.out.println(map);
20      }
21  }
```

执行 TestDBUtils_MapHandler 类,运行结果如图 3.10 所示。

图 3.10　执行 TestDBUtils_MapHandler 类的运行结果

从以上示例代码可以看出,和 QueryRunner 类的 query()方法配合,MapHandler 类将查询到的结果集封装到 Map 之中,并可将 Map 内的信息打印到控制台。

下面通过一个实例来测试 MapListHandler 的用法,具体代码如例 3.11 所示。

【例 3.11】　TestDBUtils_MapListHandler.java

```
1   package com.qfedu.test;
2   import java.sql.SQLException;
3   import java.util.List;
4   import java.util.Map;
5   import org.apache.commons.dbutils.QueryRunner;
6   import org.apache.commons.dbutils.handlers.MapListHandler;
7   import com.qfedu.utils.C3P0Utils;
8   public class TestDBUtils_MapListHandler {
9       public static void main(String[] args) throws SQLException {
10          //通过有参构造方法生成一个 QueryRunner 对象
11          QueryRunner queryRunner = new
12              QueryRunner(C3P0Utils.getDataSource());
13          //创建一个 SQL 语句,向数据库查询数据
14          String sql = "select * from students ";
15          //执行 SQL 语句,调用 QueryRunner 类的 query()方法
16          //第一个参数为 SQL 语句,第二个参数为结果集对象
```

```
17        List<Map<String,Object>> list = queryRunner.query(sql, new
18            MapListHandler());
19    //遍历结果集,并打印到控制台
20    for (Map<String,Object> map : list) {
21        System.out.print(map);
22        System.out.println();
23    }
24  }
25 }
```

执行 TestDBUtils_MapListHandler 类，运行结果如图 3.11 所示。

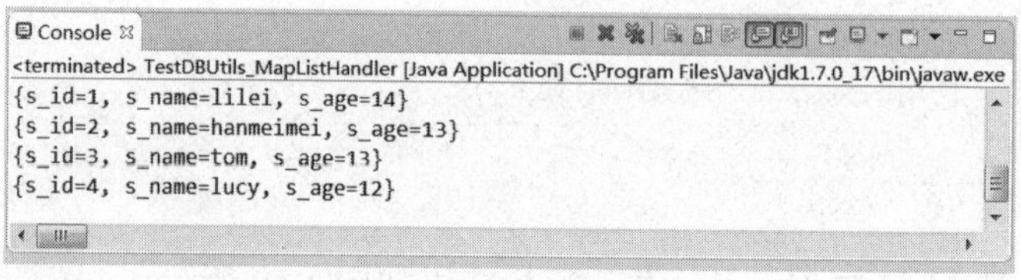

```
<terminated> TestDBUtils_MapListHandler [Java Application] C:\Program Files\Java\jdk1.7.0_17\bin\javaw.exe
{s_id=1, s_name=lilei, s_age=14}
{s_id=2, s_name=hanmeimei, s_age=13}
{s_id=3, s_name=tom, s_age=13}
{s_id=4, s_name=lucy, s_age=12}
```

图 3.11　执行 TestDBUtils_MapListHandler 类的运行结果

从以上示例代码可以看出，与 QueryRunner 类的 query()方法配合，MapListHandler 类将查询到的结果封装到 Map 之中，并将所有 Map 都封装到一个 List 对象中，控制台打印出了查询到的全部信息。

下面通过一个实例来测试 KeyedHandler 的用法，具体代码如例 3.12 所示。

【例 3.12】 TestDBUtils_KeyedHandler.java

```
1  package com.qfedu.test;
2  import java.sql.SQLException;
3  import java.util.Map;
4  import org.apache.commons.dbutils.QueryRunner;
5  import org.apache.commons.dbutils.handlers.KeyedHandler;
6  import com.qfedu.utils.C3P0Utils;
7  public class TestDBUtils_KeyedHandler {
8    public static void main(String[] args) throws SQLException {
9      //通过有参构造方法生成一个 QueryRunner 对象
10     QueryRunner queryRunner = new
11         QueryRunner(C3P0Utils.getDataSource());
12     //创建一个 SQL 语句,向数据库查询数据
13     String sql = "select * from students ";
14     //执行 SQL 语句,调用 QueryRunner 类的 query()方法
15     //第一个参数为 SQL 语句,第二个参数为结果集对象,需传入封装大 Map 时所需的键值
16     Map<Object,Map<String,Object>> map = queryRunner.query(sql, new
17         KeyedHandler<Object>("s_id"));
18     //获取第一条数据
19     Map<String, Object> m = map.get(new Integer(1));
```

```
20              //根据字段名获取字段值
21              String sname = (String) m.get("s_name");
22              Integer sage = (Integer) m.get("s_age");
23              System.out.println("name 值为"+sname+",age 值为"+sage);
24          }
25  }
```

执行 TestDBUtils_KeyedHandler 类，运行结果如图 3.12 所示。

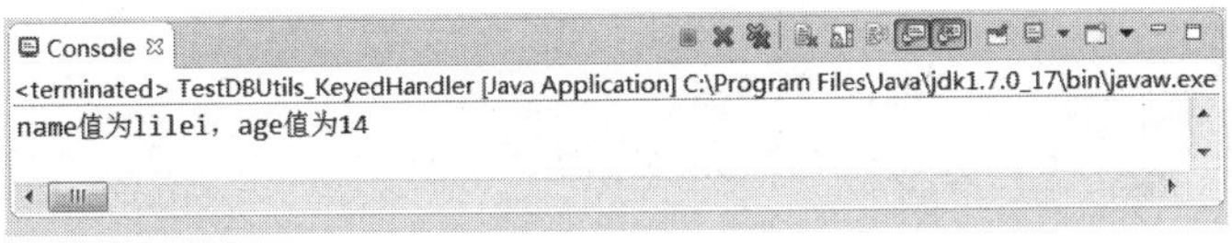

```
name值为lilei，age值为14
```

图 3.12 执行 TestDBUtils_KeyedHandler 类的运行结果

从以上示例代码可以看出，与 QueryRunner 类的 query()方法配合，KeyedHandler 类将查询到的结果封装到 Map 之中，并将所有 Map 都封装到一个大 Map 中，控制台打印出了查询到的信息。

3.3.5 ColumnListHandler 与 ScalarHandler

第四种处理方式是对指定的列数据进行封装，可以由 ColumnListHandler 或 ScalarHandler 来实现。在具体封装时，查询指定列获得的数据被封装到容器中。

ColumnListHandler 与 ScalarHandler 的对比情况如表 3.7 所示。前者可以对指定列的所有数据进行封装，后者主要针对单行单列的数据封装。

表 3.7 ColumnListHandler 与 ScalarHandler 对比

类 名 称	相 同 点	不 同 点
ColumnListHandler	都是对指定列的查询结果集进行封装	封装指定列的所有数据，将它们放入一个 List 集合中
ScalarHandler		封装单条单列数据，也可以封装类似 count、avg、max、min、sum 等聚合函数的执行结果

下面通过实例来演示 ColumnListHandler 的用法，具体代码如例 3.13 所示。

【例 3.13】 TestDBUtils_ColumnListHandler.java

```
1   package com.qfedu.test;
2   import java.sql.SQLException;
3   import java.util.List;
4   import org.apache.commons.dbutils.QueryRunner;
5   import org.apache.commons.dbutils.handlers.ColumnListHandler;
6   import com.qfedu.utils.C3P0Utils;
7   public class TestDBUtils_ColumnListHandler {
8       public static void main(String[] args) throws SQLException {
```

```
9          //通过有参构造方法生成一个QueryRunner对象
10         QueryRunner queryRunner = new
11             QueryRunner(C3P0Utils.getDataSource());
12         //创建一个SQL语句,向数据库查询数据
13         String sql = "select * from students ";
14         //执行SQL语句,调用QueryRunner类的query()方法
15         //第一个参数为SQL语句,第二个参数为结果集对象,需要传入要查的字段名
16         List<Object> list = queryRunner.query(sql, new
17             ColumnListHandler("s_name"));
18         //将List集合中的信息打印到控制台
19         System.out.println(list);
20     }
21 }
```

执行 TestDBUtils_ColumnListHandler 类, 运行结果如图 3.13 所示。

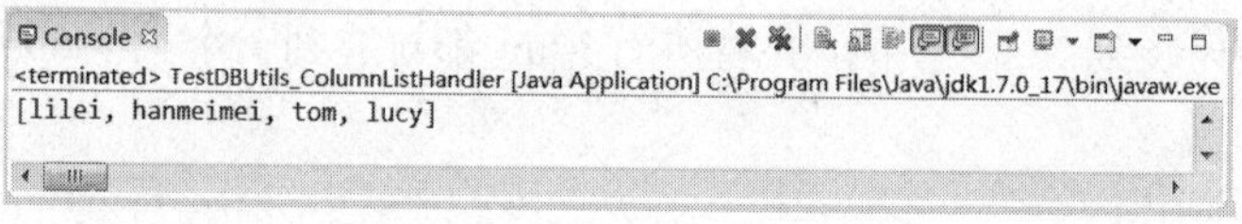

```
[lilei, hanmeimei, tom, lucy]
```

图 3.13　执行 TestDBUtils_ColumnListHandler 类的运行结果

从以上示例代码可以看出,与 QueryRunner 类的 query() 方法配合, ColumnListHandler 类可以将查询指定列的结果集封装到 List 集合之中。

下面通过一个实例来测试 ScalarHandler 的用法,具体代码如例 3.14 所示。

【例 3.14】 TestDBUtils_ScalarHandler.java

```
1  package com.qfedu.test;
2  import java.sql.SQLException;
3  import org.apache.commons.dbutils.QueryRunner;
4  import org.apache.commons.dbutils.handlers.ScalarHandler;
5  import com.qfedu.utils.C3P0Utils;
6  public class TestDBUtils_ScalarHandler {
7      public static void main(String[] args) throws SQLException {
8          //通过有参构造方法生成一个QueryRunner对象
9          QueryRunner queryRunner = new
10             QueryRunner(C3P0Utils.getDataSource());
11         //创建一个SQL语句,向数据库查询数据
12         String sql = "select s_name from students where s_id= ?";
13         //执行SQL语句,调用QueryRunner类的query()方法,第一个参数为SQL语句
14         //第二个参数为结果集对象,需要传入要查的字段名,第三个参数为SQL语句中的参数
15         String s_name =(String) queryRunner.query(sql, new
16             ScalarHandler("s_name"),new Object[]{1});
17         //将查询信息打印到控制台
18         System.out.println(s_name);
```

```
19    }
20 }
```

执行 TestDBUtils_ScalarHandler 类，运行结果如图 3.14 所示。

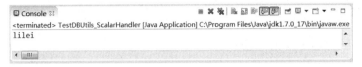

图 3.14　执行 **TestDBUtils_ScalarHandler** 类的运行结果

从以上示例代码可以看出，和 QueryRunner 类的 query()方法配合，ScalarHandler 类将查询到的结果封装，控制台打印出了查询到的信息。

3.4　DBUtils 的高级操作

3.4.1　DBUtils 批处理

QueryRunner 类提供的 batch()方法用于对 SQL 语句进行批量操作，但是只能执行相同的 SQL 语句，其中参数可以不同。

下面通过具体实例来讲解 QueryRunner 类的批处理功能。如果要向数据表 Students 中插入三条数据，具体代码如例 3.15 所示。

【例 3.15】　TestDBUtils_Batch.java

```
1   package com.qfedu.test;
2   import java.sql.SQLException;
3   import org.apache.commons.dbutils.QueryRunner;
4   import com.qfedu.utils.C3P0Utils;
5   public class TestDBUtils_Batch {
6       public static void main(String[] args) throws SQLException {
7           //通过有参构造方法生成一个QueryRunner对象
8           QueryRunner queryRunner = new
9               QueryRunner(C3P0Utils.getDataSource());
10          //创建一个SQL语句,向数据库插入数据
11          String sql = "insert into students(s_name,s_age) values(?,?) ";
12          //设置类型为二维数组的参数,里层的一维数组为每条SQL语句的参数
13          Object[][] param= new Object[3][];
14          for(int i=0; i<3; i++){
15              param[i]= new Object[]{"name"+i,10+i};
16          }
17          //执行SQL语句,调用QueryRunner类的query()方法
18          queryRunner.batch(sql, param);
19      }
20  }
```

运行 TestDBUtils_Batch 类，通过命令行窗口向数据库发送 select 语句，结果显示三条数据已被批量添加至数据库，运行结果如下。

```
mysql> SELECT * FROM STUDENTS;
+------+-----------+-------+
| s_id | s_name    | s_age |
+------+-----------+-------+
|    1 | lilei     |    14 |
|    2 | hanmeimei |    13 |
|    3 | tom       |    13 |
|    4 | lucy      |    12 |
|    6 | name0     |    10 |
|    7 | name1     |    11 |
|    8 | name2     |    12 |
+------+-----------+-------+
8 rows in set (0.00 sec)
```

3.4.2 DBUtils 事务管理

在前面的讲解中，创建 QueryRunner 对象时，调用了有参构造方法，此时 QueryRunner 对象能自动建立和释放数据库连接，没有考虑事务管理的问题。

在实际的开发过程中，如果涉及事务管理，开发者要调用无参构造方法创建 QueryRunner 对象，将 Connection 对象分离出来，进行手动管理。

在讲解事务的概念时，本书介绍过李磊到商店购物时扫码支付的场景，接下来通过 DBUtils 重新实现这个案例，步骤如下。

1．创建数据库和表

在数据库 chapter03 中创建名为 account 的表，向表中插入若干条数据，具体的 SQL 语句如下。

```
CREATE TABLE account(
id INT PRIMARY KEY AUTO_INCREMENT, #ID
aname VARCHAR(20), #姓名
money DOUBLE #余额
);
INSERT INTO account(aname,money) VALUES('lilei',3000);
INSERT INTO account(aname,money) VALUES('shop',20000);
```

上述 SQL 语句运行完毕后,在命令行窗口检查数据库环境是否搭建成功,发送 select 语句，运行结果如下。

```
mysql> SELECT * FROM account;
+----+-------+-------+
```

```
| id | aname | money |
+----+-------+-------+
|  1 | lilei |  3000 |
|  2 | shop  | 20000 |
+----+-------+-------+
2 rows in set (0.00 sec)
```

2. 编写代码

改写本章 3.2 节中提到的 C3P0Utils 类，加入处理事务的方法。为了保证从连接池中拿到的连接是同一个，代码中使用了 ThreadLocal 类，将 Connection 对象与线程绑定，具体代码如例 3.16 所示。

【例 3.16】 C3P0Utils.java

```
1   package com.qfedu.utils;
2   import java.sql.Connection;
3   import java.sql.SQLException;
4   import javax.sql.DataSource;
5   import com.mchange.v2.c3p0.ComboPooledDataSource;
6   public class C3P0Utils {
7       //通过读取c3p0-config文件获取连接池对象,使用name值为qfedu的配置
8       private static ComboPooledDataSource dataSource = new
9           ComboPooledDataSource("qfedu");
10      //提供一个dataSource数据源
11      public static DataSource getDataSource(){
12          return dataSource;
13      }
14      //创建一个ThreadLocal对象
15      private static ThreadLocal<Connection> threadLocal = new
16          ThreadLocal<Connection>();
17      //提供当前线程中的Connection
18      public static Connection getConnection() throws SQLException{
19          Connection conn = threadLocal.get();
20          if (null==conn) {
21              conn = dataSource.getConnection();
22              threadLocal.set(conn);
23          }
24          return conn;
25      }
26      //开启事务
27      public static void startTransaction(){
28          //首先获取当前线程的连接
29          try {
30              Connection  conn = getConnection();
```

```java
31            //关闭事务自动提交
32            conn.setAutoCommit(false);
33        } catch (SQLException e) {
34            e.printStackTrace();
35        }
36    }
37    //提交事务
38    public static void commit(){
39        //首先获取当前线程的连接
40        Connection conn = threadLocal.get();;
41        if(null!= conn){
42            //提交事务
43            try {
44                conn.commit();
45            } catch (SQLException e) {
46                e.printStackTrace();
47            }
48        }
49    }
50    //回滚事务
51    public static void rollback(){
52        //首先获取当前线程的连接
53        Connection conn = threadLocal.get();;
54        if(null!= conn){
55            //回滚事务
56            try {
57                conn.rollback();
58            } catch (SQLException e) {
59                e.printStackTrace();
60            }
61        }
62    }
63    //关闭连接
64    public static void close(){
65        Connection conn = threadLocal.get();
66        if(null!= conn){
67            try {
68                conn.close();
69            } catch (SQLException e) {
70                e.printStackTrace();
71            }finally{
72                //从当前线程移除连接,避免造成内存泄露
                threadLocal.remove();
73            }
```

```
74          }
75     }
76 }
```

调用工具类，测试 DBUtils 的事务管理，在创建 QueryRunner 对象时，调用无参构造方法，对 Connection 对象进行单独管理，具体代码如例 3.17 所示。

【例 3.17】 TestPayment.java

```
1  package com.qfedu.test;
2  import java.sql.Connection;
3  import java.sql.SQLException;
4  import org.apache.commons.dbutils.QueryRunner;
5  import com.qfedu.utils.C3P0Utils;
6  public class TestPayment {
7      public static void main(String[] args) {
8          Connection conn = null;
9          try {
10             //开启事务
11             C3P0Utils.startTransaction();
12             conn = C3P0Utils.getConnection();
13             QueryRunner queryRunner = new QueryRunner();
14             //lilei 的账户减去 100 元
15             String sql_1 = "update account set money = money-? where aname=?";
16             queryRunner.update(conn, sql_1, new Object[]{100,"lilei"});
17             //shop 的账户增加 100 元
18             String sql_2 = "update account set money = money+? where aname=?";
19             queryRunner.update(conn, sql_2, new Object[]{100,"shop"});
20             //提交事务
21             conn.commit();
22             System.out.println("支付完毕");
23         } catch (Exception e) {
24             //如果有异常,回滚事务
25             try {
26                 conn.rollback();
27                 System.out.println("支付失败");
28             } catch (SQLException e1) {
29                 e1.printStackTrace();
30             }
31         } finally{
32             //释放资源
33             C3P0Utils.close();
34         }
35     }
```

```
36    }
```

代码执行完毕，再次发送 select 语句，DBUtils 已将本次事务提交到数据库，运行结果如下。

```
mysql> SELECT * FROM account;
+----+-------+-------+
| id | aname | money |
+----+-------+-------+
|  1 | lilei |  2900 |
|  2 | shop  | 20100 |
+----+-------+-------+
2 rows in set (0.18 sec)
```

3.5 DBUtils 实现 Dao 封装

在实际的项目开发中，经常会把操作数据库的代码封装为 Dao 层，以降低各模块之间的耦合。在大家掌握了 DBUtils 的基本操作之后，本书将继续讲解使用 DBUtils 完成 Dao 封装的方法。

首先，在工程 chapter03 的 src 目录下新建 com.qfedu.dao 类包，然后在该包下新建一个 Dao 类 StudentsDao，具体代码如例 3.18 所示。

【例 3.18】 StudentsDao.java

```
1    package com.qfedu.dao;
2    import java.sql.SQLException;
3    import java.util.List;
4    import org.apache.commons.dbutils.QueryRunner;
5    import org.apache.commons.dbutils.handlers.BeanHandler;
6    import org.apache.commons.dbutils.handlers.BeanListHandler;
7    import com.qfedu.bean.Students;
8    import com.qfedu.utils.C3P0Utils;
9    public class StudentsDao {
10       //添加
11       public int insert(Students stu) throws SQLException{
12           QueryRunner queryRunner = new
13               QueryRunner(C3P0Utils.getDataSource());
14           String sql ="insert into students(s_name,s_age) values(?,?)";
15           Object[] params = new Object[]{stu.getS_name(),stu.getS_age()};
16           int count = queryRunner.update(sql,params);
17           return count;
18       }
19       //修改
```

```
20    public int update(Students stu) throws SQLException{
21        QueryRunner queryRunner = new
22            QueryRunner(C3P0Utils.getDataSource());
23        String sql ="update students set  s_age= ? where s_name=?";
24        Object[] params = new Object[]{stu.getS_age(),stu.getS_name()};
25        int count = queryRunner.update(sql,params);
26        return count;
27    }
28    //删除
29    public int delete(Students stu) throws SQLException{
30        QueryRunner queryRunner = new
31            QueryRunner(C3P0Utils.getDataSource());
32        String sql ="delete from students where s_name= ?";
33        Object[] params = new Object[]{stu.getS_name()};
34        int count = queryRunner.update(sql,params);
35        return count;
36    }
37    //根据id查询单个数据
38    public Students selectOne(Integer id) throws SQLException{
39        QueryRunner queryRunner = new
40            QueryRunner(C3P0Utils.getDataSource());
41        String sql ="select * from students where s_id= ?";
42        Object[] params = new Object[]{id};
43        Students newStu = queryRunner.query(sql, new
44            BeanHandler(Students.class),params);
45        return newStu;
46    }
47    //查询所有数据
48    public List<Students> selectAll() throws SQLException{
49        QueryRunner queryRunner = new
50            QueryRunner(C3P0Utils.getDataSource());
51        String sql ="select * from students";
52        List<Students> list = queryRunner.query(sql, new
53            BeanListHandler(Students.class));
54        return list;
55    }
56 }
```

利用 StudentsDao 类实现插入功能，具体代码如例 3.19 所示。

【例 3.19】 TestStuDao_insert.java

```
1  package com.qfedu.test;
2  import java.sql.SQLException;
3  import com.qfedu.bean.Students;
4  import com.qfedu.dao.StudentsDao;
```

```
5   public class TestStuDao_insert {
6       public static void main(String[] args) throws SQLException {
7           StudentsDao dao =new StudentsDao();
8           Students students = new Students();
9           students.setS_name("david");
10          students.setS_age(15);
11          int count = dao.insert(students);
12          if (count >0) {
13              System.out.println("数据添加成功");
14          } else {
15              System.out.println("数据添加失败");
16          }
17      }
18  }
```

执行 TestStuDao_insert 类，运行结果如图 3.15 所示。

图 3.15　执行 TestStuDao_insert 类的运行结果

向数据库发送查询语句，一条记录已被成功添加，查询结果如下。

```
mysql> SELECT * FROM STUDENTS;
+------+-----------+-------+
| s_id | s_name    | s_age |
+------+-----------+-------+
|    1 | lilei     |    14 |
|    2 | hanmeimei |    13 |
|    3 | tom       |    13 |
|    4 | lucy      |    12 |
|    6 | name0     |    10 |
|    7 | name1     |    11 |
|    8 | name2     |    12 |
|    9 | david     |    15 |
+------+-----------+-------+
9 rows in set (0.00 sec)
```

利用 StudentsDao 类实现修改功能，具体代码如例 3.20 所示。

【例 3.20】 TestStuDao_update.java

```
1   package com.qfedu.test;
2   import java.sql.SQLException;
3   import com.qfedu.bean.Students;
```

```
4    import com.qfedu.dao.StudentsDao;
5    public class TestStuDao_update {
6        public static void main(String[] args) throws SQLException {
7            StudentsDao dao =new StudentsDao();
8            Students students = new Students();
9            students.setS_name("david");
10           students.setS_age(13);
11           int count = dao.update(students);
12           if (count >0) {
13           System.out.println("数据修改成功");
14           } else {
15               System.out.println("数据修改失败");
16           }
17       }
18   }
```

执行 TestStuDao_update 类，运行结果如图 3.16 所示。

图 3.16 执行 **TestStuDao_update** 类的运行结果

向数据库发送查询语句，指定记录已被成功修改，查询结果如下。

```
mysql> SELECT * FROM STUDENTS;
+------+-----------+-------+
| s_id | s_name    | s_age |
+------+-----------+-------+
|    1 | lilei     |    14 |
|    2 | hanmeimei |    13 |
|    3 | tom       |    13 |
|    4 | lucy      |    12 |
|    6 | name0     |    10 |
|    7 | name1     |    11 |
|    8 | name2     |    12 |
|    9 | david     |    13 |
+------+-----------+-------+
9 rows in set (0.00 sec)
```

利用 StudentsDao 类实现删除功能，具体代码如例 3.21 所示。

【例 3.21】 TestStuDao_delete.java

```
1    package com.qfedu.test;
2    import java.sql.SQLException;
```

```
3      import com.qfedu.bean.Students;
4      import com.qfedu.dao.StudentsDao;
5      public class TestStuDao_delete {
6         public static void main(String[] args) throws SQLException {
7            StudentsDao dao =new StudentsDao();
8            Students students = new Students();
9            students.setS_name("david");
10           int count = dao.delete(students);
11           if (count >0) {
12           System.out.println("数据删除成功");
13           } else {
14               System.out.println("数据删除失败");
15           }
16        }
17     }
```

执行 TestStuDao_delete 类，运行结果如图 3.17 所示。

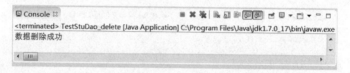

图 3.17 执行 TestStuDao_delete 类的运行结果

向数据库发送查询语句，指定记录已被成功删除，查询结果如下。

```
mysql> SELECT * FROM STUDENTS;
+------+-----------+-------+
| s_id | s_name    | s_age |
+------+-----------+-------+
|    1 | lilei     |    14 |
|    2 | hanmeimei |    13 |
|    3 | tom       |    13 |
|    4 | lucy      |    12 |
|    6 | name0     |    10 |
|    7 | name1     |    11 |
|    8 | name2     |    12 |
+------+-----------+-------+
8 rows in set (0.00 sec)
```

利用 StudentsDao 类实现单个对象的查询，具体代码如例 3.22 所示。
【例 3.22】 TestStuDao_selectOne.java

```
1    package com.qfedu.test;
2    import java.sql.SQLException;
3    import com.qfedu.bean.Students;
```

```
4    import com.qfedu.dao.StudentsDao;
5    public class TestStuDao_selectOne {
6        public static void main(String[] args) throws SQLException {
7            StudentsDao dao =new StudentsDao();
8            Students stu = dao.selectOne(1);
9            System.out.println("name 值为"+stu.getS_name()+",age 值为
10               "+stu.getS_age());
11       }
12   }
```

执行 TestStuDao_selectOne 类，运行结果如图 3.18 所示。

图 3.18　执行 **TestStuDao_selectOne** 类的运行结果

利用 StudentsDao 类实现所有数据的查询，具体代码如例 3.23 所示。

【例 3.23】　TestStuDao_selectAll.java

```
1    package com.qfedu.test;
2    import java.sql.SQLException;
3    import java.util.List;
4    import com.qfedu.bean.Students;
5    import com.qfedu.dao.StudentsDao;
6    public class TestStuDao_selectAll {
7        public static void main(String[] args) throws SQLException {
8            StudentsDao dao =new StudentsDao();
9          List<Students> list = dao.selectAll();
10           for (Students stu : list) {
11               System.out.println("name 值为"+stu.getS_name()+",age 值为
12                  "+stu.getS_age());
13           }
14       }
15   }
```

执行 TestStuDao_selectAll 类，运行结果如图 3.19 所示。

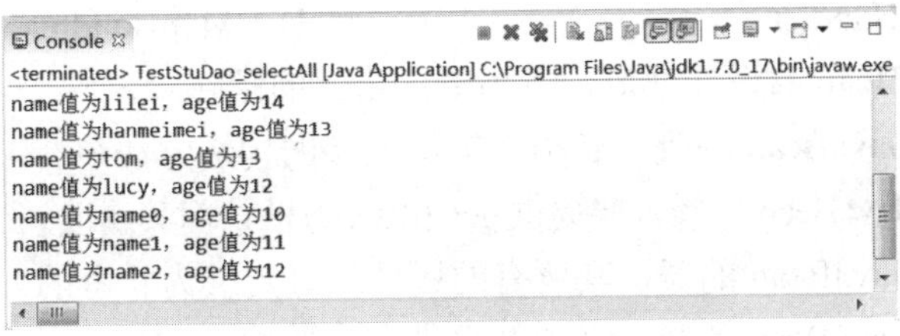

图 3.19　执行 **TestStuDao_selectAll** 类的运行结果

3.6 本章小结

本章主要介绍 DBUtils 工具包的相关操作，包括增、删、查、改以及事务处理等。学习完本章的内容后，大家应该掌握利用 DBUtils 工具包操作数据库的方法。

3.7 习题

1. 填空题

（1）在 DBUtils 工具包提供的 API 中，用于关闭资源的类是_____。
（2）当执行查询操作时，需要调用 QueryRunner 类的_____方法。
（3）当执行插入操作时，需要调用 QueryRunner 类的_____方法。
（4）当执行批量操作时，需要调用 QueryRunner 类的_____方法。
（5）将查询结果的第一行数据封装到数组的 API 是_____。

2. 选择题

（1）在 DBUtils 工具包提供的 API 中，用于执行 SQL 语句的是（　　）。
    A．PreparedStatement　　　　　　　B．DBUtils
    C．QueryRunner　　　　　　　　　　D．ResultSetHandler
（2）在 DBUtils 工具包提供的 API 中，用于封装结果集的是（　　）。
    A．PreparedStatement　　　　　　　B．DBUtils
    C．QueryRunner　　　　　　　　　　D．ResultSetHandler
（3）在 DBUtils 工具包提供的 API 中，用于封装结果集中的一列数据的是（　　）。
    A．ColumnListHandler　　　　　　　B．MapHandler
    C．ArrayHandler　　　　　　　　　　D．BeanHandler
（4）使用 DBUtils 工具包完成如下操作：select count(*) from 表，可以封装该查询结果的是（　　）。
    A．BeanHandler　　　　　　　　　　B．ScalarHandler
    C．ArrayHandler　　　　　　　　　　D．MapHandler
（5）关于 JavaBean 的设计规范，下列说法错误的是（　　）。
    A．作为 JavaBean 的类，必须要提供无参的构造方法
    B．作为 JavaBean 的类，要提供 get 和 set 方法访问其属性
    C．作为 JavaBean 的类，其所有的属性最好定义为私有的
    D．作为 JavaBean 的类，必须要提供有参的构造方法

3．思考题

简述 BeanHanlder 和 BeanListHanlder 的异同。

4．编程题

已有数据库 chapter03 中的 stundents 表，请完成以下操作。

（1）查询 stundents 表中 s_id 为 1 的数据，并将结果打印至控制台。

（2）查询 stundents 表中的所有数据，并将结果打印至控制台。

（3）查询 stundents 表中学生的个数。

第 4 章

XML

本章学习目标
- 理解 XML 的基本概念。
- 掌握 XML 的语法规范，能够定义 XML 文档。
- 理解 XML 的解析方式。
- 掌握 XML 在 Java 编程中的应用。

XML 是一种可扩展的标记语言，在存储数据和传输数据方面具有先天优势，因此它被广泛应用于 Java Web 开发中。在正式开始学习 Web 编程之前，大家需要先掌握 XML 的相关知识，为以后的学习奠定基础。

4.1 初识 XML

4.1.1 XML 简介

在现实世界中，人们有很多方式去描述事物以及事物之间的关系。例如，大家想知道学习 Java 编程最佳的路线，可以通过画图的形式来表现，如图 4.1 所示。

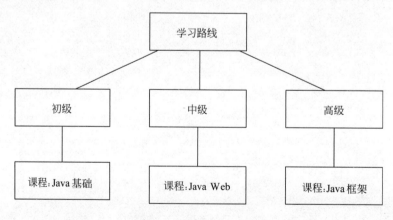

图 4.1 学习 Java 路线图

这张图包含了每个学习阶段的属性信息，并且也描述了它们之间的结构关系，对于人类理解来说，这是一种较为理想的描述方式，但如果让计算机理解这些信息，就有些困难了。本章即将学习的 XML，就可以使此类问题变得简单。

XML 是 Extensible Markup Language（可扩展标记语言）的缩写，是由 W3C 组织（万维网协会）推出的一种可扩展的标记语言。

作为标记语言，XML 常用于存储和传输数据，但它本身不执行任何动作。简单点说，XML 文档可以向外界提供信息，但开发者须调用其他软件或程序，才能对 XML 文档中的信息进行读取或传送。

和一般的标记语言相比，XML 没有预定义任何标签，开发者可根据需要自定义标签。

下面使用 XML 方式描述图 4.1 中的信息，如例 4.1 所示。

【例 4.1】 Course.xml

```
1    <?xml version="1.0" encoding="UTF-8"?>
2    <学习路线>
3        <初级>
4            <课程> Java 基础 </课程>
5        </初级>
6        <中级>
7            <课程> Java Web </课程>
8        </中级>
9        <高级>
10           <课程> Java 框架 </课程>
11       </高级>
12   </学习路线>
```

在以上实例中，通过 XML 文档也完成了对图 4.1 中信息的描述。<学习路线>…</学习路线>、<初级>…</初级>等是开发者自己定义的标签，通过标签，结构化的信息可以获得保存。

4.1.2 XML 与 HTML 的区别

由于几乎所有的浏览器都支持 HTML，与 XML 相比，HTML 更广为人知。HTML 与 XML 都是标记语言，都可以基于文本编辑和修改，它们结构类似，都以标签实现信息描述。但是细究起来，XML 和 HTML 还是有着本质区别的。为了加深大家对标记语言的理解，下面对 XML 和 HTML 的区别进行分析。XML 与 HTML 的对比如表 4.1 所示。

表 4.1 XML 与 HTML 的对比

对比项	XML	HTML
作用	设计目的是为了传输和存储数据，其焦点是数据的内容	设计目的是为了显示数据，其焦点是数据的外观

续表

对比项	XML	HTML
语法	要求所有的标签一般成对出现，标签区分大小写；属性值必须放在引号中；不会自动过滤空格	不是所有的标签都要求成对出现，标签不区分大小写；属性值的引号可用可不用；自动过滤空格
更新	允许粒度更新，不用在 XML 文档每次有局部改变时都发送整个文档的内容	不支持此类功能
扩展性	XML 标签没有预定义，开发者可根据需要自定义标签	HTML 标签是预定义的，开发者只能使用当前 HTML 标准所支持的标签

从表 4.1 中可以看出，XML 不是 HTML 的替代品，它们是两种不同用途的语言。实际上，XML 可以视作是对 HTML 的补充，它们在各自的领域分别发挥着不同的作用。

4.1.3　XML 的功能

1. XML 把数据从 HTML 分离

XML 可以使动态数据和 HTML 文档相分离，将数据存储在独立的 XML 文件中，然后通过 XML 更新 HTML 中的数据，这样开发者就可以专注地使用 HTML 进行布局和显示，无须耗费过多的精力去关注数据的更新。

2. XML 简化数据共享

通过 XML，纯文本文件可以用来共享数据，它提供了一种独立于软件和硬件的数据存储方法，提升了数据的可用性。这使创建不同应用程序可以共享的数据变得更加容易。

3. XML 简化数据传输

通过 XML，可以在不兼容的系统之间轻松地交换数据。对开发人员来说，其中一项最费时的挑战是在不兼容的系统之间交换数据。以 XML 交换数据，降低了跨平台传输数据的复杂性。目前流行的 Ajax、Web Service 等技术，均采用了这种方法。

4. XML 简化平台变更

每当升级到新的系统时，都必须转换大量的数据，这样会造成不兼容的数据经常丢失。XML 数据以文本格式存储。这使得 XML 在不损失数据的情况下，更容易扩展或升级到新的操作系统或程序。

4.1.4　XML 在 Java Web 中的应用

由于 XML 的功能强大，它在 Java Web 开发中得到了广泛运用，是 Java 开发的有力助手。Java 是跨平台的编程语言，不可避免地要在各系统平台之间存储和传输数据，而

XML 刚好可以实现跨平台的数据传输，因此它们之间有着密不可分的关系。

1．配置描述

众所周知，Web 应用的基础配置信息是不固定的，要根据场景的不同而改变，如果将配置信息直接写入代码，势必会降低应用的扩展性和移植性。因此，Java Web 开发通常会采用大量的 XML 文档作为配置文件。不仅如此，各种开发框架（如 Spring、Struts 等）也通过 XML 文档管理基础配置。

2．传输数据

各种系统平台采用互不兼容的数据存储格式，而 Web 应用往往面向不同平台，这就会给数据传输带来一定困难。例如，一个 Linux 平台上的应用要向 Windows 上的应用传输数据，将会面临传输障碍或者无法解析的问题。这时，可以采用 XML 方式实现跨平台的数据传输，如图 4.2 所示。

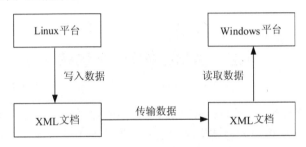

图 4.2　XML 实现跨平台的数据传输

从图 4.2 可以看出，XML 可以作为一种独立于硬件和软件的数据交换方式。通过 XML 文档，Web 应用可以避免因系统不兼容而造成的数据传输障碍。

3．Web Services

Web Services 是一种跨编程语言和跨操作系统平台的远程调用技术。通过 Web Services，运行在不同系统上的、用不同语言编写的程序可以实现相互调用。Web Services 基于 XML 实现功能，它的通信协议要使用 XML 作为支撑。

4．持久化数据

XML 文档可以作为小型数据库，持久化一些特殊的数据。例如，程序中经常用到的一些系统数据，如果放在数据库中会增加维护数据库的工作量，此时可以考虑采用 XML 文档来作为小型数据库。

4.1.5　XML 的编辑工具

XML 文档是一种文本文件，因此普通的文本编辑器都能直接对其进行编写，如

Windows 的"记事本"等。在开发中,通常使用集成开发工具编写 XML 文档,如 Eclipse 中就集成了 XML 编辑器,如图 4.3 所示。该编辑器除了具有普通的编辑功能外,还提供了可视化的编辑方式,开发者可根据需要选择使用。

图 4.3 Eclipse 集成的 XML 编辑器

4.2 XML 的语法规范

XML 的语法很简单,易用易学,而且没有预先定义标签,这给了开发者相当自由的空间。但 XML 文档作为一种结构化的文档,为了便于被其他程序读取和解析,还必须要遵循一定的规范。

4.2.1 XML 文档的整体结构

一个 XML 文档有其自身的固有结构,主要由文档声明、元素、属性、注释、CDATA 区、转义字符等组成,为了便于大家理解,本书自定义了一个相对完整的 XML 文档,如例 4.2 所示。

【例 4.2】 book01.xml

```
1   <?xml version="1.0" encoding="UTF-8"?>
2   <!-- 上一行是文档声明 -->
3   <!-- 这是一个注释行 -->
4   <!-- 下一行是根元素 -->
5   <书籍列表>
6       <!-- 下一行是子元素 -->
7       <计算机书籍>
8           <!-- category是子元素bookname的属性 -->
9           <bookname category='Java'> Java 语言程序设计 </bookname>
10          <author>千锋教育高教产品研发部</author>
11      </计算机书籍>
```

```
12          <计算机书籍>
13              <bookname> Java Web 开发实战 </bookname>
14              <author>千锋教育高教产品研发部</author>
15          </计算机书籍>
16          <计算机书籍>
17              <bookname> Java EE (SSM框架) 企业应用实战 </bookname>
18              <author>千锋教育高教产品研发部</author>
19          </计算机书籍>
20          <!-- 接下来的三行是CDATA区 -->
21          <![CDATA[
22              CDATA 区里面可以放任意值
23              < > <><><><>
24          ]]>
25          <!-- 下一行为转义字符 -->
26          <abc> &lt; &gt; &amp; </abc>
27      </书籍列表>
```

book01.xml 呈现了一个 XML 文档的整体结构，下面本书将对 XML 文档的每个组成部分分别进行讲解。

4.2.2 文档声明

XML 的文档声明要放在文档的第一行，它能够提供关于该文档的基本信息，包括版本信息、编码信息等。文档声明的具体实现格式如下。

```
<?xml version="1.0" encoding="UTF-8"?>
```

从上面的语法格式中可以看出，文档声明以符号"<?"开头，以符号"?>"结尾，中间的 version 代表 XML 的版本信息，encoding 代表文档编码信息，其中，version 是必写项，现在常用的是 1.0 版本，encoding 是选填项，如果不填就默认采用 UTF-8 编码方式。

需要注意的是，XML 的文档声明必须位于文档的第一行，前面不能有任何字符。

4.2.3 XML 元素

元素是 XML 文档的基本单元，一般是由开始标记、属性、元素内容和结束标记构成，具体示例如下。

```
<bookname>《Java Web 开发实战》</bookname>
```

其中，<bookname>是开始标记，</bookname>是结束标记，它们一起组成了一个元素。元素是可以嵌套的，如果一个元素没有嵌套在其他元素内，这个元素就称为根元素。如果一个元素没有嵌套其他元素，也不包含文本信息，这个元素就称为空元素。

关于元素,需要注意以下几点。

1. XML 元素必须有关闭标签

在 XML 文档中,所有的元素必须有结束标记。当元素为空元素时,可以采用自封闭语法对该元素进行闭合。也就是说,空元素可以有如下两种表示方法。

第一种:

```
<bookname></bookname>
```

第二种:

```
<bookname/>
```

2. XML 元素必须正确嵌套

在 XML 中,所有元素都必须彼此正确地嵌套,下面的示例就是不合理的。

```
<计算机书籍><bookname> Java Web 开发实战 </计算机书籍></bookname>
```

正确语法应该是:

```
<计算机书籍><bookname> Java Web 开发实战 </bookname></计算机书籍>
```

3. XML 文档有且只有一个根元素

XML 文档是一种标准的结构化文档,整个文档从根元素开始,根元素包含若干子元素,子元素又包含若干子元素,层层嵌套,最终组成了 XML 文档。因此,文档的所有内容都必须包含在唯一的根元素中。

4. XML 对大小写敏感

XML 是区分大小写的,XML 文档中的所有内容,包括标签名、属性名以及值,都要受到大小写的影响。

```
<Bookname>这是错误的</bookname>
<bookname>这是正确的</bookname>
```

在以上示例中,<Bookname>的首字母为大写,不能和后面的结束标记匹配,是错误的写法。

5. XML 文档中的空白被保留

当 XML 文档被读取或解析时,文档中的空白部分不会被解析器自动删除,而是要完整地保留下来。例如,有下面这样一个标签。

```
<bookname>《Java Web 开发    实战》</bookname>
```

其中，"开发"与"实战"之间的空白会被当作数据的一部分，开发者在使用 XML 时应注意这一点。

6．XML 元素的命名需遵循规则

在 XML 文档中，元素的名称可以包含字母、数字以及其他字符，但是也要遵循一定的规则，具体如下。

- 不能以数字或者下画线"_"开头。
- 不能以 xml、Xml、xMl、xmL、XMl、xML、XML（即 xml 的大小写任何组合）等字符组合开头。
- 不能包含空格，<标　签></标　签>是错误的。
- 不能包含冒号"："。
- 命名应尽量简短，减少 XML 的大小。
- 慎重使用非英文字符，某些应用程序可能不支持非英文字符。
- 不要使用点号"."，点号在很多程序语言中表示引用等特殊含义。
- 不要使用减号"-"，可以下画线"_"代替，避免与表达式中的减号运算符冲突。
- 区分大小写，<p/>和<P/>是不同标记。

4.2.4　XML 属性

XML 文档允许为 XML 元素指定属性，XML 属性定义在 XML 元素的标签中，同时还要有其对应的值，如：

```
<bookname category='Java'>Java Web 开发实战</bookname>
```

属性可以为元素提供更多的额外信息，在以上的示例中，属性 category 是该元素的属性名，单引号中的 Java 是该元素的属性值。

需要注意的是，属性的定义也要遵循一定的规范，属性的命名规则和元素相同，除此之外，一个元素只能有一个同名的属性，一个元素中的多个属性没有顺序要求，属性值必须用双引号或单引号括起。

在 XML 文档中，可以使用元素的属性来替代子元素，这样也能描述相同的信息，如果有如下一段 XML 语句。

```
<计算机书籍>
        <bookname>Java Web 开发实战</bookname>
</计算机书籍>
```

要是采用元素属性写法，则可以改写成如下语句。

```
<计算机书籍　bookname='Java Web 开发实战'> </计算机书籍>
```

在具体使用的时候，如果是描述数据，则应尽量使用子元素，如果是要补充信息，则尽量使用元素的属性。

4.2.5 XML 注释

在编辑 XML 文档时，如果想备注一些附加信息或过滤掉某些内容，可以通过注释的方式来实现。XML 的注释以"<!--"开始，以"-->"结束，示例如下。

```
<!-- 这是一个注释行 -->
<!-- 这是一个
     注释段落
-->
```

注释区中的内容不会被处理和解析，在使用过程中需注意以下几点。

1．注释不能放在 XML 声明之前

XML 声明提供了一个 XML 文档的版本和编码信息，必须位于第一行。而一些新入行的开发者往往会习惯性地在文档的第一行编写注释，如下所示。

```
<!--这是一个 XML 文档  -->
<?xml version="1.0" encoding="UTF-8"?>
```

以上写法是错误的，注释不能放在 XML 声明之前。

2．注释不能放入标签之内

注释放入标签内会造成文档错误，下面的写法是错误的。

```
<bookname <!-书名--> >Java Web 开发实战</bookname>
```

3．注释内容中不能出现双中画线（"--"）

注释本身自带有双中画线，如果注释的内容中出现双中画线，会使程序产生误读。

```
<!-- Java Web--开发实战 -->
```

在上面的示例中，Java Web 与"开发实战"之间出现了双中画线，是错误的。

4．注释不能以"--->"结尾

在下面的示例中，字符串"实战"后出现"-"，且和注释的结束标记"-->"连在一起，是错误的。

```
<!-- Java Web 开发实战--->
```

5．注释不能嵌套使用

在程序读取 XML 文档中的注释时，如果出现注释嵌套的情况，程序将分不清楚注释的结构，造成误读。

4.2.6 转义字符的使用

在 XML 文档中，一些字符拥有特殊的意义。为了避免把字符数据和标签中需要用到的一些特殊符号相混淆，XML 提供了转义字符的写法。

例如，在下面的示例中，需要使用"<"表示一个条件关系。

```
<condition> 1 < 2 </condition>
```

这时解析器会认为它是元素的开始标签，把它当作新元素的开始，这样会产生 XML 错误。为了避免错误，可以采用 XML 提供的转义字符 "<" 来代替 "<" 字符。上面示例的正确写法如下。

```
<condition> 1 &lt; 2 </condition>
```

XML 文档提供了五个常用的转义字符，如表 4.2 所示。

表 4.2 特殊字符和转义字符对照表

特 殊 字 符	转 义 字 符	说　　明
<	&lt;	小于号
>	&gt;	大于号
&	&amp;	和
'	&apos;	单引号
"	&quot;	双引号

表 4.2 中列举的特殊字符，除了"<"和">"外，其他都不强制要求转义，但为了减少出错，应养成在 XML 文档中使用转义字符的习惯。

4.2.7 CDATA 区

CDATA 区中嵌入的数据是不被 XML 解析器解析的。在 XML 文档中，如果某个部分出现大量需要转义的特殊字符，为了避免逐一转义的烦琐，可将它们放入 CDATA 区。

CDATA 区以 "<![CDATA[" 开始，以 "]]>" 结束，具体语法如下。

```
<condition>
    <![CDATA[
       1 < 2
       1 < 3
       1 < 4
    ]]>
</condition>
```

需要注意的是，CDATA 区不能嵌套使用，CDATA 区的内部不能出现字符串"]]>"，CDATA 区结尾部分的 "]]>" 不能包含空格或换行符。

4.3 XML 解析

当数据被存储在 XML 文档中以后，若想操作这些数据，就必须先解析 XML 文档。由于 XML 文档是结构化文档，如果仍然使用普通文件 IO 进行读写，那么不仅效率低下，过程也非常复杂。为了避免这些问题，在实际开发中常采用 DOM、SAX、DOM4J 等方法对 XML 文档进行解析。

4.3.1 DOM 解析简介

DOM 是 Document Object Model（文档对象模型）的简称，它是 W3C 组织推荐的处理 XML 的一种标准方式。

DOM 以树状结构组织 XML 文档中的每个元素，这个树状结构允许开发人员在树中寻找特定信息。在解析 XML 文档时，内存中会生成与 XML 文档结构对应的 DOM 对象树。这样便能够根据树的结构，以节点形式来对文档进行操作，如图 4.4 所示。

图 4.4 通过 DOM 方式解析 XML 文档

图 4.4 描述了用 DOM 方式解析 XML 文档的过程，XML 解析器负责读入文档，将该文档转成常驻内存的树状结构，然后程序代码就可以使用节点与节点之间的父子关系来访问 DOM 树，并获取每个节点所包含的数据。

4.3.2 DOM 解析实例

Java 提供了相应的 API 封装对 XML 解析的操作，下面用一个实例来演示以 DOM 方式解析 XML 文档。打开 Eclipse，新建 Java 工程 chapter04，在工程 chapter04 下新建目录 lib，将 dom4j-1.6.1.jar 和 jaxen-1.1-beta-6.jar 复制到 lib 目录下，右击 lib 目录下的上述 jar 包，在弹出的菜单中选择 Build Path→Add to Build Path 命令，完成 jar 包的导入。在工程 chapter04 的 src 目录下新建 book02.xml，具体代码如例 4.3 所示。

【例 4.3】 book02.xml

```
1    <?xml version="1.0" encoding="UTF-8"?>
2    <booklist>
3        <computerBooks>
4            <bookname >Java 语言程序设计</bookname>
```

```
5           <author>千锋教育高教产品研发部</author>
6       </computerBooks>
7       <computerBooks>
8           <bookname>Java Web 开发实战</bookname>
9           <author>千锋教育高教产品研发部</author>
10      </computerBooks>
11      <computerBooks>
12          <bookname>Java EE（SSM 框架）企业应用实战</bookname>
13          <author>千锋教育高教产品研发部</author>
14      </computerBooks>
15  </booklist>
```

接着，新建测试类 TestDOM，用于解析 book02.xml 文档，具体代码如例 4.4 所示。

【例 4.4】 TestDOM.java

```
1   package com.qfedu.testxml;
2   import javax.xml.parsers.DocumentBuilder;
3   import javax.xml.parsers.DocumentBuilderFactory;
4   import org.w3c.dom.Document;
5   import org.w3c.dom.Element;
6   import org.w3c.dom.Node;
7   import org.w3c.dom.NodeList;
8   public class TestDOM {
9       public static void main(String[] args) throws Exception{
10          //得到解析器
11          DocumentBuilderFactory factory =
12              DocumentBuilderFactory.newInstance();
13          DocumentBuilder builder = factory.newDocumentBuilder();
14          //通过解析器就可以得到代表整个内存中 XML 的 Document 对象
15          Document document = builder.parse("src\\book02.xml");
16          //获取根节点
17          Element root = document.getDocumentElement();
18          System.out.println("根节点名称为："+root.getNodeName());
19          //获取根元素的所有子节点
20          NodeList nodes = root.getChildNodes();
21          //遍历所有子节点
22          for (int i = 0; i < nodes.getLength(); i++) {
23              Node node = nodes.item(i);
24              //如果子节点的类型是一个元素,则打印该元素名称
25              if (node.getNodeType() == Node.ELEMENT_NODE) {
26                  Element child = (Element) node;
27                  System.out.println(child.getNodeName());
28                  //获取子节点的子节点
29                  NodeList nodes2 = child.getChildNodes();
30                  for (int j = 0; j < nodes2.getLength(); j++) {
```

```
31                    Node node_2 = nodes2.item(j);
32                    if (node_2.getNodeType() == Node.ELEMENT_NODE) {
33                      Element child_2 = (Element) node_2;
34                      //打印该节点的名称和文本内容
35                      System.out.println
36                      (child_2.getNodeName()+":"+child_2.getTextContent());
37                    }
38                  }
39                }
40              }
41            }
42          }
```

执行 TestDOM 类，执行结果如图 4.5 所示。

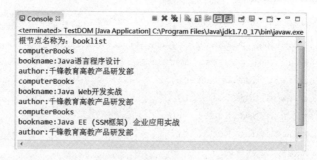

图 4.5　执行 TestDOM 类的运行结果

从图 4.5 可以看出，Java 程序已成功解析 book02.xml 文档中的信息并打印到控制台。

4.3.3　SAX 解析简介

与 DOM 不同，SAX 采用事件机制来解析 XML 文档，它基于事件驱动，是一种快速读取 XML 的方式。

通过 SAX 方式解析 XML 文档，涉及两个部分：解析器和事件处理器。在处理 XML 文档时，解析器遇到文档开始、元素开始、文本、元素结束和文档结束时会触发对应的事件，这些事件中封装了 XML 元素。事件处理器是用来监听并处理解析器触发的事件的，从事件处理器中可以获得解析器封装的文档内容。通过 SAX 方式解析 XML 文档的过程如图 4.6 所示。

图 4.6　通过 SAX 方式解析 XML 文档的过程

图 4.6 描述了用 SAX 方式解析 XML 文档的过程，SAX 解析器对文档进行解析时，会触发一系列的事件，这些事件将被 SAX 事件处理器监听。开发者要在 SAX 事件处理器中定义处理事件的方法，当监听到事件时，相应的方法将被调用。

4.3.4 SAX 解析实例

为了让大家理解得更加深刻，下面通过一个实例来演示通过 SAX 方式解析 book02.xml 文档。新建一个类 MyHandler，该类即为事件处理器，需要继承 SAX 提供的 DefaultHandler 类并重写其中的方法，具体代码如例 4.5 所示。

【例 4.5】 MyHandler.java

```java
package com.qfedu.testxml;
import org.xml.sax.Attributes;
import org.xml.sax.SAXException;
import org.xml.sax.helpers.DefaultHandler;
public class MyHandler extends DefaultHandler{
    //当前元素中的数据
    private String content;
    //取得元素数据
    @Override
    public void characters(char[] ch, int start, int length) throws
        SAXException {
        content=new String(ch,start,length);
    }
    //在解析整个文档结束时调用
    @Override
    public void endDocument() throws SAXException {
        System.out.println("结束文档");
    }
    //在解析元素结束时调用
    @Override
    public void endElement(String uri, String localName, String name)
        throws
        SAXException {
        //如果元素内容去掉空格的长度大于0,那么打印该元素内容
        if (content.trim().length()>0) {
            System.out.println("元素内容 :"+content.trim());
        }
        System.out.println("结束标签:"+name);
    }
    //在解析整个文档开始时调用
    @Override
    public void startDocument() throws SAXException {
```

```
32            System.out.println("开始文档");
33        }
34        //在解析元素开始时调用
35        @Override
36        public void startElement(String uri, String localName, String
37            name,Attributes attributes) throws SAXException {
38            System.out.println("开始标签 :"+name);
39        }
40    }
```

接下来，新建一个类 TestSAX，该类用于测试通过 SAX 解析 XML 文档，具体代码如例 4.6 所示。

【例 4.6】 TestSAX.java

```
1   package com.qfedu.testxml;
2   import java.io.InputStream;
3   import javax.xml.parsers.SAXParser;
4   import javax.xml.parsers.SAXParserFactory;
5   import org.xml.sax.SAXException;
6   public class TestSAX {
7       public static void main(String[] args) throws Exception{
8           //创建 SAX 解析器工厂
9           SAXParserFactory factory = SAXParserFactory.newInstance();
10          //创建 SAX 解析器实例
11          SAXParser parser = factory.newSAXParser();
12          InputStream in = TestSAX.class.
13              getClassLoader().getResourceAsStream("book02.xml");
14          //解析文件,引入对应的事件处理器
15          parser.parse(in, new MyHandler());
16      }
17  }
```

执行 TestSAX 类，运行结果如图 4.7 所示。

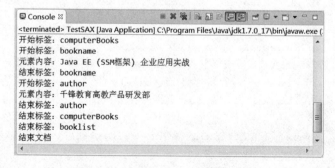

图 4.7 执行 TextSAX 类的运行结果

从图 4.7 可以看出，Java 程序已成功解析 book02.xml 文档中的信息并打印到控制台。

4.3.5　DOM 与 SAX 的对比

DOM 通过把 XML 文档转化成 DOM 树进行解析，SAX 采用事件机制对 XML 文档进行解析，作为 XML 解析的重要方式，它们之间存在很大的区别，具体如表 4.3 所示。

表 4.3　DOM 与 SAX 的对比

对 比 项	DOM	SAX
解析机制	DOM 模型	触发事件
资源占用	一次性将整个 XML 文档读入内存并转化成 DOM 树，解析速度慢，占用资源大	按顺序逐行解析，无须将 XML 文档一次性全部装入，速度快，占用内存资源较少
访问与修改	既可读取元素内容，也可修改元素内容，在整个解析过程中，DOM 树常驻内存，支持重复访问	只能访问元素内容，不支持修改元素内容，不保存已访问的内容，想要重复访问，只能再次解析
应用场景	需要对 XML 文档进行修改；需要随机对 XML 文档进行访问	对大型 XML 文档进行处理；只需要 XML 文档的部分内容，或者只需要从 XML 文档中得到特定信息；开发者想自定义对象模型

4.3.6　DOM4J 简介

DOM4J 是一个由 dom4j.org 出品的开源 XML 解析包，从表面看，它类似于前面讲过的 DOM 机制，但实质上，DOM4J 的处理方式比 DOM 机制更简单一些。

DOM4J 采用面向接口的方式处理 XML 文档，它对底层原始的多种 XML 解析器进行了高度封装，完全支持 DOM、SAX 等机制，在很大程度上简化了 XML 的解析方式。

DOM4J 的最大特色是其提供的接口，在使用 DOM4J 进行 XML 解析时，开发者只需调用接口实现相关功能，无须关注接口的底层实现。关于 DOM4J 的常用接口，具体如表 4.4 所示。

图 4.4　DOM4J 的常用接口

接 口 名 称	功 能 描 述
interface org.dom4j.Node	它是 DOM4J 树中所有元素的根接口
interface org.dom4j.Attribute	定义了 XML 元素的属性
interface org.dom4j.Branch	指能够包含子节点的节点，子接口是 Element 和 Document
interface org.dom4j.CDATA	定义了 XML CDATA 区域
interface org.dom4j.CharacterData	是一个标识接口，标识基于字符的节点，是所有文本元素的父接口
interface org.dom4j.Comment	定义了 XML 的注释内容
interface org.dom4j.Document	定义了 XML 文档
interface org.dom4j.DocumentType	定义 XML DOCTYPE 声明
interface org.dom4j.Element	定义 XML 元素
interface org.dom4j.ElementHandler	定义了 Element 对象的处理器

续表

接口名称	功能描述
interface org.dom4j.ElementPath	被 ElementHandler 使用，用于取得当前正在处理的路径层次信息
interface org.dom4j.Entity	定义 XMLentity
interface org.dom4j.NodeFilter	定义了在 DOM4J 节点中产生的一个滤镜或谓词的行为（predicate）
interface org.dom4j.Text	定义 XML 文本内容
interface org.dom4j.Visitor	用于实现 Visitor 模式
interface org.dom4j.XPath	在分析一个字符串后会提供一个 XPath 表达式

4.3.7 DOM4J 解析实例

前面已经提到，使用 DOM4J 解析 XML 文档是相对简单的，下面通过一个实例来演示解析过程。新建一个测试类 TestDOM4J，该类用于测试通过 DOM4J 解析 book02.xml 文档，具体代码如例 4.7 所示。

【例 4.7】 TestDOM4J.java

```
1   package com.qfedu.testxml;
2   import java.io.InputStream;
3   import java.util.List;
4   import org.dom4j.Document;
5   import org.dom4j.Element;
6   import org.dom4j.io.SAXReader;
7   public class TestDOM4J {
8       public static void main(String[] args) throws Exception {
9           //获取解析器
10          SAXReader reader = new SAXReader();
11          InputStream in =TestDOM4J.class.
12          getClassLoader().getResourceAsStream("book02.xml");
13          Document doc = reader.read(in);
14          //获取根节点
15          Element root = doc.getRootElement();
16          System.out.println("根节点名称为: "+root.getName());
17          //调用方法
18          findElements(root);
19      }
20      public static void findElements(Element e){
21          List eleList = e.elements();
22          for (Object ele : eleList) {
23              Element element =(Element)ele;
24              if (element.isTextOnly()) {
25                  System.out.println(element.getName()+":"+element.getText());
```

```
26                }
27            else{
28                System.out.println(element.getName());
29                findElements(element);
30            }
31        }
32    }
33 }
```

执行 TestDOM4J 类，运行结果如图 4.8 所示。

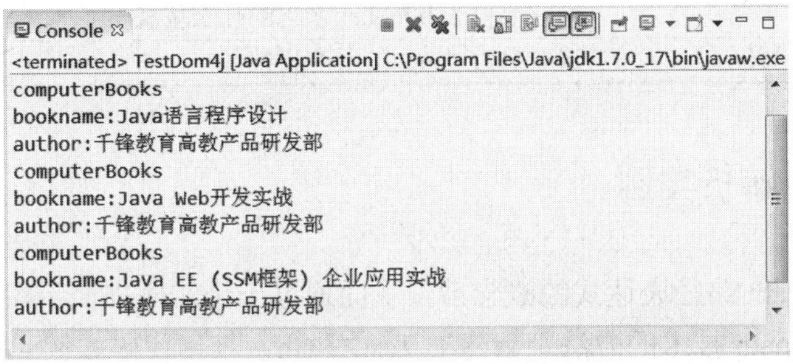

```
computerBooks
bookname:Java语言程序设计
author:千锋教育高教产品研发部
computerBooks
bookname:Java Web开发实战
author:千锋教育高教产品研发部
computerBooks
bookname:Java EE（SSM框架）企业应用实战
author:千锋教育高教产品研发部
```

图 4.8　执行 TestDOM4J 类的运行结果

从图 4.8 可以看出，Java 程序已成功解析 book02.xml 文档中的信息并打印到控制台。

4.3.8　XPath 解析简介

XPath 的全称是 XML Path Language（XML 路径语言），是一门在 XML 文档中查找信息的语言。XPath 的功能有些类似于 SQL，发送 SQL 命令可以从数据库中获得需要的数据，同样，通过给出 XPath 路径信息则可以从 XML 文档中查找出符合条件的元素。

XPath 是 W3C XSLT 标准的主要元素，应用非常广泛，本书主要针对在 DOM4J 中使用 XPath 技术进行讲解。

要使用 XPath 获取 XML 文档中的节点或节点集，首先要理解路径表达式的概念。XPath 的路径表达式是有一定语法要求的，XPath 中常用的特殊字符如表 4.5 所示。

表 4.5　XPath 中常用的特殊字符

特 殊 字 符	功 能 描 述
nodename	选取此节点的所有子节点
/	从根节点选取
//	从匹配选择的当前节点选择文档中的节点，而不考虑它们的位置
.	选取当前节点
..	选取当前节点的父节点
@	选取属性

为了让大家理解表 4.5 中特殊字符的用法，下面给出一些常用的路径表达式实例，具体如表 4.6 所示。

表 4.6　XPath 常用的路径表达式实例

表达式实例	说　　明
booklist	选取 booklist 的所有子节点
/ booklist	选取根节点 booklist
booklist/ computerbooks	选取属于 booklist 子元素的所有 computebooks 元素
// computerbooks	选取所有 computerbooks 子元素，而不管它们在文档中的位置
booklist// computerbooks	选择属于 booklist 元素的后代的所有 computerbooks 元素，而不管它们位于 booklist 之下的什么位置
//@lang	选取名为 lang 的所有属性

4.3.9　XPath 解析实例

在学习了 XPath 路径表达式的概念后，下面通过一个实例来演示在 DOM4J 中使用 Xpath 技术的方法。新建类 TestXPath，具体代码如例 4.8 所示。

【例 4.8】　TestXPath.java

```
1    package com.qfedu.testxml;
2    import java.io.InputStream;
3    import java.util.List;
4    import org.dom4j.Document;
5    import org.dom4j.Node;
6    import org.dom4j.io.SAXReader;
7    public class TestXPath {
8        public static void main(String[] args) throws Exception {
9            //加载流文件
10           InputStream is = TestXPath.class.getClassLoader().
11               getResourceAsStream("book02.xml");
12           //核心类
13           SAXReader saxReader = new SAXReader();
14           Document document = saxReader.read(is);
15           //XPath 路径表达式,表示所有 computerBooks 下的子元素 bookname 的文本内容
16           String XPath ="//computerBooks//bookname";
17           List nodes = document.selectNodes(XPath);
18           for (int i = 0; i < nodes.size(); i++) {
19               Node node = (Node) nodes.get(i);
20               System.out.println(node.getText());
21           }
22       }
23   }
```

执行 TestXPath 类，运行结果如图 4.9 所示。

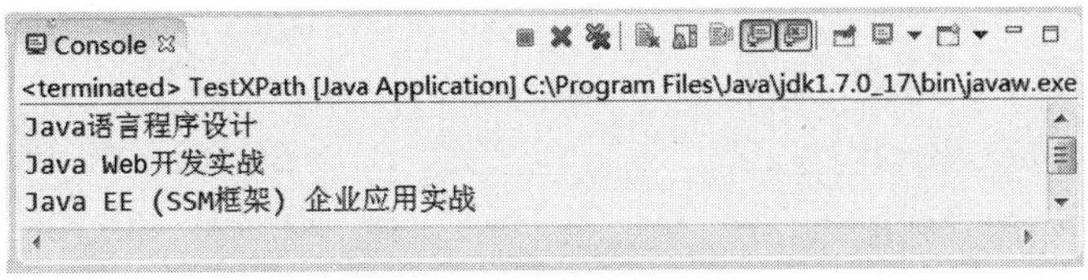

图 4.9　执行 TestXPath 类的运行结果

从图 4.9 可以看出，Java 程序已成功解析 book02.xml 文档中的信息并打印到控制台。

4.4　本章小结

本章主要讲解了 XML 的相关知识，包括 XML 的基本介绍、XML 的语法规范、XML 解析等。通过对本章知识的学习，大家要能够根据语法规范编写 XML，可以使用 Java 程序对 XML 进行解析和处理。

4.5　习　　题

1．填空题

（1）XML 是_____组织推出的一种可扩展的标记语言。
（2）XML 常用于_____，但它本身不执行任何动作。
（3）XML 的文档声明要放在文档的_____，它能够提供关于该文档的基本信息。
（4）XML 文档有且只有_____个根元素。
（5）DOM 以_____结构组织 XML 文档的每个元素。

2．选择题

（1）XML 的可扩展性体现在（　　）。
　　A．开发者可以自定义标签　　　　B．可以用于存储数据
　　C．可以用于传输数据　　　　　　D．必须遵循一定的语法规范
（2）关于 XML 与 HTML，下列说法错误的是（　　）。
　　A．XML 用于存储数据，HTML 用于展示数据
　　B．XML 的标签可以由开发者自己定义，HTML 的标签已经被预先定义
　　C．XML 区分字母大小写，HTML 不区分字母大小写
　　D．XML 自动过滤空格，HTML 不过滤空格
（3）XML 文档的默认编码方式是（　　）。

A. ASCII　　　　　　　　　　B. UTF-8
C. UTF-16　　　　　　　　　 D. Unicode

（4）下列元素中，定义正确的是（　　）。

A. <book></Book>　　　　　　　B. <BOOK></book>
C. <book></book>　　　　　　　D. <Book></BOOK>

（5）下列选项中，不属于 XML 标记意义的是（　　）。

A. 结构　　　　　　　　　　B. 记录
C. 语义　　　　　　　　　　D. 样式

3. 思考题

请简述 DOM 解析方式和 SAX 解析方式的区别。

4. 编程题

现已有 qianfeng.xml 文档，请使用 DOM4J 方式在控制台打印出该文档根节点子元素的文本信息。

qianfeng.xml

```
1  <?xml version="1.0" encoding="UTF-8"?>
2  <qianfeng>
3      <list>千锋教育</list>
4      <list>好程序员</list>
5      <list>扣丁学堂</list>
6  </qianfeng>
```

第 5 章

Web 开发前奏

本章学习目标
- 了解 Web 的基本概念及核心标准。
- 理解 B/S 架构和 C/S 架构。
- 掌握 Tomcat 服务器的安装、启动、关闭、配置。
- 掌握 Web 应用的创建及发布。
- 掌握 Eclipse 创建、管理 Web 应用的方法。

互联网的发展改变了世界的面貌,也改变了人们的生活。如今,人们通过扫描二维码就能完成转账支付,足不出户就能让外卖员将饭菜送到家里,装个 APP 就能使用马路边的共享单车……实际上,这些日常生活中的事项都要依靠 Web 技术才能实现。接下来,本章将对 Web 开发涉及的基础知识进行详细的讲解。

5.1 Web 基础知识

5.1.1 理解 Web

在日常生活中,人们经常要使用浏览器访问网络资源,而访问网络资源一般要经过一个固定的流程,具体如图 5.1 所示。

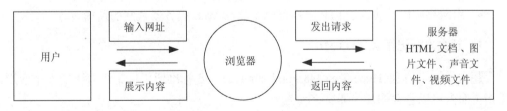

图 5.1 用户访问网络资源流程图

从图 5.1 可以看出用户使用浏览器访问网络资源的一般步骤如下。
- 用户在浏览器中输入网址。
- 浏览器寻找目标主机,并向目标主机发出请求。
- 目标主机服务器接受请求并生成处理结果,处理结果多为 HTML 格式,也有其他格式。
- 服务器把处理结果返回给浏览器。
- 浏览器接受对应的返回结果，在解析后展示给用户。

这就是利用 Web 技术实现的一个典型场景，每个步骤都涉及相关的开发技术，接下来，本书将对此展开详细的讲解。

从抽象层面理解，Web 是一个巨大的资源集合，其首要的任务是向人们提供资源服务。从具体概念理解，Web 是 World Wide Web（WWW）的简称，译为万维网。

万维网是一个由许多互相链接的超文本文档形成的系统。有了万维网，用户就可以利用链接从 Internet 上的一个站点方便快捷地访问到另一个站点。万维网中有用的事物被称为资源，包括 HTML 文件、图片文件、声音文件以及视频文件等。这些资源通过统一资源定位符（URL）来定位，并通过超文本传输协议（HTTP）传递给用户，而用户则可以通过单击链接的形式获取资源，具体如图 5.2 所示。前文中讲到的利用浏览器访问网络资源的场景，也是基于这个原理实现的。

图 5.2　访问 Web 资源基本原理图

5.1.2　Web 的三个核心标准

从 Web 运行的基本原理来看，Web 开发要围绕着三个核心点来完成，即 Web 资源的表达、Web 资源的定位和 Web 资源的传输。相应地，Web 也给出了如下三个核心标准去处理这些问题。
- 用超文本技术 HTML 来表达信息，以及建立信息与信息的链接。
- 用统一资源定位符 URL 来实现 Web 资源的精准定位。
- 用网络应用层协议 HTTP 来规范浏览器与 Web 服务器之间的通信过程。

1．超文本标记语言（HTML）

超文本标记语言（HyperText Markup Language），是标准通用标记语言下的一个应用，是指页面内可以包含图片等非文字元素。

Web 资源多采用 HTML 来表达信息，充分利用了 HTML 的"超文本"的优点。HTML 允许直接包含纯文本形式的信息，也可以利用标签将图片、声音、超链接等资源引入，除此之外，它还支持利用标签设置内容的显示格式。

2．统一资源定位符（URL）

用户在浏览器中输入的网站地址就是 URL。URL 是统一资源定位符（Uniform

Resource Locator）的简称，是专为标识网络上的资源位置而设的一种编址方式。Internet 上的每个网页都有一个唯一的 URL 地址。

URL 相当于一个文件名在网络范围内的扩展，有了 URL 才可以实现对 Web 资源的定位，进而对其进行包括访问在内的各种操作。

URL 一般由三个部分组成，包含网络协议、Web 服务器的 IP 地址或域名、资源所在路径或文件名等，具体示例如下。

```
http://www.qfedu.com/index.html
```

以上 URL 中，http 表示传输数据所使用的协议，www.qfedu.com 表示请求域名，index.html 表示要请求的资源名称。

3．超文本传输协议（HTTP）

HTTP（HyperText Transfer Protocol）是一种通信协议，它规定了客户端（浏览器）与服务器之间信息交互的方式。因此，只有当客户端（浏览器）和服务器都支持 HTTP 时，才能在万维网上发送和接收信息。

HTTP 可以使浏览器的使用更加高效，并减少网络传输。它不仅保证了计算机正确快速地传输超文本文档，还可以确定具体传输文档中的哪些部分以及优先传输哪些部分等。

对于 HTTP 的理解是学习 Java Web 技术的基石，本书另有章节对 HTTP 进行详细讲解，此处不再赘述。

5.1.3　C/S 架构和 B/S 架构

对开发人员来说，在项目的开发过程中针对不同项目选择恰当的软件体系非常重要。适当的软件体系结构与软件的安全性、可维护性密切相关。目前 Web 开发中最流行的架构是 C/S 架构和 B/S 架构，下面对这两种结构进行深入的剖析。

1．C/S 架构

C/S 架构，即 Client/Server（客户机/服务器）结构，如图 5.3 所示。在这种结构中，服务器通常采用高性能的 PC 或工作站，并采用大型数据库系统，客户端则需要安装专用的客户端软件。这种结构可以充分利用两端硬件环境的优势，将任务合理地分配到 Client 端和 Server 端，降低了系统的通信开销。早期的网络程序开发多以此作为首选设计标准。

2．B/S 架构

B/S 架构，即 Browser/Server（浏览器/服务器）结构，是随着 Internet 技术的兴起，对 C/S 结构的一种变化或者改进，如图 5.4 所示。在这种结构下，客户端不需要开发任何用户界面，而统一采用 IE 或火狐等浏览器。用户通过浏览器向 Web 服务器发送请求，由 Web 服务器处理并将处理结果返回给浏览器，浏览器对服务器返回的结果进行解析并展示给用户。B/S 架构利用不断成熟的浏览器技术，实现了原来需要复杂的专用软件才能实现的强大功能，并节约了开发成本，是一种全新的软件系统架构。这种架构成为当今应用软件的首选体系结构。

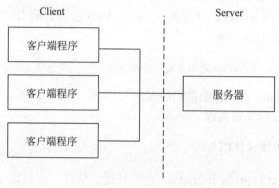

图 5.3　C/S 架构示意图

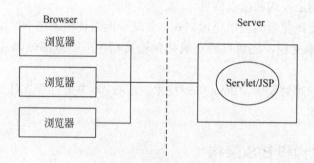

图 5.4　B/S 架构示意图

在讲解了 C/S 架构和 B/S 架构之后，为了让大家更加清楚它们各自的特点，下面对它们做对比说明，如表 5.1 所示。

表 5.1　C/S 架构与 B/S 架构对比

对 比 项	C/S 架构	B/S 架构
开发维护成本	需要针对不同的操作系统开发出不同版本的软件，既要关注服务器，又要关注客户端，开发维护成本高	主要集中于服务器开发，使用 Java 之类的跨平台语言，无须考虑跨平台移植的问题，开发维护成本低
升级和复用性	系统升级困难，由于整体性，必须整体考量，很可能需要再做一个全新的系统	仅需更换个别构件，就可实现系统的无缝升级
用户交互	使用对应的客户端软件，表现方式有限，对开发者要求较高	使用浏览器，有更加丰富和生动的表现方式与用户交互

5.2　Tomcat 服务器

Web 服务器是运行及发布 Web 应用的容器。在开发中，为了使用户能通过浏览器访问网上的资源，需要先将资源发布到 Web 服务器中。能够发布 Java Web 程序的服务器需要支持 Servlet/JSP 规范，常见的有 Tomcat 服务器、JBoss 服务器、WebLogic 服务器等。其中，Tomcat 服务器应用广泛且易被初学者掌握，因此，本书在讲解时均使用 Tomcat 服务器。

5.2.1 Tomcat 简介

Tomcat 是 Apache Jakarta 项目中的一个核心子项目，由 Apache 组织、Sun 公司（已被 Oracle 公司收购）和其他一些参与人共同开发。由于 Sun 公司的支持，Java 语言中的 Servlet/JSP 规范在 Tomcat 中得到完美的支持。

Tomcat 基于 Java 语言开发，能够在任何安装有 JVM 的操作系统上运行。它免费开源、运行稳定、占用系统资源小、扩展性好，而且支持负载均衡与邮件服务等功能，成为目前比较流行的 Web 应用服务器。

目前，Tomcat 的版本仍在更新，功能也在不断地完善与增强，本书采用 7.0 版本进行讲解。

5.2.2 Tomcat 的安装

Tomcat 官网提供了多种版本的 Tomcat 安装包，下面对 Tomcat 7.0 的下载及安装进行详细的讲解。这里要提醒大家的是，由于 Tomcat 基于 Java 开发，安装 Tomcat 之前需要先安装 JDK。JDK 的安装方法是 Java 基础课程的内容，大家可以参考本书同系列教材《Java 语言程序设计》中的相关资料，此处不再赘述。

（1）打开浏览器，进入 Tomcat 官网 http://tomcat.apache.org/，如图 5.5 所示。

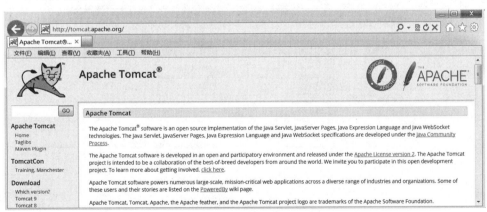

图 5.5　Tomcat 官网首页

（2）在官网首页左侧的 Download 列表中列出了 Tomcat 各种版本的下载超链接。单击 Tomcat 7.0，进入 Tomcat 7.0 的下载页面，如图 5.6 所示。

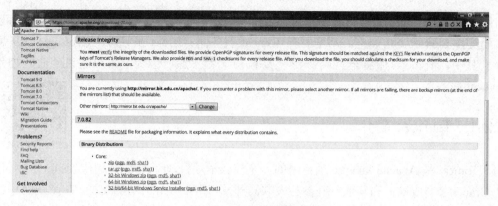

图 5.6　Tomcat 7.0 下载页面

从图 5.6 可以看到，在 Core 节点下包含了不同的安装文件。其中，tar.gz 是针对 Linux 系统的。对于 Windows 系统，Tomcat 提供了两种安装文件：一种是 32-bit/64-bit Windows Service Installer 安装程序；另一种是 32 位或 64 位的 zip 压缩包，这种压缩包是免安装的，直接解压即可使用。由于本机使用 Windows 64 位操作系统，同时为了帮助大家学习 Tomcat 的启动和加载过程，因此本次下载 64-bit Windows zip 压缩包，大家在下载时应根据自己的计算机硬件系统进行选择。

（3）单击 64-bit Windows zip 超链接，下载安装包。将安装包解压到指定目录，例如，解压到 D:\develop\apache-tomcat-7.0.82，这样就可以使用 Tomcat 的相关功能了。

5.2.3　Tomcat 的启动及关闭

打开 Tomcat 的解压目录，可以看到它的目录结构，如图 5.7 所示。

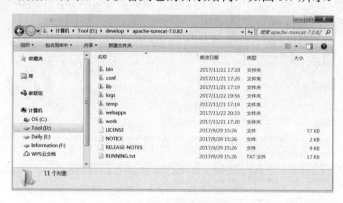

图 5.7　Tomcat 的目录结构

从图 5.7 可以看出 Tomcat 根目录中有许多子目录，这些子目录的功能如下。
- bin：存放启动与关闭 Tomcat 的脚本文件。
- conf：存放 Tomcat 的各种配置文件，其中最主要的配置文件是 server.xml。
- lib：存放 Tomcat 运行时所需的 jar 包。

- logs：存放 Tomcat 运行时的日志文件。
- temp：存放 Tomcat 运行时所产生的临时文件。
- webapps：存放 Web 应用程序，默认情况下把 Web 资源放于此目录。
- work：存放由 JSP 生成的 Servlet 源文件和字节码文件，由 Tomcat 自动生成。

在介绍了 Tomcat 的目录结构后，接下来讲解如何启动 Tomcat。Tomcat 的 bin 目录中存放了启动和关闭 Tomcat 的脚本文件。打开 bin 目录，双击 startup.bat，这时 Tomcat 服务器便会启动，出现启动提示信息，如图 5.8 所示。

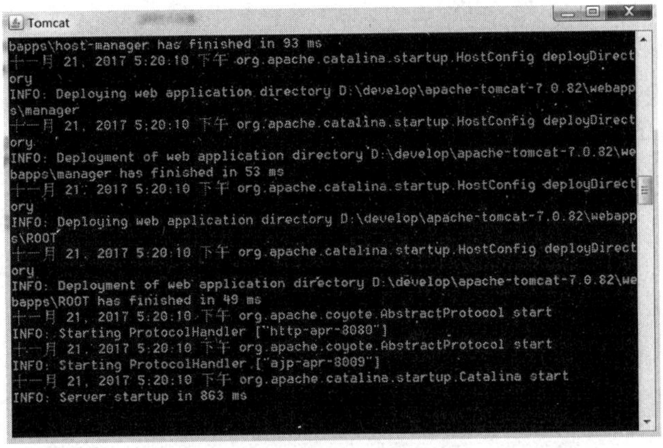

图 5.8　Tomcat 启动界面

这时，打开浏览器，输入网址 http://localhost:8080/或 http://127.0.0.1:8080/（其中 localhost 或 127.0.0.1 表示本地计算机，8080 表示 Tomcat 服务器的端口号），如果出现 Tomcat 的默认主页，如图 5.9 所示，则表示 Tomcat 服务器已成功启动。

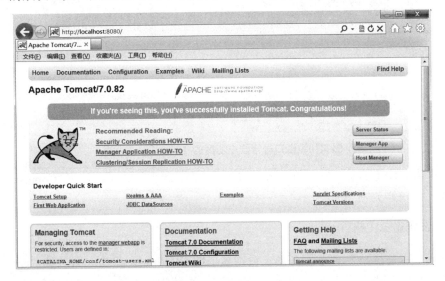

图 5.9　Tomcat 默认主页

成功启动 Tomcat 后，若想关闭它，双击 bin 目录下的 shutdown.bat 命令即可。

5.2.4 Tomcat 的设置

server.xml 是 Tomcat 的主配置文件，位于 Tomcat 根目录的 conf 目录中，开发者通过修改 server.xml 中的元素及其属性，可以完成对 Tomcat 相关功能的设置。

1．设置端口号

Tomcat 默认的端口号是 8080，开发者可以根据需要修改端口号。假如要将本机 Tomcat 的端口号修改为 8081，可以在 server.xml 中的<Connector>标签中设置，将 port 属性的值改为 8081，具体代码如下。

```
<Connector connectionTimeout="20000" port="8081" protocol="HTTP/1.1" redirectPort="8443"/>
```

保存修改，启动 Tomcat，打开浏览器，输入网址 http://localhost:8081/，此处应注意 URL 中端口号的变化，这时出现 Tomcat 的默认主页，如图 5.10 所示，证明 Tomcat 服务器的端口号已成功修改。

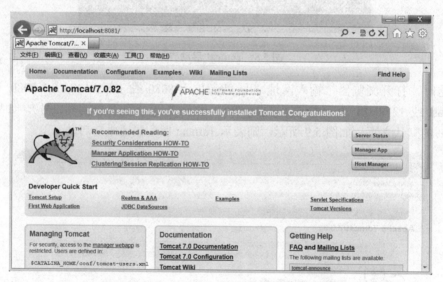

图 5.10　端口号修改成功后的 Tomcat 默认主页

这里需要注意的是，为了便于以后的开发，在这次测试之后，请将<Connector>标签的 port 属性值修改回 8080。

2．设置虚拟主机

虚拟主机是在一个 Web 服务器上设置多个域名的机制。假如，为了节省硬件资源，有两个公司的 Web 应用发布在同一个服务器上，这就需要为每家公司分别创建一个虚拟主机。在实际访问时，尽管两个虚拟主机对应同一个主机，但给用户的感觉是两个独立的主机。

接下来讲解如何设置虚拟主机。在 Tomcat 中设置虚拟主机要用到 server.xml 中的 <Host>元素，打开 server.xml，在<Engine ><Engine />标签中找到如下代码。

```
<Host appBase="webapps" autoDeploy="true" name="localhost" unpackWARs="true">
…
</Host>
```

其中，<Host>元素代表一个虚拟主机，name 属性和 appBase 属性分别代表虚拟主机的名称和路径。如果想要增加一个虚拟主机，只需在这个<Host>元素之后增加一个新的<Host>元素，具体代码如下。

```
<Host name="www.test.com" appBase="webapps"></Host>
```

这里设置了一个名称为 www.test.com 的虚拟主机，需要提醒大家的是，此处的<Host>元素一定要放在上一个<Host>元素的结束标签之后。

设置好虚拟主机之后，为了使虚拟主机能够被浏览器访问，必须要在操作系统中注册该虚拟主机的名称，一般通过 Windows 系统的 host 文件进行。host 文件位于操作系统根目录下的 Windows\System32\drivers\etc 文件夹中，以记事本方式打开 hosts 文件，在该文件中完成配置，具体如下。

```
127.0.0.1    www.test.com
```

重启 Tomcat 服务器，打开浏览器，输入网址 http://www.test.com:8080/，此处应注意域名的变化，这时出现 Tomcat 的默认主页，如图 5.11 所示，表示虚拟主机已设置成功。

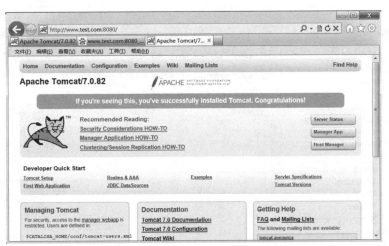

图 5.11　虚拟主机设置成功后的 Tomcat 默认主页

5.2.5　在 Eclipse 中使用 Tomcat

在实际开发中，为了提升开发效率、简化操作，通常使用 Eclipse 等集成开发工具来管理 Tomcat 服务器，具体配置步骤如下。

（1）在 Eclipse 的菜单栏中选择 Window→Preferences 命令，弹出 Preferences 窗口，如图 5.12 所示。

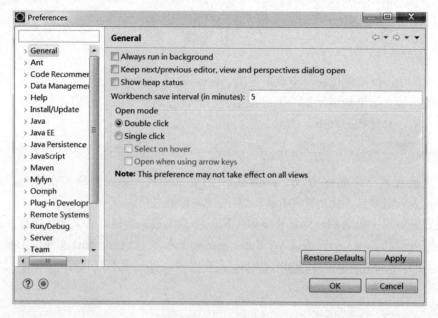

图 5.12　Preferences 窗口

（2）在窗口左侧的列表中选择 Server 节点下的 Runtime Environments 选项，如图 5.13 所示。

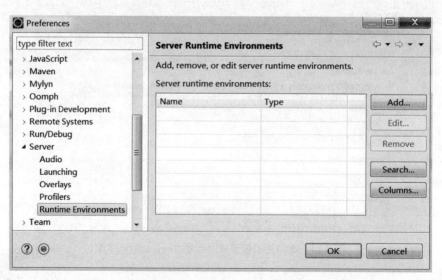

图 5.13　Runtime Environments 选项

（3）单击右侧的 Add 按钮，弹出 New Server Runtime Environment 窗口，如图 5.14

所示。

（4）在 Apache 的下拉列表中选择 Apache Tomcat v7.0 选项，单击 Next 按钮，进入选择 Tomcat 安装路径的界面，如图 5.15 所示。

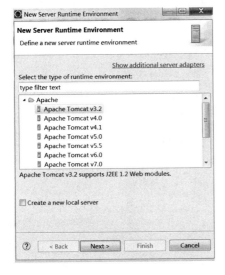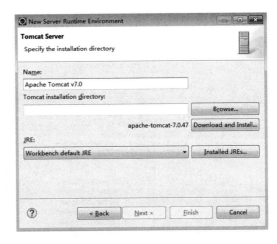

图 5.14　New Server Runtime Environment 窗口　　　图 5.15　设置 Tomcat 安装路径

（5）单击 Browse 按钮，在弹出的对话框中选择 Tomcat 的安装路径。单击 Installed JREs 按钮，选择服务器运行需要的 JRE 环境。设置完毕后，单击 Finish 按钮返回 Preferences 窗口。在 Preferences 窗口单击 OK 按钮完成配置。

（6）在 Eclipse 的菜单栏中选择 Window→Show View→Other 命令，弹出 Show View 窗口，如图 5.16 所示。

（7）在 Show View 窗口中选择 Server 下的 Servers 选项，如图 5.17 所示。

图 5.16　Show View 窗口　　　　　　图 5.17　选择 Servers 选项

（8）单击 Show View 窗口中的 OK 按钮，在 Eclipse 工作台的下方会出现 Servers 窗口，如图 5.18 所示。

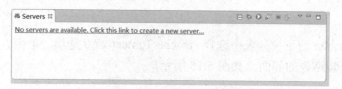

图 5.18　Servers 窗口 1

（9）单击 Servers 窗口中的超链接，弹出 New Server 窗口，如图 5.19 所示。

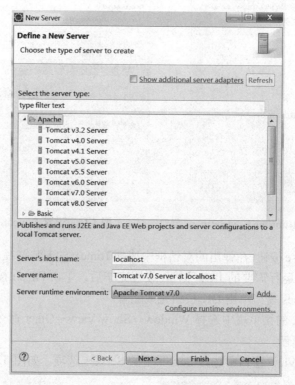

图 5.19　New Server 窗口

（10）在 New Server 窗口中的 Apache 节点下选择 Tomcat v7.0 Server 选项，单击 Finish 按钮完成创建。这时，在 Servers 窗口中，出现 Tomcat v7.0 Server at localhost 选项，如图 5.20 所示。

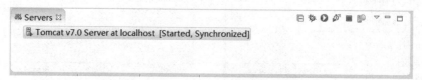

图 5.20　Servers 窗口 2

（11）双击 Servers 窗口中的 Tomcat v7.0 Server at localhost 选项，弹出 OverView 页面。在 OverView 页面中的 Server Locations 选项区域选择 Use Tomcat installation 单选按钮，并将 Deploy path 文本框中的内容改为 webapps，如图 5.21 所示。

图 5.21　OverView 页面

（12）保存以上修改，回到 Servers 窗口，单击 Servers 窗口右上方的 ▶ 按钮启动 Tomcat，此时 Console 窗口出现启动提示信息，如图 5.22 所示。

图 5.22　Console 窗口出现启动提示信息

（13）为了检测 Tomcat 是否正常启动，打开浏览器访问 http://localhost:8080，如果出现如图 5.23 所示的 Tomcat 默认主页，则表示 Tomcat 服务器已成功启动。

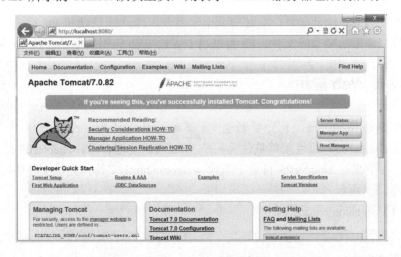

图 5.23　Tomcat 默认主页

（14）若要关闭 Tomcat，单击 Servers 窗口右上方的■按钮即可。

5.3 Web 应用

5.3.1 Web 应用简介

Web 应用也称 Web 应用程序或 Web 工程，它包含了 HTML、Servlet、JSP、相关 Java 类以及其他可能被绑定的资源。Web 应用运行在服务器上，可以向用户提供各种资源服务。

为了保证服务器能够顺利地找到 Web 应用中的资源，Java 语言要求 Java Web 应用必须采用固定的目录结构，否则，可能会造成 Web 应用无法被访问甚至导致服务器报错。按照 Java 语言规范，Java Web 应用的目录结构如图 5.24 所示。

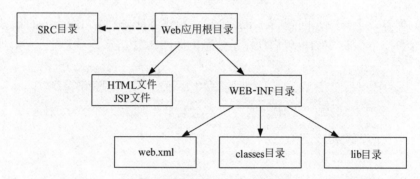

图 5.24　Java Web 应用的目录结构

在图 5.24 中有一个 SRC 目录，该目录用于存放开发人员编写的所有 Java 类的源文件，到了正式上线阶段，在对源文件进行编译之后，这个目录以及其中的内容将被移到其他地方。Web 资源主要存放在 Web 应用根目录下，其中，WEB-INF 目录是存放 web.xml 等配置文件的地方，除此之外，它还有两个子目录，classes 目录和 lib 目录，classes 目录用于存放编译后的字节码文件，lib 目录用于存放 Web 应用所需的各种 jar 包。

5.3.2 发布 Web 应用

在发布 Web 应用之前，首先要创建一个简单的 Web 应用。在 D 盘下创建目录 chapter05，此目录将被作为一个 Web 应用的根目录，chapter05 是该 Web 应用的名称。接下来在 chapter05 目录下新建 welcome.html 文件，在该文件中写入"千锋教育"，如例 5.1 所示。

【例 5.1】 welcome.html

```
1   <html>
2       <head>
```

```
3            <meta charset="UTF-8">
4            <title>welcome</title>
5      </head>
6      <body>
7           <h5>千锋教育</h5>
8      </body>
9 </html>
```

这样，一个简单的 Web 应用就完成了。要想发布 Web 应用，必须要告知 Tomcat 项目所在的具体位置，这就引出了在 Tomcat 中发布 Web 应用的三种方法。

1. 直接放在 Tomcat 安装目录的 webapps 目录下

webapps 目录是 Tomcat 默认的应用目录，当 Tomcat 启动时，它会默认加载该目录下的所有应用。因此，可以直接将 Web 应用文件夹复制到 webapps 目录下，Tomcat 启动即自动加载文件夹中的 Web 应用。

接下来进行实例演示，首先将 chapter05 文件夹复制到 webapps 目录下，双击 startup.bat 命令启动 Tomcat，在 Tomcat 启动完毕之后，打开浏览器，在地址栏中输入 http://localhost:8080/chapter05/welcome.html，此时，浏览器的显示结果如图 5.25 所示。

图 5.25　welcome.html

通过浏览器访问到了指定的 HTML 资源，证明 Web 应用发布成功。

2. 通过修改 server.xml 文件进行部署

为了不影响演示效果，首先将复制到 webapps 目录下的 chapter05 文件夹删除。然后在 Tomcat 安装目录下的 conf 文件夹中找到 server.xml 文件，打开 server.xml 文件，找到 host 元素，在</host>标签的前面添加 Context 元素，将 Web 应用 chapter05 的配置信息加入到 Context 元素中，具体如下。

```
<Context    path="/chapter05" docBase="D:/chapter05 "    debug = "0"
reloadable="true">     </Context>
```

其中，path 属性用于设置要发布的 Web 应用的访问路径，用于浏览器访问的 URL 中；docBase 属性用于设置 Web 应用在本地磁盘中的实际路径,此处为 D 盘下的 chapter05 目录。

保存对 server.xml 的修改，双击 startup.bat 命令启动 Tomcat，打开浏览器，访问 http://localhost:8080/chapter05/welcome.html，浏览器出现如图 5.25 所示的页面,证明 Web 应用发布成功。

3. 创建配置文件进行部署

在开始验证第三种方法之前，先将 server.xml 文件中加入的<Context></Context>元素删除。然后，找到 Tomcat 安装目录下的 conf 目录，进入 conf\Catalina\localhost 文件夹，在 localhost 文件夹下新建一个 chapter05.xml 文件，具体代码如例 5.2 所示。

【例 5.2】 chapter05.xml

```
<?xml version="1.0" encoding="UTF-8"?>
<Context  docBase="D:/chapter05 "  debug = "0"   reloadable="true">
</Context>
```

与第二种方法相比，此处的<Context>元素少了 path 属性，这是因为此 XML 文件的名称被默认作为 Web 应用的访问路径名，无须再次设置 path 属性，即使强行设置也是无效的。新建 chapter05.xml 文件后，双击 startup.bat 命令启动 Tomcat，打开浏览器，访问 http://localhost:8080/chapter05/welcome.html，浏览器出现如图 5.25 所示的页面，证明 Web 应用发布成功。

5.3.3 使用 Eclipse 开发 Web 应用

由于 Web 应用有其固定的目录结构，并且存放有大量资源，为方便管理、减少出错，一般使用集成开发工具进行 Web 应用的开发及测试。接下来将通过一个 Web 应用实例，向大家介绍使用 Eclipse 开发 Web 应用的主要步骤。

1. 新建 Web 工程

（1）打开 Eclipse，单击 File 菜单，选择 New→Dynamic Web Project 命令，弹出 New Dynamic Web Project 窗口，如图 5.26 所示。

图 5.26 New Dynamic Web Project 窗口

（2）在 Project name 文本框中输入项目名称，此处项目命名为 chapter05。在 Target runtime 下拉列表框中选择已配置好的服务器，这里选择 Apache Tomcat v7.0。在 Dynamic web module version 下拉列表框中选择动态 Web 版本，这里选择 2.5。包括 Configuration 在内的其他选项均采用默认设置，单击 Next 按钮，出现如图 5.27 所示的界面。

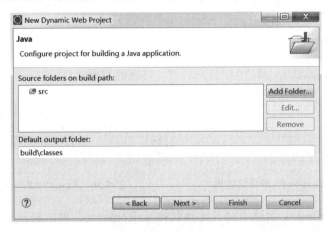

图 5.27　配置项目编译路径

（3）此界面无须修改，使用默认设置，继续单击 Next 按钮，出现如图 5.28 所示的界面。

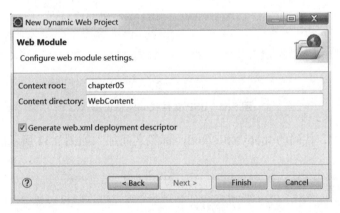

图 5.28　配置项目参数

（4）在此界面中勾选 Generate web.xml deployment descriptor 复选框，单击 Finish 按钮，完成项目的创建。此时在 Eclipse 工作台左侧的 Project Explorer 视图中，可以看到新建的 chapter05 工程。展开工程 chapter05，可查看其目录结构，如图 5.29 所示。

2．创建 JSP 文件

（1）在工程 chapter05 中右击 WebContent 选项，在弹出的菜单中选择 New→JSP File 命令，弹出 New JSP File 窗口，如图 5.30 所示。

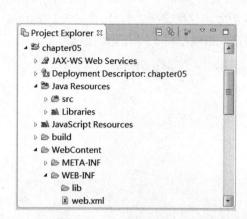

图 5.29 工程 chapter05 的目录结构

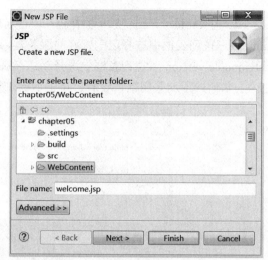

图 5.30 New JSP File 窗口

（2）在 File name 文本框中输入文件名称 welcome.jsp，单击 Finish 按钮，JSP 文件创建完成，Eclipse 会自动打开新建文件的代码编辑窗口，如图 5.31 所示。

```
<%@ page language="java" contentType="text/html; charset=UTF-8"
    pageEncoding="UTF-8"%>
<!DOCTYPE html PUBLIC "-//W3C//DTD HTML 4.01 Transitional//EN" "http://www.w3.org/TR/html4/loose.dtd">
<html>
<head>
<meta http-equiv="Content-Type" content="text/html; charset=UTF-8">
<title>Insert title here</title>
</head>
<body>

</body>
</html>
```

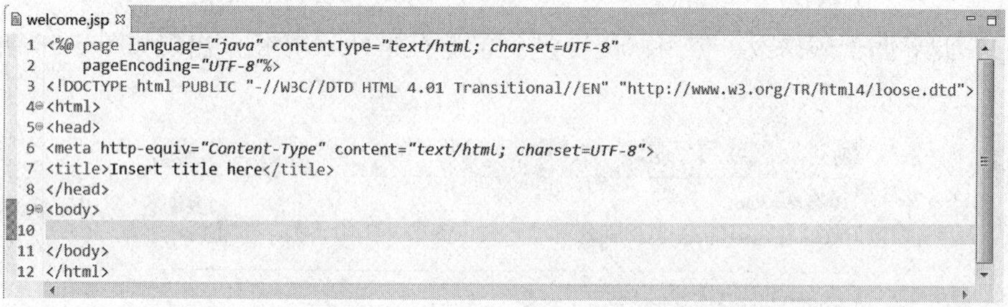

图 5.31 JSP 文件代码编辑窗口

（3）在 HTML 代码的<body>和</body>标签之间加入如图 5.32 所示的代码。

```
<%@ page language="java" contentType="text/html; charset=UTF-8"
    pageEncoding="UTF-8"%>
<!DOCTYPE html PUBLIC "-//W3C//DTD HTML 4.01 Transitional//EN" "http://www.w3.org/TR/html4/loose.dtd">
<html>
<head>
<meta http-equiv="Content-Type" content="text/html; charset=UTF-8">
<title>Insert title here</title>
</head>
<body>
    <h5>欢迎来到千锋教育</h5>
</body>
</html>
```

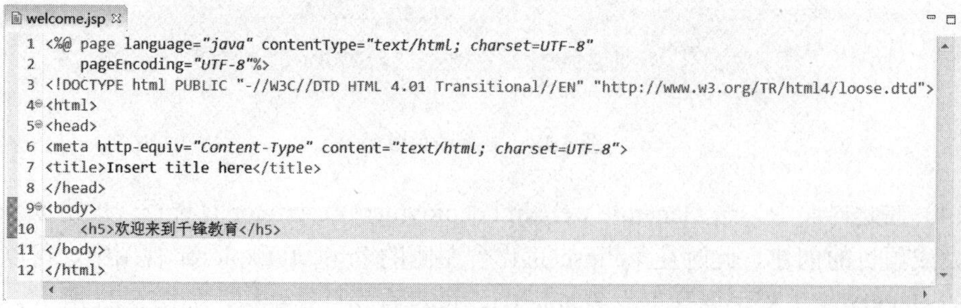

图 5.32 welcome.jsp 文件代码

3. 将 Web 工程发布到 Tomcat 服务器

（1）找到 Eclipse 工作台下方的 Servers 窗口，在 Servers 窗口中右击 Tomcat v7.0

Server at localhost 选项，在弹出的菜单中选择 Add and Remove 命令，此时弹出 Add and Remove 窗口，如图 5.33 所示。

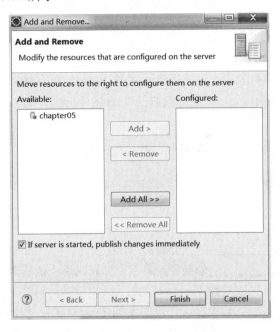

图 5.33　Add and Remove 窗口

（2）在此对话框中可以选择要发布的项目，选择 chapter05，单击 Add 按钮，将 chapter05 移至右侧，单击 Finish 按钮，将项目添加到 Tomcat 中。此时，Servers 窗口中的 Tomcat v7.0 Server at localhost 选项下出现工程 chapter05，如图 5.34 所示。

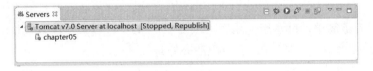

图 5.34　成功添加项目

（3）单击 Servers 窗口右上方的 ▶ 按钮启动 Tomcat，Console 控制台出现提示信息，启动完成之后，打开浏览器，访问 http://localhost:8080/chapter05/welcome.jsp，出现如图 5.35 所示的页面，证明工程 chapter05 发布成功。

图 5.35　welcome.jsp

5.4 本章小结

本章主要讲解了 Web 开发的基础性知识，包括 Web 概念、Tomcat 服务器、Web 应用等。通过对本章知识的学习，大家要能够理解 Web 开发的概念和特点，掌握 Tomcat 服务器的使用，能够利用 Eclipse 进行简单的 Web 应用开发，为以后的学习打好基础。

5.5 习　　题

1．填空题

（1）Web 是＿＿＿＿＿＿＿＿的简称，译为＿＿＿＿。
（2）URL 是＿＿＿＿＿＿的简称，是专为标识网络上的资源位置而设的一种编址方式。
（3）Tomcat 的＿＿＿＿＿目录存放启动与关闭 Tomcat 的脚本文件。
（4）Tomcat 的＿＿＿＿＿目录存放 Tomcat 的各种配置文件，其中包括 server.xml。
（5）Tomcat 的＿＿＿＿＿目录存放 Web 应用程序。

2．选择题

（1）下列选项中，不属于 B/S 架构特点的（　　）。
　　A．节约成本　　　　　　　　　　B．维护成本高且投资大
　　C．升级简单，可复用性高　　　　D．有更多表现方式与用户交互
（2）下列选项中，不是 URL 的组成部分的是（　　）。
　　A．HTTP 协议　　　　　　　　　 B．服务器域名或 IP
　　C．解析文档采用的 HTML 规范　　D．请求的文件的路径
（3）Tomcat 的默认端口是（　　）。
　　A．80　　　　　　　　　　　　　B．8080
　　C．3306　　　　　　　　　　　　D．1536
（4）可以设置 Tomcat 默认端口的文件是（　　）。
　　A．server.xml　　　　　　　　　 B．web.xml
　　C．context.xml　　　　　　　　　D．startup.bat
（5）下列关于 Web 应用的说法，错误的是（　　）。
　　A．Web 应用可以由开发人员根据需求设定目录结构
　　B．WEB-INF 目录是存放 web.xml 等配置文件的地方
　　C．classes 目录用于存放编译后的字节码文件，
　　D．lib 目录用于存放 Web 应用所需的各种 jar 包

3．思考题

请简述 C/S 架构和 B/S 架构的区别。

4．编程题

请使用 Eclipse 新建一个 Web 工程 qianfeng，在该工程中新建一个 qianfeng.jsp 文件，将 Web 工程 qianfeng 发布到 Tomcat 服务器中，要求浏览器访问 qianfeng.jsp 文件时，页面效果如图 5.36 所示。

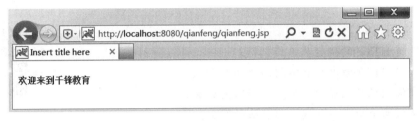

图 5.36　qianfeng.jsp

第 6 章 HTTP 协议

本章学习目标
- 理解 HTTP 的概念及工作机制。
- 掌握 HTTP 请求行和常用请求头的含义。
- 掌握 HTTP 响应行和常用响应头的含义。
- 掌握通用消息头和实体消息头的含义。

正如公司之间的经济往来要遵守合同契约一样，浏览器和服务器之间的交互也要遵循一定的规则，这个规则就是 HTTP 协议。HTTP 协议是一种相对可靠的数据传输协议，它能够确保 Web 资源在传输的过程中不会被损坏或产生混乱。正是因为有了 HTTP 协议，人们才得以在拥有数以亿万计资源的互联网中畅快遨游。接下来，本章将对 HTTP 协议所涉及的相关知识进行详细的讲解。

6.1 HTTP 协议概述

6.1.1 HTTP 协议简介

HTTP 是超文本传输协议（HyperText Transfer Protocol）的缩写，它定义了客户端和 Web 服务器相互通信的规则。

作为被 Web 应用广泛采纳的数据传输协议，HTTP 协议具有以下三个特点：

（1）HTTP 协议基于标准的客户端服务器模型，主要由请求和响应构成。与其他传输协议相比，它永远都是客户端发起请求，服务器接收到请求后做出响应，如图 6.1 所示。

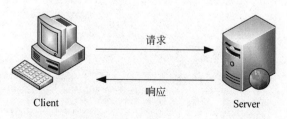

图 6.1 HTTP 的请求响应模型

（2）HTTP 协议允许传输任意类型的数据，它的传输速度很快，当客户端向服务器请求服务时，需传送请求方法和路径。请求方法常用的有 GET、POST 等，每种方法都规定了客户端与服务器联系的类型。

（3）HTTP 协议是一个无状态的协议。无状态是指 HTTP 协议对于数据处理没有记忆能力。这意味着如果后续处理需要前面的信息，则它必须重传，这导致每次连接传送的数据量增大。

6.1.2 HTTP 与 TCP/IP

讲到 HTTP 协议，大家可能会将它和 TCP/IP 协议混淆。其实，它们之间有着严格的区别。简单概括，HTTP 协议是 TCP/IP 协议的应用层协议，是 TCP/IP 协议大家族的一员。

TCP/IP 协议是互联网最基本的协议，它规定了计算机相互通信所涉及的各个方面的内容，如电缆的规格、IP 地址的选定、寻找异地用户的方法、双方建立通信的顺序等。可以说，TCP/IP 协议是互联网相关的各类协议族的集合，其涵盖的各类协议如图 6.2 所示。

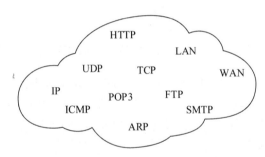

图 6.2 TCP/IP 涵盖的各类协议

TCP/IP 协议最重要的特点是分层管理，按照分层结构，TCP/IP 协议自下而上可分为数据链路层、网络层、传输层、应用层，具体如表 6.1 所示。

表 6.1 TCP/IP 协议的分层结构

TCP/IP 协议	相关通信协议		
应用层	HTTP	FTP	SMTP
	POP3	NFS	SSH
传输层	TCP	UDP	
网络层	IP	ICMP	
数据链路层	LAN	ARP	WAN

TCP/IP 协议的每一层分别完成不同的功能，上层协议使用下层协议提供的服务。其中，数据链路层用来处理连接网络的硬件范畴，包括硬件的设备驱动、网卡、光纤等物理可见部分。网络层用来实现数据的选路和转发，确定通信路径。传输层用于定义数据

封包的传送、流程的控制、传输过程的侦测等。应用层决定了向用户提供应用服务时通信的活动，HTTP 即位于该层。

作为 TCP/IP 应用层的协议，HTTP 的实现建立在下层协议的服务之上，一次 HTTP 请求要通过从上到下多层协议才能完成，如图 6.3 所示。

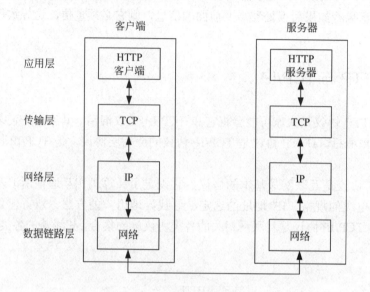

图 6.3 一次 HTTP 请求的过程

从图 6.3 可以看出，一次 HTTP 请求要经过以下几个步骤。
- 客户端在应用层（HTTP 协议）发出获取某个 Web 页面的 HTTP 请求。
- 在传输层（TCP 协议）把从应用层收到的数据进行分割，并打上标记序号及端口号后转发给网络层。
- 在网络层（IP 协议）增加通信目的地 MAC 地址后转发给数据链路层。
- 接收端的服务器在数据链路层收到数据，按照顺序往上层发送，一直到应用层。当传输到应用层，才算真正接收到由客户端发过来的 HTTP 请求。

由此可见，HTTP 协议的实现无法离开 TCP/IP 各层协议的支持。

6.1.3 HTTP 的版本

HTTP 自诞生以来已经历了多个版本，这从侧面反映了 Web 技术的快速发展。接下来，本书将对 HTTP 的相关版本做详细讲解。

1. HTTP 0.9

HTTP 0.9 是第一个版本的 HTTP 协议，它的结构简单，不支持请求头，只允许获取一种请求方法，同时也无法向服务器传送太多信息。由于 HTTP 0.9 的功能单一，现在已很少使用，这里不再过多讲解。

2. HTTP 1.0

HTTP 1.0 是第二个版本的 HTTP 协议。与 HTTP 0.9 相比，它增加了如下特性。

- 增加请求的类型，如 HEAD、POST 等。
- 添加请求和响应消息的协议版本，响应消息第一行以"HTTP/1.0"开始。
- 使用响应码来表示请求响应消息的成功与否，如 200 表示成功。
- 请求与响应支持头域。
- 扩大了处理的数据类型，支持对多媒体流信息的处理。

与 HTTP 0.9 相比，HTTP 1.0 版本扩展了功能，增加了应用场景，因而被广泛应用。但随着互联网技术的发展，HTTP 1.0 的不足之处也渐渐凸显。按照 TCP/IP 协议，HTTP 的请求响应要建立在 TCP 连接之上，HTTP 1.0 版本下的请求响应过程如图 6.4 所示。

图 6.4 HTTP 1.0 版本下的请求响应过程

从图 6.4 可以看出，在 HTTP 1.0 条件下，一次 TCP 连接只能支持一次 HTTP 请求响应，当服务器完成响应后，当前 TCP 连接就要关闭，如果想要再次发送 HTTP 请求，需要重新建立一个 TCP 连接。假如现在有如下一段 HTML 代码。

```
<html>
    <body>
        <img src="/img01.jpg">
        <img src="/img02.jpg">
        <img src="/img03.jpg">
    </body>
</html>
```

上面 HTML 代码中有三个<img>标记，并且这三个<img>标记指向了图像的 URL 地址。当客户端访问这个 HTML 文件时，它首先要发出针对该网页文件的 HTTP 请求，然后，它还要发出三个访问图片的 HTTP 请求，并且每次请求都要重新建立 TCP 连接，如此一来，势必会影响系统的性能。

3. HTTP 1.1

HTTP 1.1 是第三个版本的 HTTP 协议，也是目前主流的 HTTP 协议版本。HTTP 1.1 的一个重要特性是支持持久连接，也就是说，同一个 TCP 连接，可以同时处理多个请求并用一定的机制来保证各个请求之间的分离性。在 HTTP 1.1 版本下，客户端与服务器的交互过程如图 6.5 所示。

图 6.5　HTTP 1.1 版本下的请求响应过程

从图 6.5 可以看出，服务器在给客户端返回第一个 HTTP 响应之后，TCP 连接并没有马上关闭，浏览器可以在该 TCP 连接上继续发送 HTTP 请求。这种运作模式减少了网络包，降低了新建和关闭连接造成的消耗和延迟。

6.1.4　HTTP 与 HTTPS

HTTP 协议以明文方式传送内容，如果攻击者截取了客户端和服务器之间的传输报文，就可能窃取和篡改其中的信息。因此 HTTP 不适用于敏感信息的传播，例如银行卡、邮箱密码等，这时就需要引入 HTTPS。

HTTPS 是超文本传输安全协议（HyperText Transfer Protocol over Secure Socket Layer）的缩写，是基于 HTTP 的安全信息通道，它使用安全套接字层（SSL）进行信息交换，简而言之，HTTPS 就是 HTTP 的安全版。

HTTPS 协议的作用如下。

- 建立一个信息安全通道，保证数据传输的安全性。
- 认证用户和服务器，确保数据发送到正确的客户端或服务器。

与 HTTP 相比，HTTPS 具有以下特点。

- 使用 HTTPS 协议需要到 CA 申请证书，一般免费的证书较少，因此需要支付一定的费用。
- HTTP 采用明文传输数据，HTTPS 则是采用 SSL 对内容加密后再传输。
- HTTPS 使用和 HTTP 不同的连接方式，HTTP 建立在 TCP 连接之上，HTTPS 除了建立 TCP 连接之外，还要建立 SSL 连接。
- HTTPS 与 HTTP 使用不同的端口，前者是 443，后者是 80。

总而言之，HTTPS 协议是由 SSL+HTTP 协议构建的可进行加密传输、身份认证的网络协议，大家应注意理解它与 HTTP 协议的联系与区别。

6.1.5　HTTP 报文

HTTP 报文是客户端和服务端相互通信时发送的数据块。当客户端访问 Web 资源时，它会向服务器发送 HTTP 请求报文。服务器接收到请求消息后，会向客户端返回 HTTP 响应报文。HTTP 请求报文和 HTTP 响应报文统称为 HTTP 报文。

HTTP 报文是 HTTP 协议的重要环节，它传递着客户端和服务端交互的细节。只有深入理解 HTTP 报文，才能更好地掌握和使用 HTTP 协议。由于 HTTP 报文对用户是不可见的，因此开发者要想对其进行研究，需要借助专用的网络查看工具，本书将使用版本为 56.0 的 Firefox 浏览器。Firefox 浏览器从 http://www.firefox.com.cn/下载，下载完成后将其安装到操作系统上。打开 Firefox 浏览器，界面如图 6.6 所示。

图 6.6　Firefox 浏览器打开界面

单击右上角的 ≡ 图标，在弹出的选项区域选择"开发者"→"附加组件"选项，浏览器出现"附加组件管理器"页面，如图 6.7 所示。

图 6.7　附加组件管理器

在附加组件管理器中选择扩展选项，然后在页面右上角 ✦ 图标右侧的组件搜索框中输入 Firebug，出现 Firebug 的搜索结果，如图 6.8 所示。

图 6.8　Firebug 搜索结果

单击Firebug右侧的"安装"按钮，安装完成后，在Firefox浏览器的工具栏中出现图标，如图6.9所示。

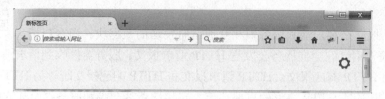

图6.9　Firefox浏览器出现Firebug图标

单击浏览器工具栏中的Firebug图标，启动Firebug工具，这时在浏览器的下方出现Firebug的工具栏，如图6.10所示。

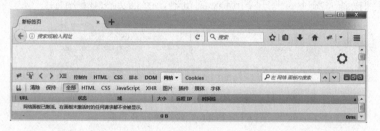

图6.10　Firebug工具栏

在浏览器的地址栏中输入www.qfedu.com，访问千锋教育首页，在Firebug工具栏中可以看到浏览器与服务器的互动信息列表，如图6.11所示。

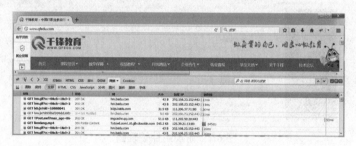

图6.11　浏览器与服务器的互动信息列表

单击URL地址左边的"+"号，在展开的头信息选项卡中可以看到HTTP报文，HTTP报文包含格式化后的请求头信息和响应头信息。其中，请求头信息具体如下。

```
Host: www.qfedu.com
User-Agent: Mozilla/5.0 (Windows NT 6.1; WOW64; rv:56.0) Gecko/20100101
         Firefox/56.0
Accept: text/html,application/xhtml+xml,application/xml;q=0.9,*/*;q=0.8
Accept-Language: zh-CN,zh;q=0.8,en-US;q=0.5,en;q=0.3
Accept-Encoding: gzip, deflate
Connection: keep-alive
Upgrade-Insecure-Requests: 1
```

响应头信息具体如下。

```
Server: nginx
Date: Thu, 30 Nov 2017 02:45:15 GMT
Last-Modified: Thu, 30 Nov 2017 02:16:18 GMT
Content-Type: text/html
Content-Length: 26885
Content-Encoding: gzip
Vary: Accept-Encoding
ETag: W/"5a1f69f2-21d20"
X-Daa-Tunnel: hop_count=2
X-NWS-LOG-UUID:89703f44-ad32-4975-afe0-95d708359aa4c801a6770c814831b3b19
              282cb27ed0c
X-Cache-Lookup: Hit From Upstream, Hit From Upstream, Hit From Upstream
```

关于 HTTP 头信息的相关内容，大家先对其进行整体了解，在本书后面的章节中会有详细的介绍。

6.2 HTTP 请求

6.2.1 HTTP 的请求方法

HTTP 的请求方法规定了客户端操作 Web 资源的方式，随着版本的更新，HTTP 支持的请求方法越来越多。目前主流的 HTTP1.1 版本支持八种请求方法，具体如下。

- GET，向指定的 URL 请求 Web 资源。
- POST，向指定的 URL 提交数据（提交表单或上传文件等），请求服务器处理。
- HEAD，从指定的资源获取响应消息头。
- PUT，将网页放置到指定的 URL 位置。
- DELETE，请求服务器删除指定 URL 标识的资源。
- OPTIONS，请求服务器告知其支持的功能，检查服务器的性能。
- TRACE，请求服务器返回客户端发送的请求信息，主要用于测试。
- CONNECT，请求服务器代替客户端去访问其他资源，主要用于 HTTP 代理。

以上列举了 HTTP 请求的八种方法，其中最常用的是 GET 和 POST，接下来通过实例对这两种请求方法进行演示。

（1）打开 Eclipse，新建 Web 工程 chapter06，在该工程的 WebContent 目录下分别新建 login01.html 和 login02.html，具体代码如例 6.1 和例 6.2 所示。

【例 6.1】 login01.html

```
1    <html>
2    <head>
3    <meta charset="UTF-8">
4    <title>login01</title>
```

```
5    </head>
6    <body>
7      <form action="" method="get">
8        姓名：<input type="text" name="name"/><br>
9        密码：<input type="password" name="password"/><br>
10          <input type="submit" value="提交">
11     </form>
12   </body>
13 </html>
```

【例 6.2】 login02.html

```
1  <html>
2  <head>
3  <meta charset="UTF-8">
4  <title>login01</title>
5  </head>
6  <body>
7    <form action="" method="post">
8      姓名：<input type="text" name="name"/><br>
9      密码：<input type="password " name="password"/><br>
10        <input type="submit" value="提交">
11   </form>
12 </body>
13 </html>
```

以上两个 HTML 文档都定义了一个表单，不同的是，login01.html 文档采用 GET 方式提交，login02.html 采用 POST 方式提交。

（2）将工程 chapter06 添加到 Tomcat 服务器，启动 Tomcat，打开 Firefox 浏览器，开启 Firebug 工具，访问 http://localhost:8080/chapter06/login01.html，浏览器显示的页面如图 6.12 所示。

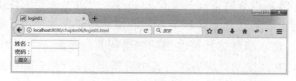

图 6.12　login01.html

（3）在 login01.html 页面中填写姓名 abc 和密码 12345，单击"提交"按钮，这时浏览器地址栏里的 URL 发生了变化，如图 6.13 所示。

图 6.13　URL 发生变化

从图 6.13 可以看出，当提交 login01.html 页面中的表单时，原有的 URL 后面加上了表单中的参数信息。这时，查看 Firebug 显示的请求报文，发现请求行中的 URL 后也增加了表单中的参数信息，具体如下。

```
GET /chapter06/login01.html?name=aaa&password=12345 HTTP/1.1
```

（4）接下来演示用 POST 方式提交表单，访问 http://localhost:8080/chapter06/login02.html，在 login02.html 页面中填写姓名 def 和密码 56789，单击"提交"按钮，这时浏览器地址栏里的 URL 没有变化，如图 6.14 所示。

图 6.14　login02.html

（5）单击 Firebug 的 POST 标签，发现请求报文中增加了表单中的参数信息，具体如下。

```
name def
password 56789
```

由此可见，在 POST 请求方式中，表单中的参数被作为实体内容传递给服务器。

通过案例演示，大家应该对 GET 和 POST 有了基本了解，下面通过一个表格来对比它们的特性，具体如表 6.2 所示，大家在实际开发中应根据功能需求选择使用。

表 6.2　GET 与 POST 方法的区别

对 比 项	GET	POST
页面刷新	没有影响	数据会被再次提交
传输数据的大小	有限制	没有限制
传输数据的类型	只允许 ASCII 字符	没有限制，也允许二进制数据
可见性	传递的参数在 URL 中显示，对所有人可见	传递的参数不显示在 URL 中
安全性	安全性较差，发送密码等敏感信息时不使用	安全性较好，发送的数据被隐藏

6.2.2　HTTP 请求行

HTTP 请求行位于请求报文的第一行，由请求方法、URL、协议版本三个部分组成，具体示例如下。

```
POST /login.html HTTP/1.1
```

在以上示例中，POST 是请求方法，告诉服务器要执行怎样的操作，/login.html 是 URL，一般是服务器根目录下的相对目录，要以"/"开头，HTTP/1.1 是指这次请求采用的协议版本,各个部分之间以空格分割。

6.2.3 HTTP 请求头

HTTP 请求头位于请求行之后,实际上是一个键/值对的列表,它包含了很多关于客户端环境和请求内容的附加信息。例如,请求头可以声明浏览器所用的语言、浏览器的类型、请求正文的长度、请求正文的类型等,具体示例如下。

```
Host: www.qfedu.com
Accept: text/html,application/xhtml+xml,application/xml;q=0.9,*/*;q=0.8
Accept-Language: zh-CN,zh;q=0.8,en-US;q=0.5,en;q=0.3
Accept-Encoding: gzip, deflate
Connection: keep-alive
User-Agent: Mozilla/5.0 (Windows NT 6.1; WOW64; rv:56.0) Gecko/20100101
            Firefox/56.0
Upgrade-Insecure-Requests: 1
```

在以上示例中,每个请求头字段都由一个字段名和一个值构成,中间用冒号隔开,头字段之间以换行符分开。

为实现不同的功能,HTTP 协议提供了多种请求头字段,接下来将对一些常用的请求头字段进行讲解。

1. Host

在 HTTP 1.1 版本中,当客户端(通常是浏览器)发送请求时,该头字段是必须要有的,它通常从 URL 中提取出来,用于指定被请求资源的主机名和端口号。例如,用户在浏览器中输入 http://www.qfedu.com,那么这次请求的 Host 头字段如下。

```
Host: www.qfedu.com:80
```

由于浏览器默认的端口是 80,所以此处的 80 可以省略。

2. Accept

Accept 用于指定客户端可以接收的媒体类型。假如,浏览器希望接收 gif 格式的文件,可以发送包含 image/gif 的 Accept 请求头,服务器检测到浏览器的请求信息,可以在网页中的 img 元素中使用 gif 类型的文件。

能作为 Accept 头字段的媒体类型有很多,常用的有如下几种。

```
Accept: text/html
```

表示客户端希望接收 HTML 文本。

```
Accept: application/xml
```

表示客户端希望接收 XML 文本。

```
Accept: image/jpg
```

表示客户端希望接收 jpg 格式的图片。

```
Accept: video/mpeg
```

表示客户端希望接收 mpeg 格式的视频文件。

```
Accept: application/zip
```

表示客户端希望接收 zip 文件。

```
Accept: image/*
```

表示客户端希望接收所有 image 格式的图片。

```
Accept: */*
```

表示客户端希望接收所有格式的内容。

3．Accept-Charset

Accept-Charset 用于指定客户端可以接收的字符编码。假如浏览器使用的是 utf-8 的字符集，则 Accept-Charset 头字段的格式如下。

```
Accept-Charset: utf-8
```

常用的字符集还有 ISO-8859-1、GB2312 等。这里要提醒大家的是，Accept-Charset 的字段值可以设置为多个，只需将它们以逗号分开即可。如果客户端没有发送 Accept-Charset 请求头，则默认客户端能接受任意字符集的数据。

4．Accept-Encoding

Accept-Encoding 用于指定客户端有能力解码的压缩编码类型，常用的压缩编码类型有 gzip、deflate 等。Java 语言中的 Servlet 能够向支持 gzip 的客户端返回经 gzip 编码的 HTML 页面，这可以缩短下载时间，提升响应速度。Accept-Encoding 头字段的格式如下。

```
Accept-Encoding: gzip, deflate
```

5．Accept-Language

Accept-Language 用于指定客户端支持的语言类型，它可以指定多个国家或地区的语言，语言之间用逗号分开，Accept-Language 头字段的格式如下。

```
Accept-Language: zh-cn,zh-hk,en-us
```

其中，zh-cn 代表简体中文，zh-hk 代表繁体中文，en-us 代表美国英语，服务器会按照 Accept-Language 请求头中设置的语言的顺序，优先返回位于前面的国家或地区语言的网页文档。

6. User-Agent

User-Agent 用于向服务器告知客户端的名称、版本、操作系统等信息。用户在访问某些网页时，可能会看到一些欢迎信息，其中列出了当前用户的操作系统信息以及浏览器属性等，这些就是从 User-Agent 请求报头中获取的。User-Agent 头字段的格式如下。

```
User-Agent: Mozilla/5.0 (Windows NT 6.1; WOW64; rv:56.0) Gecko/20100101
            Firefox/56.0
```

7. Referer

浏览器通过 Referer 请求头向 Web 服务器表明当前请求的超链接所在的 URL，例如，如果用户在千锋教育主页单击扣丁学堂的链接，那么此次请求包含的 Referer 请求头如下。

```
Referer: http://www.qfedu.com/index.html
```

如果本次请求不是通过超链接而是直接在浏览器地址栏中输入 URL，那它就没有 Referer 请求头。

在开发中，Referer 请求头常被用于追踪网站访问者的来源，如果访问者属于恶意访问，就可以对其进行阻止或屏蔽。

8. If-Match

为减少网络延迟、提升响应速度，当用户访问已被客户端缓存的页面时，服务器会检索该页面是否有更新，如果没有更新，服务器会通知客户端访问本地已缓存的页面，这就是 HTTP 的缓存机制。

HTTP 的缓存机制可以通过 If-Match 请求头和 ETag 响应头来实现。当服务器向客户端响应网页文件时，会传送一些代表实体内容特征的头字段，具体如下。

```
ETag: "mark"
```

当客户端再次向服务器请求这个页面时，会使用 If-Match 头字段附带以前缓存的内容，具体如下。

```
If-Match: "mark"
```

服务器收到请求后，会将 If-Match 请求头的内容和当前网页中的实体内容做比较，如果两者相同，会直接通知客户端访问本地已缓存的页面。否则，返回新的页面文件和 ETag 头字段内容。

9. If-Modified-Since

和 If-Match 类似，If-Modified-Since 请求头也用于实现 HTTP 的缓存机制。当服务器向客户端响应网页文件时，会传送该网页文件的最后修改时间，具体如下。

```
Last-Modified: Thu, 30 Nov 2017 08:41:19 GMT
```

当客户端再次向服务器请求这个页面时，会使用 If-Match 头字段告诉服务器它上次访问该页面的最后修改时间，具体如下。

```
If-Modified-Since: Thu, 30 Nov 2017 08:41:19 GMT
```

服务器收到请求后，会将 If-Modified-Since 请求头传递的最后修改时间和当前网页实际的最后修改时间做比较，如果两者相同，会返回一个 304 状态码，表示客户端缓存的文件是最新的，这时，客户端仍使用本地已缓存的页面。

6.3　HTTP 响应

6.3.1　HTTP 响应行

HTTP 响应行位于响应报文的第一行，由 HTTP 协议版本、状态码和状态码描述信息组成，具体如下。

```
HTTP/1.1 200 OK
```

其中，HTTP/1.1 是通信使用的协议版本，200 是状态码，OK 是状态描述，请求行的每个部分都需要用空格分隔。

对于协议版本，大家已经比较熟悉，这里不再过多陈述，接下来对 HTTP 的状态码进行详细讲解。

HTTP 的状态码反映了 Web 服务器处理客户端请求的状态，由三位数字组成，其中首位数字规定了状态码的类型，具体如下。

1xx:信息类（Information），表示收到 Web 浏览器请求，正在进一步的处理中。

2xx:成功类（Successful），表示用户请求被正确地接收、解析和处理。例如，200 OK。

3xx:重定向类（Redirection），表示请求没有成功，客户必须采取进一步的动作。

4xx:客户端错误（Client Error），表示客户端提交的请求有错误。

5xx:服务器错误（Server Error），表示服务器不能完成对请求的处理。

以上列举了状态码的五种类型，其中每种类型都有若干个状态码，为了便于大家理解和查询，下面通过表格对不同类型的状态码进行解释说明，分别如表 6.3～表 6.7 所示。

表 6.3　1xx 状态码

状　态　码	说　　明
100（继续）	告知客户端应当继续发送请求
101（切换协议）	表示服务器遵从客户端要变换通信协议的请求，切换到另外一种协议

表 6.4 2xx 状态码

状态码	说明
200（成功）	请求已成功，请求所希望的响应头或数据体将随此响应返回
201（已创建）	请求已被实现，新的资源已经依据请求建立，且其 URL 已经随 Location 响应头返回
202（已接受）	服务器已接受请求，但尚未完成处理。最终该请求可能会也可能不会被执行。这样做的目的是允许服务器接受其他过程的请求，而不必让客户端一直保持与服务器的连接直到处理全部完成
203（非权威信息）	服务器已成功处理请求，但返回的实体头部元信息不是在原始服务器上有效的确定集合，而是来自本地或者第三方
204（无内容）	服务器成功处理了请求，但不需要返回任何实体内容
205（重置内容）	服务器成功处理了请求，且没有返回任何内容，主要用于重置表单
206（部分内容）	服务器成功返回部分内容，还有剩余内容没有返回。大文件分段下载、断点续传等通常使用此类响应方式

表 6.5 3xx 状态码

状态码	说明
300（多项选择）	被请求的资源有一系列可供选择的回馈信息，每个都有自己特定的地址和浏览器驱动的商议信息。用户或浏览器能够自行选择一个首选的地址进行重定向
301（永久移动）	请求的资源已被永久地移动到新的 URL，响应信息会包含新的 URL，客户端会自动定向 URL
302（临时移动）	资源被临时移动，客户端继续使用原有 URL
303（参见其他）	与 302 类似，很多客户端处理 303 状态码的方式和 302 相同
304（未修改）	客户端请求的资源未被修改，服务器返回此状态码，不会返回任何资源
305（使用代理）	告知客户端其请求的资源必须通过代理访问
307（临时重定向）	HTTP 1.1 版本新增的状态码，客户端只能重定向 GET 请求

表 6.6 4xx 状态码

状态码	说明
400（请求无效）	客户端请求的语法错误，服务器无法理解
401（未经授权）	通知客户端发送请求时要带有身份认证信息
402（需要付款）	保留备用的状态码
403（禁止）	服务器理解客户端的请求，但拒绝处理
404（找不到）	服务器无法找到客户端请求的资源
405（请求方法被禁止）	客户端本次使用的请求方法不被服务器允许
406（不能接受）	服务器无法根据客户端请求的内容特性（如语言、字符集、压缩编码等）处理请求
407（需要验证代理身份）	请求要求代理的身份认证，与 401 类似，但请求者应当使用代理进行授权
408（请求超时）	服务器等待客户端发送的请求时间过长，超时
409（冲突）	服务器完成客户端的 PUT 请求时可能返回此状态码，请求的操作和当前资源状态有冲突
410（离开）	客户端请求的资源已经被移除，服务器不知道重定向到哪个位置
411（需要长度）	服务器无法处理客户端发送的不带 Content-Length 请求头的信息

续表

状 态 码	说　明
412（先决条件错误）	客户端请求信息的先决条件在服务器中检验失败
413（请求实体过大）	由于请求的实体过大，服务器无法处理，因此拒绝请求
414（请求URL过长）	请求的URL（通常是网址）长度超过了服务器能够解释的长度，因此服务器拒绝该请求
415（不支持的媒体类型）	请求中提交的实体并不是服务器所支持的格式，因此请求被拒绝
416（请求的范围无效）	客户端请求中指定的数据范围与当前资源的可用范围不重合
417（预期失败）	服务器无法满足请求头Expect中指定的预期内容

表6.7　5xx状态码

状 态 码	说　明
500（服务器内部错误）	服务器内部出现错误，无法处理请求
501（未实现）	服务器无法识别请求的方法，无法支持其对任何资源的请求
502（无效网关）	作为网关或者代理的服务器发送请求时，从上游服务器接收到无效的响应
503（服务不可用）	由于超载或系统维护，服务器当前无法处理请求
504（网关超时）	作为网关或者代理的服务器，未及时从上游服务器获取请求
505（HTTP版本不被支持）	服务器不支持请求的HTTP协议的版本，无法完成处理

6.3.2　HTTP响应头

HTTP响应头位于响应行之后，和请求头一样，它实际上也是一个键/值对的列表，它包含了很多关于服务器属性和响应内容的附加信息。例如，服务器名称、页面资源的最后修改时间、文档编码、内容长度等，具体如下。

```
Server: nginx
Date: Thu, 30 Nov 2017 02:45:15 GMT
Last-Modified: Thu, 30 Nov 2017 02:16:18 GMT
Content-Type: text/html
Content-Length: 26885
Content-Encoding: gzip
Vary: Accept-Encoding
ETag: W/"5a1f69f2-21d20"
```

以上示例中，每个响应头字段都有一个字段名和一个值构成，中间用冒号隔开，头字段之间以换行符分开。

为实现不同的功能，HTTP协议提供了多种响应头字段，接下来，本书将对一些常用的响应头字段进行讲解。

1. Server

Server 头字段用于指定服务器的软件名称，它由 Web 服务器自己设置，Server 头字段的格式如下。

```
Server: Apache-Coyote/1.1
```

2. Accept-Ranges

Accept-Ranges 头字段用于指定服务器是否支持客户端发送的 Range 请求头请求资源，如果通知客户端使用以 bytes 为单位的 Range 请求，则 Accept-Ranges 头字段的格式如下。

```
Accept-Ranges: bytes
```

如果服务器通知客户端不使用 Range 请求，则 Accept-Ranges 头字段的格式如下。

```
Accept-Ranges: none
```

3. Age

Age 头字段用于指定页面文件在客户端或代理服务器中的缓存时间，值以秒为单位，具体格式如下。

```
Age: 12345
```

当客户端访问某个已缓存的页面文件时，如果该页面缓存在本地的持续时间小于 Age 头字段的值，则客户端直接使用缓存到本地的页面内容，否则，客户端向服务器发出对该页面文件的请求。

4. Etag

Etag 头字段用于向客户端传递代表实体内容特征的标记信息，利用这些标记信息，客户端可以判别在不同时间获得的同一路径下的资源是否相同。Etag 头字段通常和 If-Match 请求头配合使用，实现 HTTP 的缓存机制。Etag 头字段的格式如下。

```
Etag: "mark"
```

5. Location

Location 头字段通常与 302 状态码配合使用，用于通知客户端获取资源的新地址，将客户端引向另一个资源，它的值通常是一个 URL，具体格式如下。

```
Location: http://www.qfedu.com
```

6.4 HTTP 其他消息头

6.4.1 通用消息头

在 HTTP 报文中，有些消息头既可以用于请求，也可以用于响应，下面，本书将对一些常用的通用消息头做详细讲解。

1. Cache-Control

Cache-Control 消息头用于控制请求和响应遵循的缓存机制。Cache-Control 的值可以为 public、private、no-cache、no-store、max-age、must-revalidated 等，在一个头字段中可以设置多个值，这些值之间用逗号分隔，具体格式如下。

```
Cache-Control: no-cache,no-store,must-revalidated
```

根据浏览方式，Cache-Control 消息头的值的作用也不同，主要分为以下几种。

1）打开新窗口

当 Cache-Control 消息头的值为 private、no-cache、must-revalidate 时，打开新窗口访问页面文件时会重新访问服务器。如果指定了 max-age 值，那么在此值内的时间里就不会重新访问服务器。

2）在地址栏回车

当 Cache-Control 消息头的值为 private 或 must-revalidate 时，只有第一次请求页面文件时会访问服务器，以后就不再访问，而是直接读取本地缓存。当 Cache-Control 消息头的值为 no-cache 时，每次都要访问服务器。当 Cache-Control 消息头的值为 max-age 时，在过期之前不会重复访问。

3）按后退按钮

当 Cache-Control 消息头的值为 private、must-revalidate、max-age 时，不会重复访问服务器。当 Cache-Control 消息头的值为 no-cache 时，每次都要重复访问。

（4）按刷新按钮

无论 Cache-Control 消息头为何值，客户端都会重复访问服务器。

2. Connection

Connection 消息头用于指定客户端与服务器之间是否建立持久连接。Connection 头字段的格式如下。

```
Connection: keep-alive
```

keep-alive 代表持久连接。当一个网页打开后，客户端和服务器之间用于传输 HTTP 数据的 TCP 连接不会关闭，如果客户端再次访问这个服务器，会继续使用这条已经建立的连接。

```
Connection: close
```

close 代表服务器完成响应后，客户端和服务器之间用于传输 HTTP 数据的 TCP 连接会关闭，当客户端再次发送请求时，需要重新建立 TCP 连接。

3．Date

Date 消息头表示消息发送的时间，它的值为 GMT 格式，具体如下。

```
Date: Thu, 30 Nov 2017 02:45:15 GMT
```

一般情况下，无论是请求还是响应，都会传送 Date 消息头。

4．Via

Via 消息头用于指定 HTTP 请求途径的代理服务器使用的协议和主机名。当 HTTP 请求到达第一个代理服务器时，该服务器会在自己发出的请求中添加 Via 消息头并填上自己的相关信息。当下一个代理服务器收到第一个代理服务器的请求时，会在自己发出的请求中复制前一个代理服务器请求的 Via 消息头，并把自己的相关信息加到后面，依此类推，Via 消息头的具体格式如下。

```
Via: HTTP/1.1 Proxy1, HTTP/1.1 Proxy
```

5．Warning

Warning 消息头主要用于提示一些警告信息，具体格式如下。

```
Warning: 110     Response is stale
```

以上 Warning 消息头表示请求已过时。

6.4.2 实体消息头

实体消息头用于描述 HTTP 传送的实体内容的属性，它既可以包含在请求报文中，也可以包含在响应报文中，下面本书将对常用的实体消息头做详细讲解。

1．Content-Encoding

Content-Encoding 消息头用于表示实体内容的编码方式，客户端应按照指定的编码方式请求资源。Content-Encoding 消息头的格式如下。

```
Content-Encoding: gzip
```

2．Content-Language

Content-Language 消息头用于告知客户端实体内容支持的国家或地区的语言类型，

常见的有 zh-cn、cn-us 等。Content-Language 消息头的格式如下。

```
Content-Language: zh-cn
```

3．Content-Length

Content-Length 消息头用于告知客户端实体内容的长度，以方便客户端辨别每个相应内容的开始和结束位置。Content-Length 消息头的格式如下。

```
Content-Length: 348
```

4．Content-Location

Content-Location 消息头用于给出与实体内容相对应的 URL，具体格式如下。

```
Content-Location: /index.htm
```

5．Content-MD5

Content-MD5 消息头用于提供实体内容的 MD5 校验值，验证数据完整性以及确认传输是否到达。Content-MD5 消息头的格式如下。

```
Content-MD5: Q2hlY2sgSW50ZWdyaXR5IQ==
```

6．Content-Range

Content-Range 消息头用于告知客户端实体内容的哪个部分符合 HTTP 请求的范围，以字节为单位。Content-Range 消息头的格式如下。

```
Content-Range: bytes 21010-47021/47022
```

7．Expires

Expires 消息头用来控制缓存的失效日期，它的值为 GMT 格式，具体如下。

```
Expires: Thu, 30 Nov 2017 02:45:15 GMT
```

8．Last-Modified

Last-Modified 消息头用于指明页面文件最终修改的时间。在浏览器第一次请求某一个 URL 时，服务器响应回页面内容，同时有一个 Last-Modified 消息头标记此文件在服务器端最后被修改的时间。Last-Modified 消息头的格式如下。

```
Last-Modified: Thu, 30 Nov 2017 02:45:15 GMT
```

6.5 本章小结

本章主要讲解了 HTTP 协议的相关知识，包括 HTTP 协议概述、HTTP 请求、HTTP

响应、HTTP 的其他消息头等。通过对本章知识的学习，大家要能够理解 HTTP 的概念、特性及工作机制，区分 HTTP 与 HTTPS，掌握 HTTP 的 POST 和 GET 请求方法，理解常用的 HTTP 消息头的用法，为后面的学习做好准备。

6.6 习　　题

1．填空题

（1）HTTP 协议定义了_____和_____相互通信的规则。
（2）HTTP 协议是一个_____的协议，它对于数据处理没有记忆能力。
（3）在 HTTP 协议的所有版本中，_____版本支持持久连接。
（4）在请求头字段中，_____字段用于向服务器告知浏览器的名称、版本等信息。
（5）在响应头字段中，_____字段用于指定服务器的软件名称。

2．选择题

（1）下列选项中，用于指定客户端支持的某个国家或地区语言的页面的请求头是（　　）。

　　A．Accept-Charset　　　　　　　　B．Accept
　　C．Accept-Encoding　　　　　　　D．Accept-Language

（2）在一个 Web 应用中有页面 index.html，具体代码如下。

```
<html> <body>
<img src="/image01.jpg">
<img src="/image02.jpg ">
<img src="/image03.jpg ">
</body> </html>
```

在 IE 浏览器中请求该页面时，浏览器会发出（　　）次请求。

　　A．1　　　　　　　　　　　　　　B．2
　　C．3　　　　　　　　　　　　　　D．4

（3）下列消息头中，可以屏蔽恶意访问的是（　　）。

　　A．Location　　　　　　　　　　　B．Refresh
　　C．Referer　　　　　　　　　　　　D．If-Modified-Since

（4）关于 HTTP 协议的 GET 与 POST 请求，下列选项中错误的是（　　）。

　　A．GET 方式传输数据的大小有限制
　　B．POST 方式可以传输更大的数据
　　C．GET 方式会将请求参数显示在地址栏中
　　D．HTTP 协议的请求方式只有 GET 和 POST

（5）下列选项中，表示服务器不存在客户端请求资源的状态码是（　　）。

　　A．100　　　　　　　　　　　　B．404

　　C．304　　　　　　　　　　　　D．303

3．思考题

请简述 HTTP 中 POST 和 GET 请求方法的区别。

第 7 章

Servlet 详解

本章学习目标
- 理解 Servlet 的概念及工作流程。
- 理解 Servlet 的生命周期。
- 掌握 Servlet 的创建及配置。
- 掌握 Servlet 常用 API 的使用。

Servlet 是服务器端程序的"头号干将",也是 Web 应用的核心组件,它负责处理客户端发出的请求并生成响应。从某种意义上讲,正因为 Servlet 在动态 Web 技术中的强大优势,才有了 Java 在众多编程语言中的"江湖地位"。对于开发人员来说,只有掌握了 Servlet 才能洞悉 Web 应用开发的精髓。接下来,本章将对 Servlet 涉及的相关技术进行详细的讲解。

7.1 Servlet 基础

7.1.1 Servlet 简介

Servlet 是基于 Java 语言的 Web 服务器编程技术,是 Sun 公司提出的一种实现动态网页的解决方案。按照 Java EE 定义的规范,Servlet 程序是一个运行在服务器中的特殊 Java 类,它能够处理来自客户端的请求并生成响应。

在 Web 应用的运行过程中,当客户端向服务器发送 HTTP 请求时,服务器会把请求交给一个指定的 Servlet,该 Servlet 对请求信息进行处理后生成响应,具体过程如图 7.1 所示。

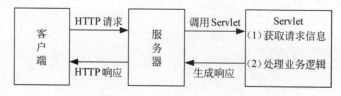

图 7.1 Servlet 的工作流程

具体来讲，Servlet 的工作流程可细分为如下几个步骤。
（1）服务器根据 web.xml 文件中的配置，把请求信息交给指定的 Servlet；
（2）Servlet 取得包括请求头在内的各种请求信息；
（3）Servlet 调用其他 Java 类的方法，完成对请求信息的逻辑处理；
（4）Servlet 实现到其他 Web 组件的跳转（包括重定向和请求转发等）；
（5）Servlet 生成响应。

Servlet 具有可移植性好、效率高等优点，在 Web 开发技术中占据了重要地位，目前市场上流行的第三方 Web 框架（如 Struts、SpringMVC 等），都基于 Servlet 技术。

7.1.2 Servlet 接口及实现类

Servlet 接口是整个 Servlet 体系的核心环节，它定义了服务器与 Servlet 程序交互时遵循的协议。所有的 Servlet 类都必须先实现 Servlet 接口，然后才能被服务器识别和管理，进而处理客户端发出的请求。

1. Servlet 接口

Servlet 接口位于 javax.servlet 包中，共提供了五个方法，其中有三个方法是与 Servlet 生命周期相关的。Servlet 接口的常用方法如表 7.1 所示。

表 7.1 Servlet 接口的常用方法

方　　法	说　　明
void init(ServletConfig config)	Servlet 的初始化方法。服务器创建好 Servlet 对象之后，会调用该方法来初始化 Servlet 对象。init()方法有一个类型为 ServletConfig 的参数，服务器通过这个参数向 Servlet 传递配置信息
void service(ServletRequest req, ServletResponse res)	Servlet 的服务方法。当服务器收到客户端访问 Servlet 的请求时，会调用该方法。在 service()方法被调用之前，必须确保 init()方法正确完成。服务器会构造一个表示客户端请求信息的 ServletRequest 对象和一个用于对客户端进行响应的 ServletResponse 对象作为参数传递给 service()方法。Servlet 对象通过 ServletRequest 对象得到客户端的相关信息和请求信息，在对请求进行处理后，调用 ServletResponse 对象的方法设置响应信息
void destroy()	Servlet 的销毁方法。服务器在终止 Servlet 服务前调用该方法以释放 Servlet 对象占用的资源。在 Servlet 容器调用 destroy()方法前，如果还有其他的线程正在 service()方法中执行，服务器会等待这些线程执行完毕或等待服务器设定的超时值到达。一旦 Servlet 对象的 destroy()方法被调用，服务器就不会再把其他的请求发送给该对象
ServletConfig getServletConfig()	该方法返回服务器调用 init()方法时传递给 Servlet 对象的 ServletConfig 对象，ServletConfig 对象包含了 Servlet 的初始化参数
String getServletInfo()	返回一个 String 对象，其中包括关于 Servlet 的信息，例如，作者、版本和版权等

在实际开发中，为了简化 Servlet 程序的编写，一般通过继承 GenericServlet 类或 HttpServlet 类来间接实现 Servlet 接口。

2．GenericServlet 类

GenericServlet 类是一个抽象类，它为 Servlet 接口提供了通用实现，能够满足基本 Servlet 类的特征和功能。GenericServlet 类的常用方法如表 7.2 所示。

表 7.2　GenericServlet 类的常用方法

方　　法	说　　明
void init(ServletConfig config)	该方法来源于 Servlet 接口，若重写该方法，必须调用 super.init(config)
void init()	该方法重载 Servlet 接口的 init(ServletConfig config)方法而无须调用 super.init(config)，但 ServletConfig 对象依然可以通过调用 getServletConfig()方法获得
void service(ServletRequest req, ServletResponse res)	这是一个抽象方法，GenericServlet 类的具体子类必须实现该方法，从而对客户端的请求进行处理
void destroy()	作用与 Servlet 接口的 destory()方法相同，GenericServlet 类的具体子类可以重写该方法增加功能
ServletConfig getServletConfig()	返回一个 Servlet 的 ServletConfig 对象
String getServletInfo()	该方法来源于 Servlet 接口，重写该方法可以产生有意义的信息，例如，作者、版本和版权等
ServletContext getServletContext()	获得一个 Servlet 的 ServletContext 对象，通过 ServletCongfig 的 getServletContext()方法获得
String getInitParameter(String name)	返回一个包含初始化变量的值的字符串，如果变量不存在则返回 null，该方法从 Servlet 的 ServletConfig 变量获得命名变量的值
void log(String msg)	该方法把指定的信息写入一个日志文件
log(String message，Throwable t)	该方法把解释性的内容和抛出的例外信息写入一个日志文件

此处需要注意的是，GenericServlet 类实现了 ServletConfig 接口，这使得开发者可以直接调用 ServletConfig 的 getServletContext()方法获取 ServletContext 对象。

3．HttpServlet 类

HttpServlet 类是 GenericServlet 的子类，它在 GenericServlet 类的基础上进行了一些针对 HTTP 协议的扩充，是在 Web 开发中定义 Servlet 最常使用的类。HttpServlet 类的常用方法如表 7.3 所示。

这里需要注意的是，除了 doGet()、doPost()方法外，对于 PUT、DELETE、HEAD、OPTIONS 等请求方式，HttpServlet 类也相应提供了 doPut()、doDelete()、doHead()、doOptions()等方法，开发者可根据具体需求选择使用。

表 7.3　HttpServlet 类的常用方法

方　　法	说　　明
void service(HttpServletRequest req, HttpServletResponse res)	HttpServlet 对 service()方法进行了重写，该方法会自动判断客户端的请求方式，若为 GET 请求，则调用 doGet()方法，若为 POST 请求，则调用 doPost()方法。因此，开发者在编写 Servlet 时，通常只需要重写 doGet()方法或 doPost()方法，而不需要重写 service()方法
void doGet(HttpServletRequest req, HttpServletResponse res)	此方法被本类的 service()方法调用，用来处理一个 GET 请求
void doPost(HttpServletRequest req, HttpServletResponse res)	此方法被本类的 service()方法调用，用来处理一个 POST 请求

7.1.3　Servlet 生命周期

Servlet 生命周期，是指一个 Servlet 对象从创建到提供服务再到销毁的过程。Servlet 运行在服务器中，它的生命周期由服务器来管理。Servlet 的生命周期通过 Servlet 接口中的 init()、service()和 destroy()方法来表示。

1．初始化阶段

Servlet 的初始化阶段分为如下两个步骤。

1）创建 Servlet 对象

默认情况下，当某个 Servlet 首次被客户端请求时，服务器会创建该 Servlet 对象。如果在 web.xml 文件中为某个 Servlet 配置了<load-on-startup>元素，服务器在启动时就会创建该 Servlet 对象。这里需要注意的是，一个 Servlet 无论被请求多少次，最多只能有一个 Servlet 对象。

2）执行 init()方法

创建 Servlet 对象之后，服务器将调用 init()方法对 Servlet 对象进行初始化。在这个过程中，Servlet 对象使用服务器为其提供的 ServletConfig 对象，从 Web 应用程序的配置信息中获取初始化的参数。在 Servlet 的整个生命周期内，init()方法只被执行一次。

2．提供服务阶段

完成 Servlet 初始化以后，服务器会为客户端请求创建一个 ServletRequest 对象和一个 ServletResponse 对象，并将它们作为参数传给 Servlet 的 service()方法。service()方法通过 ServletRequest 对象来获取客户端的相关信息和请求信息。处理完成后，通过 ServletResponse 对象来设置响应信息。在 Servlet 的整个生命周期中，service()方法可以被调用多次，当有多个客户端并发请求 Servlet 时，服务器会启动多个线程执行该 Servlet 的 service()方法。

3．销毁阶段

当服务器关闭或 Web 应用被移出服务器时，服务器会调用 Servlet 的 destroy()方法，使其释放正在使用的资源。在调用 destroy()方法之前,服务器必须让正在执行 service()方法的所有线程执行完毕,或等待正在执行 service()方法的所有线程超出服务器设置的限制时间。调用 destroy()方法之后,Servlet 对象被服务器释放,交由 JVM 垃圾回收器处理。

7.2 Servlet 开发

Servlet 本质上是运行在服务器中的 Java 类,创建 Servlet,实际上就是按照 Servlet 规范编写一个 Java 类。Servlet 主要有两种创建方法,第一种是创建一个普通的 Java 类,使这个类继承 HTTPServlet 类,再通过手动编写 web.xml 文件配置 Servlet,这种方法比较烦琐。第二种是使用 Eclipse 等集成开发工具完成 Servlet 的创建,这种方法简化了操作,常用于实际开发中。接下来,本书将对如何使用 Eclipse 创建 Servlet 做详细讲解。

7.2.1 Servlet 的创建

使用 Eclipse 创建 Servlet 相对简单,具体步骤如下。

(1)打开 Eclipse,新建 Web 工程 chapter07,右击工程名,在弹出的菜单中选择 New→Servlet 命令,进入 Create Servlet 界面,如图 7.2 所示。

图 7.2 Create Servlet 界面

(2)在 Create Servlet 界面中,Java package 文本框用于指定 Servlet 所在的包名,这里输入 com.qfedu.servlet;Class name 文本框用于指定 Servlet 的类名,这里输入 HelloServlet;Superclass 文本框用于指定 Servlet 的父类,这里采用默认的 javax.servlet.http.HttpServlet。单击 Next 按钮,进入配置 Servlet 的界面,如图 7.3 所示。

图 7.3 配置 Servlet 的界面 1

（3）在配置 Servlet 的界面中，Name 文本框用于指定 web.xml 文件<servlet-name>元素的内容；URL mappings 文本框用于指定 web.xml 文件<url-pattern>元素的内容，这里采用默认的内容。单击 Next 按钮，进入下一个配置 Servlet 的界面，如图 7.4 所示。

图 7.4 配置 Servlet 的界面 2

（4）在图 7.4 所示的配置 Servlet 的界面中，可以勾选要创建的方法，这里分别勾选 Inherited abstract methods、init、destroy、service 复选框，单击 Finish 按钮，完成 Servlet

的创建。HelloServlet 创建完成后的界面如图 7.5 所示。

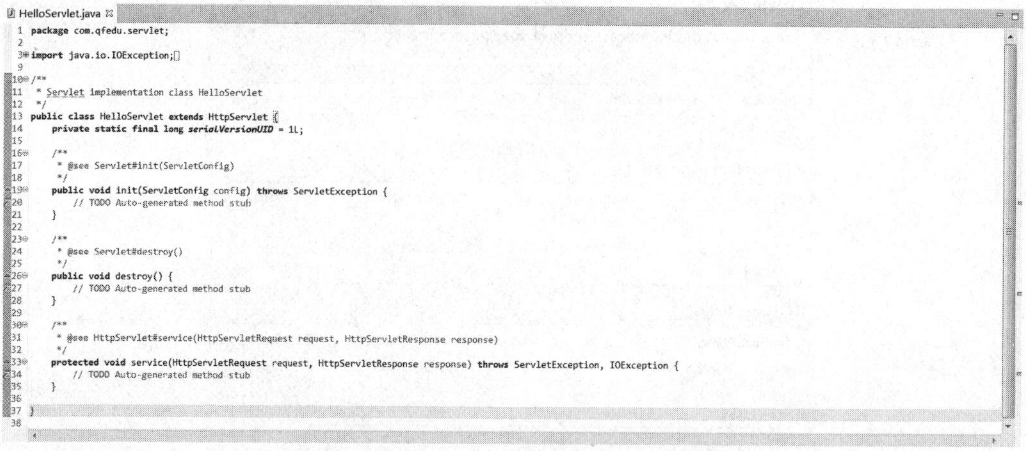

图 7.5　HelloServlet 创建完成后的界面

从图 7.5 可以看出，使用 Eclipse 创建的 Servlet 继承了 HttpServlet，同时重写了 Servlet 的初始化方法 init()、销毁方法 destroy()以及处理请求的方法 service()等。这里需要说明的是，为了方便 Servlet 功能的演示，此处重写了 init()方法、destroy()方法和 service()方法，但在实际开发中，一般只重写处理 HTTP 请求的 doPost()方法和 doGet()方法。

为了验证 HelloServlet 的功能，在 HelloServlet 的 init()、destroy()和 service()方法中输入如例 7.1 所示的代码。

【例 7.1】　HelloServlet.java

```
1   package com.qfedu.servlet;
2   import java.io.IOException;
3   import javax.servlet.*;
4   import javax.servlet.http.*;
5   public class HelloServlet extends HttpServlet {
6       public void init(ServletConfig config) throws ServletException {
7           System.out.println("init()方法被调用");
8       }
9       public void destroy() {
10          System.out.println("destroy()方法被调用");
11      }
12      protected void service(HttpServletRequest request, HttpServletResponse
13          response) throws ServletException, IOException {
14          System.out.println("service()方法被调用");
15          //向客户端响应一个字符串"Hello Servlet"
16          response.getWriter().println("Hello Servlet");
17      }
18  }
```

打开 web.xml 文件，发现该文件中增加了如下代码。

```
<servlet>
    <description></description>
    <display-name>HelloServlet</display-name>
    <servlet-name>HelloServlet</servlet-name>
    <servlet-class>com.qfedu.servlet.HelloServlet</servlet-class>
</servlet>
<servlet-mapping>
    <servlet-name>HelloServlet</servlet-name>
    <url-pattern>/HelloServlet</url-pattern>
</servlet-mapping>
```

从以上代码可以看出，Eclipse 工具在创建 Servlet 时会自动将 Servlet 的配置信息添加到 web.xml 文件中。关于 Servlet 的配置信息，在后文中会有详细的讲解，这里不再过多介绍。

7.2.2 Servlet 的配置

Servlet 创建完成之后，若想让其正确地运行在服务器中并处理请求，还需进行适当的配置。Servlet 通过 Web 应用的配置文件 web.xml 来完成配置，内容包括 Servlet 的名称、描述、初始参数、类路径，以及访问地址等，一般分为两个步骤进行。

1．声明 Servlet

在 web.xml 文件中，通过<servlet>元素声明一个 Servlet，在此元素下包含若干个子元素，这些子元素的功能如表 7.4 所示。

表 7.4　web.xml 中<servlet>子元素的配置属性

属 性 名	类 型	描　　述
<description>	String	指定该 Servlet 的描述信息
<display-name>	String	指定该 Servlet 的显示名
<servlet-name>	String	指定 Servlet 的名称，一般与 Servlet 类名相同，要求唯一
<servlet-class>	String	指定 Servlet 类的位置，包括包名与类名
<init-param>	/	指定初始化参数
<param-name>	String	指定初始参数名
<param-value>	String	指定初始参数名对应的值
<load-on-startup>	int	指定 Servlet 的加载顺序。当此选项没有指定时，表示 Servlet 被第一次请求时才被加载；当值为 0 或大于 0 时，表示服务器启动就加载这个 Servlet。值越小，启动该 Servlet 的优先级越高

以 HelloServlet 为例，它在 web.xml 中的声明代码如下。

```
<servlet>
    <description></description>
```

```xml
    <display-name>HelloServlet</display-name>
    <servlet-name>HelloServlet</servlet-name>
    <servlet-class>com.qfedu.servlet.HelloServlet</servlet-class>
<load-on-startup>1</load-on-startup>
</servlet>
```

2. 映射 Servlet

接下来需要映射访问 Servlet 的 URL，此操作通过使用<servlet-mapping>元素完成，<servlet-mapping>元素包含两个子元素，分别为<servlet-name>与<url-pattern>。其中<servlet-name>与<servlet>元素中的<servlet-name>值一致，不可随意命名，<url-pattern>元素用于指定该 Servlet 的访问路径。

以 HelloServlet 为例，它在 web.xml 中的映射代码如下。

```xml
<servlet-mapping>
    <servlet-name>HelloServlet</servlet-name>
    <url-pattern>/HelloServlet</url-pattern>
</servlet-mapping>
```

根据以上映射信息，HelloServlet 的 URL 为 http://localhost:8080/chapter07/HelloServlet。

在开发中，如果希望多个路径可以访问同一个 Servlet，可以配置多个<url-pattern>元素，以 HelloServlet 为例，可以为其增加几个映射路径，具体代码如下。

```xml
<servlet-mapping>
    <servlet-name>HelloServlet</servlet-name>
    <url-pattern>/HelloServlet</url-pattern>
    <url-pattern>/HelloServlet01</url-pattern>
    <url-pattern>/HelloServlet02</url-pattern>
</servlet-mapping>
```

根据以上映射信息，通过如下三个 URL 可以访问到 HelloServlet。

- http://localhost:8080/chapter07/HelloServlet。
- http://localhost:8080/chapter07/HelloServlet01。
- http://localhost:8080/chapter07/HelloServlet02。

此外，在<url-pattern>元素值中可以使用通配符"*"，"*"代表任意字符，它有两种使用方法，具体如下。

1）*.扩展名

以 HelloServlet 为例，假如它在 web.xml 中的映射代码如下。

```xml
<servlet-mapping>
    <servlet-name>HelloServlet</servlet-name>
    <url-pattern>*.action</url-pattern>
</servlet-mapping>
```

那么访问本 Web 应用的任意以".action"结尾的 URL 地址，都指向 HelloServlet。

2)/*

以 HelloServlet 为例，假如它在 web.xml 中的映射代码如下。

```xml
<servlet-mapping>
    <servlet-name>HelloServlet</servlet-name>
    <url-pattern>/abc/*</url-pattern>
</servlet-mapping>
```

那么访问本 Web 应用的任意以 "/abc" 开始的 URL 地址，都指向 HelloServlet。

关于 Servlet 的配置，这里要提醒大家的是，如果使用 Eclipse 创建 Servlet，Eclipse 会自动将 Servlet 的配置信息加入到 web.xml 文件中，如有需要，可以在 web.xml 文件中手动修改。

7.2.3　Servlet 的发布及访问

Servlet 运行在服务器中，客户端通过 URL 访问 Servlet。接下来将演示 HelloServlet 的访问及生命周期。

（1）将工程 chapter07 添加到 Tomcat 服务器中，启动 Tomcat 服务器，打开浏览器，在浏览器的地址栏中输入 URL 地址 http://localhost:8080/chapter07/HelloServlet，浏览器显示的页面如图 7.6 所示。

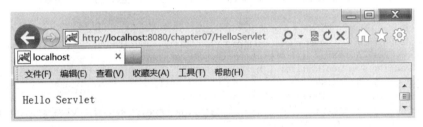

图 7.6　访问 HelloServlet 的页面

从图 7.6 可以看出，HelloServlet 已被成功地访问。这时查看 Console 窗口，Console 窗口显示的运行信息如图 7.7 所示。

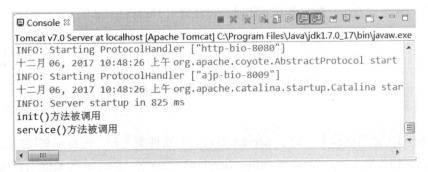

图 7.7　Console 窗口

从图 7.7 可以看出，当客户端第一次访问 HelloServlet 时，服务器创建了 HelloServlet 对象，并在调用 service()方法之前通过调用 init()方法实现了 HelloServlet 对象的初始化。

（2）刷新浏览器，多次访问 HelloServlet，Console 窗口显示的运行信息如图 7.8 所示。

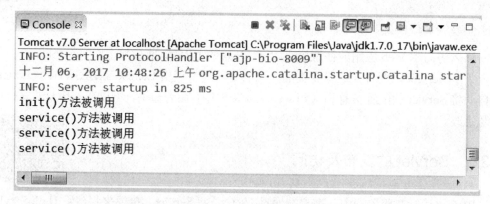

图 7.8　多次访问 HelloServlet 后的 Console 窗口

从图 7.8 可以看出，当客户端每次访问 HelloServlet 时，HelloServlet 的 service()方法即被调用一次。

（3）关闭 Tomcat 服务器，Console 窗口显示的运行信息如图 7.9 所示。

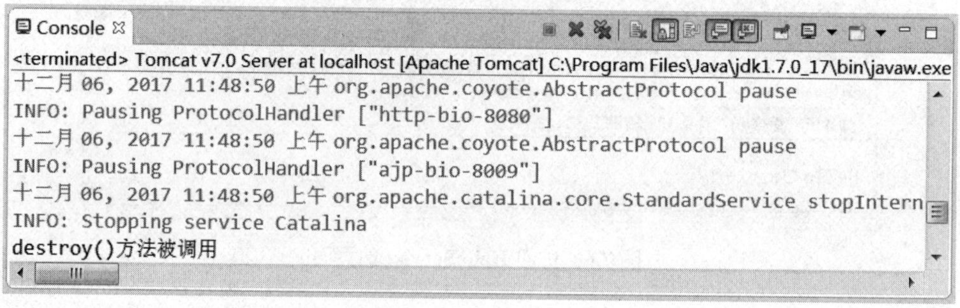

图 7.9　关闭 Tomcat 服务器后的 Console 窗口

从图 7.9 可以看出，当服务器关闭时，它会调用 HelloServlet 的 destroy()方法以释放资源。

7.3　Servlet 核心 API

在 Servlet 体系结构中，除了 Servlet 接口及其实现类之外，还有一些接口用于辅助 Servlet 执行相关操作，如 ServletConfig、ServletContext 等。Servlet 体系的主要接口和类之间的关系如图 7.10 所示。

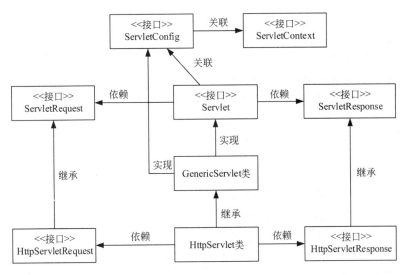

图 7.10　Servlet 的体系结构

其中，GenericServlet 类和 HttpServlet 类已在前面的章节中讲解过，接下来，将对 ServletConfig 接口、ServletContext 接口、HttpServletRequest 接口、HttpServletResponse 接口做详细介绍。

7.4　ServletConfig 接口

服务器在初始化一个 Servlet 时，会把该 Servlet 的配置信息封装到一个 ServletConfig 对象中，然后调用 init(ServletConfig config)方法将 ServletConfig 对象传递给 Servlet。Servlet 在运行过程中，当需要用到配置信息时，可以通过调用 ServletConfig 对象的方法来获取。ServletConfig 接口定义了一系列获取 Servlet 配置信息的方法，如表 7.5 所示。

表 7.5　获取 Servlet 配置信息的常用方法

方　　法	说　　明
String getInitParameter(String name)	根据给定的初始化参数名返回参数值，若参数不存在，返回 NULL
Enumeration getInitParameterNames()	返回一个 Enumeration 对象，其中包含所有的初始化参数名称
ServletContext getServletContext()	返回一个代表当前 Web 应用的 ServletContext 对象
String getServletName()	返回当前 Servlet 的名称

下面通过实例讲解如何通过 ServletConfig 对象获取 Servlet 配置信息。

（1）在工程 chapter07 的 com.qfedu.servlet 包下创建 TestServlet01 类，具体代码如例 7.2 所示。

【例 7.2】　TestServlet01.java

```
1    package com.qfedu.servlet;
2    import java.io.IOException;
3    import javax.servlet.*;
4    import javax.servlet.http.*;
5    public class TestServlet01 extends HttpServlet {
6        protected void doGet(HttpServletRequest request, HttpServletResponse
7            response) throws ServletException, IOException {
8            //获取ServletConfig对象
9            ServletConfig config = this.getServletConfig();
10           //根据参数名,获取指定的参数值
11           String param= config.getInitParameter("author");
12           //向客户端响应获得的参数值
13           response.getWriter().print("author:"+param);
14       }
15       protected void doPost(HttpServletRequest request, HttpServletResponse
16           response) throws ServletException, IOException {
17           doGet(request, response);
18       }
19   }
```

（2）在 web.xml 中为 TestServlet01 配置一些参数信息，具体如下。

```
<servlet>
    <description></description>
    <display-name>TestServlet01</display-name>
    <servlet-name>TestServlet01</servlet-name>
    <servlet-class>com.qfedu.servlet.TestServlet01</servlet-class>
    <init-param>
     <param-name>author</param-name>
     <param-value>qianfeng</param-value>
    </init-param>
 </servlet>
 <servlet-mapping>
    <servlet-name>TestServlet01</servlet-name>
    <url-pattern>/TestServlet01</url-pattern>
 </servlet-mapping>
```

在上述代码中，<init-param>元素用于设定初始化参数信息，该元素有<param-name>和<param-value>两个子元素。其中，<param-name>子元素用于设置初始化参数名，这里设置为 author；<param-value>子元素用于设置初始化参数值，这里设置为 qianfeng。

启动 Tomcat 服务器，打开浏览器，在地址栏中输入 URL 地址 http://localhost:8080/chapter07/TestServlet01，浏览器显示的页面如图 7.11 所示。

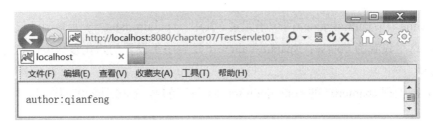

图 7.11　访问 **TestServlet01** 的页面

从图 7.11 可以看出，Servlet 的配置信息被成功地读取并响应到浏览器。

7.5　ServletContext 接口

服务器在启动时，会为每个 Web 应用创建一个 ServletContext 对象。ServletContext 对象在每个 Web 应用中都是唯一的，它封装了当前 Web 应用的相关信息，并被该 Web 应用中的所有 Servlet 共享。接下来，本书将对 ServletContext 对象提供的各项功能分别进行讲解。

7.5.1　获取 Web 应用的初始化信息

web.xml 文件是 Web 应用的配置文件，它不仅可以配置 Servlet 的初始化信息，也可以配置 Web 应用的初始化信息。服务器在加载 Web 应用时会读取这些初始化信息并存入到 ServletContext 对象中。ServletContext 接口提供获取这些初始化信息的方法，如表 7.6 所示。

表 7.6　获取 Web 应用初始化信息的常用方法

方　　法	说　　明
String getInitParameter(String name)	根据给定的初始化参数名返回参数值
Enumeration getInitParameterNames()	返回一个 Enumeration 对象，其中包含所有的初始化参数名称

接下来通过实例讲解如何通过 ServletContext 对象获取 Web 应用的初始化信息。

（1）在 Eclipse 中打开工程 chapter07 的 web.xml 文件，为 Web 应用 chapter07 设置初始化参数，具体如下。

```
<context-param>
    <param-name>course</param-name>
    <param-value>Java Web</param-value>
</context-param>
```

在上述代码中，`<context-param>` 元素用于设定初始化参数信息，该元素有

<param-name>和<param-value>两个子元素。其中，<param-name>子元素用于设置初始化参数名，这里设置为 course；<param-value>子元素用于设置初始化参数值，这里设置为 Java Web。

（2）在工程 chapter07 的 com.qfedu.servlet 包下创建 TestServlet02 类，具体代码如例 7.3 所示。

【例 7.3】 TestServlet02.java

```
1   package com.qfedu.servlet;
2   import java.io.IOException;
3   import javax.servlet.*;
4   import javax.servlet.http.*;
5   public class TestServlet02 extends HttpServlet {
6       protected void doGet(HttpServletRequest request, HttpServletResponse
7           response) throws ServletException, IOException {
8           //获取 ServletContext 对象
9           ServletContext context = this.getServletContext();
10          //根据参数名,获取指定的参数值
11          String parameter = context.getInitParameter("course");
12          //向客户端响应获得的参数值
13          response.getWriter().print(parameter);
14      }
15      protected void doPost(HttpServletRequest request, HttpServletResponse
16          response) throws ServletException, IOException {
17          doGet(request, response);
18      }
19  }
```

（3）启动 Tomcat 服务器，打开浏览器，在地址栏中输入 URL 地址 http://localhost:8080/chapter07/TestServlet02，浏览器显示的页面如图 7.12 所示。

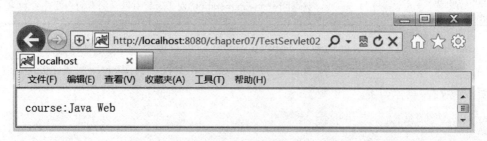

图 7.12　访问 TestServlet02 的页面

从图 7.12 可以看出，Web 应用的初始化信息被成功地读取并响应到浏览器。

7.5.2 获取 Web 应用的基础信息

ServletContext 对象还封装了 Web 应用的基础信息，例如，当前 Web 应用的根路径、名称、应用组件之间的转发以及服务器下其他 Web 应用的 Context 对象等。ServletContext 接口提供获取这些信息的方法，如表 7.7 所示。

表 7.7 获取 Web 应用基础信息的常用方法

方　　法	说　　明
String getContextPath ()	返回当前 Web 应用的根路径
String getServletContextName ()	返回当前 Web 应用的名称
RequestDispatcher getRequestDispatcher(String path)	返回一个向其他 Web 组件转发请求的 RequestDispatcher 对象
ServletContext getContext(String path)	根据参数指定的 URL 返回当前服务器中其他 Web 应用的 ServletContext 对象

接下来通过实例讲解如何通过 ServletContext 对象获取 Web 应用的基础信息。

（1）在工程 chapter07 的 com.qfedu.servlet 包下创建 TestServlet03 类，具体代码如例 7.4 所示。

【例 7.4】 TestServlet03.java

```
1   package com.qfedu.servlet;
2   import java.io.*;
3   import javax.servlet.*;
4   import javax.servlet.http.*;
5   public class TestServlet03 extends HttpServlet {
6       protected void doGet(HttpServletRequest request, HttpServletResponse
7           response) throws ServletException, IOException {
8           ServletContext context = this.getServletContext();
9           String contextPath = context.getContextPath();
10          String servletContextName = context.getServletContextName();
11          PrintWriter out = response.getWriter();
12          out.print("contextPath:"+contextPath+"<br>");
13          out.print("servletContextName:"+servletContextName);
14      }
15      protected void doPost(HttpServletRequest request, HttpServletResponse
16          response) throws ServletException, IOException {
17          doGet(request, response);
18      }
19  }
```

（2）启动 Tomcat 服务器，打开浏览器，在地址栏中输入 URL 地址 http://localhost:8080/chapter07/TestServlet03，浏览器显示的页面如图 7.13 所示。

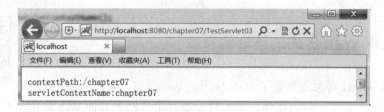

图 7.13 访问 TestServlet03 的页面

从图 7.13 可以看出，Web 应用的基础信息被成功地读取并响应到浏览器。

7.5.3 作为存取数据的容器

ServletContext 对象是一个共享空间，它所在的 Web 应用的所有 Servlet 都可以在其中存取数据，这些数据以键/值对的形式存储。ServletContext 接口提供了一些方法对这些数据进行操作，具体如表 7.8 所示。

表 7.8 对 ServletContext 中的数据进行操作的常用方法

方　法	说　明
void setAttribute(String name,Object value)	将一组数据存储到 ServletContext 对象中，其中，name 是键，value 是值
Object getAttribute(String name)	根据参数指定的键，返回对应的值
void removeAttribute(String name)	根据参数指定的键，删除该条数据
Enumeration getAttributeNames()	返回一个 Enumeration 对象，其中包含所有数据的键

接下来通过实例讲解如何通过 ServletContext 对象实现容器功能。

（1）在工程 chapter07 的 com.qfedu.servlet 包下创建 TestServlet04 类，具体代码如例 7.5 所示。

【例 7.5】TestServlet04.java

```
1   package com.qfedu.servlet;
2   import java.io.IOException;
3   import javax.servlet.*;
4   import javax.servlet.http.*;
5   public class TestServlet04 extends HttpServlet {
6       protected void doGet(HttpServletRequest request, HttpServletResponse
7           response) throws ServletException, IOException {
8           //获取 ServletContext 对象
9           ServletContext context = this.getServletContext();
10          //向 ServletContext 对象中存入一组数据
11          context.setAttribute("author", "qianfeng");
12      }
13      protected void doPost(HttpServletRequest request, HttpServletResponse
14          response) throws ServletException, IOException {
15          doGet(request, response);
16      }
```

（2）在工程 chapter07 的 com.qfedu.servlet 包下创建 TestServlet05 类，具体代码如例 7.6 所示。

【例 7.6】 TestServlet05.java

```
1   package com.qfedu.servlet;
2   import java.io.IOException;
3   import javax.servlet.*;
4   import javax.servlet.http.*;
5   public class TestServlet05 extends HttpServlet {
6       protected void doGet(HttpServletRequest request, HttpServletResponse
7           response) throws ServletException, IOException {
8           //获取 ServletContext 对象
9           ServletContext context = this.getServletContext();
10          //从 ServletContext 对象中获取数据
11          String attribute = (String)context.getAttribute("author");
12          //向客户端响应获得的数据
13          response.getWriter().print("author:"+attribute);
14      }
15      protected void doPost(HttpServletRequest request, HttpServletResponse
16          response) throws ServletException, IOException {
17          doGet(request, response);
18      }
19  }
```

（3）启动 Tomcat 服务器，打开浏览器，在地址栏中输入 URL 地址 http://localhost:8080/chapter07/TestServlet04，访问 TestServlet04，将数据存入 ServletContext 对象。然后在地址栏中输入 URL 地址 http://localhost:8080/chapter07/TestServlet05，浏览器显示的页面如图 7.14 所示。

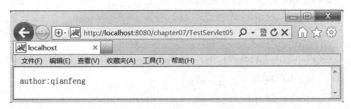

图 7.14 访问 TestServlet05 的页面

从图 7.14 可以看出，ServletContext 对象存储的数据成功地显示到浏览器。

7.5.4 获取 Web 应用的文件信息

使用 ServletContext 接口可以直接获取 Web 应用中的文件信息，如 HTML、Propertie 文件等，同时还可以获取文件在服务器中的真实存放路径。ServletContext 接口提供了一些方法获得这些信息，具体如表 7.9 所示。

表 7.9 获取 Web 应用的文件信息的常用方法

方法	说明
String getRealPath(String path)	返回指定资源路径在服务器文件系统中的真实路径（绝对路径），参数代表资源文件的虚拟路径（相对路径），它应该以"/"开始，"/"表示当前 Web 应用的根目录
URL getResource(String path)	返回指定资源路径对应的 URL 对象，参数的传递规则与 getRealPath()方法一致
InputStreamgetResourceAsStream(String path)	返回指定资源路径对应的文件输入流对象，参数的传递规则与 getRealPath()方法一致
Set getResourcePaths(String path)	返回一个 Set 集合，该集合包含了资源路径中子目录和文件的路径名称

接下来通过实例讲解如何通过 ServletContext 对象获取 Web 应用的文件路径。

（1）在工程 chapter07 的 com.qfedu.servlet 包下创建 TestServlet06 类，该类将通过 web.xml 文件的相对路径获取它在服务器文件系统中的真实路径，具体代码如例 7.7 所示。

【例 7.7】 TestServlet06.java

```
1   package com.qfedu.servlet;
2   import java.io.IOException;
3   import javax.servlet.*;
4   import javax.servlet.http.*;
5   public class TestServlet06 extends HttpServlet {
6       protected void doGet(HttpServletRequest request, HttpServletResponse
7           response) throws ServletException, IOException {
8           //获取 ServletContext 对象
9           ServletContext context = this.getServletContext();
10          //根据 web.xml 文件的相对路径获取真实路径
11          String realPath = context.getRealPath("/WEB-INF/web.xml");
12          //向客户端响应获得的数据
13          response.getWriter().print("realPath:"+realPath);
14      }
15      protected void doPost(HttpServletRequest request, HttpServletResponse
16          response) throws ServletException, IOException {
17          doGet(request, response);
18      }
19  }
```

（2）启动 Tomcat 服务器，打开浏览器，在地址栏中输入 URL 地址 http://localhost:8080/chapter07/TestServlet06，浏览器显示的页面如图 7.15 所示。

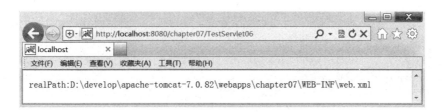

图 7.15　访问 TestServlet06 的页面

从图 7.15 可以看出，Web 应用中资源文件的真实存放路径成功地显示到浏览器。

7.6　HttpServletRequest 接口

在 Servlet API 中，HttpServletRequest 接口继承自 ServletRequest 接口，用于封装 HTTP 请求的信息。接下来，本书将对 HttpServletRequest 接口提供的各项功能分别进行讲解。

7.6.1　获取请求行信息

使用 HttpServletRequest 接口可以直接获取 HTTP 请求中的请求行信息，如请求方法、URL、请求路径等，HttpServletRequest 接口提供了一些方法对这些信息进行操作，具体如表 7.10 所示。

表 7.10　对请求行信息进行操作的常用方法

方　　法	说　　明
String getMethod()	获取 HTTP 请求的请求方法（如 GET、POST 等）
String getRequestURI()	获取请求行中的资源名部分，即位于 URL 的主机和端口之后、"?" 之前的部分
String getQueryString()	获取请求行中的参数部分，即位于 URL 的 "?" 之后的部分
String getProtocol()	获取 HTTP 请求的协议及版本号
String getServletPath ()	获取 Servlet 映射的路径
String getContextPath ()	获取请求资源所在的 Web 应用的路径

接下来通过实例讲解如何通过 HttpServletRequest 对象获取请求行信息。

（1）在工程 chapter07 的 com.qfedu.servlet 包下创建 TestServlet07 类，具体代码如例 7.8 所示。

【例 7.8】　TestServlet07.java

```
1   package com.qfedu.servlet;
2   import java.io.*;
3   import javax.servlet.*;
4   import javax.servlet.http.*;
5   public class TestServlet07 extends HttpServlet {
6       protected void doGet(HttpServletRequest request, HttpServletResponse
```

```java
7            response) throws ServletException, IOException {
8          //获取请求方法
9          String method = request.getMethod();
10         //获取请求行中的资源名部分
11         String requestURI = request.getRequestURI();
12         //获取 HTTP 请求的协议及版本号
13         String protocol = request.getProtocol();
14         //获取请求参数
15         String queryString = request.getQueryString();
16         //获取 Servlet 映射的路径
17         String servletPath = request.getServletPath();
18         //获取请求资源所在的 Web 应用的路径
19         String contextPath = request.getContextPath();
20         //向客户端响应信息
21         PrintWriter out = response.getWriter();
22         out.print("method:"+method+"<br>");
23         out.print("requestURI:"+requestURI+"<br>");
24         out.print("protocol:"+protocol+"<br>");
25         out.print("queryString:"+queryString+"<br>");
26         out.print("servletPath: "+servletPath+"<br>" );
27         out.print("contextPath:"+contextPath+"<br>");
28     }
29     protected void doPost(HttpServletRequest request, HttpServletResponse
30         response) throws ServletException, IOException {
31         doGet(request, response);
32     }
33 }
```

（2）启动 Tomcat 服务器，打开浏览器，在地址栏中输入 URL 地址 http://localhost:8080/chapter07/TestServlet07?author=qianfeng，浏览器显示的页面如图 7.16 所示。

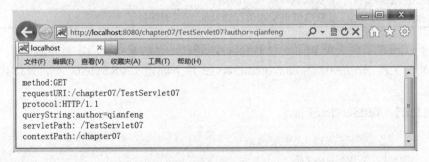

图 7.16　访问 TestServlet07 的页面

从图 7.16 可以看出，访问 TestServlet07 的请求行信息成功地显示到浏览器。

7.6.2 获取请求头信息

使用 HttpServletRequest 接口可以直接获取 HTTP 请求中的请求头信息，如主机端口、是否持久连接、字符集编码等，HttpServletRequest 接口提供了一些方法对这些信息进行操作，具体如表 7.11 所示。

表 7.11　对请求头信息进行操作的常用方法

方　　法	说　　明
String getHeader(String name)	返回指定请求头的值。如果该请求不包含指定名称的请求头，此方法返回 NULL。如果有多个具有相同名称的请求头，此方法返回请求中的第一个请求头的值
Enumeration getHeaders(String name)	返回一个 Enumeration 对象，其中存有该请求包含的所有请求头的值
Enumeration getHeaderNames()	返回一个 Enumeration 对象，其中存有该请求包含的所有请求头的名称
String getContentType()	返回 ContentType 请求头的值
int getContentLength()	返回 ContentLength 请求头的值
String getCharacterEncoding()	返回请求体的字符集编码

接下来通过实例讲解如何通过 HttpServletRequest 对象获取请求头信息。

（1）在工程 chapter07 的 com.qfedu.servlet 包下创建 TestServlet08 类，具体代码如例 7.9 所示。

【例 7.9】 TestServlet08.java

```
1   package com.qfedu.servlet;
2   import java.io.*;
3   import java.util.Enumeration;
4   import javax.servlet.ServletException;
5   import javax.servlet.http.*;
6   public class TestServlet08 extends HttpServlet {
7       protected void doGet(HttpServletRequest request, HttpServletResponse
8       response) throws ServletException, IOException {
9           //获取所有的请求头名称,封装到 Enumeration 对象中
10          Enumeration<String> headerNames = request.getHeaderNames();
11          //获取一个输出流
12          PrintWriter out = response.getWriter();
13          //遍历 Enumeration 对象,获得请求头名称,进而获取所有请求头的值并响应给客户端
14          while (headerNames.hasMoreElements()) {
15              String headName = (String) headerNames.nextElement();
16              out.print(headName+":"+request.getHeader(headName)+"<br>");
17          }
```

```
18       }
19       protected void doPost(HttpServletRequest request, HttpServletResponse
20           response) throws ServletException, IOException {
21           doGet(request, response);
22       }
23   }
```

（2）启动 Tomcat 服务器，打开浏览器，在地址栏中输入 URL 地址 http://localhost:8080/chapter07/TestServlet08，浏览器显示的页面如图 7.17 所示。

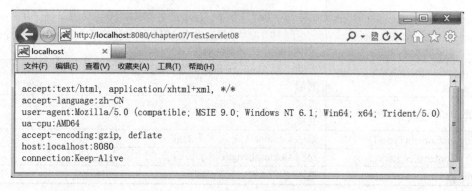

图 7.17 访问 TestServlet08 的页面

从图 7.17 可以看出，访问 TestServlet08 的请求头信息成功地显示到浏览器。

7.6.3 获取请求体信息

使用 HttpServletRequest 接口可以直接获取 HTTP 请求中的请求体信息，如提交的参数、上传的文件等，HttpServletRequest 接口提供了一些方法对这些信息进行操作，具体如表 7.12 所示。

表 7.12 对请求体信息进行操作的常用方法

方　　法	说　　明
ServletInputStream getInputStream()	获取请求体内容的字节输入流
Reader getReader()	获取请求体内容的字符输入流

接下来通过实例讲解如何通过 HttpServletRequest 对象获取请求体信息。

（1）在工程 chapter07 的 com.qfedu.servlet 包下创建 TestServlet09 类，具体代码如例 7.10 所示。

【例 7.10】 TestServlet09.java

```
1    package com.qfedu.servlet;
2    import java.io.*;
3    import javax.servlet.ServletException;
```

```
4   import javax.servlet.http.*;
5   public class TestServlet09 extends HttpServlet {
6       protected void doGet(HttpServletRequest request, HttpServletResponse
7           response) throws ServletException, IOException {
8           //获取输入流对象
9           InputStream in = request.getInputStream();
10          byte[] buf = new byte[1024];
11          StringBuilder builder = new StringBuilder();
12          int len;
13          //循环读取数组中的数据,将数据拼接到StringBuilder对象中
14          while ((len=in.read(buf))!=-1) {
15              builder.append(new String(buf,0,len));
16          }
17          System.out.println(builder);
18      }
19      protected void doPost(HttpServletRequest request, HttpServletResponse
20          response) throws ServletException, IOException {
21          doGet(request, response);
22      }
23  }
```

（2）在工程 chapter07 的 WebContent 目录下创建 login01.html 文件，具体代码如例 7.11 所示。

【例 7.11】 login01.html

```
1   <html>
2   <head>
3   <meta charset="UTF-8">
4   <title>login</title>
5   </head>
6   <body>
7   <form action="/chapter07/TestServlet09" method="post">
8   username: <input type="text" name="username"><br>
9   password: <input type="password" name="password"><br>
10          <input type="submit" value="提交">
11  </form>
12  </body>
13  </html>
```

（3）启动 Tomcat 服务器，打开浏览器，在地址栏中输入 URL 地址 http://localhost:8080/chapter07/login01.html，浏览器显示的页面如图 7.18 所示。

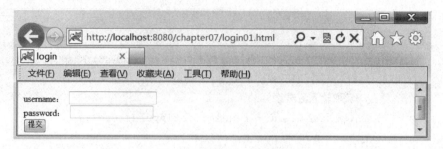

图 7.18　访问 **login01.html** 的页面

（4）在 username 文本框中输入 qianfeng，在 password 文本框中输入 12345，单击"提交"按钮，Console 窗口显示的结果如图 7.19 所示。

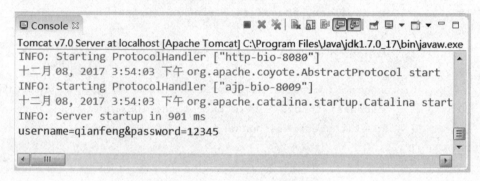

图 7.19　Console 窗口显示的结果

从图 7.19 可以看出，访问 TestServlet09 的请求体信息被成功地获取。

7.6.4　获取请求参数

客户端发送的请求体中经常会有表单数据，为了简化开发，HttpServletRequest 接口提供了一些方法用于直接获取请求参数，具体如表 7.13 所示。

表 7.13　获取请求参数的常用方法

方　　法	说　　明
String getParameter (String name)	返回指定名称的参数的值
String[] getParameterValues(String name)	返回一个字符串数组，其中包含该请求中多个同名的参数的值
Enumeration getParameterNames ()	返回一个 Enumeration 对象，其中包含该请求中的所有参数名
Map getParameterMap()	返回一个 Map 对象，其中封装了该请求中的所有参数名和对应的值

接下来通过实例讲解如何通过 HttpServletRequest 对象获取请求参数。

（1）在工程 chapter07 的 com.qfedu.servlet 包下创建 TestServlet10 类，具体代码如例 7.12 所示。

【例 7.12】 TestServlet10.java

```java
1   package com.qfedu.servlet;
2   import java.io.*;
3   import javax.servlet.ServletException;
4   import javax.servlet.http.*;
5   public class TestServlet10 extends HttpServlet {
6       protected void doGet(HttpServletRequest request, HttpServletResponse
7           response) throws ServletException, IOException {
8           //获取参数名为 name 的值
9           String username = request.getParameter("username");
10          //获取参数名为 password 的值
11          String password = request.getParameter("password");
12          System.out.println(username);
13          System.out.println(password);
14      }
15      protected void doPost(HttpServletRequest request, HttpServletResponse
16          response) throws ServletException, IOException {
17          doGet(request, response);
18      }
19  }
```

（2）在工程 chapter07 的 WebContent 目录下创建 login02.html 文件，具体代码如例 7.13 所示。

【例 7.13】 login02.html

```html
1   <html>
2   <head>
3   <meta charset="UTF-8">
4   <title>login</title>
5   </head>
6   <body>
7   <form action="/chapter07/TestServlet10" method="post">
8   username: <input type="text" name="username"><br>
9   password: <input type="password" name="password"><br>
10           <input type="submit" value="提交">
11  </form>
12  </body>
13  </html>
```

（3）启动 Tomcat 服务器，打开浏览器，在地址栏中输入 URL 地址 http://localhost:8080/chapter07/login02.html。浏览器显示 login02.html 的页面，在其中的 username 文本框中输入 qianfeng，在 password 文本框中输入 12345，单击"提交"按钮，Console 窗口显示的界面如图 7.20 所示。

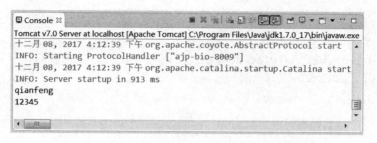

图 7.20　Console 窗口显示的界面 1

从图 7.20 可以看出，访问 TestServlet10 的请求参数被成功地获取。在进行请求参数传递时，如果填写中文，可能会显示乱码。例如，在访问 login02.html 页面时，在"username"文本框中输入"千锋"，在 password 文本框中输入 12345，单击"提交"按钮，Console 窗口显示的界面如图 7.21 所示。

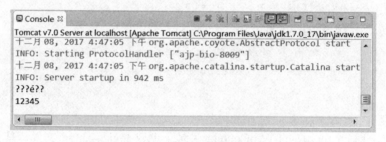

图 7.21　Console 窗口显示的界面 2

从图 7.21 可以看出，当输入的用户名为中文时，运行结果出现了乱码。出现乱码的原因是浏览器采用的编码方式和服务器采用的解码方式不同，浏览器会按当前页面采用的字符集进行编码，而服务器采用默认的 ISO8859-1 字符集进行解码。此时，让服务器采用页面的字符集对参数进行解码，乱码就恢复正常，HttpServletRequest 接口提供的 setCharacterEncoding() 方法可以实现这一功能。

对例 7.12 的 TestServlet10 类进行修改，在 doGet() 方法体的第一行加入如下代码。

```
request.setCharacterEncoding("utf-8");
```

以上代码放在获取请求参数的方法之前，将服务器采用的解码字符集设置成浏览器编码采用的 UTF-8。启动服务器，再次访问 login02.html 页面，输入表单信息，Console 窗口显示的界面如图 7.22 所示。

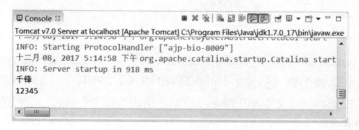

图 7.22　Console 窗口显示的界面 3

从图 7.22 可以看出，请求参数的中文乱码问题已解决。

7.6.5　作为存取数据的容器

HttpServletRequest 对象可以作为存取数据的容器，这些数据以键/值对的形式存储，被属于同一个请求的多个组件共享。HttpServletRequest 接口提供了一些方法对这些数据进行操作，具体如表 7.14 所示。

表 7.14　对 HttpServletRequest 中的数据进行操作的常用方法

方　　法	说　　明
void setAttribute(String name,Object value)	将一组数据存储到 HttpServletRequest 对象中，其中，name 是键，value 是值
Object getAttribute(String name)	根据参数指定的键，返回对应的值
void removeAttribute(String name)	根据参数指定的键，删除该条数据
Enumeration getAttributeNames()	返回一个 Enumeration 对象，其中包含所有数据的键

HttpServletRequest 接口的这些方法一般与请求转发等功能配合使用，在后面的章节中会有相关讲解，在此，大家只需要简单了解即可。

7.6.6　请求转发

Servlet 之间可以相互跳转，利用 Servlet 的跳转可以很容易地把一项任务按模块分开，如使用一个 Servlet 实现用户登陆，然后跳到另外一个 Servlet 实现用户资料修改。Servlet 的跳转要通过 RequestDispatcher 接口的实例对象实现。HttpServletRequest 接口提供了获取 RequestDispatcher 对象的方法，如表 7.15 所示。

表 7.15　获得 RequestDispatcher 对象的方法

方　　法	说　　明
getRequestDispatcher(String path)	返回指定路径所映射资源的 RequestDispatcher 对象

获取到 RequestDispatcher 对象后，就可以把当前 Servlet 的信息转发给其他 Web 资源，由其他 Web 资源对这些信息进行处理并响应给客户端。RequestDispatcher 接口提供了请求转发的方法，如表 7.16 所示。

表 7.16　RequestDispatcher 提供的请求转发的方法

方　　法	说　　明
forward(ServletRequest request, ServletResponse response)	用于将请求从一个 Servlet 传递给另外的 Web 资源

接下来通过实例讲解如何通过 RequestDispatcher 对象实现请求转发。
（1）在工程 chapter07 的 com.qfedu.servlet 包下创建 TestServlet11 类，具体代码如例 7.14 所示。

【例7.14】 TestServlet11.java

```java
package com.qfedu.servlet;
import java.io.*;
import javax.servlet.*;
import javax.servlet.http.*;
public class TestServlet11 extends HttpServlet {
    protected void doGet(HttpServletRequest request, HttpServletResponse
        response) throws ServletException, IOException {
        //在request对象中存入一组数据
        request.setAttribute("author", "qianfeng");
        //获取RequestDispatcher对象
        RequestDispatcher dispatcher = request.getRequestDispatcher
        ("/TestServlet12");
        //完成请求转发
        dispatcher.forward(request, response);
    }
    protected void doPost(HttpServletRequest request, HttpServletResponse
        response) throws ServletException, IOException {
        doGet(request, response);
    }
}
```

（2）在工程chapter07的com.qfedu.servlet包下创建TestServlet12类，具体代码如例7.15所示。

【例7.15】 TestServlet12.java

```java
package com.qfedu.servlet;
import java.io.*;
import javax.servlet.*;
import javax.servlet.http.*;
public class TestServlet12 extends HttpServlet {
    protected void doGet(HttpServletRequest request, HttpServletResponse
        response) throws ServletException, IOException {
        //获取参数名为name的值
        String author =(String) request.getAttribute("author");
        //响应到浏览器
        response.getWriter().print("author:"+author);
    }
    protected void doPost(HttpServletRequest request, HttpServletResponse
        response) throws ServletException, IOException {
```

```
15              doGet(request, response);
16       }
17  }
```

（3）启动 Tomcat 服务器，打开浏览器，在地址栏中输入 URL 地址 http://localhost:8080/chapter07/TestServlet11，浏览器显示的界面如图 7.23 所示。

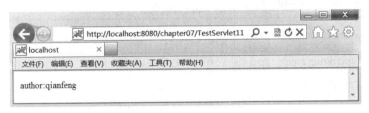

图 7.23 访问 TestServlet11 的界面

从图 7.23 可以看出，访问 TestServlet11 的请求被转发到 TestServlet12，TestServlet12 完成数据处理并响应给浏览器。

7.7 HttpServletResponse 接口

在 Servlet API 中，HttpServletResponse 接口继承自 ServletResponse 接口，用于封装 HTTP 响应的信息。接下来，本书将对 HttpServletResponse 接口提供的各项功能分别进行讲解。

7.7.1 设置响应状态

HttpServletResponse 接口提供了设置状态码并生成响应状态行的方法，具体如表 7.17 所示。

表 7.17 设置状态码并生成响应状态行的方法

方法	说明
void setStatus(int sc)	将指定的状态码及响应行发送给客户端
void sendError(int sc)	发送表示错误信息的状态码
void sendError(int sc,String message)	发送表示错误信息的状态码和用于提示说明的文本信息

在实际开发中，一般不需要人为设置状态码，服务器会根据程序的运行状况自动发送相应的状态码。

7.7.2 设置响应头信息

使用 HttpServletResponse 接口可以直接设置 HTTP 请求中的响应头信息，如响应体的字符编码、响应体的内容大小等，HttpServletResponse 接口提供了一系列方法实现这些操作，具体如表 7.18 所示。

表 7.18 设置响应头信息的常用方法

方　　法	说　　明
void setHeader(String name,String value)	设置响应头信息，其中，参数 name 为响应头的名称，参数 value 为响应头的值
void setIntHeader(String name,Int value)	设置值的类型为整数的响应头信息，其中，参数 name 为响应头的名称，参数 value 为响应头的值
void setContentType(String type)	设置响应体内容的类型
void setContentLength(int length)	设置响应体内容的大小
void setCharacterEncoding(String charset)	设置响应体内容的字符编码

HttpServletResponse 接口的这些方法一般与发送响应体消息等功能配合使用，在后面的章节中会有相关讲解，在此，大家只需要简单了解即可。

7.7.3 获取响应体消息

Servlet 向客户端输出响应正文是通过输出流对象来完成的，HttpServletResponse 接口提供了两种获取不同类型输出流的方法，如表 7.19 所示。

表 7.19 获取不同类型输出流的方法

方　　法	说　　明
ServletOutputStream getOutputStream()	获取响应体内容的字节输出流
Writer getWriter()	获取响应体内容的字符输出流

接下来通过实例讲解如何通过 HttpServletResponse 对象向客户端输出响应体。

（1）在工程 chapter07 的 com.qfedu.servlet 包下创建 TestServlet13 类，具体代码如例 7.16 所示。

【例 7.16】 TestServlet13.java

```
1   package com.qfedu.servlet;
2   import java.io.*;
3   import javax.servlet.*;
4   import javax.servlet.http.*;
5   public class TestServlet13 extends HttpServlet {
6       protected void doGet(HttpServletRequest request, HttpServletResponse
7           response) throws ServletException, IOException {
8           String msg = "qianfeng";
9           //获取字节输出流对象
10          ServletOutputStream out = response.getOutputStream();
11          //向浏览器输出信息
12          out.write(msg.getBytes());  }
```

```
13    protected void doPost(HttpServletRequest request, HttpServletResponse
14        response) throws ServletException, IOException {
15        doGet(request, response);
16    }
17 }
```

（2）启动 Tomcat 服务器，打开浏览器，在地址栏中输入 URL 地址 http://localhost:8080/chapter07/TestServlet13，浏览器显示的界面如图 7.24 所示。

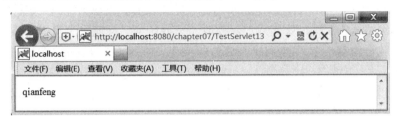

图 7.24 访问 TestServlet13 的界面

从图 7.24 可以看出，TestServlet13 中设置的数据成功地发送给浏览器。

这里需要注意的是，在向客户端发送响应体时，如果调用 HttpServletResponse 接口的 getWriter()方法传输中文，可能会出现乱码的问题。为了便于大家理解，下面通过一个案例演示上述情况，在工程 chapter07 的 com.qfedu.servlet 包下创建 TestServlet14 类，具体代码如例 7.17 所示。

【例 7.17】 TestServlet14.java

```
1  package com.qfedu.servlet;
2  import java.io.*;
3  import javax.servlet.ServletException;
4  import javax.servlet.http.*;
5  public class TestServlet14 extends HttpServlet {
6      protected void doGet(HttpServletRequest request, HttpServletResponse
7          response) throws ServletException, IOException {
8          String msg = "千锋";
9          //获取字符输出流对象并向浏览器输出
10         Writer out = response.getWriter();
11         out.write(msg);
12     }
13     protected void doPost(HttpServletRequest request, HttpServletResponse
14         response) throws ServletException, IOException {
15         doGet(request, response);
16     }
17 }
```

启动 Tomcat 服务器，打开浏览器，在地址栏中输入 http://localhost:8080/chapter07/TestServlet14，浏览器显示的结果如图 7.25 所示。

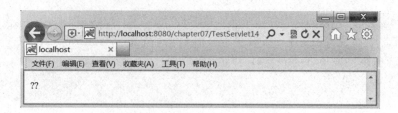

图 7.25 访问 TestServlet14 的界面 1

从图 7.25 可以看出，当使用字符输出流传输中文时，出现了乱码。这种问题是由字符输出流和浏览器的编码冲突造成的，此时，只要统一字符输出流和浏览器采用的编码方式，乱码就会恢复正常，HttpServletResponse 接口提供的 setContentType()方法可以实现这一功能。

对例 7.17 的 TestServlet14 类进行修改，在 doGet()方法体的第一行加入如下代码。

```
response.setContentType("text/html;charset=utf-8");
```

以上代码放在获取字符输出流的方法之前，将浏览器采用的解码字符集设置成响应体内容采用的 UTF-8。启动服务器，再次访问 TestServlet14 类，浏览器显示的结果如图 7.26 所示。

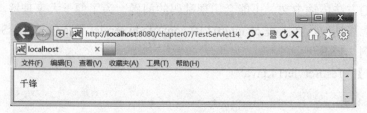

图 7.26 访问 TestServlet14 的界面 2

从图 7.26 可以看出，字符输出流的乱码问题已解决。

7.7.4 请求重定向

当客户端向指定的 Servlet 发出访问请求时，如果该 Servlet 不需要对其进行处理，可以指定一个新的资源路径，让客户端重新发送请求。HttpServletResponse 接口提供了实现上述功能的方法，如表 7.20 所示。

表 7.20 请求重定向的方法

方　　法	说　　明
void sendRedirect(String path)	返回指定路径所映射资源的 RequestDispatcher 对象，参数 path 要指明 Web 应用的名称

接下来通过实例讲解如何通过 HttpServletResponse 对象实现请求重定向的功能。

（1）在工程 chapter07 的 com.qfedu.servlet 包下创建 TestServlet15 类，具体代码如例 7.18 所示。

【例 7.18】 TestServlet15.java

```
1   package com.qfedu.servlet;
2   import java.io.*;
3   import javax.servlet.*;
4   import javax.servlet.http.*;
5   public class TestServlet15 extends HttpServlet {
6       protected void doGet(HttpServletRequest request, HttpServletResponse
7           response) throws ServletException, IOException {
8           //将当前请求重定向到TestServlet16,注意参数中要加上Web应用的名称
9           response.sendRedirect("/chapter07/TestServlet16");
10      }
11      protected void doPost(HttpServletRequest request, HttpServletResponse
12          response) throws ServletException, IOException {
13          doGet(request, response);
14      }
15  }
```

（2）在工程 chapter07 的 com.qfedu.servlet 包下创建 TestServlet16 类，具体代码如例 7.19 所示。

【例 7.19】 TestServlet16.java

```
1   package com.qfedu.servlet;
2   import java.io.*;
3   import javax.servlet.*;
4   import javax.servlet.http.*;
5   public class TestServlet16 extends HttpServlet {
6       protected void doGet(HttpServletRequest request, HttpServletResponse
7           response) throws ServletException, IOException {
8           //输出当前Servlet的名称
9           response.getWriter().print(this.getServletName());
10      }
11      protected void doPost(HttpServletRequest request, HttpServletResponse
12          response) throws ServletException, IOException {
13          doGet(request, response);
14      }
15  }
```

（3）启动 Tomcat 服务器，打开浏览器，在地址栏中输入 URL 地址 http://localhost:8080/chapter07/TestServlet15，浏览器显示的界面如图 7.27 所示。

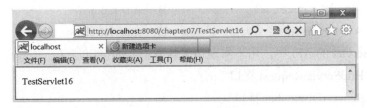

图 7.27 访问 TestServlet15 的界面

从图 7.27 可以看出，浏览器地址栏的 URL 发生变化，向 TestServlet15 发出的请求被重定向到 TestServlet16。

7.8 本章小结

本章主要讲解了 Servlet 的相关知识，包括 Servlet 的概念、原理、生命周期及核心 API 等。通过对本章知识的学习，大家要能够理解 Servlet 的工作原理和体系结构，掌握 Servlet 的核心 API，能使用 Servlet 技术进行简单的 Web 开发。

7.9 习题

1．填空题

（1）在与 Servlet 相关的 API 中，_____对象用于封装 Servlet 的配置信息。
（2）调用 ServletContext 对象的_____方法可以获取当前 Web 应用的初始化参数。
（3）调用 ServletContext 对象的_____方法可以获取当前 Web 应用的名称。
（4）调用 HttpServletRequest 对象的_____方法可以获取请求参数的值。
（5）调用 HttpServletResponse 对象的_____方法可以设置响应体内容的字符编码。

2．选择题

（1）下列选项中，不能用于定义 Servlet 的生命周期的是（　　）。
  A．init()　　　　　　　　　　B．service()
  C．destroy()　　　　　　　　D．create()
（2）下列选项中，对 HttpServlet 类描述错误的是（　　）。
  A．HttpServlet 类的子类必须重写 service()方法
  B．HttpServlet 类实现 Servlet 接口，能够提供处理 HTTP 请求的功能
  C．HttpServlet 的子类实现了 doGet()方法去处理 HTTP 的 GET 请求
  D．HttpServlet 的子类实现了 doPost()方法去处理 HTTP 的 POST 请求
（3）在 web.xml 文件中，表示 Servlet 的 URL 映射的元素是（　　）。
  A．<servlet-name>　　　　　B．<url-pattern>
  C．<display-name>　　　　　D．<servlet-class>
（4）在 Servlet 的 API 中，用于实现请求转发机制的接口是（　　）。
  A．HttpServletRequest 接口
  B．RequestDispatcher 接口
  C．HttpServletResponse 接口

D．ServletConfig 接口

（5）下列选项中，用于设置 HttpServletResponse 的内容类型的方法是（　　）。

  A．setParameter()　　　　　　　　B．setContentType()

  C．setAttribute()　　　　　　　　D．sendRedirect()

3．思考题

（1）简述 Servlet 的生命周期。

（2）简述 Servlet 接口及其实现类的功能。

4．编程题

现有一个 HTML 页面 exercise.html，请编写一个 Servlet 类，使该类能够读取 Servlet 的配置信息，并将请求参数显示到浏览器（注意中文乱码问题）。

exercise.html

```
1   <html>
2   <head>
3   <meta charset="UTF-8">
4   <title>login</title>
5   </head>
6   <body>
7   <form action="/chapter07/Exercise" method="post">
8   username: <input type="text" name="username"><br>
9   password: <input type="password" name="password"><br>
10          <input type="submit" value="提交">
11  </form>
12  </body>
13  </html>
```

第 8 章 会话跟踪

本章学习目标
- 理解 HTTP 会话的概念。
- 理解 Cookie 机制和 Session 机制。
- 掌握 Cookie 相关 API 的使用。
- 掌握 Session 相关 API 的使用。

会话跟踪是 Web 开发中常用的技术,通常用于管理用户的状态。例如,一个用户成功登录某个网上论坛之后,服务器会"记住"用户的登录信息,当用户交替回复不同的网帖时,无须再次登录即可完成。接下来,本章将对会话跟踪涉及的相关技术进行详细的讲解。

8.1 会话简介

在 Web 开发领域,会话是指在一段时间内,客户端与 Web 应用的一连串相关的交互过程。例如,用户登录一个网上论坛并给网帖留言,这个过程所引发的一系列的请求响应过程就是一次会话。

会话过程中的每次请求和响应都会产生数据,而 HTTP 协议是无状态的协议,它不会为了下一次请求而保存本次请求传输的信息,这就给实现多次请求的业务逻辑带来一定的困难。

例如,用户成功登录某网上论坛之后,当用户想回复相应的网帖时,需要重新向服务器发送一次请求,而此时,上一次请求传输的信息已经失效,用户在发帖之前还需再次登录,这就会降低用户的使用体验。

为解决这个问题,会话跟踪被引入到 Web 开发的技术体系中,它用于保存会话过程中产生的数据,使一次请求所传递的数据能够维持到后续的请求。

会话跟踪采用的方案包括 Cookie 和 Session,Cookie 工作在客户端,Session 工作在服务端,它们之间既有联系又有区别,接下来将围绕 Cookie 和 Session 展开具体的讲解。

8.2 Cookie 机制

8.2.1 Cookie 简介

Cookie 是由 W3C 组织提出的一种在客户端保持会话跟踪的解决方案。具体来讲，它是服务器为了识别用户身份而存储在客户端上的文本信息。Cookie 功能需要客户端（主要是浏览器）的支持，目前 Cookie 已成为浏览器的一项标准，几乎主流的浏览器（如 IE、Firefox 等）都支持 Cookie。

为了便于理解，下面以一个生活实例来解释 Cookie 机制。人们经常使用"一卡通"乘坐地铁，当乘客在地铁站首次充值时，地铁公司会发放一张"一卡通"，"一卡通"存储有卡号、金额、乘坐次数等信息，此后，乘客使用该卡乘坐地铁，地铁公司就能根据卡里的信息计算消费金额。在会话中，Cookie 的功能与此类似，当客户端第一次访问 Web 应用时，服务器会给客户端发送 Cookie，Cookie 里存有相关信息，当客户端再次访问 Web 应用时，会在请求头中同时发送 Cookie，服务器根据 Cookie 中的信息做出对应的处理。

Cookie 机制的实现过程如图 8.1 所示。

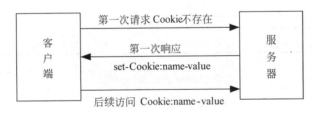

图 8.1 Cookie 机制的实现过程

从图 8.1 可以看出，当客户端第一次访问 Web 应用时，服务器以响应头的形式将 Cookie 发送给客户端，客户端会把 Cookie 保存到本地。当浏览器再次请求该 Web 应用时，客户端会把请求的网址和 Cookie 一起提交给服务器，服务器会检查该 Cookie 并读取其中的信息。

通过 Cookie，服务器能够得到客户端特有的信息，从而动态生成与该客户端对应的内容。例如，在很多登录页面中，有"记住我""自动登录"之类的选项，如果选中这些选项，当再次访问该 Web 应用时，客户端就会自动完成相关的操作。另外，一些网站会根据用户的使用需要，进行个性化的风格设置、广告投放等，这些功能都能够基于 Cookie 机制实现。

8.2.2 Cookie 类

为了便于对 Cookie 信息进行操作,Java 语言把 Cookie 信息封装成了 Cookie 类,该类位于 javax.servlet.http 包中,提供了生成 Cookie 以及操作 Cookie 各个属性的方法。

1. 生成 Cookie 对象

Cookie 类提供了一个构造方法,具体语法格式如下。

```
public Cookie(String name, String value)
```

其中,第一个 String 类型的参数用于指定 Cookie 的名称,第二个 String 类型的参数用于指定 Cookie 的值,Cookie 一旦创建,它的名称就不能被修改,但它的值可以被修改。

2. Cookie 类的常用 API

创建 Cookie 对象后,便可以调用 Cookie 类的常用方法对其进行操作,Cookie 类的常用方法如表 8.1 所示。

表 8.1 Cookie 类的常用方法

方法	说明
String getName()	返回 Cookie 的名称
String getValue()	返回 Cookie 的值
void setValue(String newValue)	设置 Cookie 的值
void setMaxAge(int maxAge)	设置 Cookie 的最大保存时间,即 Cookie 的有效期
int getMaxAge()	返回 Cookie 的有效期
void setPath(String path)	设置 Cookie 的有效目录路径
String getPath()	返回 Cookie 的有效目录路径
void setDomain(String pattern)	设置 Cookie 的有效域名
String getDomain()	返回 Cookie 的有效域名
void setVersion(int v)	设置该 Cookie 采用的协议版本
int getVersion()	返回该 Cookie 采用的协议版本
void setComment(String purpose)	设置该 Cookie 项的注解部分
String get Comment()	返回该 Cookie 项的注解部分
void setSecure(boolean flag)	设置 Cookie 的安全属性,是否只能使用安全协议(HTTPS、SSL 等)传送
boolean getSecure()	返回 Cookie 的安全属性,是否只能使用安全协议(HTTPS、SSL 等)传送

表 8.1 列举了 Cookie 类的常用方法,下面对一些理解难度较高的方法进行重点讲解。

1)setMaxAge(int maxAge)方法

setMaxAge(int maxAge)方法用于设置 Cookie 的有效期。如果该方法的参数值为正数,客户端会将 Cookie 持久化,写到本地磁盘的 Cookie 文件中,如果没有超过指定时间,即使关闭客户端,Cookie 仍然有效。如果该方法的参数值为负数,客户端只是临时保存 Cookie,如果关闭客户端,Cookie 消失。

2)setPath(String path)方法

setPath(String path)方法用于设置 Path 的有效目录路径。例如,把 Cookie 的有效路径设置为"/qianfeng",那么当浏览器访问 qianfeng 目录下的 Web 资源时,都会带上 Cookie。如果把 Cookie 的有效路径设置为"/qianfeng/qf",那么浏览器只有在访问 qianfeng 目录下的 qf 子目录里面的 Web 资源时才会带上 Cookie,而当访问 qianfeng 目录下的其他 Web 资源时,浏览器是不带 Cookie 的。

3)setDomain(String pattern)方法

setDomain(String pattern)方法用于设置 Cookie 的有效域名,该方法的参数以"."开头,不区分大小写。Cookie 是不可跨域名的,例如域名 http://www.mobiletrain.org/颁发的 Cookie 不能被提交到域名 http://www.qfedu.com/,这是由域名的隐私安全机制决定的。

3．服务器向客户端响应 Cookie

完成 Cookie 的属性设置以后,可以调用 HttpServletResponse 对象的 addCookie()方法,通过增加 Set-Cookie 响应头的方式将 Cookie 响应给客户端,客户端再将其存储在本地中。HttpServletResponse 对象的 addCookie()方法的格式如下。

```
public void addCookie (Cookie cookie)
```

其中的参数为 Cookie 对象。该方法响应给客户端的 Cookie 仅对当前客户端有效,不能跨客户端。

4．服务器获取客户端发送的 Cookie

当客户端向服务器发送带 Cookie 的请求时,服务器通过调用 HttpServletRequest 对象的 getCookies()方法将其获取。该方法返回封装了所有 Cookie 对象的数组,遍历该数组即可获取各个 Cookie 对象。HttpServletRequest 对象的 getCookies()方法的格式如下。

```
public Cookie[] getCookies()
```

在默认情况下,Cookie 只能被创建它的应用获取。如果需要扩展 Cookie 的有效目录路径,Cookie 的 setPath()方法可以重新指定其访问路径。

为了让大家更好地理解 Cookie 的工作过程,接下来以一个实例对其进行演示,具体步骤如下。

(1)在 Eclipse 中新建 Web 工程 chapter08,在该工程下创建 com.qfedu.servlet 包,在该包下新建一个 Servlet 类 TestCookie01,具体代码如例 8.1 所示。

【例 8.1】 TestCookie01.java

```
1    package com.qfedu.servlet;
2    import java.io.*;
3    import javax.servlet.ServletException;
```

```java
 4    import javax.servlet.http.*;
 5    public class TestCookie01 extends HttpServlet {
 6        int count=1;
 7        protected void doGet(HttpServletRequest request, HttpServletResponse
 8           response) throws ServletException, IOException {
 9           response.setContentType("text/html;charset=utf-8");
10           PrintWriter out = response.getWriter();
11           //获取一个包含所有的Cookie对象的数组
12           Cookie[] cookies = request.getCookies();
13           //如果数组不为空,遍历数组,获得每个Cookie对象的属性并响应到客户端
14           if(cookies != null){
15              for(int i = 0 ; i < cookies.length ; i++){
16                 out.println("Cookie name:" + cookies[i].getName()+"<br>");
17                 out.println("Cookie value:"+cookies[i].getValue()+"<br>");
18                 out.println("Cookie maxAge:"+cookies[i].getMaxAge()+"<br>"
19                 ); }
20           }else{
21              //如果数组为空,向客户端响应字符串"No cookie."
22              out.println("No cookie.");
23           }
24           //首先创建Cookie对象,然后调用response对象的方法将Cookie返回到客户端
25           response.addCookie(new Cookie("cookieName" + count , "cookieValue" +
26              count));
27           count++;
28        }
29        protected void doPost(HttpServletRequest request, HttpServletResponse
30           response) throws ServletException, IOException {
31           doGet(request, response);
32        }
33    }
```

（2）将工程 chapter08 添加到 Tomcat 服务器，启动 Tomcat 服务器，打开浏览器，在地址栏中输入 URL 地址 http://localhost:8080/chapter08/TestCookie01，浏览器显示的页面如图 8.2 所示。

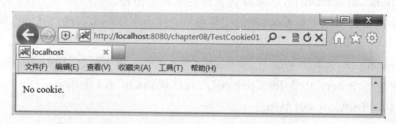

图 8.2　初次访问 TestCookie01 的页面

从图 8.2 可以看出，浏览器第一次访问 TestCookie01，由于客户端此时还不存在任何 Cookie，因此服务器向客户端返回"No cookie."。

（3）刷新浏览器，重新访问 TestCookie01，浏览器显示的页面如图 8.3 所示。

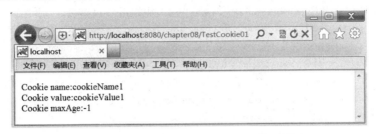

图 8.3　第二次访问 TestCookie01 的页面

从图 8.3 可以看出，由于在第一次访问时，TestCookie01 向客户端写了一个 Cookie："cookieName1=cookieValue1"，因此在浏览器第二次发出的请求中就包含了这个 Cookie，TestCookie01 读取该 Cookie，并向客户端响应该 Cookie 的信息，在页面中显示的 Cookie 的有效期为-1，表示该 Cookie 是临时性的 Cookie，当浏览器关闭时，该 Cookie 将消失。

（4）再次刷新浏览器，第三次访问 TestCookie01，浏览器显示的页面如图 8.4 所示。

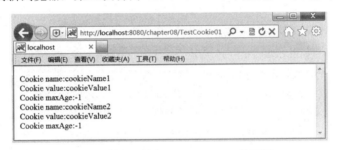

图 8.4　第三次访问 TestCookie01 的页面

从图 8.4 可以看出，浏览器显示了前两次访问 TestCookie01 时返回的 Cookie 信息。

5．Cookie 的修改、删除

Cookie 类没有提供直接修改或删除 Cookie 的方法。如果要修改客户端上的某个 Cookie，只需要新建一个同名的 Cookie，并添加到 Response 对象中覆盖原来的 Cookie 即可。如果要删除客户端上的某个 Cookie，只需新建一个同名的 Cookie，将 maxAge 设置为 0，并添加到 Response 对象中覆盖原来的 Cookie 即可。这里要注意的是，在修改、删除 Cookie 时，新建的 Cookie 除 value、maxAge 之外的所有属性都要与原 Cookie 一样。否则，客户端会将它们视为两个不同的 Cookie，从而导致修改、删除失败。

接下来以一个实例来演示 Cookie 的修改与删除，具体步骤如下。

（1）在工程 chapter08 的 com.qfedu.servlet 包下新建一个 Servlet 类 TestCookie02，具体代码如例 8.2 所示。

【例 8.2】　TestCookie02.java

```
1   package com.qfedu.servlet;
2   import java.io.*;
3   import javax.servlet.ServletException;
```

```java
4   import javax.servlet.http.*;
5   public class TestCookie02 extends HttpServlet {
6       protected void doGet(HttpServletRequest request, HttpServletResponse
7           response) throws ServletException, IOException {
8           Cookie cookie = null;
9           response.setContentType("text/html;charset=utf-8");
10          PrintWriter out = response.getWriter();
11          Cookie[] cookies = request.getCookies();
12          if(cookies != null){
13              for(int i = 0 ; i < cookies.length ; i++){
14                  out.println("Cookie name:" + cookies[i].getName()+"<br>");
15                  out.println("Cookie value:" + cookies[i].getValue()+"<br>");
16                  if(cookies[i].getName().equals("username"))
17                      cookie = cookies[i];
18              }
19          }else{
20              out.println("No cookie.");
21          }
22          //如果cookie为空,创建一个新的Cookie对象,响应到浏览器
23          if(cookie==null){
24              cookie=new Cookie("username" , "Tom");
25              cookie.setMaxAge(60*60);
26              response.addCookie(cookie);
27          }
28          //如果cookie的值为Tom,将其修改为Jack,然后响应到浏览器
29          else if(cookie.getValue().equals("Tom")){
30              cookie.setValue("Jack");
31              response.addCookie(cookie);
32          }
33          //如果cookie的值为Jack,将它的有效期修改为0,然后响应到浏览器
34          else if(cookie.getValue().equals("Jack")){
35              cookie.setMaxAge(0);
36              response.addCookie(cookie);
37          }
38      }
39      protected void doPost(HttpServletRequest request, HttpServletResponse
40          response) throws ServletException, IOException {
41          doGet(request, response);
42      }
43  }
```

（2）重启 Tomcat 服务器,重新打开浏览器,在地址栏中输入 URL 地址 http://localhost:8080/ chapter08/TestCookie02,浏览器显示的页面如图 8.5 所示。

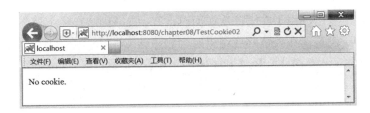

图 8.5 初次访问 TestCookie02 的页面

从图 8.5 可以看出,由于浏览器端此时还不存在任何 Cookie,因此 TestCookie02 向浏览器返回"No cookie."。

(3)刷新浏览器,重新访问 TestCookie02,浏览器显示的页面如图 8.6 所示。

图 8.6 第二次访问 TestCookie02 的页面

从图 8.6 可以看出,由于在第一次访问时,TestCookie02 向客户端写了一个 Cookie:Cookie:"username=Tom",因此在浏览器第二次发出的请求中包含了这个 Cookie,TestCookie02 读取该 Cookie,并向客户端响应该 Cookie 的信息。

(4)刷新浏览器,第三次访问 TestCookie02,浏览器显示的页面如图 8.7 所示。

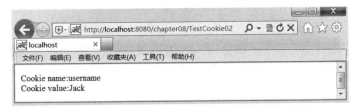

图 8.7 第三次访问 TestCookie02 的页面

从图 8.7 可以看出,由于在第二次访问时,TestCookie02 已经把浏览器端名为 username 的 Cookie 的值修改为 Jack,因此 TestCookie02 向客户端响应了修改以后的 Cookie 信息,这也证明了该 Cookie 被修改成功。

(5)刷新浏览器,第四次访问 TestCookie02,浏览器显示的页面如图 8.8 所示。

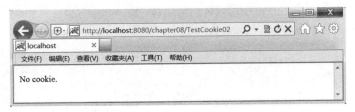

图 8.8 第四次访问 TestCookie02 的页面

从图 8.8 可以看出，由于在第三次访问时，TestCookie02 已经把值为 Jack 的 Cookie 的有效期设为 0，浏览器在处理响应结果时会删除该 Cookie，那么浏览器在第四次请求时就不带有任何 Cookie，因此 TestCookie02 向浏览器返回"No cookie."。

8.2.3 Cookie 的应用

大家在网上购物时会遇到这样的场景，当用户在电商网站浏览某些商品信息时，网站会通过 Cookie 将浏览数据保存在客户端，用户下次打开网站时，网站会向用户推广最近浏览过的商品信息。接下来通过一个案例来模拟网站推广的场景，具体步骤如下：

（1）在工程 chapter08 的 com.qfedu.servlet 包下新建一个 Servlet 类 TestCookie03，具体代码如例 8.3 所示。

【例 8.3】 TestCookie03.java

```
1   package com.qfedu.servlet;
2   import java.io.*;
3   import javax.servlet.ServletException;
4   import javax.servlet.http.*;
5   public class TestCookie03 extends HttpServlet {
6       protected void doGet(HttpServletRequest request, HttpServletResponse
7           response) throws ServletException, IOException {
8           Cookie cookie = null;
9           response.setContentType("text/html;charset=utf-8");
10          PrintWriter out = response.getWriter();
11          out.println("<html><head><title>商品列表</title></head><body><ul>
12          <li>");
13          out.println("<a href=\"TestCookie03?itemNum=01\">商品 01</a></li>
14          <li>");
15          out.println("<a href=\"TestCookie03?itemNum=02\">商品 02</a></li>
16          <li>");
17          out.println("<a href=\"TestCookie03?itemNum=03\">商品 03</a></li>
18          <li>");
19          out.println("<a href=\"TestCookie03?itemNum=04\">商品 04</a></li>
20          </ul>");
21          Cookie[] cookies = request.getCookies();
22          //若 Cookies 不为空，遍历 Cookies，获取 Cookie 对象，向客户端响应 Cookie 值
23          if(cookies != null){
24              for(int i = 0 ; i < cookies.length ; i++){
25                  if(cookies[i].getName().equals("itemsNum")){
26                      out.println("你可能需要:商品编号["+cookies[i].getValue() +
27                      "]");
28                      cookie = cookies[i];
```

```
29                  }
30              }
31          }
            //如果Cookies不为空,向客户端响应字符串"No cookie."
32
33          else{
34              out.println("No cookie.");
35          }
36          out.println("</body></html>");
37          //获取传递的参数
38          String itemNum = request.getParameter("itemNum");
39          //如果itemNum不为空,创建一个Cookie对象并返回给浏览器
40          if(itemNum!=null){
41              cookie = new Cookie("itemsNum" , itemNum);
42              cookie.setMaxAge(60*60*24);
43              response.addCookie(cookie);
44          }
45      }
46      protected void doPost(HttpServletRequest request, HttpServletResponse
47          response) throws ServletException, IOException {
48          doGet(request, response);
49      }
50  }
```

（2）重启 Tomcat 服务器，打开浏览器，在地址栏中输入 URL 地址 http://localhost:8080/chapter08/TestCookie03，浏览器显示的页面如图 8.9 所示。

图 8.9 第一次访问 TestCookie03 的页面

从图 8.9 可以看出，浏览器显示了四个商品的链接，由于第一次请求时浏览器端还不存在关于商品的 Cookie，因此 TestCookie03 向浏览器返回"No cookie."。

（3）单击超链接"商品 01"，重启浏览器，在地址栏中输入 URL 地址 http://localhost:8080/chapter08/TestCookie03，重新访问 TestCookie03，浏览器显示的页面如图 8.10 所示。

图 8.10 第二次访问 TestCookie03 的页面

从图 8.10 可以看出,浏览器显示了上次浏览的商品信息。这是由于在访问商品 01 的过程中,TestCookie03 向客户端响应了带有商品信息的 Cookie。因此浏览器第二次发出的请求中包含了这个 Cookie,TestCookie03 读取该 Cookie,并向客户端响应该 Cookie 的商品信息。

8.3 Session 机制

8.3.1 Session 简介

Session 是一种将会话数据保存到服务器的技术。当客户端访问服务器时,服务器通过 Session 机制记录客户端信息。

为了便于理解,下面以一个生活实例来解释 Session 机制。当大学新生入学时,学校会为每位新生建立学籍档案并分配一个学号,当学生需要查询学籍信息时,只需提交学号,教务老师就能根据学号查询出该学生的所有信息。在会话中,Session 的功能与此类似,当客户端第一次访问 Web 应用时,服务器会创建一个 Session,并给客户端响应 Session 的 ID,其中,Session 相当于学籍档案,ID 相当于学号。当客户端再次访问 Web 应用时,只需提交 ID,服务器就能找到对应的 Session 并作出处理。

Session 机制要借助 Cookie 机制实现功能,其实现过程如图 8.11 所示。

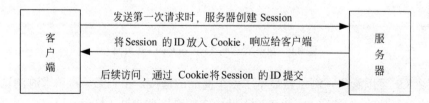

图 8.11 Session 机制的实现过程

从图 8.11 可以看出,当客户端第一次访问 Web 应用时,服务器为该客户端创建一个 Session，同时，服务器把该 Session 的 ID 放入 Cookie 返回给客户端。当客户端再次访问该 Web 应用时，通过 Cookie 将 Session 的 ID 提交给服务器，服务器通过获取到的 Session ID 找到 Session，然后进行相应的业务处理。

8.3.2 Session 类

为了简化 Web 的开发步骤，Java 语言把 Session 封装成了 javax.servlet.http.HttpSession 类，每个来访者都对应一个 HttpSession 类的对象，所有关于该来访者的状态信息都保存在这个 HttpSession 对象里。

1．获取 HttpSession 对象

HttpServletRequest 类提供了获取 HttpSession 对象的方法，具体语法格式如下。

```
public HttpSession getSession()
public HttpSession getSession(Boolean create)
```

以上两种方法都用于获得与当前请求所关联的 HttpSession 对象。不同的是，在调用 getSession() 方法时，如果当前请求没有关联 HttpSession 对象，则新建一个 HttpSession 对象并返回；在调用 getSession(Boolean create) 方法时，如果当前请求没有关联 HttpSession 对象，那么当参数为 True 时，会新建一个 HttpSession 对象并返回，当参数为 False 时，则返回 Null。

2．HttpSession 类的常用 API

HttpSession 类提供了一系列操作 Session 信息的方法，具体如表 8.2 所示。

表 8.2　HttpSession 类的常用方法

方　　法	说　　明
void setAttribute(String name, Object value)	设置 Session 属性
String getAttribute(String name)	返回 Session 属性
Enumeration getAttributeNames()	返回 Session 中存在的属性名
void removeAttribute(String attribute)	移除 Session 属性
ServletContext getServletContext()	返回当前 Web 应用的 ServletContext 对象
String getId()	返回 Session 的 ID。该 ID 由服务器自动创建，不会重复
long getCreationTime()	返回 Session 的创建时间。返回类型为 long，常被转化为 Date
long getLastAccessedTime()	返回 Session 的最后活跃时间。返回类型为 long
int getMaxInactiveInterval()	返回 Session 的有效时间，单位为秒。超过该时间没有访问，服务器认为该 Session 失效
setMaxInactiveInterval(int second)	设置 Session 的有效时间，单位为秒
boolean isNew()	返回该 Session 是否是新创建的
void invalidate()	使该 Session 失效

表 8.2 列举了 HttpSession 类的常用方法，下面对一些理解难度较高的方法作重点讲解。

1）setMaxInactiveInterval()方法

当客户端第一次访问 Web 应用时，服务器就会创建一个 HttpSession 对象。如果客户端超过一定时间后没有再次访问该 Web 应用，服务器就会把对应的 HttpSession 对象销毁，setMaxInactiveInterval()方法即用于设置 Session 的有效时间，单位为秒。

2）setAttribute()方法、getAttribute()方法、removeAttribute()方法

在一次会话范围内，Session 对象可以作为存取数据的容器，以上三个方法分别可以完成对数据的添加、获取和移除。数据以 key/value 的形式存储在 Session 内，其中，key 为 String 类型，value 为任意类型，通常是一个 Object 对象。在获取或移除数据时，只需传入 String 类型的 key 即可。

8.3.3　Session 的生命周期

Session 的生命周期是指一个 HttpSession 对象从创建到销毁的过程。

在以下情况下，服务器会创建一个 HttpSession 对象。
- 客户端首次访问 Web 应用。
- 服务器为客户端创建的 Session 已被销毁，客户端再次访问 Web 应用。

HttpSession 对象生成后，只要客户端继续访问，服务器就会不断地更新它的最后访问时间并认为该 HttpSession 对象"活跃"了一次。随着访问者不断增多，HttpSession 对象也越来越多，为了防止内存溢出，服务器会将超过一定时间没有"活跃"的 HttpSession 对象销毁。

HttpSession 对象的有效时间与服务器配置有关，以 Tomcat 为例，可以在 Tomcat 的配置文件 web.xml 中设置，该文件位于 Tomcat 安装目录下的 conf 文件夹内，打开 web.xml 文件，发现如下配置信息。

```
<session-config>
    <session-timeout>30</session-timeout>
</session-config>
```

从以上配置信息可以看出，Tomcat 为 Session 配置的默认有效时间为 30min，如果将 30 修改为 0 或一个负数，则表示 Session 永不过期。在实际开发中，开发者可根据具体需求修改。除此方法之外，还可以调用 HttpSession 对象的 setMaxInactiveInterval()方法设置 Session 的有效时间，如果想让 Session 立即失效，直接调用 HttpSession 对象的 invalidate()方法即可。

8.3.4　Session 的应用

大家应该对电商网站的购物车很熟悉，用户先将商品添加进购物车，然后再提交计

算商品总金额。接下来将通过一个案例来模拟购物车的功能，具体步骤如下。

（1）在工程 chapter08 的 com.qfedu.servlet 包下新建一个 Servlet 类 TestSession01，该类封装了一个购物车的功能，具体代码如例 8.4 所示。

【例 8.4】 TestSession01.java

```java
1  package com.qfedu.servlet;
2  import java.io.*;
3  import java.util.HashMap;
4  import javax.servlet.ServletException;
5  import javax.servlet.http.*;
6  public class TestSession01 extends HttpServlet {
7      protected void doGet(HttpServletRequest request, HttpServletResponse
8          response) throws ServletException, IOException {
9          response.setContentType("text/html;charset=utf-8");
10         PrintWriter out = response.getWriter();
11         //获取 Session 对象
12         HttpSession session = request.getSession();
13         //从 Session 对象中获取购物车,如果返回 NULL,就创建一个购物车对象
14         HashMap<String,Integer> shoppingCar=(HashMap<String, Integer>)
15             session.getAttribute("shoppingCar");
16         if (null==shoppingCar) {
17             shoppingCar = new HashMap<String,Integer>();
18         }
19         //获取表单提交的参数数组,数组里封装了要购买的所有书的序号
20         String[] bookNums = request.getParameterValues("book");
21         if (null!=bookNums&&bookNums.length>0) {
22             String bookName = null ;
23             //遍历数组,根据书的序号配置书的名称
24             for (String bookNum : bookNums) {
25                 switch (bookNum) {
26                     case "1":
27                         bookName="Java 语言程序设计";
28                         break;
29                     case "2":
30                         bookName="Java Web 开发实战";
31                         break;
32                     case "3":
33                         bookName="Java EE(SSM 框架)企业应用实战";
34                         break;
35                 }
36                 //判断该书是否在购物车中,如果在,数量加1,如果不在,增加一个条目
37                 if(shoppingCar.containsKey(bookName)){
```

```
38                    shoppingCar.put(bookName,shoppingCar.get(book
                      Name)+1);
39                }else{
40                    shoppingCar.put(bookName, 1);
41                }
42            }
43        }
44        //将修改后的购物车重新放入 Session 对象
45        session.setAttribute("shoppingCar", shoppingCar);
46        //将请求重定向到 TestSession03
47        response.sendRedirect("TestSession02");
48    }
49    protected void doPost(HttpServletRequest request, HttpServletResponse
50        response) throws ServletException, IOException {
51        doGet(request, response);
52    }
53 }
```

（2）在工程 chapter08 的 com.qfedu.servlet 包下新建一个 Servlet 类 TestSession02，该类用于展示购物车内的所有商品，具体代码如例 8.5 所示。

【例 8.5】 TestSession02.java

```
1  package com.qfedu.servlet;
2  import java.io.*;
3  import java.util.HashMap;
4  import javax.servlet.ServletException;
5  import javax.servlet.http.*;
6  public class TestSession02 extends HttpServlet {
7      protected void doGet(HttpServletRequest request, HttpServletResponse
8          response) throws ServletException, IOException {
9          response.setContentType("text/html;charset=utf-8");
10         PrintWriter out = response.getWriter();
11         //获取 Session 对象
12         HttpSession session = request.getSession();
13         //从 Session 对象中获取购物车
14         HashMap<String, Integer> shoppingCar =(HashMap<String, Integer>)
15             session.getAttribute("shoppingCar");
16         if (null!=shoppingCar&&shoppingCar.size()>0) {
17             out.println("你购买的书籍有："+"<br>");
18             //遍历购物车的 key 集合，根据 Key 值获取相应的数量
19             for (String bookName : shoppingCar.keySet()) {
20                 out.println(bookName+":"+shoppingCar.get(bookName)+"本<br>");
21             }
22         }else{
```

```
23              out.println("你还没有购买任何书籍<br>");
24          }
25          out.println("<a href='buy.html'>继续购买</a>");
26      }
27      protected void doPost(HttpServletRequest request, HttpServletResponse
28          response) throws ServletException, IOException {
29          doGet(request, response);
30      }
31  }
```

(3)在工程 chapter08 的 WebContent 目录下新建一个 buy.html 文件,该文件用于向用户显示可以选择的书籍,具体代码如例 8.6 所示。

【例 8.6】 buy.html

```
1   <html>
2   <head>
3   <meta charset="UTF-8">
4   <title>buy</title>
5   </head>
6   <body>
7   <h2>请选择您需要的书籍:</h2>
8   <form action="TestSession01" >
9   <input type="checkbox" name="book" value="1">Java 语言程序设计<br>
10  <input type="checkbox" name="book" value="2">Java Web 开发实战<br>
11  <input type="checkbox" name="book" value="3">Java EE(SSM框架)企业应用实战
12  <br>
13  <input type="submit" value="提交"></input>
14  </form>
15  </body>
16  </html>
```

(4)重启 Tomcat 服务器,打开浏览器,在地址栏中输入 URL 地址 http://localhost:8080/chapter08/buy.html,浏览器显示的页面如图 8.12 所示。

图 8.12 访问 buy.html 的页面

（5）在 buy.html 页面中单击"提交"按钮，浏览器显示的页面如图 8.13 所示。

图 8.13　没有选择商品进入购物车的页面

（6）单击"继续购买"超链接，浏览器返回如图 8.12 所示的页面，勾选三个复选框，单击"提交"按钮，浏览器显示的页面如图 8.14 所示。

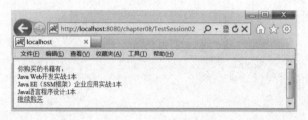

图 8.14　选择商品后进入购物车的页面

（7）再次单击"继续购买"超链接，浏览器返回如图 8.12 所示的页面，此时，勾选"Java Web 开发实战"复选框，单击"提交"按钮，浏览器显示的页面如图 8.15 所示。

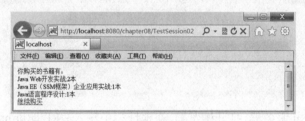

图 8.15　再次选择商品后进入购物车的页面

从图 8.15 可以看出，《Java Web 开发实战》已增加为两本。经过分析发现，每当用户提交要购买的书籍后，该书籍的信息就会被放进作为购物车的 shoppingCar 对象中，而 shoppingCar 对象是存入 Session 对象的，只要 Session 对象不失效，该 shoppingCar 对象的信息就会一直存在。

8.3.5　URL 重写技术

URL 重写，是将 URL 重新写成 Web 应用可以处理的另一个 URL 的过程。前文讲到，服务器在传递 Session 的 ID 属性时，是以 Cookie 的形式传递的。在实际应用中，如果客户端不支持 Cookie 或禁用 Cookie 功能,那么服务器就无法获取 Session 的 ID 属性,也无法获取与该客户端对应的 Session 对象。为了解决这个问题,URL 重写技术被引入到 Session 机制中。在无法得知客户端是否支持 Cookie 功能时,将 Session 的 ID 属性追加到 URL 地址的后面,从而实现会话跟踪功能。

例如,对于如下格式的请求地址。

```
http:localhost:8080/chapter08/TestSession03
```

经过 URL 重写后,地址变为如下格式:

```
http:localhost:8080/chapter08/TestSession03 ;jsessionid=2046864EAF6C58ED
```

其中,jsessionid 即为追加的 Session 的 ID 属性。
HttpServletResponse 类提供了重写 URL 的方法,具体格式如下。

```
public String encodeURL()
public String encodeRedirectURL()
```

这两种方法会根据请求内容判断客户端是否支持 Cookie,如果客户端支持 Cookie,会将 URL 原封不动地输出。如果客户端不支持 Cookie,会将用户 Session 的 ID 追加到 URL 的后面。其中,encodeURL()方法用于对超链接和 Form 表单中 action 属性的 URL 地址进行重写,encodeRedirectURL()方法用于对页面重定向的 URL 地址进行重写。

接下来通过一个案例来演示 URL 重写技术,具体步骤如下。

(1)打开浏览器,单击右上方的"工具"按钮,在弹出的菜单中选择"Internet 选项"命令,在打开的对话框中选择"隐私"选项卡,将"设置"选项区域中的 Cookie 权限修改为"阻止所有 Cookie",如图 8.16 所示。

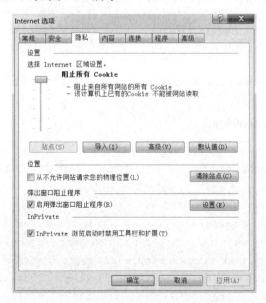

图 8.16 禁用浏览器的 Cookie

（2）单击"确定"按钮，此时，浏览器的所有 Cookie 都被禁用。在工程 chapter08 的 com.qfedu.servlet 包下新建一个 TestSession03 类，具体代码如例 8.7 所示。

【例 8.7】 TestSession03.java

```
1   package com.qfedu.servlet;
2   import java.io.*;
3   import javax.servlet.ServletException;
4   import javax.servlet.http.*;
5   public class TestSession03 extends HttpServlet {
6       protected void doGet(HttpServletRequest request, HttpServletResponse
7           response) throws ServletException, IOException {
8           response.setContentType("text/html;charset=utf-8");
9           PrintWriter out = response.getWriter();
10          //获取 Session 对象
11          HttpSession session = request.getSession();
12          //URL 重写
13          //String encodeURL = response.encodeURL("/TestSession04");
14          String encodeURL = response.encodeRedirectURL("TestSession04");
15          //向客户端响应一个当前 Session 的 ID
16          out.print("已创建一个Session 对象,ID为:"+session.getId()+"<br>");
17          //向客户端响应一个重写的 URL
18          out.print("<a href=/chapter08/"+encodeURL+">访问
19           TestSession04</a>");
20      }
21      protected void doPost(HttpServletRequest request, HttpServletResponse
22          response) throws ServletException, IOException {
23          doGet(request, response);
24      }
25  }
```

（3）在工程 chapter08 的 com.qfedu.servlet 包下新建一个 TestSession04 类，具体代码如例 8.8 所示。

【例 8.8】 TestSession04.java

```
1   package com.qfedu.servlet;
2   import java.io.*;
3   import javax.servlet.ServletException;
4   import javax.servlet.http.*;
5   public class TestSession04 extends HttpServlet {
6       protected void doGet(HttpServletRequest request, HttpServletResponse
7           response) throws ServletException, IOException {
8           response.setContentType("text/html;charset=utf-8");
9           PrintWriter out = response.getWriter();
10          //获取当前 Session 的 ID 并响应给浏览器
```

```
11              String id = request.getSession().getId();
12              out.print("当前 Session 的 ID 为: "+id);
13        }
14      protected void doPost(HttpServletRequest request, HttpServletResponse
15          response) throws ServletException, IOException {
16          doGet(request, response);
17      }
18  }
```

（4）重启 Tomcat 服务器，打开浏览器，在地址栏中输入 URL 地址 http://localhost:8080/chapter08/TestSession03，浏览器显示的页面如图 8.17 所示。

图 8.17　访问 TestSession03 的页面

从图 8.17 可以看出，页面显示了当前 Session 的 ID 值，并给出一个跳转链接，该链接的 URL 已被 HttpServletResponse 类的 encodeRedirectURL()方法重写。

（5）单击"访问 TestSession04"超链接，浏览器显示的页面如图 8.18 所示。

图 8.18　单击超链接之后的页面

从图 8.18 可以看出，访问 TestSession04 的 Session 的 ID 值没有发生变化，这说明，浏览器的 Cookie 功能被禁用以后，URL 重写技术实现了对 Session 对象的跟踪，能够保证客户端访问的是同一个 Session 对象。

8.4　本章小结

本章主要讲解了会话跟踪的相关知识，包括 Cookie 机制和 Session 机制。通过对本章知识的学习，大家要能够理解两种会话跟踪机制的概念和原理，重点理解 Session 的生命周期，掌握 Cookie 类和 HttpSession 类的常用 API，能够使用 Cookie 和 Session 机制完成 Web 开发中的会话跟踪。

8.5 习　　题

1．填空题

（1）Cookie 类的_____方法用于设置 Cookie 的有效期。
（2）Cookie 类的_____方法用于设置 Cookie 的有效目录路径。
（3）Cookie 类的_____方法用于设置 Cookie 的有效域名。
（4）Session 类的_____方法用于设置 Session 的属性。
（5）Session 类的_____方法可以使 Session 立即失效。

2．选择题

（1）下列关于 Cookie 的说法，错误的是（　　）。
　　A．Cookie 存储在客户端
　　B．Cookie 可以被服务器端程序修改
　　C．Cookie 中可以存储任意长度的文本
　　D．浏览器可以关闭 Cookie 功能
（2）在服务器端程序中，生成 Cookie 对象的方法是（　　）。
　　A．new Cookie(String name, String value)
　　B．request.getCookie()
　　C．response.addCCookie()
　　D．request.addCookie()
（3）在服务器端程序中，获取 Session 对象的方法是（　　）。
　　A．response.getSession()
　　B．request.getSession()
　　C．new Session()
　　D．new Session(String name, String value)
（4）下列情况中，Session 对象不会被销毁的是（　　）。
　　A．调用 HttpSession 的 invalidate()方法
　　B．Session 超时
　　C．关闭浏览器
　　D．关闭服务器
（5）关于 Session ID，下列说法错误的是（　　）。
　　A．每个 HttpSession 对象都有一个 Session ID

B. Session ID 由服务器创建

C. Session ID 由浏览器创建

D. 浏览器丢失 Session ID，服务器将无法找到对应的 Session

3．思考题

简述 Session 机制与 Cookie 机制的区别。

4．编程题

现有一个用户登录页面 login.html，请完成以下步骤。

（1）编写一个 Servlet 类获取用户提交的登录信息，并将其存储到 Session 对象中；

（2）编写另外一个 Servlet 类，使其获取 Session 中存储的用户信息并响应到浏览器。

login.html

```
1   <html>
2   <head>
3   <meta charset="UTF-8">
4   <title>login</title>
5   </head>
6   <body>
7   <form action="/chapter08/Exercise_01" method="post">
8   用户名： <input type="text" name="username"><br>
9   密  码： <input type="password" name="password"><br>
10          <input type="submit" value="提交">
11  </form>
12  </body>
13  </html>
```

第 9 章

JSP 详解

本章学习目标

- 了解 JSP 的概念。
- 理解 JSP 的工作原理和生命周期。
- 掌握 JSP 语法、标签、指令的使用。
- 掌握 JSP 内置对象的使用。
- 掌握 JSP 程序的编写。

当服务器向客户端返回处理结果时，Servlet 程序要调用 PrintWriter 类的 println()方法将 HTML 页面逐句响应给客户端，这会增加开发人员的编码量，并造成程序代码臃肿。例如，针对一个登录程序，Servlet 代码不仅要实现验证登录的业务逻辑，还负责将处理结果形成 HTML 页面返回给客户端。为了解决这个问题，JSP 技术被引入到 Web 开发中，接下来，本章将对 JSP 涉及的相关知识进行详细的讲解。

9.1 JSP 概述

9.1.1 JSP 简介

JSP 的全称是 Java Server Pages，是为了简化 Servlet 的工作而出现的动态网页开发技术。它在 HTML 代码中嵌入 Java 代码片段和 JSP 标签，构成 JSP 页面。其中，HTML 代码用于显示静态内容，Java 代码片段用于显示动态内容，这就避免了直接使用 Servlet 逐句响应 HTML 页面的烦琐，同时降低了代码冗余。

例如，现在编写一个登录程序，要求该程序能够根据用户名生成相应的欢迎信息。当登录用户为 xiaoqian 时，页面显示 "Hello，xiaoqian"；当登录用户为 xiaofeng 时，页面显示 "Hello，xiaofeng"。下面将通过 Servlet 和 JSP 分别实现这个功能，步骤如下。

（1）打开 Eclipse，新建 Web 工程 chapter09，在工程 chapter09 的 WebContent 目录下创建 login.html，具体代码如例 9.1 所示。

【例 9.1】 login.html

```
1   <html>
2   <head>
3   <meta charset="UTF-8">
4   <title>login</title>
5   </head>
6   <body>
7   <form action="//chapter09/TestJSP01" method="post">
8   用户名： <input type="text" name="username"><br>
9   密  码： <input type="password" name="password"><br>
10          <input type="submit" value="提交">
11  </form>
12  </body>
13  </html>
```

（2）在工程 chapter09 的 src 目录下创建 com.qfedu.example 包，在该包下新建一个 Servlet 类 TestJSP01，具体代码如例 9.2 所示。

【例 9.2】 TestJSP01.java

```
1   package com.qfedu.example;
2   import java.io.*;
3   import javax.servlet.ServletException;
4   import javax.servlet.http.*;
5   public class TestJSP01 extends HttpServlet {
6       protected void doGet(HttpServletRequest request, HttpServletResponse
7           response) throws ServletException, IOException {
8           String username = request.getParameter("username");
9           PrintWriter out = response.getWriter();
10          out.println("<html><head><title>hello</title></head>");
11          out.println("<body>");
12          out.println("<h2>Hello,"+username+"</h2>");
13          out.println("</body></html>");
14      }
15      protected void doPost(HttpServletRequest request, HttpServletResponse
16          response) throws ServletException, IOException {
17          doGet(request, response);
18      }
19  }
```

（3）在工程 chapter09 的 WebContent 目录下新建 jsp 目录，右击 jsp 目录，在弹出的菜单中选择 New→JSP File 命令，弹出 New JSP File 窗口，如图 9.1 所示。

图 9.1 New JSP File 窗口

(4)在 File name 文本框中输入 hello.jsp,单击 Finish 按钮完成创建。hello.jsp 创建完成后的界面如图 9.2 所示。

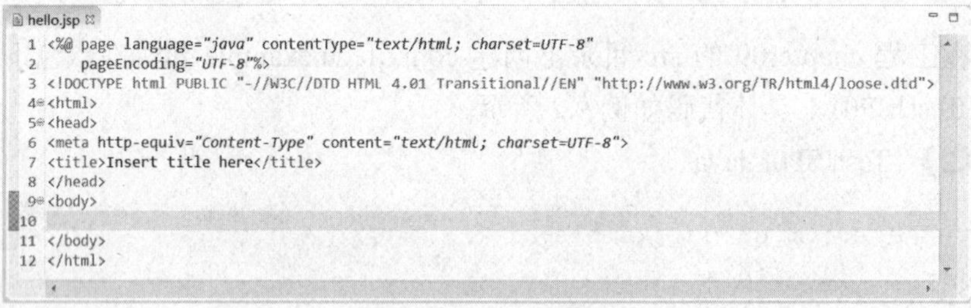

图 9.2 hello.jsp 的界面

(5)在 hello.jsp 文件中的<body>元素中输入如例 9.3 所示的代码。

【例 9.3】 hello.jsp

```
1   <%@ page language="java" contentType="text/html; charset=UTF-8"
2       pageEncoding="UTF-8"%>
3   <!DOCTYPE html PUBLIC "-//W3C//DTD HTML 4.01 Transitional//EN"
4       "http://www.w3.org/TR/html4/loose.dtd">
5   <html>
6   <head>
7   <meta http-equiv="Content-Type" content="text/html; charset=UTF-8">
8   <title>Hello</title>
9   </head>
10  <body>
11      <h2>Hello,<%=request.getParameter("username") %></h2>
12  </body>
13  </html>
```

在以上代码中,"<%@ page %>"是 JSP 文件的一个指令,用于设置 JSP 文件的页面属性,其中,language 属性指定所使用的语言,contentType 属性指定服务器响应的内容类型，charset 属性指定 JSP 页面的编码。JSP 文件中大部分是 HTML 代码，在 HTML 代码的<body>元素中，使用<% %>声明一段 Java 脚本，脚本使用 request 对象获取表单提交的用户信息。

（6）将工程 chapter09 添加到 Tomcat 服务器中，启动 Tomcat 服务器，打开浏览器，访问 http://localhost:8080/chapter09/login.html，浏览器显示的页面如图 9.3 所示。

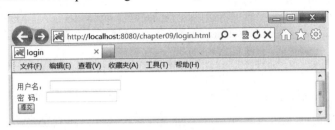

图 9.3　login.html 的页面

（7）在"用户名"文本框中输入 xiaoqian，在"密码"文本框中输入 12345，单击"提交"按钮，浏览器显示的页面如图 9.4 所示。

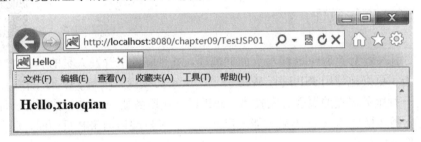

图 9.4　TestJSP01 响应的页面

从图 9.4 可以看出，TestJSP01 以 HTML 页面的形式将用户信息返回。通过分析发现，TestJSP01 在获取表单提交的信息后，必须调用 PrintWriter 类的 println()方法，才能把结果响应为客户端能够解析的 HTML 页面。

（8）打开 login.html 文件，将<form>元素的 action 属性修改为：action="/chapter09/jsp/hello.jsp"，重启浏览器，重新访问 login.html，浏览器出现如图 9.3 所示的页面，在对应的文本框中分别输入 xiaoqian 和 12345，单击"提交"按钮，浏览器显示的页面如图 9.5 所示。

图 9.5　hello.jsp 的页面

从图 9.5 可以看出，hello.jsp 实现了和 TestJSP01 类同样的功能，它不仅直接兼容 HTML 代码，还能获取 Java 代码片段中传输的内容。

（9）在浏览器的菜单栏中选择"查看"→"源文件"命令，这时可看到 JSP 页面执行结果的源代码，如图 9.6 所示。

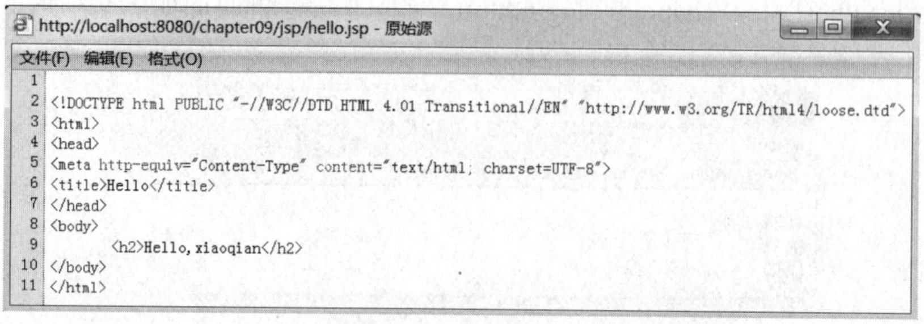

```
http://localhost:8080/chapter09/jsp/hello.jsp - 原始源
文件(F)  编辑(E)  格式(O)
 1
 2  <!DOCTYPE html PUBLIC "-//W3C//DTD HTML 4.01 Transitional//EN" "http://www.w3.org/TR/html4/loose.dtd">
 3  <html>
 4  <head>
 5  <meta http-equiv="Content-Type" content="text/html; charset=UTF-8">
 6  <title>Hello</title>
 7  </head>
 8  <body>
 9          <h2>Hello, xiaoqian</h2>
10  </body>
11  </html>
```

图 9.6　hello.jsp 页面执行结果的源代码

从图 9.6 可以看到，hello.jsp 页面中的<% %>脚本被解释成了 HTML 内容。

9.1.2　JSP 工作原理

JSP 的引入避免了 Servlet 编写页面的烦琐，并且降低了开发人员的编码量。为了更好地使用 JSP 进行 Web 开发，大家必须深入理解 JSP 的工作原理。

作为一种服务器端的页面开发技术，JSP 运行在服务器中，它本质上是一种 Servlet 类，因此要被转换成 Servlet 类后才能编译运行。当客户端访问 JSP 页面时，服务器的处理过程如图 9.7 所示。

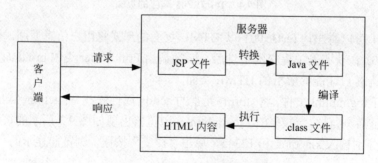

图 9.7　JSP 页面的执行过程

从图 9.7 可以看出 JSP 的执行过程，具体来讲，可以细分为以下几个步骤。

（1）客户端向服务器发送请求，访问 JSP 页面。

（2）服务器接到请求后检索对应的 JSP 页面，如果该 JSP 页面是第一次被请求，那么服务器会将此页面中的静态数据（HTML 文本）和动态数据（Java 元素）全部转化为 Java 代码，使 JSP 文件转换成一个 Servlet 类文件。在转换过程中，服务器若发现 JSP 文件中存在语法错误，则会中断转换过程，并向客户端返回出错信息。

（3）服务器将转换后的 Servlet 源代码编译成字节码文件（.class），对于 Tomcat 服务器而言，生成的字节码文件默认存放在 Tomcat 安装目录的 work 目录下。

（4）编译后的字节码文件被加载到内存中执行，并根据用户的请求生成 HTML 格式的响应内容。

（5）服务器将响应内容发送回客户端。

这里要注意的是，Tomcat 服务器能够自动检测 JSP 页面的改动。当同一个 JSP 页面再次被请求时，只要该 JSP 页面没有被修改，服务器就会直接调用已装载的字节码文件，不会执行转换和编译的过程。如果该 JSP 页面被修改，那么服务器会重新执行转换、编译、执行的整个过程。

9.1.3 JSP 基本结构

JSP 页面就是带有 JSP 元素的常规 Web 页面，它由模板文本和 JSP 元素组成。

模板文本主要是指 HTML 代码，它的内容是固定的，既不会控制程序的流程，也不影响程序运行的结果。JSP 元素是指 JSP 中的 Java 部分，它能够影响程序的流程，包括 JSP 脚本元素、JSP 指令以及 JSP 动作元素等。

在处理一个 JSP 页面请求时，模板文本和 JSP 元素生成的内容会合并，合并后的结果作为响应内容发送给浏览器。

接下来通过一个实例来展示 JSP 的基本结构，具体代码如例 9.4 所示。

【例 9.4】 hello02.jsp

```
1   <%@ page language="java" contentType="text/html; charset=UTF-8"
2       pageEncoding="UTF-8"%>
3   <!DOCTYPE html PUBLIC "-//W3C//DTD HTML 4.01 Transitional//EN"
4       "http://www.w3.org/TR/html4/loose.dtd">
5   <html>
6   <head>
7   <meta http-equiv="Content-Type" content="text/html; charset=UTF-8">
8   <title>Hello</title>
9   </head>
10  <body>
11      <!-- HTML 注释信息 -->
12      <h2>Hello,<%=request.getParameter("username") %></h2>
13  </body>
14  </html>
```

在以上代码中，第 1～2 行就是一个 JSP 的指令元素，指令元素通常位于文件的首位。第 5～10 行、第 13～14 行都是 HTML 语言的代码，这些代码定义了网页内容的显示。第 11 行使用了 HTML 语言的注释格式，在 JSP 页面中还可以使用 JSP 的注释格式以及 Java 代码的注释格式。第 12 行出现了 JSP 页面的脚本元素<% %>，Java 代码片段需要被嵌套在<% %>元素中。

9.2 JSP 脚本元素

脚本元素是 JSP 中使用最频繁的元素，它允许开发者将 Java 代码片段添加到 JSP 页面中。所有可执行的 Java 代码，都可以通过 JSP 脚本来执行。JSP 脚本元素包括表达式、脚本片段、声明和注释等。

9.2.1 JSP 表达式

JSP 表达式可以直接把 Java 的表达式结果输出到 JSP 页面中。因为网页中显示的文字都是字符串，所以表达式的最终运算结果将被转化为字符串类型。JSP 表达式的语法格式如下：

```
<%= 表达式 %>
```

其中，表达式必须能够直接求值，"<%=" 是一个完整的符号，"<%" 和 "=" 之间不能有空格，表达式结尾处不加分号。

接下来通过一个实例来演示 JSP 表达式的使用，具体步骤如下。

（1）打开 Eclipse，选择工程 chapter09，在 WebContent 目录的 jsp 目录下新建 test01.jsp，具体代码如例 9.5 所示。

【例 9.5】 test01.jsp

```
1   <%@ page language="java" contentType="text/html; charset=UTF-8"
2       pageEncoding="UTF-8"%>
3   <!DOCTYPE html PUBLIC "-//W3C//DTD HTML 4.01 Transitional//EN"
4       "http://www.w3.org/TR/html4/loose.dtd">
5   <html>
6   <head>
7   <meta http-equiv="Content-Type" content="text/html; charset=UTF-8">
8   <title>test01</title>
9   </head>
10  <body>
11      <%= Math.PI %>
12  </body>
13  </html>
```

（2）打开浏览器，访问 http://localhost:8080/chapter09/jsp/test01.jsp，浏览器显示的页面如图 9.8 所示。

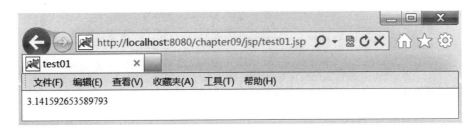

图 9.8　访问 test01.jsp 的页面

从图 9.8 可以看出，test01.jsp 成功地返回表达式的值。

9.2.2　JSP 脚本片段

JSP 脚本片段是指用"<%"和"%>"括起来的一段 Java 代码。当开发者需要在 JSP 中使用一段 Java 代码实现复杂操作时，就要用到 JSP 脚本片段。JSP 脚本片段的语法格式如下。

```
<% Java 代码 %>
```

其中，Java 代码可以包含变量、方法、表达式等。如果去掉"<%"和"%>"，Java 代码的内容将被视为模板文本，直接返回到客户端。

接下来通过一个实例来演示 JSP 脚本片段的使用，具体步骤如下。

（1）在 WebContent 目录的 jsp 目录下新建 test02.jsp，具体代码如例 9.6 所示。

【例 9.6】　test02.jsp

```
1   <%@ page language="java" contentType="text/html; charset=UTF-8"
2       pageEncoding="UTF-8"%>
3   <!DOCTYPE html PUBLIC "-//W3C//DTD HTML 4.01 Transitional//EN"
4       "http://www.w3.org/TR/html4/loose.dtd">
5   <html>
6   <head>
7   <meta http-equiv="Content-Type" content="text/html; charset=UTF-8">
8   <title>test02</title>
9   </head>
10  <body>
11      <%
12      String str="Hello JSP";
13      out.println(str);
14      %>
15  </body>
16  </html>
```

（2）打开浏览器，访问 http://localhost:8080/chapter09/jsp/test02.jsp，浏览器显示的页面如图 9.9 所示。

图 9.9 访问 test02.jsp 的页面

从图 9.9 可以看出，test02.jsp 成功地返回 Java 代码片段的执行结果。

9.2.3 JSP 声明

JSP 声明用于声明变量和方法，在 JSP 的声明语句中定义的变量和方法将在 JSP 页面初始化时进行初始化。在 JSP 中声明语句的语法格式如下。

```
<%! 变量或方法的定义语句 %>
```

其中，"<%!" 和 "%>" 标记之间用于放置 Java 变量或方法的定义语句。变量的类型可以是 Java 语言提供的任意类型，使用 JSP 声明语句定义的变量将来会被转换成 Servlet 类中的成员变量，这些变量在整个 JSP 页面内都有效。使用 JSP 声明语言定义的方法将来会被转换成 Servlet 类中的成员方法，当方法被调用时，方法内定义的变量被分配内存，调用完毕后即释放所占的内存。

接下来通过一个实例来演示 JSP 声明的使用，具体步骤如下。

（1）在 WebContent 目录的 jsp 目录下新建 test03.jsp，具体代码如例 9.7 所示。

【例 9.7】 test03.jsp

```
1  <%@ page language="java" contentType="text/html; charset=UTF-8"
2     pageEncoding="UTF-8"%>
3  <!DOCTYPE html PUBLIC "-//W3C//DTD HTML 4.01 Transitional//EN"
4     "http://www.w3.org/TR/html4/loose.dtd">
5  <html>
6  <head>
7  <meta http-equiv="Content-Type" content="text/html; charset=UTF-8">
8  <title>test03</title>
9  </head>
10 <body>
11    <%!
12    public int a;
13    public String getString(){
14        return "Hello JSP";
15    }
16    %>
17    <%
```

```
18      out.println("a="+a);
19      out.println("<br>");
20      a++;
21      out.println(getString());
22    %>
23 </body>
24 </html>
```

（2）打开浏览器，访问 http://localhost:8080/chapter09/jsp/test03.jsp，浏览器显示的页面如图 9.10 所示。

图 9.10　访问 test03.jsp 的页面

从图 9.10 可以看出，test03.jsp 成功地返回变量 a 的值和方法 getString()的执行结果。

（3）刷新浏览器，浏览器显示的页面如图 9.11 所示。

图 9.11　刷新浏览器后访问 test03.jsp 的页面

从图 9.11 可以看出，变量 a 的值增加了 1，这说明变量 a 被服务器转换为 Servlet 的成员变量，它只在创建 Servlet 实例时被初始化一次，此后，该变量的值一直被保存，直到该 Servlet 实例被销毁掉。

9.2.4　JSP 注释

在 JSP 页面中可以使用 "<%--　--%>" 的方式来注释，JSP 注释的语法格式如下。

```
<%-- JSP 注释 --%>
```

使用 JSP 注释之后，服务器把 JSP 文件转换成 Servlet 类时会忽略 "<%--" 和 "--%>" 之间的内容，不会把这些内容响应到客户端。

接下来通过一个实例来演示 JSP 注释的使用，具体步骤如下。

（1）在 WebContent 目录的 jsp 目录下新建 test04.jsp，具体代码如例 9.8 所示。

【例 9.8】 test04.jsp

```
1  <%@ page language="java" contentType="text/html; charset=UTF-8"
2      pageEncoding="UTF-8"%>
3  <!DOCTYPE html PUBLIC "-//W3C//DTD HTML 4.01 Transitional//EN"
4      "http://www.w3.org/TR/html4/loose.dtd">
5  <html>
6  <head>
7  <meta http-equiv="Content-Type" content="text/html; charset=UTF-8">
8  <title>test04</title>
9  </head>
10 <body>
11     <%-- 这是JSP注释 --%>
12     <%="Hello JSP" %>
13 </body>
14 </html>
```

（2）打开浏览器，访问 http://localhost:8080/chapter09/jsp/test04.jsp，浏览器显示的页面如图 9.12 所示。

图 9.12　访问 test04.jsp 的页面

从图 9.12 可以看出，test04.jsp 没有返回 JSP 注释的内容。

（3）在浏览器的菜单栏中选择"查看"→"源文件"命令，这时可看到 JSP 页面执行结果的源代码，如图 9.13 所示。

图 9.13　test04.jsp 页面执行结果的源代码

从图 9.13 可以看出，JSP 注释的内容没有在源代码中显示。

在 JSP 页面中，除了 JSP 注释之外，有时会出现 HTML 注释，HTML 注释以 "<!--" 开始，以 "-->" 结束，中间包含的内容即为注释部分，其语法格式如下。

```
<!-- HTML 注释 -->
```

在 JSP 转换为 Servlet 类的过程中，服务器不会忽略 HTML 注释的内容，而是最终将这些内容响应给客户端。由于客户端能够"理解"HTML 注释，因此 HTML 的内容不会显示到浏览器页面。

接下来通过一个实例来演示 HTML 注释的使用，具体步骤如下。

（1）在 WebContent 目录的 jsp 目录下新建 test05.jsp，具体代码如例 9.9 所示。

【例 9.9】 test05.jsp

```
1  <%@ page language="java" contentType="text/html; charset=UTF-8"
2     pageEncoding="UTF-8"%>
3  <!DOCTYPE html PUBLIC "-//W3C//DTD HTML 4.01 Transitional//EN"
4     "http://www.w3.org/TR/html4/loose.dtd">
5  <html>
6  <head>
7  <meta http-equiv="Content-Type" content="text/html; charset=UTF-8">
8  <title>Insert title here</title>
9  </head>
10 <body>
11     <!-- 这是 HTML 注释 -->
12     <%="Hello JSP" %>
13 </body>
14 </html>
```

（2）打开浏览器，访问 http://localhost:8080/chapter09/jsp/test05.jsp，浏览器显示的页面如图 9.14 所示。

图 9.14 访问 test05.jsp 的页面

从图 9.14 可以看出，由于浏览器能够"理解"HTML 注释，因此 test05.jsp 没有返回 HTML 注释的内容。

（3）在浏览器的菜单栏中选择"查看"→"源文件"命令，这时可看到 JSP 页面执行结果的源代码，如图 9.15 所示。

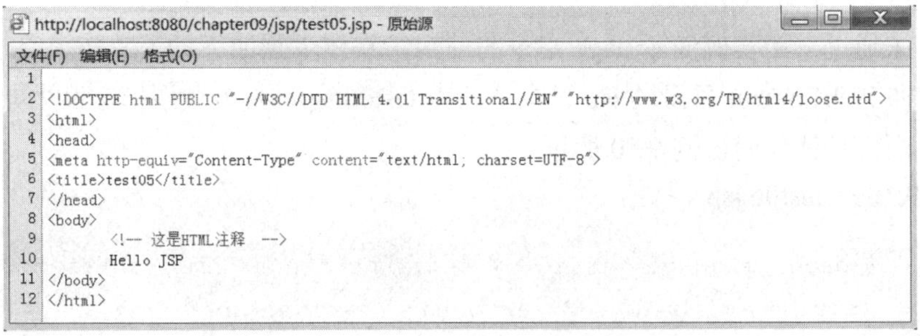

图 9.15 test05.jsp 页面执行结果的源代码

从图 9.15 可以看出，HTML 注释的内容显示在 JSP 页面执行结果的源代码中。

9.3 JSP 指令元素

JSP 指令元素用于向服务器提供编译信息，例如编码方式、文档信息等。一般情况下，JSP 指令元素在当前的整个页面范围内有效，且不向客户端产生任何输出。JSP 指令元素包括 page 指令、include 指令和 taglib 指令。

9.3.1 page 指令

page 指令又被称为页面指令，用于设置和 JSP 页面相关的信息，如导入所需类包、指明输出内容类型等。page 指令一般位于 JSP 页面的开头部分，其语法格式如下。

```
<%@ page 属性名 1="属性值 1" 属性名 2="属性值 2" …%>
```

在 page 指令的属性中，除了 import 属性外，每种属性都只能出现一次。page 指令提供了一系列与 JSP 页面相关的属性，如表 9.1 所示。

表 9.1　page 指令的常用属性

属 性 名	说　　明
language	指定 JSP 页面使用的脚本语言，默认为 Java
import	指定导入的 Java 软件包或类名列表，若有多个类，中间用逗号隔开
extends	指定 JSP 页面转换产生的 Servlet 类继承的父类
session	指定 JSP 页面中是否可以使用 Session 对象，默认为 TRUE
buffer	指定输出缓冲区的大小，默认值为 8K
autoFlush	指定输出缓冲区即将溢出时，是否强制输出缓冲区的内容
isThreadSafe	指定 JSP 页面是否支持多线程
errorPage	指定 JSP 页面发生异常时重新指向的页面 URL
isErrorPage	指定 JSP 页面是否为处理异常的页面，默认值为 FALSE
isELIgnored	指定 JSP 页面是否忽略 El 表达式，默认值为 FALSE
contentType	指定 JSP 页面的编码格式和 JSP 页面响应的 MIME 类型
pageEncoding	指定 JSP 页面编码格式

接下来通过一个实例演示 page 指令的使用，具体步骤如下。

（1）在 WebContent 目录的 jsp 目录下新建 test06.jsp，为该页面指定发生异常时重新跳转的页面，具体代码如例 9.10 所示。

【例 9.10】 test06.jsp

```
1  <%@ page language="java" contentType="text/html; charset=UTF-8"
2    pageEncoding="UTF-8" errorPage="error.jsp"%>
3  <!DOCTYPE html PUBLIC "-//W3C//DTD HTML 4.01 Transitional//EN"
```

```
4        "http://www.w3.org/TR/html4/loose.dtd">
5   <html>
6   <head>
7   <meta http-equiv="Content-Type" content="text/html; charset=UTF-8">
8   <title>test06</title>
9   </head>
10  <body>
11      <% int a=1/0; %>
12  </body>
13  </html>
```

在以上代码中，page 指令的 errorPage 属性为该页面指定了一个处理异常的页面，这个处理异常的页面为 error.jsp。

（2）在 WebContent 目录的 jsp 目录下新建 error.jsp，具体代码如例 9.11 所示。

【例 9.11】 error.jsp

```
1   <%@ page language="java" contentType="text/html; charset=UTF-8"
2       pageEncoding="UTF-8"%>
3   <!DOCTYPE html PUBLIC "-//W3C//DTD HTML 4.01 Transitional//EN"
4       "http://www.w3.org/TR/html4/loose.dtd">
5   <html>
6   <head>
7   <meta http-equiv="Content-Type" content="text/html; charset=UTF-8">
8   <title>error</title>
9   </head>
10  <body>
11      <h4>对不起，你访问的页面出现异常，工程师正在火速解决</h4>
12  </body>
13  </html>
```

（3）打开浏览器，访问 http://localhost:8080/chapter09/jsp/test06.jsp，浏览器显示的页面如图 9.16 所示。

图 9.16 访问 test06.jsp 的页面

从图 9.16 可以看出，当 test06.jsp 发生异常时，它会自动跳转到 error.jsp 页面。

9.3.2 include 指令

include 指令又被称为文件加载指令，用于在 JSP 文件中插入一个包含文本或代码的文件。它把插入文本或代码的文件与原来的 JSP 文件合并成一个新的 JSP 文件。

include 指令的语法格式如下。

```
<%@ include file="被包含文件的地址" %>
```

include 指令只有一个 file 属性，该属性用来指定插入到 JSP 页面的文件，这个文件必须遵循 JSP 语法，file 属性的值一般是该文件的相对路径。

接下来通过一个实例来演示 include 指令的使用方法，具体步骤如下。

（1）在 WebContent 目录的 jsp 目录下新建 test07.jsp，具体代码如例 9.12 所示。

【例 9.12】 test07.jsp

```
1  <%@ page language="java" contentType="text/html; charset=UTF-8"
2      pageEncoding="UTF-8"%>
3  <!DOCTYPE html PUBLIC "-//W3C//DTD HTML 4.01 Transitional//EN"
4      "http://www.w3.org/TR/html4/loose.dtd">
5  <html>
6  <head>
7  <meta http-equiv="Content-Type" content="text/html; charset=UTF-8">
8  <title>test07</title>
9  </head>
10 <body>
11     <%
12     out.println("Hello JSP");
13     %>
14 </body>
15 </html>
```

（2）在 WebContent 目录的 jsp 目录下新建 test08.jsp，具体代码如例 9.13 所示。

【例 9.13】 test08.jsp

```
1  <%@ page language="java" contentType="text/html; charset=UTF-8"
2      pageEncoding="UTF-8"%>
3  <!DOCTYPE html PUBLIC "-//W3C//DTD HTML 4.01 Transitional//EN"
4      "http://www.w3.org/TR/html4/loose.dtd">
5  <html>
6  <head>
7  <meta http-equiv="Content-Type" content="text/html; charset=UTF-8">
8  <title>test08</title>
9  </head>
10 <body>
```

```
11        <%@include file="test07.jsp"%>
12    </body>
13 </html>
```

在以上代码中，include 指令为 test08.jsp 引入了 test07.jsp 文件，在执行过程中，这两个 JSP 文件会合成一个新的 JSP 文件。

（3）打开浏览器，访问 http://localhost:8080/chapter09/jsp/test08.jsp，浏览器显示的页面如图 9.17 所示。

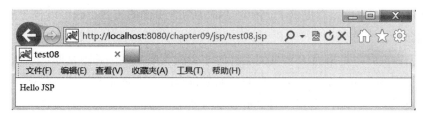

图 9.17　访问 **test08.jsp** 的页面

从图 9.17 可以看出，当访问 test08.jsp 时，它所引入的 test07.jsp 的内容同样也被显示。

9.3.3　taglib 指令

taglib 指令用于指定 JSP 页面使用的标签库，通过该指令可以在 JSP 页面中使用标签库中的标签。

taglib 指令的语法格式如下。

```
<%@ taglib uri="标签库 URI" prefix="标签前缀" %>
```

其中，uri 指定描述这个标准库位置的 URI，可以是相对路径或绝对路径；prefix 指定使用标签库中标签的前缀。

关于 taglib 指令的使用方法，本书在后面的章节中会有详细讲解，这里不再过多介绍。

9.4　JSP 动作元素

JSP 动作元素用于控制 JSP 的行为，执行一些常用的 JSP 页面动作，利用 JSP 页面动作可以实现很多功能，例如动态插入文件、重用 JavaBean 组件、重定向页面等。

JSP 中的动作元素主要包含以下几种。

- <jsp:include>；
- <jsp:forward>；
- <jsp:param>；

- \<jsp:useBean\>;
- \<jsp:setProperty\>;
- \<jsp:getProperty\>。

接下来将对 JSP 的常用动做元素作详细讲解。

9.4.1 \<jsp:include\>动作元素

\<jsp:include\>动作元素提供了一种在 JSP 中包含页面的方式，既可以包含静态文件，也可以包含动态文件。

JSP 包含页面，是指当 JSP 页面运行时才会载入该文件，并不是简单地将被包含文件与 JSP 页面合并成一个新的 JSP 页面。如果包含的文件是文本文件，运行时只需将该文件内容发送到客户端，由客户端负责显示；如果包含的文件是 JSP 文件，服务器就执行这个文件，然后将执行结果发送到客户端并显示出来。

\<jsp:include\>动作元素的语法格式如下。

```
<jsp:include page="relative URL" flush="true"/>
```

其中，page 属性指定被包含文件的 URL 地址，是一个相对路径；flush 属性指定当缓冲区满时，是否将其清空，其默认值为 false。

接下来通过一个实例来演示\<jsp:include\>动作元素的使用方法，具体步骤如下。

（1）在 WebContent 目录的 jsp 目录下新建 test09.jsp，具体代码如例 9.14 所示。

【例 9.14】 test09.jsp

```
1   <%@ page language="java" contentType="text/html; charset=UTF-8"
2       pageEncoding="UTF-8"%>
3   <!DOCTYPE html PUBLIC "-//W3C//DTD HTML 4.01 Transitional//EN"
4       "http://www.w3.org/TR/html4/loose.dtd">
5   <html>
6   <head>
7   <meta http-equiv="Content-Type" content="text/html; charset=UTF-8">
8   <title>test09</title>
9   </head>
10  <body>
11      <jsp:include page="test07.jsp"></jsp:include>
12  </body>
13  </html>
```

在以上代码中，\<jsp:include\>动作元素为 test09.jsp 引入了 test07.jsp 文件。

（2）打开浏览器，访问 http://localhost:8080/chapter09/jsp/test09.jsp，浏览器显示的页面如图 9.18 所示。

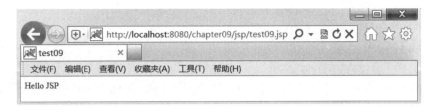

图 9.18 访问 test09.jsp 的页面

从图 9.18 可以看出，当访问 test09.jsp 时，它所引入的 test07.jsp 的内容同样也被显示。

从前面的讲解中，大家可以看到，include 指令和<jsp:include>动作元素都能包含一个文件，但它们之间有很大的区别，具体如下。

- include 指令在转换阶段就引入所包含的文件，被包含的文件在逻辑和语法上依赖于当前的 JSP 页面。
- <jsp:include>动作元素是在 JSP 页面运行时才引入被包含的文件产生的响应文本，被包含的文件在逻辑和语法上独立于当前的 JSP 页面。

9.4.2 <jsp:forward>动作元素

<jsp:forward>动作元素用于请求转发，它的功能类似于 RequestDispatcher 接口的 forward()方法，是将客户端的请求转发给其他 Web 资源，例如，另一个 JSP 页面、Servlet 等。

<jsp:forward>动作元素的语法格式如下。

```
<jsp:forward page="relative URL"/>
```

其中，page 属性指定请求转发到的 Web 资源的路径。

接下来通过一个实例来演示<jsp:forward>动作元素的使用方法，具体步骤如下。

（1）在 WebContent 目录的 jsp 目录下新建 test10.jsp，具体代码如例 9.15 所示。

【例 9.15】 test10.jsp

```
1  <%@ page language="java" contentType="text/html; charset=UTF-8"
2      pageEncoding="UTF-8"%>
3  <!DOCTYPE html PUBLIC "-//W3C//DTD HTML 4.01 Transitional//EN"
4      "http://www.w3.org/TR/html4/loose.dtd">
5  <html>
6  <head>
7  <meta http-equiv="Content-Type" content="text/html; charset=UTF-8">
8  <title>test10</title>
9  </head>
10 <body>
11     <jsp:forward page="test11.jsp"></jsp:forward>
12 </body>
```

```
13    </html>
```

在以上代码中，通过<jsp:forward>动作元素，访问 test10.jsp 的请求被转发到 test11.jsp。

（2）在 WebContent 目录的 jsp 目录下新建 test11.jsp，具体代码如例 9.16 所示。

【例 9.16】 test11.jsp

```
1   <%@ page language="java" contentType="text/html; charset=UTF-8"
2       pageEncoding="UTF-8"%>
3   <!DOCTYPE html PUBLIC "-//W3C//DTD HTML 4.01 Transitional//EN"
4       "http://www.w3.org/TR/html4/loose.dtd">
5   <html>
6   <head>
7   <meta http-equiv="Content-Type" content="text/html; charset=UTF-8">
8   <title>test11</title>
9   </head>
10  <body>
11      <%out.print("这是test11.jsp");%>
12  </body>
13  </html>
```

（3）打开浏览器，访问 http://localhost:8080/chapter09/jsp/test10.jsp，浏览器显示的页面如图 9.19 所示。

图 9.19　访问 test10.jsp 的页面

从图 9.19 可以看出，当访问 test10.jsp 时，请求被转发到 test11.jsp。

9.4.3　<jsp:param>动作元素

<jsp:param>是一种提供参数的动作元素，它以 name/value 的形式为其他元素提供附加信息，一般与<jsp:include>和<jsp:forward>动作元素联合使用。

<jsp:param>的语法格式如下。

```
<jsp:param name="参数名" value="参数值"/>
```

1．与<jsp:include>动作元素一起使用

当<jsp:param>与<jsp:include>动作元素一起使用时，可以将<jsp:param>中提供的参数值传递到被包含的页面中去，在被包含的页面中，通过调用 request 对象的 getParameter() 方法获取<jsp:param>指定的参数值。

接下来通过一个实例来演示<jsp:param>动作元素的使用方法，具体步骤如下。

（1）在 WebContent 目录的 jsp 目录下新建 test12.jsp，具体代码如例 9.17 所示。

【例 9.17】 test12.jsp

```
1   <%@ page language="java" contentType="text/html; charset=UTF-8"
2       pageEncoding="UTF-8"%>
3   <!DOCTYPE html PUBLIC "-//W3C//DTD HTML 4.01 Transitional//EN"
4       "http://www.w3.org/TR/html4/loose.dtd">
5   <html>
6   <head>
7   <meta http-equiv="Content-Type" content="text/html; charset=UTF-8">
8   <title>test12</title>
9   </head>
10  <body>
11      <%
12      String username=request.getParameter("username");
13      out.print(username);
14      %>
15  </body>
16  </html>
```

（2）在 WebContent 目录的 jsp 目录下新建 test13.jsp，具体代码如例 9.18 所示。

【例 9.18】 test13.jsp

```
1   <%@ page language="java" contentType="text/html; charset=UTF-8"
2       pageEncoding="UTF-8"%>
3   <!DOCTYPE html PUBLIC "-//W3C//DTD HTML 4.01 Transitional//EN"
4       "http://www.w3.org/TR/html4/loose.dtd">
5   <html>
6   <head>
7   <meta http-equiv="Content-Type" content="text/html; charset=UTF-8">
8   <title>test13</title>
9   </head>
10  <body>
11  <jsp:include page="test12.jsp">
12      <jsp:param name="username" value="xiaoqian"/>
13  </jsp:include>
14  </body>
15  </html>
```

（3）打开浏览器，访问 http://localhost:8080/chapter09/jsp/test13.jsp，浏览器显示的页面如图 9.20 所示。

图 9.20　访问 **test13.jsp** 的页面

从图 9.20 可以看出，当访问 test13.jsp 时，<jsp:param>中指定的参数被传递到 test12.jsp，浏览器最终显示出参数的值。

2．与<jsp:forward>动作元素一起使用

当<jsp:param>与<jsp:forward>动作元素一起使用时，可以在请求转发的同时向跳转的页面传递参数。在跳转的页面中，通过调用 request 对象的 getParameter()方法获取<jsp:param>指定的参数值。

接下来通过一个实例来演示<jsp:param>动作元素的使用方法，具体步骤如下。

（1）在 WebContent 目录的 jsp 目录下新建 test14.jsp，具体代码如例 9.19 所示。

【例 9.19】　test14.jsp

```
1   <%@ page language="java" contentType="text/html; charset=UTF-8"
2       pageEncoding="UTF-8"%>
3   <!DOCTYPE html PUBLIC "-//W3C//DTD HTML 4.01 Transitional//EN"
4       "http://www.w3.org/TR/html4/loose.dtd">
5   <html>
6   <head>
7   <meta http-equiv="Content-Type" content="text/html; charset=UTF-8">
8   <title>test14</title>
9   </head>
10  <body>
11      <%
12      String username=request.getParameter("username");
13      out.print(username);
14      %>
15  </body>
16  </html>
```

（2）在 WebContent 目录的 jsp 目录下新建 test15.jsp，具体代码如例 9.20 所示。

【例 9.20】　test15.jsp

```
1   <%@ page language="java" contentType="text/html; charset=UTF-8"
2       pageEncoding="UTF-8"%>
3   <!DOCTYPE html PUBLIC "-//W3C//DTD HTML 4.01 Transitional//EN"
4       "http://www.w3.org/TR/html4/loose.dtd">
5   <html>
6   <head>
```

```
7    <meta http-equiv="Content-Type" content="text/html; charset=UTF-8">
8    <title>Insert title here</title>
9    </head>
10   <body>
11       <jsp:forward page="test14.jsp">
12           <jsp:param name="username" value="xiaofeng"/>
13       </jsp:forward>
14   </body>
15   </html>
```

（3）打开浏览器，访问 http://localhost:8080/chapter09/jsp/test15.jsp，浏览器显示的页面如图 9.21 所示。

图 9.21　访问 test15.jsp 的页面

从图 9.21 可以看出，当访问 test15.jsp 时，<jsp:param>中指定的参数被传递到 test14.jsp，浏览器最终显示出参数的值。

9.4.4　与 JavaBean 相关的动作元素

<jsp:useBean>、<jsp:setProperty>和<jsp:getProperty>三个动作元素都是与 JavaBean 相关的，因此下面统一对它们进行讲解。

1．<jsp:useBean>动作元素

<jsp:useBean>动作元素用于装载一个将在 JSP 页面中使用的 JavaBean，JSP 通过使用 JavaBean 组件来扩充自身的功能。

<jsp:useBean>动作元素的语法格式如下。

```
<jsp:useBean id="id" class="className"
scope="page|request|session|application"/>
```

其中，id 指定该 JavaBean 实例的变量名，通过 id 可以访问这个实例；class 指定 JavaBean 的类名，服务器根据 class 指定的类调用其构造方法来创建这个类的实例；scope 指定 JavaBean 的作用范围，可以是 page、request、session、application，默认值为 page。

2．<jsp:setProperty>动作元素

<jsp:setProperty>动作元素用于设置或修改 JavaBean 的属性值。

<jsp:setProperty>动作元素的语法格式如下。

```
<jsp:setProperty name="beanName" property="propertyName"
value="propertyValue" param="parameterName"/>
```

其中，name 指定 JavaBean 的对象名，与<jsp:useBean>动作元素的 id 属性对应；property 指定 JavaBean 中需要赋值的属性名；value 指定要为属性设置的值，其值可以是一个字符串，也可以是一个 JSP 表达式；param 指定请求中的参数名。

3. <jsp:getProperty>动作元素

<jsp:getProperty>动作元素用于获取 JavaBean 的属性值，并将其转换成字符串，然后输出。

<jsp:getProperty>动作元素的语法格式如下。

```
<jsp:getProperty name="beanName" property="propertyName"/>
```

其中，name 指定 JavaBean 的对象名，与<jsp:useBean>动作元素的 id 属性对应；property 指定 JavaBean 中需要获取的属性名。这里需要注意的是，在使用<jsp:getProperty>动作元素时，它的 name 属性和 property 属性都必须设置，不能省略。

接下来通过一个实例来演示以上三个动作元素的使用方法，具体步骤如下。

（1）在工程 chapter09 的 com.qfedu.example 包下新建一个 JavaBean 类 User，具体代码如例 9.21 所示。

【例 9.21】 User.java

```
1   package com.qfedu.example;
2   public class User {
3       private String name;
4       private String password;
5       public String getPassword() {
6           return password;
7       }
8       public void setPassword(String password) {
9           this.password = password;
10      }
11      public String getName() {
12          return name;
13      }
14      public void setName(String name) {
15          this.name = name;
16      }
17  }
```

（2）在 WebContent 目录的 jsp 目录下新建 test16.jsp，具体代码如例 9.22 所示。

【例 9.22】 test16.jsp

```
1   <%@ page language="java" contentType="text/html; charset=UTF-8"
```

```
 2      pageEncoding="UTF-8"%>
 3  <!DOCTYPE html PUBLIC "-//W3C//DTD HTML 4.01 Transitional//EN"
 4      "http://www.w3.org/TR/html4/loose.dtd">
 5  <html>
 6  <head>
 7  <meta http-equiv="Content-Type" content="text/html; charset=UTF-8">
 8  <title>test16</title>
 9  </head>
10  <body>
11      <!--创建 com.qfedu.example.User 类的实例-->
12      <jsp:useBean id="user" class="com.qfedu.example.User" scope="page" />
13      <!--设置 user 的 username 属性-->
14      <jsp:setProperty name="user" property="name" value="xiaoqian"/>
15      <!--设置 user 的 password 属性-->
16      <jsp:setProperty name="user" property="password" value="12345"/>
17      <!--获取 user 的 username 属性并输出-->
18      用户名：<jsp:getProperty  name="user" property="name" />
19      <br>
20      <!--获取 user 的 password 属性并输出-->
21      密码：<jsp:getProperty  name="user" property="password" />
22  </body>
23  </html>
```

（3）打开浏览器，访问 http://localhost:8080/chapter09/jsp/test16.jsp，浏览器显示的页面如图 9.22 所示。

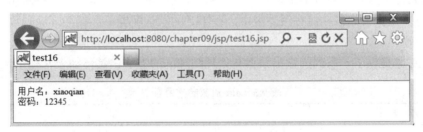

图 9.22　访问 **test16.jsp** 的页面

从图 9.22 可以看出，在 test16.jsp 页面中，<jsp:useBean>动作元素创建一个 User 类的对象，<jsp:setProperty>动作元素为该对象设置属性，<jsp:getProperty>动作元素获取该对象的属性值并输出。

9.5　JSP 内置对象

9.5.1　概述

为了简化开发，JSP 内置了一些可以直接在脚本和表达式中使用的对象，这些对象由 JSP 自动创建，开发者可直接调用，而无需对它们进行实例化。所有 JSP 的内置对象，具体如表 9.2 所示。

表 9.2 JSP 内置对象

内置对象名称	类型	说明
request	javax.servlet.HttpServletRequest	用于获取客户端请求信息
response	javax.servlet.HttpServletResponse	用于向客户端响应信息
config	javax.servlet.ServletConfig	页面配置对象
session	javax.servlet.http.HttpSession	用于保存会话信息
application	javax.servlet.ServletContext	用于保存整个 Web 应用的信息
pageContext	javax.servlet.jsp.PageContext	用于存储当前 JSP 页面的信息
out	javax.servlet.jsp.JspWriter	用于页面输出
page	java.lang.Object	当前 JSP 页面对象
exception	java.lang.Throwable	用于处理 JSP 页面中的异常

表 9.2 中列举了 JSP 的 9 个内置对象及其对应的类型。其中,request、response、config、session 和 application 对象对应的类是 Servlet 的相关 API,这些在前面的章节已有详细介绍,此处不再赘述。接下来,本书将对 out、pageContext、exception 对象做重点讲解。

9.5.2 out 对象

out 对象是一个缓冲输出流对象,它与 HttpServletResponse 类的 getWriter()方法返回的 PrintWriter 对象非常相似,不同的是,当向 out 对象的输出流中写入数据时,数据会先被存储在缓冲区中,在 JSP 的默认配置下,缓冲区满时数据才会被自动刷新输出。

out 对象提供了一系列的输出数据和处理缓冲区的方法,具体如表 9.3 所示。

表 9.3 out 对象的常用方法

方法名称	说明
void clear()	清除缓冲区中的内容,不把数据输出到客户端
void clearBuffer()	清除缓冲区中的内容,同时将数据输出到客户端
void close()	关闭输出流
void flush()	输出缓冲区中的数据
int getBufferSize()	获取缓冲区的大小
int getRemainning()	获取缓冲区剩余空间的大小
isAutoFlush()	返回 TRUE 表示缓冲区满时会自动刷新输出,返回 FALSE 表示缓冲区满时不会自动清除并产生异常处理
void newLine()	输出一个换行符
void print()	向客户端输出数据
void println()	向客户端输出数据并换行

接下来通过一个实例来演示 out 对象的使用方法,具体步骤如下。

(1)在 WebContent 目录的 jsp 目录下新建 test17.jsp,具体代码如例 9.23 所示。

【例 9.23】 test17.jsp

```
 1  <%@ page language="java" contentType="text/html; charset=UTF-8"
 2      pageEncoding="UTF-8" %>
 3  <!DOCTYPE html PUBLIC "-//W3C//DTD HTML 4.01 Transitional//EN"
 4      "http://www.w3.org/TR/html4/loose.dtd">
 5  <html>
 6  <head>
 7  <meta http-equiv="Content-Type" content="text/html; charset=UTF-8">
 8  <title>test17</title>
 9  </head>
10  <body>
11      <%
12      int size=out.getBufferSize();
13      out.println("获取缓冲区大小: "+size);
14      %>
15  </body>
16  </html>
```

（2）打开浏览器，访问 http://localhost:8080/chapter09/jsp/test17.jsp，浏览器显示的页面如图 9.23 所示。

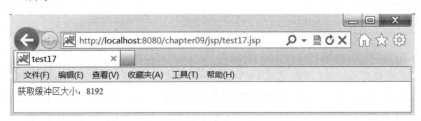

图 9.23　访问 **test17.jsp** 的页面

从图 9.23 可以看出，浏览器显示出 out 对象缓冲区的默认大小 8192B，即 8KB。

9.5.3　pageContext 对象

pageContext 对象即页面上下文对象，它代表当前 JSP 页面的运行环境，用于获取当前 JSP 页面的其他内置对象。另外，pageContext 对象提供了容器功能，作用范围是当前 JSP 页面。

pageContext 对象提供了一系列获取其他内置对象的方法，具体如表 9.4 所示。

表 **9.4**　**pageContext** 对象获取其他内置对象的方法

方 法 名 称	说　　明
ServletRequest getRequest()	获取当前 JSP 页面的 request 对象
ServletResponse getResponse()	获取当前 JSP 页面的 response 对象
HttpSession getSession()	获取当前 JSP 页面关联的 session 对象
ServletConfig getServletConfig()	获取当前 JSP 页面的 config 对象

续表

方法名称	说明
ServletContext getServletContext()	获取当前 JSP 页面的 application 对象
JspWriter getOut()	获取当前 JSP 页面的 out 对象
Object getPage()	获取当前 JSP 页面的 page 对象
Exception getException()	获取当前 JSP 页面的 exception 对象

为实现容器功能，pageContext 对象提供了一系列存取域属性的方法，具体如表 9.5 所示。

表 9.5 pageContext 对象存取域属性的方法

方法名称	说明
void setAttribute(String name,Object value,int scope)	设置指定范围内的 name 属性
void setAttribute(String name,Object value)	设置 name 属性
Object getAttribute(String name ,int scope)	获取指定范围内的名称为 name 的属性
Object getAttribute(String name)	获取名称为 name 的属性
void removeAttribute(String name, int scope)	删除指定范围内名称为 name 的属性
void removeAttribute(String name)	删除名称为 name 的属性
Object findAttribute(String name)	从四个域对象中查找名称为 name 的属性
Enumeration getAttributeNamesInScope(int scope)	获取指定范围内的所有属性名

在以上方法中，参数 scope 指定的是属性的作用范围，一般通过 PageContext 类提供的静态变量进行定义。域属性的作用范围共有四种，其中，pageContext.PAGE_SCOPE 表示页面范围，pageContext.REQUEST_SCOPE 表示请求范围，pageContext.SESSION_SCOPE 表示会话范围，pageContext.APPLICATION_SCOPE 表示 Web 应用程序范围。

接下来通过一个实例来演示 pageContext 对象的使用方法，具体步骤如下。

（1）在 WebContent 目录的 jsp 目录下新建 test18.jsp，具体代码如例 9.24 所示。

【例 9.24】 test18.jsp

```
1   <%@ page language="java" contentType="text/html; charset=UTF-8"
2     pageEncoding="UTF-8"%>
3   <!DOCTYPE html PUBLIC "-//W3C//DTD HTML 4.01 Transitional//EN"
4     "http://www.w3.org/TR/html4/loose.dtd">
5   <html>
6   <head>
7   <meta http-equiv="Content-Type" content="text/html; charset=UTF-8">
8   <title>test18</title>
9   </head>
10  <body>
11    <%
12    pageContext.setAttribute("author", "千锋教育");
13    Object author = pageContext.getAttribute("author");
14    out.print(author);
15    %>
```

```
16    </body>
17    </html>
```

（2）打开浏览器，访问 http://localhost:8080/chapter09/jsp/test18.jsp，浏览器显示的页面如图 9.24 所示。

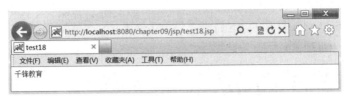

图 9.24　访问 test18.jsp 的页面

从图 9.24 可以看出，浏览器显示出名称为 author 的属性值，这说明 pageContext 对象具有存取数据的功能。

9.5.4　exception 对象

exception 对象即异常对象，用于封装 JSP 页面抛出的异常信息。需要注意的是，如果一个 JSP 页面要使用 exception 对象，必须将此页面中 page 指令的 isErrorPage 属性设置为 true。

exception 对象提供了几种获取异常信息的方法，具体如表 9.6 所示。

表 9.6　exception 对象的常用方法

方 法 名 称	说　　明
String getMessage()	获取异常信息
void printStackTrace()	以标准形式输出一个错误和错误的堆栈
String toString()	以字符串的形式返回一个对异常的描述

接下来通过一个实例来演示 exception 对象的使用方法，具体步骤如下。

（1）在 WebContent 目录的 jsp 目录下新建 test19.jsp，具体代码如例 9.25 所示。

【例 9.25】　test19.jsp

```
1    <%@ page language="java" contentType="text/html; charset=UTF-8"
2        pageEncoding="UTF-8" errorPage="test20.jsp"%>
3    <!DOCTYPE html PUBLIC "-//W3C//DTD HTML 4.01 Transitional//EN"
4        "http://www.w3.org/TR/html4/loose.dtd">
5    <html>
6    <head>
7    <meta http-equiv="Content-Type" content="text/html; charset=UTF-8">
8    <title>test19</title>
9    </head>
10   <body>
11      <%
12      int[] arr= new int[1];
13      arr[2]=2;
```

```
14      %>
15  </body>
16  </html>
```

在以上代码中,page 指令的 errorPage 属性为该页面指定了一个处理异常的页面,这个处理异常的页面为 test20.jsp。

(2)在 WebContent 目录的 jsp 目录下新建 test20.jsp,具体代码如例 9.26 所示。

【例 9.26】 test20.jsp

```
1   <%@ page language="java" contentType="text/html; charset=UTF-8"
2       pageEncoding="UTF-8" isErrorPage="true"%>
3   <!DOCTYPE html PUBLIC "-//W3C//DTD HTML 4.01 Transitional//EN"
4       "http://www.w3.org/TR/html4/loose.dtd">
5   <html>
6   <head>
7   <meta http-equiv="Content-Type" content="text/html; charset=UTF-8">
8   <title>test20</title>
9   </head>
10  <body>
11      <%
12      out.print(exception.toString());
13      %>
14  </body>
15  </html>
```

在以上代码中,page 指令的 isErrorPage 属性被设置为 true,只有满足该条件,才可以直接在 test20.jsp 页面中使用 exception 对象。

(3)打开浏览器,单击右上角的 ⚙ 图标,在弹出的菜单中选择"Internet 选项"命令,在"Internet 选项"对话框中选择"高级"选项卡,取消勾选"显示友好 http 错误信息"复选框,如图 9.25 所示。

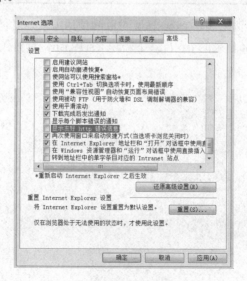

图 9.25 "Internet 选项"对话框

IE 浏览器自带有默认的错误提示页面，为保证本实例的运行结果不受影响，这里暂时取消该功能。

（4）重新打开浏览器，访问 http://localhost:8080/chapter09/jsp/test19.jsp，浏览器显示的页面如图 9.26 所示。

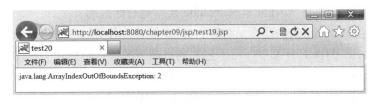

图 9.26　页面异常信息

从图 9.26 可以看出，浏览器显示出 test19.jsp 页面的异常信息。

9.6　本章小结

本章主要讲解了 JSP 的相关知识，包括 JSP 的概念、工作原理，JSP 脚本元素、JSP 指令元素、JSP 动作元素、JSP 内置对象等。通过对本章知识的学习，大家要能够理解 JSP 在 Web 开发中的角色，理解 JSP 的工作原理，掌握 JSP 的语法，熟练应用指令元素、动作元素、内置对象等完成 JSP 开发。

9.7　习　　题

1．填空题

（1）JSP 文件要被转换成_____后才能编译运行。
（2）在 page 指令的属性中，用于指定 JSP 页面编码格式的是_____。
（3）在 JSP 的指令中，用于指定 JSP 页面使用的标签库的是_____。
（4）在 JSP 的内置对象中，用于向浏览器响应数据的是_____。
（5）在 JSP 的内置对象中，用于封装 JSP 页面抛出的异常信息的是_____。

2．选择题

（1）JSP 表达式的语法格式是（　　）。
　　A．<% %>　　　　　　　　　B．<%! %>
　　C．<%= %>　　　　　　　　 D．${}
（2）下列 page 指令中，可以设置 JSP 页面是否可多线程访问的是（　　）。
　　A．session　　　　　　　　　B．buffer

C. isThreadSafe D. Info

(3) 下列关于 JSP 动作的描述，不正确的是（　　）。

　　A. <jsp:forward>动作元素用来把当前的 JSP 页面转发到另一个页面上
　　B. <jsp:param>动作可单独使用，用于页面间传递参数
　　C. <jsp:include>动作元素和 include 指令是有区别的
　　D. <jsp:setProperty>动作元素用于在 JSP 页面中设置已创建的 JavaBean 的属性值

(4) 下列 JSP 的内置对象中，用于封装客户端请求信息的是（　　）。

　　A. out B. request
　　C. response D. exception

(5) application 对象所依赖的类或接口是（　　）。

　　A. JspWrite B. ServletContext
　　C. HttpServletResponse D. ServletConfig

3. 思考题

简述 JSP 的工作原理。

4. 编程题

编写程序实现登录功能，请完成以下步骤。

(1) 编写 JSP 页面 exercise_01 实现用户登录，包含用户名和密码；

(2) 编写 JSP 页面 exercise_02 获取用户登录信息，如果用户名为 xiaoqian，密码为 12345，则返回"登录成功"，否则，返回"登录失败"。

第 10 章

EL 表达式

本章学习目标
- 理解 EL 表达式的概念。
- 掌握 EL 表达式的语法。
- 掌握 EL 表达式隐含对象的使用。
- 掌握 EL 表达式函数的定义及使用。

在编写 JSP 页面时,如果要嵌入 Java 代码,就要使用基于 "<%=" 和 "%>" 形式的 JSP 表达式或基于 "<%" 和 "%>" 形式的 JSP 脚本片段。为了便于开发,减少编码工作量,JSP 提供了 EL 表达式语言,这种表达式语言能够简化 JSP 页面中访问数据的代码。接下来,本章将对 EL 表达式涉及的相关知识进行详细的讲解。

10.1 EL 表达式简介

EL 的全称是 Expression Language,它是一种简单的数据访问语言。从 JSP 2.0 版本开始,EL 正式成为 JSP 开发的标准规范之一。在编写 JSP 页面时,EL 表达式能够取代 JSP 表达式以及部分 JSP 脚本片段,以更加简洁的形式实现数据访问的功能。

EL 表达式的语法格式相对简单,具体如下。

```
${表达式}
```

EL 表达式以 "${" 开始,以 "}" 结束,其中,表达式的内容可以是常量,也可以是变量,可以使用 EL 操作符、EL 运算符、EL 隐含对象和 EL 函数等。

总体来说,EL 表达式具有如下功能。

1. 获取数据

EL 表达式用于替换 JSP 页面中的脚本表达式,它可以从各种类型的容器对象中检索 Java 对象,获取数据。

2. 执行运算

利用 EL 表达式可以在 JSP 页面中执行一些基本的关系运算、逻辑运算和算术运算,以及在 JSP 页面中完成一些简单的逻辑处理。

3．获取 Web 开发常用对象

EL 表达式定义了一些隐含对象，通过这些隐含对象可以获得对 JSP 内置对象的引用，进而获得 JSP 内置对象中的数据。

4．调用 Java 方法

EL 表达式允许开发人员自定义 EL 函数，通过 EL 函数，JSP 页面可以调用 Java 类的方法。

为了让大家更好地理解 EL 表达式的概念，下面将通过一个实例来演示 EL 表达式的使用方法，具体步骤如下。

（1）打开 Eclipse，新建 Web 工程 chapter10，在工程 chapter10 的 src 目录下创建 com.qfedu.example 包，在该包下新建一个 Servlet 类 LoginServlet，具体代码如例 10.1 所示。

【例 10.1】 LoginServlet.java

```
1   package com.qfedu.example;
2   import java.io.IOException;
3   import javax.servlet.*;
4   import javax.servlet.http.*;
5   public class LoginServlet extends HttpServlet {
6       protected void doGet(HttpServletRequest request, HttpServletResponse
7           response) throws ServletException, IOException {
8           //将用户名和密码存储进 request 对象中
9           request.setAttribute("username", "xiaoqian");
10          request.setAttribute("password", "12345");
11          //将请求转发到相应的 jsp 页面
12          RequestDispatcher dispatcher = request.getRequestDispatcher("jsp
13              /test01.jsp");
14          dispatcher.forward(request, response);
15      }
16      protected void doPost(HttpServletRequest request, HttpServletResponse
17          response) throws ServletException, IOException {
18          doGet(request, response);
19      }
20  }
```

在以上代码中，request 对象存储了用户名和密码，并将请求转发给 test01.jsp。

（2）在工程 chapter10 的 WebContent 目录下新建 jsp 目录，在 jsp 目录下新建 test01.jsp，具体代码如例 10.2 所示。

【例 10.2】 test01.jsp

```
1  <%@ page language="java" contentType="text/html; charset=UTF-8"
2      pageEncoding="UTF-8"%>
3  <!DOCTYPE html PUBLIC "-//W3C//DTD HTML 4.01 Transitional//EN"
4      "http://www.w3.org/TR/html4/loose.dtd">
5  <html>
6  <head>
7  <meta http-equiv="Content-Type" content="text/html; charset=UTF-8">
8  <title>test01</title>
9  </head>
10 <body>
11    用户名：<%=request.getAttribute("username") %><br>
12    密  码：<%=request.getAttribute("password") %><br>
13 </body>
14 </html>
```

在以上代码中，JSP 通过表达式和 request 对象获取 LoginServlet 转发的数据。

（3）将工程 chapter10 添加到 Tomcat 中，启动 Tomcat，打开浏览器，访问 http://localhost:8080/chapter10/LoginServlet，浏览器显示的页面如图 10.1 所示。

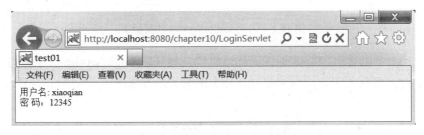

图 10.1 访问 LoginServlet 的页面 1

从图 10.1 可以看出，test01.jsp 页面成功地显示了 LoginServlet 类中存入的用户名和密码。

（4）在 WebContent 目录的 jsp 目录下新建 test02.jsp，具体代码如例 10.3 所示。

【例 10.3】 test02.jsp

```
1  <%@ page language="java" contentType="text/html; charset=UTF-8"
2      pageEncoding="UTF-8"%>
3  <!DOCTYPE html PUBLIC "-//W3C//DTD HTML 4.01 Transitional//EN"
4      "http://www.w3.org/TR/html4/loose.dtd">
5  <html>
6  <head>
7  <meta http-equiv="Content-Type" content="text/html; charset=UTF-8">
8  <title>test02</title>
9  </head>
10 <body>
11    用户名：${username}<br>
```

```
12          密码：${password}<br>
13     </body>
14  </html>
```

在以上代码中，JSP 直接使用 EL 表达式获取 LoginServlet 转发的数据。

（5）修改例 10.1 中第 12~13 行的代码，具体如下。

```
RequestDispatcher dispatcher = request.getRequestDispatcher("jsp
    /test02.jsp");
```

在以上代码中，LoginServlet 请求转发的页面被调整为 test02.jsp。

（6）重启 Tomcat，使用浏览器重新访问 http://localhost:8080/chapter10/LoginServlet，浏览器显示的页面如图 10.2 所示。

图 10.2　访问 LoginServlet 的页面 2

从图 10.2 可以看出，EL 表达式同样可以成功地获取 LoginServlet 中存储的数据。同时，EL 表达式简化了 JSP 页面的编写，使页面简洁，并降低了开发人员的编码量。

10.2　EL 的语法

10.2.1　EL 中的常量

EL 表达式中的常量包括布尔常量、整型常量、浮点数常量、字符串常量和 Null 常量。

1．布尔常量

布尔常量用于区分事物的正反两面，用 true 或 false 表示。

2．整型常量

整型常量与 Java 语言中定义的整型常量相同，范围在 Long.MIN_VALUE 和 Long.MAX_VALUE 之间。

3．浮点数常量

浮点数常量与 Java 语言中定义的浮点数常量相同，范围在 Double.MIN_VALUE 和

Double.MAX_VALUE 之间。

4．字符串常量

字符串常量是用单引号或双引号引起来的一连串字符。

5．Null 常量

Null 常量用于表示引用的对象为空，它只有一个值，用 null 表示，但在 EL 表达式中并不会输出 null 而是输出空。

接下来通过一个实例来演示 EL 表达式中常量的使用方法，具体步骤如下。

（1）在 WebContent 目录的 jsp 目录下新建 test03.jsp，具体代码如例 10.4 所示。

【例 10.4】　test03.jsp

```
1   <%@ page language="java" contentType="text/html; charset=UTF-8"
2       pageEncoding="UTF-8"%>
3   <!DOCTYPE html PUBLIC "-//W3C//DTD HTML 4.01 Transitional//EN"
4       "http://www.w3.org/TR/html4/loose.dtd">
5   <html>
6   <head>
7   <meta http-equiv="Content-Type" content="text/html; charset=UTF-8">
8   <title>test03</title>
9   </head>
10  <body>
11      ${true}  <br>
12      ${66}  <br>
13      ${66.66}  <br>
14      ${null}  <br>
15      ${"null"}
16  </body>
17  </html>
```

（2）打开浏览器，访问 http://localhost:8080/chapter10/jsp/test03.jsp，浏览器显示的页面如图 10.3 所示。

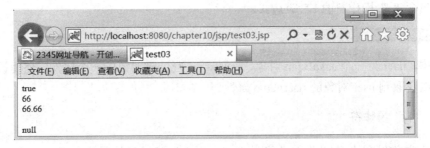

图 10.3　访问 test03.jsp 的页面

从图 10.3 可以看出,浏览器成功地显示了 test03.jsp 页面中的常量内容,其中表达式"${null}"显示的内容为空。

10.2.2 EL 中的变量

与 JSP 脚本元素的变量不同,EL 表达式的变量在没有预先定义的情况下即可直接使用,常用于获取 JSP 内置对象所存储的内容。

例如,现在有一个包含 username 变量的 EL 表达式,具体如下。

```
${username}
```

以上 EL 表达式的功能是获取某一对象中名称为 username 的属性。在执行过程中,EL 引擎将按照 page、request、session、application 的范围依次查找,如果找到结果就直接回传,如果在全部的范围内都没有找到就回传 Null。

除了要遵循 Java 变量的命名规范外,EL 表达式中的变量还应避免以保留字命名。EL 表达式中定义了若干保留字,具体如下所示。

and	or	Not	empty
mod	instance of	Eq	ne
gt	le	Ge	true
null	div	Lt	false

在编写 EL 表达式时,这些保留字不能被作为变量名,以免在程序编译时出现错误。

10.2.3 EL 中的操作符

EL 提供了两种用于访问数据的操作符,它们分别是"."和"[]"。

1. "."操作符

与 Java 代码相同,EL 表达式使用"."操作符来访问某个对象的属性。例如,下面有一个包含"."操作符的 EL 表达式。

```
${user.username}
```

其中,user 为一个 JavaBean 对象,username 为 user 对象的一个属性,使用该 EL 表达式可以获取到 user 对象的 username 属性。

2. "[]"操作符

"[]"操作符和"."操作符功能类似,也用于访问对象的属性,不同的是,"[]"操作符的属性需要用双引号括起来。例如,下面有一个包含"[]"操作符的 EL 表达式。

```
${user["username"]}
```

使用以上 EL 表达式同样可以获取到 user 对象的 username 属性。

"[]"操作符比"."操作符有着更为广泛的应用场景，主要表现在以下几个方面。

（1）当属性名中包含"."或"-"等特殊字符，就必须要用"[]"操作符。例如，要获取 user 对象的 user-name 属性，因为 user-name 属性名中包含特殊字符，那么 EL 表达式只能采用"[]"操作符，具体如下。

```
${user["user-name"]}
```

（2）使用"[]"操作符可以获取数组或有序集合的指定索引位置的元素。例如，要获取 arr 数组的索引位置为 0 的元素，对应的 EL 表达式具体如下。

```
${arr[0]}
```

（3）使用"[]"操作符可以获取 Map 对象的指定键名的值。例如，要获取 Map 对象的键名为 key 的值，对应的 EL 表达式具体如下。

```
${map["key"]}
```

（4）"."操作符可以和"[]"操作符结合使用。例如，要获取 arr 数组的索引位置为 0 的元素的 username 属性，对应的 EL 表达式具体如下。

```
${arr[0].username}
```

接下来将通过一个实例来演示 EL 表达式中操作符的使用方法，具体步骤如下。

（1）在工程 chapter10 的 src 目录下创建 com.qfedu.bean 包，在该包下新建一个 JavaBean 类 User，具体代码如例 10.5 所示。

【例 10.5】 User.java

```
1   package com.qfedu.bean;
2   public class User {
3       private String username;
4       private String password;
5       public String getUsername() {
6           return username;
7       }
8       public void setUsername(String username) {
9           this.username = username;
10      }
11      public String getPassword() {
12          return password;
13      }
14      public void setPassword(String password) {
15          this.password = password;
16      }
```

17   }
```

（2）在 com.qfedu.example 包下新建一个 Servlet 类 Servlet01，具体代码如例 10.6 所示。

**【例 10.6】** Servlet01.java

```
1   package com.qfedu.example;
2   import java.io.IOException;
3   import java.util.HashMap;
4   import javax.servlet.*;
5   import javax.servlet.http.*;
6   import com.qfedu.bean.User;
7   public class Servlet01 extends HttpServlet {
8       protected void doGet(HttpServletRequest request, HttpServletResponse
9           response) throws ServletException, IOException {
10          User user = new User();
11          user.setUsername("xiaoqian");
12          //将 user 对象存入 request 对象
13          request.setAttribute("user", user);
14          String[] arr={"xiaoqian","xiaofeng"};
15          //将 arr 对象存入 request 对象
16          request.setAttribute("arr", arr);
17          //将 userArr 对象存入 request 对象
18          User[] userArr={user};
19          request.setAttribute("userArr", userArr);
20          //将 map 对象存入 request 对象
21          HashMap<String,String> map = new HashMap<>();
22          map.put("username", "xiaoqian");
23          request.setAttribute("map", map);
24          //将请求转发到相应的 jsp 页面
25          RequestDispatcher dispatcher = request.getRequestDispatcher("jsp
26          /test04.jsp");
27          dispatcher.forward(request, response);
28      }
29      protected void doPost(HttpServletRequest request, HttpServletResponse
30          response) throws ServletException, IOException {
31          doGet(request, response);
32      }
33  }
```

（3）在 WebContent 的 jsp 目录下新建 test04.jsp，具体代码如例 10.7 所示。

【例 10.7】 test04.jsp

```
1   <%@ page language="java" contentType="text/html; charset=UTF-8"
2       pageEncoding="UTF-8"%>
```
```

```
3   <!DOCTYPE html PUBLIC "-//W3C//DTD HTML 4.01 Transitional//EN"
4       "http://www.w3.org/TR/html4/loose.dtd">
5   <html>
6   <head>
7   <meta http-equiv="Content-Type" content="text/html; charset=UTF-8">
8   <title>test04</title>
9   </head>
10  <body>
11      ${user.username} <br>
12      ${user["username"]} <br>
13      ${arr[0]} <br>
14      ${map["username"] }<br>
15      ${userArr[0].username} <br>
16  </body>
17  </html>
```

（4）打开浏览器，访问 http://localhost:8080/chapter10/Servlet01，浏览器显示的页面如图 10.4 所示。

图 10.4　访问 Servlet01 的页面

从图 10.4 可以看出，test04.jsp 页面成功地显示了 Servlet01 类的请求转发内容，这说明，通过使用 EL 表达式的操作符，JSP 页面可以获取到对象、数组或集合中存储的数据。

10.2.4　EL 中的运算符

EL 表达式中定义了用于处理数据的运算符，包括算术运算符、比较运算符、逻辑运算符、条件运算符、empty 运算符等。接下来，本书将对 EL 表达式中的运算符展开详细的讲解。

1．算术运算符

EL 的算术运算符用于执行 EL 表达式的数学运算，具体如表 10.1 所示。

表 10.1 算术运算符

算术运算符	说　明	示　例	结　果
+	加	${3+2}	5
-	减	${3-2}	1
*	乘	${3*2}	6
/或 div	除	${3/2}或${3 div 2}	1.5
%或 mod	取模（取余）	${3%2}或${3 mod 2}	1

其中，"-"运算符既可以作为减号，也可以作为负号，"/"或"div"运算符在执行运算时，操作数将被强制转为 Double 类型然后进行除法运算，相除得到的商也为 Double 类型。

2．比较运算符

EL 的比较运算符用于对两个操作数的大小进行比较，具体如表 10.2 所示。

表 10.2 比较运算符

比较运算符	说　明	示　例	结　果
==或 eq	等于	${3==2}或${23 eq 5}	False
!=或 ne	不等于	${3！=2}或${3 ne 2}	True
<或 lt	小于	${3<2}或${3 lt 2}	False
>或 gt	大于	${3>2}或${3 gt 2}	True
<=或 le	小于或等于	${3<=2}或${3 le 2}	False
>=或 ge	大于或等于	${3>=2}或${3 ge 2}	True

其中，比较运算符的操作数可以是常量、变量或 EL 表达式，所有比较运算符的执行结果都是布尔类型。

3．逻辑运算符

逻辑运算符用于对结果为布尔类型的表达式进行运算，具体如表 10.3 所示。

表 10.3 逻辑运算符

逻辑运算符	说　明	示　例	结　果
&&或 and	逻辑与	${True&&False}或${True and False}	False
||或 or	逻辑或	${True\|\|False}或${True or False}	True
！或 not	逻辑非	${!True}或${not True}	False

其中，在使用"&&"逻辑运算符时，如果有一个表达式的结果为 False，则结果必为 False；在使用"||"逻辑运算符时，如果有一个表达式的结果为 True，则结果必为 True。

4．条件运算符

条件运算符类似于 Java 语言中的三元运算符，具体语法格式如下。

```
${A?B:C}
```

其中，表达式 A 的计算结果为布尔类型。如果 A 的计算结果为 True，就执行表达式 B 并返回 B 的值；如果 A 的计算结果为 False，就执行表达式 C 并返回 C 的值。

5．empty 运算符

empty 运算符用于判断一个值是否为 null 或空字符串，计算结果为布尔类型，empty 运算符有一个操作数，具体语法格式如下。

```
${empty var}
```

其中，如果出现以下几种情况的任意一个，empty 运算符的执行结果为 True。
- var 指向的对象为 null；
- var 指向的对象为空字符串；
- var 指向的是一个集合或数组，并且该集合或数组中没有任何元素；
- var 指向的是一个 Map 对象的键名，并且该 Map 对象为空或该 Map 对象没有指定的 key 或该 Map 对象的 key 对应的值为空。

6．运算符的优先级

EL 表达式中的运算符有不同的运算优先级，具体如表 10.4 所示。

表 10.4 运算符的优先级

优先级	运 算 符	优先级	运 算 符
1	[]、.	6	<、>、<=、>=、lt、gt、le、ge
2	()	7	==、!=、eq、ne
3	-（取负数）、not、!、empty	8	&&、and
4	*、/、div、%、mod	9	||、or
5	+、-	10	?:

表 10.4 列举了不同运算符的优先级，当 EL 表达式中包含多种运算符时，必须要按照各自优先级的大小进行运算。在实际应用中，一般不需要记忆此表格中所列举的优先级，而是使用"()"运算符实现想要的顺序。

10.3 EL 的隐含对象

10.3.1 概述

为了更加方便地访问数据，EL 表达式提供了一系列可以直接使用的隐含对象。这些隐含对象不需要预先实例化，开发者可在需要时直接调用。EL 表达式提供了 11 种隐含对象，具体如表 10.5 所示。

表 10.5 EL 的隐含对象

隐含对象名称	说　　明
pageContext	相当于 JSP 页面中的 pageContext 对象，用于获取 request、response 等其他 JSP 内置对象
pageScope	获取页面作用范围的属性值，相当于 pageContext.getAttribute()
requestScope	获取请求作用范围的属性值，相当于 request.getAttribute()
sessionScope	获取会话作用范围的属性值，相当于 session.getAttribute()
applicationScope	获取应用程序作用范围的属性值，相当于 application.getAttribute()
param	获取请求参数的单个值，相当于 request.getParameter()
paramValues	获取请求参数的一组值，相当于 request.getParameterValues()
header	获取 HTTP 请求头的单个值，相当于 request.getHeader(String name)
headerValues	获取 HTTP 请求头的一组值，相当于 request.getHeaders(String name)
cookie	获取指定的 Cookie
initParam	获取 Web 应用的初始化参数，相当于 application.getInitParameter(String name)

其中，pageScope、requestScope、sessionScope、applicationScope 四种隐含对象与 Web 域相关，用于获取 Web 域中的参数；param、paramValues 两种隐含对象与请求参数相关，用于获取客户端传递的请求参数。

10.3.2　与 Web 域相关的隐含对象

JSP 内置的 pageContext 对象、request 对象、session 对象和 application 对象具有容器功能，可以通过 setAttribute() 方法存储属性，通过 getAttribute() 方法获取属性。实际上，这些对象的容器功能是通过它们内部定义的 Map 集合实现的，存取数据最终要通过操作 Map 集合来实现，这些 Map 集合被称为域，这几种对象被称为域对象。为了获取域对象中的值，EL 表达式提供了 pageScope、requestScope、sessionScope、applicationScope 四种隐含对象，具体如下。

```
${pageScope.username}
${requestScope.username}
${sessionScope.username}
${applicationScope.username}
```

接下来将通过一个实例来演示以上四种隐含对象的使用方法，具体步骤如下。

（1）在 WebContent 的 jsp 目录下新建 test05.jsp，具体代码如例 10.8 所示。

【例 10.8】　test05.jsp

```
1  <%@ page language="java" contentType="text/html; charset=UTF-8"
2      pageEncoding="UTF-8"%>
3  <!DOCTYPE html PUBLIC "-//W3C//DTD HTML 4.01 Transitional//EN"
4      "http://www.w3.org/TR/html4/loose.dtd">
```

```
5   <html>
6   <head>
7   <meta http-equiv="Content-Type" content="text/html; charset=UTF-8">
8   <title>test05</title>
9   </head>
10  <body>
11      <%pageContext.setAttribute("username", "小千");%>
12      <%request.setAttribute("username", "小锋");%>
13      <%session.setAttribute("username", "好程序员");%>
14      <%application.setAttribute("username", "扣丁学堂");%>
15      <%--EL 隐含对象 --%>
16      ${pageScope.username} <br>
17      ${requestScope.username} <br>
18      ${sessionScope.username} <br>
19      ${applicationScope.username}
20  </body>
21  </html>
```

（2）打开浏览器，访问 http://localhost:8080/chapter10/jsp/test05.jsp，浏览器显示的页面如图 10.5 所示。

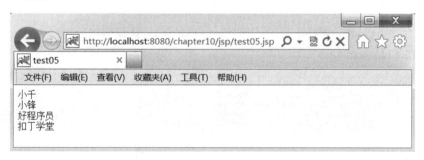

图 10.5　访问 test05.jsp 的页面

从图 10.5 可以看出，test05.jsp 页面成功地显示了 pageContext 对象、request 对象、session 对象和 application 对象中存储的内容。这说明，通过 EL 表达式的隐含对象，JSP 页面可以直接获取到 Web 域中的数据。

10.3.3　与请求参数相关的隐含对象

EL 表达式提供了两种隐含对象用于获取客户端传递的请求参数，分别是 param 隐含对象和 paramValues 隐含对象。其中，param 对象用于获取请求参数的单个值，paramValues 对象用于获取所有请求参数值组成的数组。param 和 paramValues 的语法格式如下。

```
${param.username}
${paramValues.username[0]}
```

接下来将通过一个实例来演示以上两种隐含对象的使用方法,具体步骤如下。
(1)在 WebContent 目录下新建 login.html,具体代码如例 10.9 所示。
【例 10.9】 login.html

```
1   <html>
2   <head>
3   <meta charset="UTF-8">
4   <title>login</title>
5   </head>
6   <body>
7   <form action="/chapter10/jsp/test06.jsp" method="post">
8   用户名1: <input type="text" name="username"><br>
9   用户名2: <input type="text" name="username01"><br>
10  用户名3: <input type="text" name="username01"><br>
11          <input type="submit" value="提交">
12  </form>
13  </body>
14  </html>
```

(2)在 WebContent 的 jsp 目录下新建 test06.jsp,具体代码如例 10.10 所示。
【例 10.10】 test06.jsp

```
1   <%@ page language="java" contentType="text/html; charset=UTF-8"
2       pageEncoding="UTF-8"%>
3   <!DOCTYPE html PUBLIC "-//W3C//DTD HTML 4.01 Transitional//EN"
4       "http://www.w3.org/TR/html4/loose.dtd">
5   <html>
6   <head>
7   <meta http-equiv="Content-Type" content="text/html; charset=UTF-8">
8   <title>test06</title>
9   </head>
10  <body>
11      ${param.username}<br>
12      ${paramValues.username01[0]}<br>
13      ${paramValues.username01[1]}<br>
14  </body>
15  </html>
```

(3)打开浏览器,访问 http://localhost:8080/chapter10/login.html,浏览器显示的页面如图 10.6 所示。

图 10.6 访问 **login.html** 的页面

（4）在"用户名 1"文本框中输入 xiaoqian，在"用户名 2"文本框中输入 xiaofeng，在"用户名 3"文本框中输入 qianfeng，单击"提交"按钮，浏览器显示的页面如图 10.7 所示。

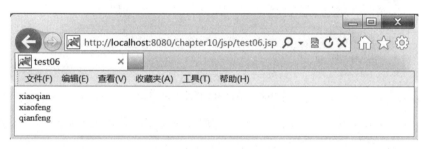

图 10.7 访问 **test06.jsp** 的页面

从图 10.7 可以看出，test06.jsp 页面成功地显示了 login.html 页面提交的参数。这说明，通过 EL 表达式的隐含对象，JSP 页面可以直接获取到客户端提交的请求参数。

10.3.4 其他隐含对象

1．pageContext 隐含对象

使用 pageContext 隐含对象可以获取 JSP 页面的内置对象，具体语法格式如下。

```
${pageContext.response}
```

接下来将通过一个实例来演示 pageContext 隐含对象的使用方法，具体步骤如下。
（1）在 WebContent 的 jsp 目录下新建 test07.jsp，具体代码如例 10.11 所示。
【例 10.11】 test07.jsp

```
1   <%@ page language="java" contentType="text/html; charset=UTF-8"
2       pageEncoding="UTF-8"%>
3   <!DOCTYPE html PUBLIC "-//W3C//DTD HTML 4.01 Transitional//EN"
4       "http://www.w3.org/TR/html4/loose.dtd">
```

```
5    <html>
6    <head>
7    <meta http-equiv="Content-Type" content="text/html; charset=UTF-8">
8    <title>test07</title>
9    </head>
10   <body>
11       ${pageContext.request.requestURI}<br>
12   </body>
13   </html>
```

（2）打开浏览器，访问 http://localhost:8080/chapter10/jsp/test07.jsp，浏览器显示的页面如图 10.8 所示。

图 10.8　访问 test07.jsp 的页面

从图 10.8 可以看出，test07.jsp 页面成功地显示了本次请求资源的路径。这说明，通过调用 pageContext 隐含对象可以获取到 JSP 的内置对象，进而实现针对 JSP 内置对象的各种操作。

2．header 和 headerValues 隐含对象

EL 表达式提供了两种隐含对象用于获取请求头的内容，分别是 header 隐含对象和 headerValues 隐含对象。其中，header 对象用于获取请求头字段的单个值，headerValues 对象用于获取所有请求头的值组成的数组。header、headerValues 的语法格式如下。

```
${header["host"]}
${headerValues["Accept-Language"][0]}
```

接下来将通过一个实例来演示以上两种隐含对象的使用方法，具体步骤如下。
（1）在 WebContent 的 jsp 目录下新建 test08.jsp，具体代码如例 10.12 所示。
【例 10.12】　test08.jsp

```
1    <%@ page language="java" contentType="text/html; charset=UTF-8"
2        pageEncoding="UTF-8"%>
3    <!DOCTYPE html PUBLIC "-//W3C//DTD HTML 4.01 Transitional//EN"
4        "http://www.w3.org/TR/html4/loose.dtd">
5    <html>
6    <head>
7    <meta http-equiv="Content-Type" content="text/html; charset=UTF-8">
```

```
8   <title>test08</title>
9   </head>
10  <body>
11      ${header["host"]}  <br>
12      ${headerValues["Accept-Language"][0]}  <br>
13  </body>
14  </html>
```

（2）打开浏览器，访问 http://localhost:8080/chapter10/jsp/test08.jsp，浏览器显示的页面如图 10.9 所示。

图 10.9 访问 **test08.jsp** 的页面

从图 10.9 可以看出，通过 header 对象或 headerValues 对象，test08.jsp 页面成功地显示了本次请求信息中请求头的内容。

3．cookie 隐含对象

EL 表达式提供了 cookie 隐含对象，该对象将所有的 Cookie 信息都封装进一个 Map 集合中，该 Map 集合的 key 值为 Cookie 信息的 name 属性。cookie 对象的语法格式如下。

```
获取 Cookie 对象信息：${cookie.key}
获取 Cookie 对象的名称：${cookie.key.name}
获取 Cookie 对象的值：${cookie.key.value}
```

接下来将通过一个实例来演示 cookie 隐含对象的使用方法，具体步骤如下。
（1）在 WebContent 的 jsp 目录下新建 test09.jsp，具体代码如例 10.13 所示。
【例 10.13】 test09.jsp

```
1   <%@ page language="java" contentType="text/html; charset=UTF-8"
2       pageEncoding="UTF-8"%>
3   <!DOCTYPE html PUBLIC "-//W3C//DTD HTML 4.01 Transitional//EN"
4       "http://www.w3.org/TR/html4/loose.dtd">
5   <html>
6   <head>
7   <meta http-equiv="Content-Type" content="text/html; charset=UTF-8">
8   <title>test09</title>
9   </head>
10  <body>
11      <%response.addCookie(new Cookie("username","xiaoqian"));%>
```

```
12        ${cookie.username}<br>
13        ${cookie.username.name}<br>
14        ${cookie.username.value}
15    </body>
16 </html>
```

（2）打开浏览器，访问 http://localhost:8080/chapter10/jsp/test09.jsp，浏览器显示的页面如图 10.10 所示。

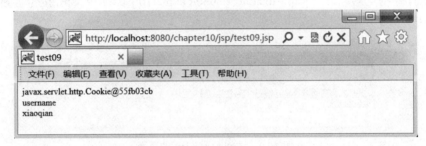

图 10.10　访问 **test09.jsp** 的页面

从图 10.10 可以看出，通过 cookie 隐含对象，test09.jsp 页面成功地显示了 Cookie 信息。

4．initParam 隐含对象

EL 表达式提供了 initParam 隐含对象以获取 Web 应用的初始化参数。initParam 对象的语法格式如下。

```
${initParam.name}
```

接下来将通过一个实例来演示 initParam 对象的使用方法，具体步骤如下。

（1）打开 WEB-INF 目录下的 web.xml 文件，在<web-app>元素下增加<context-param>子元素，具体代码如下。

```
<context-param>
    <param-name>course</param-name>
    <param-value>Java Web</param-value>
</context-param>
```

（2）在 WebContent 的 jsp 目录下新建 test10.jsp，具体代码如例 10.14 所示。

【例 10.14】　test10.jsp

```
1  <%@ page language="java" contentType="text/html; charset=UTF-8"
2     pageEncoding="UTF-8"%>
3  <!DOCTYPE html PUBLIC "-//W3C//DTD HTML 4.01 Transitional//EN"
4     "http://www.w3.org/TR/html4/loose.dtd">
5  <html>
```

```
 6    <head>
 7    <meta http-equiv="Content-Type" content="text/html; charset=UTF-8">
 8    <title>test10</title>
 9    </head>
10    <body>
11        ${initParam.course}
12    </body>
13    </html>
```

（3）重启 Tomcat，打开浏览器，访问 http://localhost:8080/chapter10/jsp/test10.jsp，浏览器显示的页面如图 10.11 所示。

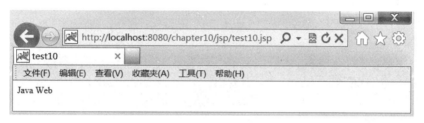

图 10.11　访问 **test10.jsp** 的页面

从图 10.11 可以看出，test10.jsp 页面成功地显示了 Web 应用的初始化参数信息。

10.4　EL 的自定义函数

EL 表达式可以通过自定义函数调用某个 Java 类的静态方法，这大大增强了 EL 表达式的功能，使其能够实现一些相对复杂的业务逻辑。

EL 自定义函数的语法格式如下。

```
${prefix:fun(param1,param2…)}
```

EL 自定义函数的开发与应用包括三个步骤，具体如下。
（1）编写执行自定义函数功能的 Java 类及静态方法；
（2）编写标签库描述符（TLD）文件，将 Java 类的静态方法映射成一个 EL 自定义函数；
（3）在 JSP 文件中导入和使用自定义函数。

接下来将通过一个实例来演示 EL 自定义函数的使用方法，具体步骤如下。
（1）在 com.qfedu.example 包下新建一个 Java 类 ELDemo，该 Java 类用于执行 EL 的自定义函数功能，具体代码如例 10.15 所示。

【例 10.15】　ELDemo.java

```
 1    package com.qfedu.example;
```

```
2   public class ELDemo {
3       public static String sayHello(String name){
4           return "hello,"+name;
5       }
6   }
```

（2）以 Tomcat 提供的 TLD 文件样例为基础，编写一个新的 TLD 文件。打开<Tomcat 安装目录>\webapps\examples\WEB-INF\jsp2，找到 jsp2-example-taglib.tld 文件，将该文件复制到工程 chapter10 的 WebContent 目录的 WEB-INF 目录下。这里需要注意的是，jsp2-example-taglib.tld 文件不能放在 WEB-INF 目录下的 class 或 lib 目录内，将复制的文件重命名为 test.tld，修改该文件，修改后的代码如例 10.16 所示。

【例 10.16】 test.tld

```
1   <?xml version="1.0" encoding="UTF-8" ?>
2   <taglib xmlns="http://java.sun.com/xml/ns/j2ee"
3       xmlns:xsi="http://www.w3.org/2001/XMLSchema-instance"
4       xsi:schemaLocation="http://java.sun.com/xml/ns/j2ee
5       http://java.sun.com/xml/ns/j2ee/web-jsptaglibrary_2_0.xsd"
6       version="2.0">
7       <tlib-version>1.0</tlib-version>
8       <short-name>myFun</short-name>
9       <uri>http://www.qfedu.com</uri>
10      <function>
11          <name>sayHello</name>
12          <function-class>com.qfedu.example.ELDemo</function-class>
13          <function-signature>java.lang.String sayHello(java.lang.String)
14          </function-signature>
15      </function>
16  </taglib>
```

在以上代码中，<taglib>元素是 TLD 文件的根元素，用于声明该 JSP 文件使用的标签库，不需要对其进行修改；<uri>元素用于指定该 TLD 文件的 URI，在 JSP 文件中需要通过此 URI 来引入该 TLD 文件；<function>元素用于描述一个 EL 自定义函数，其中，<name>子元素用于描述 EL 自定义函数的名称，<function-class>子元素用于描述执行自定义函数的 Java 类的完整类名，<function-signature>子元素用于指定 Java 类中的静态方法的签名，方法签名中必须指明方法的返回值类型及各个参数的类型，各个参数之间用逗号分隔。

（3）在 WebContent 的 jsp 目录下新建 test11.jsp，在 test11.jsp 文件中导入和使用自定义函数，具体代码如例 10.17 所示。

【例 10.17】 test11.jsp

```
1   <%@ page language="java" contentType="text/html; charset=UTF-8"
2       pageEncoding="UTF-8"%>
3   <%@taglib prefix="ELDemo" uri="http://www.qfedu.com"%>
```

```
 4  <!DOCTYPE html PUBLIC "-//W3C//DTD HTML 4.01 Transitional//EN"
 5    "http://www.w3.org/TR/html4/loose.dtd">
 6  <html>
 7  <head>
 8  <meta http-equiv="Content-Type" content="text/html; charset=UTF-8">
 9  <title>test11</title>
10  </head>
11  <body>
12    <%--调用 EL 自定义函数--%>
13    ${ELDemo:sayHello("xiaoqian")}
14  </body>
15  </html>
```

在以上代码中，<%@taglib %>指令用于引入 TLD 文件，其中，uri 属性用于指定所引入 TLD 文件的 URI，即 TLD 文件中<uri>元素描述的内容，prefix 属性用于指定一个"标记"，当 JSP 文件中要调用该 TLD 文件中映射的函数时，需要使用该"标记"作为 EL 自定义函数的前缀。

（4）重启服务器，打开浏览器，访问 http://localhost:8080/chapter10/jsp/test11.jsp，浏览器显示的页面如图 10.12 所示。

图 10.12　访问 test11.jsp 的页面

从图 10.12 可以看出，test11.jsp 页面成功地调用 EL 自定义函数并返回执行结果。

10.5　本章小结

本章主要讲解了 EL 表达式的相关知识，包括 EL 的概念和功能、EL 的语法、EL 的隐含对象、El 的自定义函数等。通过对本章知识的学习，大家要能够理解 EL 表达式在 JSP 开发中的重要功能，掌握 EL 的语法，熟练使用 EL 的隐含对象、EL 的自定义函数编写 JSP 页面。

10.6　习　题

1. 填空题

（1）EL 表达式的常量包括_____、_____、_____、_____和_____。

（2）EL 表达式提供了两种用于访问数据的操作符，分别是_____和_____。

（3）EL 表达式的运算符包括_____、_____、_____、_____和_____。

（4）EL 表达式提供了_____种隐含对象。

（5）在 EL 表达式的隐含对象中，用于获取会话作用范围属性值的是_____。

2．选择题

（1）关于 EL 表达式语言，下列说法错误的是（   ）。

    A．EL 表达式中的变量要预先定义才能使用

    B．它的基本形式为${var}

    C．只有在 JSP 文件中才能使用 EL 语言，在 Servlet 类的程序代码中通常不使用它

    D．它能使 JSP 文件的代码更加简洁

（2）下列 EL 表达式中，执行会报错的是（   ）。

    A．${request.name}　　　　　　　B．${empty requestScope}

    C．${header["user-agent"]}　　　　D．${param.username}

（3）EL 表达式${"a"+98 == 97+"b" ? "xxx" : "yyy" }的值是（   ）。

    A．xxx　　　　　　　　　　　　B．yyy

    C．true　　　　　　　　　　　　D．服务器报错

（4）下列选项中，能够输出 HttpSession 对象的 id 属性的是（   ）。

    A．${session.id}　　　　　　　　B．${pageContext.session.id}

    C．${request.session.id}　　　　　D．<%=session.id%>

（5）在 HTTP 请求中包含一个名称为 username、值为 Tom 的 Cookie，在下列 EL 表达式中，能输出该 Cookie 的名称 username 的是（   ）。

    A．${cookie.username.name}　　　B．${cookie.username.value}

    C．${cookie.username}　　　　　　D．${request.cookie.username.name}

3．思考题

简述 EL 表达式的功能。

4．编程题

编写程序，请完成以下功能。

（1）编写登录页面 exercise_01.jsp，向 exercise_02.jsp 提交用户名和密码。

（2）编写 exercise_02.jsp 页面获取用户登录信息并在本页面显示（使用 EL 表达式）。

第 11 章 JSTL 标签库

本章学习目标
- 理解 JSTL 标签库的概念。
- 掌握 JSTL 中 Core 标签库的使用。
- 掌握 JSTL 中 I18N 标签库的使用。
- 掌握 JSTL 中 Functions 标签库的使用。

在编写 JSP 页面时,有时会遇到一些相对复杂的业务逻辑,如遍历集合、条件判断等,为了更加方便地实现这些功能,JSP 引入了 JSTL 标签库。JSTL 标签库弥补了 EL 表达式功能上的局限,它和 EL 表达式配合使用,基本可以实现 JSP 的常用功能。接下来,本章将对 JSTL 标签库涉及的相关知识进行详细的讲解。

11.1 JSTL 概述

11.1.1 JSTL 简介

JSTL 的全称是 JavaServer Pages Standard Tag Library(JSP 标准标签库),它是由 Apache 组织提供的一种标准的通用型标签库,是 JSP 2.0 的重要特性之一。

作为通用型标签库,JSTL 提供了一系列取代 JSP 脚本片段的标签,这些标签可以实现 JSP 的常用功能,如集合的遍历、数据的输出、字符串的处理、数据的格式化等。

JSTL 共有五个功能不同的标签库,JSTL 的规范为这五个标签库分别指定了不同的 URI,并对它们的前缀做出了约定,具体如表 11.1 所示。

表 11.1 JSTL 的五个标签库

标签库	前缀	URI	示例
Core	c	http://java.sun.com/jsp/jstl/core	<c:out>
Functions	fn	http://java.sun.com/jsp/jstl/functions	<fn:split>
XML	x	http://java.sun.com/jsp/jstl/xml	<x:forBach>
I18N	fmt	http://java.sun.com/jsp/jstl/fmt	<fmt:formatDate>
SQL	sql	http://java.sun.com/jsp/jstl/sql	<sql:query>

表 11.1 列举了 JSTL 的五个标签库,它们的特征和功能如下。
(1) Core 标签库是一个核心标签库,主要提供实现 Web 应用中通用操作的标签。

例如，用于输出变量内容的<c:out>标签、用于条件判断的<c:if>标签等。

（2）Functions 标签库是一个函数标签库，它提供了一套 EL 自定义函数，这些函数封装了开发人员经常用到的字符串操作。例如，提取字符串中的子字符串，获取字符串的长度和处理字符串中的空格等。

（3）XML 标签库主要提供对 XML 文档中的数据进行操作的标签。例如，解析 XML 文档、输出 XML 文档中的内容等。

（4）I18N 标签库是一个国际化的标签库，主要提供实现 Web 应用的国际化的标签。例如，设置 JSP 页面的国家（或地区）和语言、设置 JSP 页面的本地信息等。

（5）SQL 标签库主要提供访问数据库和对数据库中的数据进行操作的标签。例如，从数据源中获取数据库连接、从数据库表中检索数据等。由于实际开发中很少在 JSP 页面中直接操作数据库，所以该标签库被使用的机会很少。

11.1.2 JSTL 的安装使用

由于 JSTL 标签库由第三方组织 Apache 提供，所以使用 JSTL 编写 JSP 页面时要导入相应的 jar 包，这里采用 JSTL 的 1.2 版本。接下来通过一个实例来演示 JSTL 标签库的安装及使用，具体步骤如下。

（1）打开浏览器，访问 JSTL 标签库的官方下载地址：http://tomcat.apache.org/taglibs/standard/，浏览器显示的页面如图 11.1 所示。

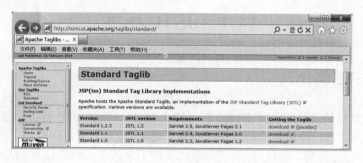

图 11.1 JSTL 的下载页面

（2）单击 JSTL1.2 版本的 download 超链接，浏览器显示的页面如图 11.2 所示。

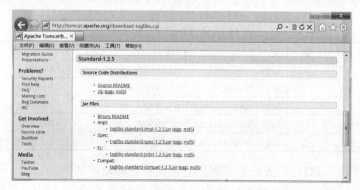

图 11.2 JSTL1.2 的下载页面

（3）将 Jar Files 栏目下的 taglibs-standard-impl-1.2.5.jar、taglibs-standard-spec-1.2.5.jar、taglibs-standard-jstlel-1.2.5.jar、taglibs-standard-compat-1.2.5.jar 四个 jar 包下载到本地。

（4）打开 Eclipse，新建 Web 工程 chapter11，将下载的四个 jar 包复制到工程 chapter11 的 WebContent\WEB-INF\lib 目录下，完成导包。

（5）在工程 chapter11 的 src 目录下创建 com.qfedu.example 包，在该包下新建一个 Servlet 类 Servlet01，具体代码如例 11.1 所示。

【例 11.1】 Servlet01.java

```
1   package com.qfedu.example;
2   import java.io.IOException;
3   import java.util.ArrayList;
4   import javax.servlet.*;
5   import javax.servlet.http.*;
6   public class Servlet01 extends HttpServlet {
7       protected void doGet(HttpServletRequest request, HttpServletResponse
8           response) throws ServletException, IOException {
9           //新建一个 userList 集合，并把 String 类型的 user 放入集合
10          ArrayList<String> userList = new ArrayList<String>();
11          userList.add("千锋教育");
12          userList.add("好程序员");
13          userList.add("扣丁学堂");
14          request.setAttribute("userList", userList);
15          //把 userList 集合放入 request 对象，并将该请求转发到 test01.jsp
16          RequestDispatcher dispatcher = request.getRequestDispatcher
17              ("jsp/test01.jsp");
18          dispatcher.forward(request, response);
19      }
20      protected void doPost(HttpServletRequest request, HttpServletResponse
21          response) throws ServletException, IOException {
22          doGet(request, response);
23      }
24  }
```

在以上代码中，request 对象存储了一个 userList 集合，并将本次请求转发给 test01.jsp。

（6）在工程 chapter11 的 WebContent 目录下新建 jsp 目录，在 jsp 目录下新建 test01.jsp，具体代码如例 11.2 所示。

【例 11.2】 test01.jsp

```
1   <%@ page language="java" contentType="text/html; charset=UTF-8"
2       pageEncoding="UTF-8"%>
3   <%@taglib prefix="c" uri="http://java.sun.com/jsp/jstl/core"%>
4   <!DOCTYPE html PUBLIC "-//W3C//DTD HTML 4.01 Transitional//EN"
5       "http://www.w3.org/TR/html4/loose.dtd">
6   <html>
```

```
7   <head>
8   <meta http-equiv="Content-Type" content="text/html; charset=UTF-8">
9   <title>test01</title>
10  </head>
11  <body>
12  <%--使用EL表达式获取userList对象,使用<c:forEach>标签对userList对象遍历--%>
13      <c:forEach items="${userList}" var="user">
14      ${user}
15      <br>
16      </c:forEach>
17  </body>
18  </html>
```

在以上代码中，EL 表达式和 JSTL 标签配合使用，EL 表达式${userList}从 request 域中获取 userList 对象，JSTL 标签<c:forEach>对 userList 对象遍历，进而获得每个 String 类型的 user 并显示到页面。

（7）将工程 chapter11 添加到 Tomcat，启动 Tomcat，打开浏览器，访问 http://localhost:8080/chapter11/Servlet01，浏览器显示的页面如图 11.3 所示。

图 11.3　访问 Servlet01 的页面

从图 11.3 可以看出，test01.jsp 成功遍历 userList 集合中的信息并将最终结果显示到浏览器。同时，使用<c:forEach>标签取代 JSP 脚本片段，使得代码更加简洁，大大提升了 JSP 文件的可读性和易维护性。

在大家充分认识到 JSTL 的优势之后，接下来，将对实际开发中经常用到的 Core 标签库、I18N 标签库、Functions 标签库展开详细的讲解。

11.2　Core 标签库

Core 标签库又称核心标签库，主要提供 Web 应用中最常使用的标签，是 JSTL 中比较重要的标签库。Core 标签库共有 13 个标签，按照功能可细分为通用标签、条件标签、迭代标签和 URL 标签。

在 JSP 页面中使用 Core 标签库，首先要使用 taglib 指令导入标签库，具体语法格式如下：

```
<%@taglib prefix="c" uri="http://java.sun.com/jsp/jstl/core"%>
```

其中，prefix 属性指定 Core 标签库的前缀，通常设置值为 c；uri 属性指定 Core 标签库的 URI。

11.2.1 通用标签

通用标签主要用于操作变量，包含<c:out>、<c:set>、<c:remove>和<c:catch>这四个标签。

1. <c:out>标签

<c:out>标签用于输出数据，功能上等同基于"<%="和"%>"形式的JSP表达式。<c:out>标签的语法格式如下。

```
<c:out value="value" [default="defaultValue"] [escapeXml="{true|false}"]>
</c:out>
```

其中，value 属性指定要输出的数据，可以是 JSP 表达式、EL 表达式或常量；default 属性指定 value 属性为 null 时要输出的默认值；escapeXml 属性指定是否将>、<、&等特殊字符转换成转义字符后再输出，默认值为 True。

接下来将通过一个实例来演示<c:out>标签的使用方法，具体步骤如下。

（1）在 WebContent 目录的 jsp 目录下新建 test02.jsp，具体代码如例 11.3 所示。

【例 11.3】 test02.jsp

```
1   <%@ page language="java" contentType="text/html; charset=UTF-8"
2       pageEncoding="UTF-8"%>
3   <%@taglib prefix="c" uri="http://java.sun.com/jsp/jstl/core"%>
4   <!DOCTYPE html PUBLIC "-//W3C//DTD HTML 4.01 Transitional//EN"
5       "http://www.w3.org/TR/html4/loose.dtd">
6   <html>
7   <head>
8   <meta http-equiv="Content-Type" content="text/html; charset=UTF-8">
9   <title>test02</title>
10  </head>
11  <body>
12      <%--输出一个常量 --%>
13      <c:out value="xiaoqian"></c:out>
14      <br>
15      <%--输出EL表达式的值,如果EL表达式结果为null,默认输出字符串"xiaofeng"--%>
16      <c:out value="${param.username}" default="xiaofeng"></c:out>
17      <br>
```

```
18    </body>
19    </html>
```

（2）打开浏览器，访问 http://localhost:8080/chapter11/jsp/test02.jsp，浏览器显示的页面如图 11.4 所示。

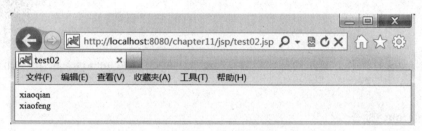

图 11.4　访问 **test02.jsp** 的页面

从图 11.4 可以看出，test02.jsp 成功显示<c:out>标签中设置的值。在第二个<c:out>标签中，由于客户端在访问 test02.jsp 页面时没有传递参数，因此<c:out>标签输出默认值 xiaofeng。

（3）在浏览器地址栏中输入 http://localhost:8080/chapter11/jsp/test02.jsp?username=xiaoqian，重新访问 test02.jsp 并传入一个参数，浏览器显示的页面如图 11.5 所示。

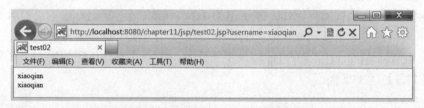

图 11.5　重新访问 **test02.jsp** 的页面

从图 11.5 可以看出，test02.jsp 成功显示<c:out>标签中设置的值。在第二个<c:out>标签中，由于客户端在访问 test02.jsp 页面时传递了参数 username，因此<c:out>标签输出传递的参数值 xiaoqian。

2．<c:set>标签

<c:set>标签用于设置各种域对象的属性，或设置 JSP 页面中存储数据的 Map 集合和 JavaBean 的属性。

当设置域对象的属性时，其语法格式如下。

```
<c:set var="varName" value="value" [scope="{page|request|session|application}"]></c:set>
```

其中，var 属性指定要设置的域对象的属性名称，value 属性指定 var 属性的属性值，scope 属性指定 var 属性所属的域，默认为 page。

当设置 JSP 页面中的 Map 集合和 JavaBean 的属性时，其语法格式如下。

```
<c:set value="value" target="target" property="propertyName"></c:set>
```

其中，value 属性指定 property 属性的属性值，target 属性指定要设置属性的对象，这个对象必须是 JavaBean 对象或 Map 对象，property 属性指定要为当前对象设置的属性名称。

接下来将通过一个实例来演示<c:set>标签的使用方法，具体步骤如下。

（1）在工程 chapter11 的 src 目录下创建 com.qfedu.bean 包，在该包下新建一个 JavaBean 类 User，具体代码如例 11.4 所示。

【例 11.4】 User.java

```
1   package com.qfedu.bean;
2   public class User {
3       private String username;
4       private String password;
5       public String getUsername() {
6           return username;
7       }
8       public void setUsername(String username) {
9           this.username = username;
10      }
11      public String getPassword() {
12          return password;
13      }
14      public void setPassword(String password) {
15          this.password = password;
16      }
17  }
```

（2）在 WebContent 目录的 jsp 目录下新建 test03.jsp，具体代码如例 11.5 所示。

【例 11.5】 test03.jsp

```
1   <%@page import="java.util.HashMap"%>
2   <%@ page language="java" contentType="text/html; charset=UTF-8"
3       pageEncoding="UTF-8"%>
4   <%@taglib prefix="c" uri="http://java.sun.com/jsp/jstl/core"%>
5   <!DOCTYPE html PUBLIC "-//W3C//DTD HTML 4.01 Transitional//EN"
6       "http://www.w3.org/TR/html4/loose.dtd">
7   <html>
8   <head>
9   <meta http-equiv="Content-Type" content="text/html; charset=UTF-8">
10  <title>test03</title>
11  </head>
12  <body>
13      <c:set var="author" value="xiaoqian" scope="session"></c:set>
```

```
14      <c:out value="${author}"></c:out>
15      <br>
16      <%--引入JavaBean --%>
17      <jsp:useBean id="user" class="com.qfedu.bean.User"></jsp:useBean>
18      <c:set value="xiaofeng" property="username" target="${user}"></c:set>
19      <c:out value="${user.username}"></c:out>
20      <br>
21      <%--新建一个Map集合,并存入request域--%>
22      <%
23      HashMap map = new HashMap();
24      request.setAttribute("map", map);
25      %>
26      <c:set value="Java Web" property="course" target="${map}"></c:set>
27      <c:out value="${map.course}"></c:out>
28  </body>
29  </html>
```

(3)打开浏览器,访问http://localhost:8080/chapter11/jsp/test03.jsp,浏览器显示的页面如图11.6所示。

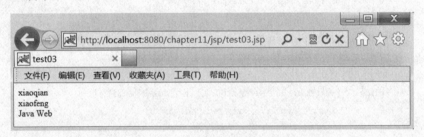

图11.6 访问 test03.jsp 的页面

从图11.6可以看出,test03.jsp 成功显示<c:set>标签中设置的值。经过分析可以发现,第一个<c:set>标签向 session 域存入了 author 属性的值 xiaoqian,第二个<c:set>标签向 user 对象存入了 username 属性的值 xiaofeng,第三个<c:set>标签向 Map 集合存入了 course 属性的值 Java Web,因此,JSP 页面就会输出这些存储的信息。

3. <c:remove>标签

<c:remove>标签用于删除各种域对象中存储的内容,其语法格式如下。

```
<c:remove var="varName"[scope="{page|request|session|application}"]>
</c:remove>
```

其中,var 属性指定要删除的属性名称,scope 属性指定要删除的属性所属的域。
接下来将通过一个实例来演示<c:remove>标签的使用方法,具体步骤如下。
(1)在 WebContent 目录的 jsp 目录下新建 test04.jsp,具体代码如例 11.6 所示。
【例11.6】 test04.jsp

```
1  <%@ page language="java" contentType="text/html; charset=UTF-8"
2     pageEncoding="UTF-8"%>
3  <%@taglib prefix="c" uri="http://java.sun.com/jsp/jstl/core"%>
4  <!DOCTYPE html PUBLIC "-//W3C//DTD HTML 4.01 Transitional//EN"
5     "http://www.w3.org/TR/html4/loose.dtd">
6  <html>
7  <head>
8  <meta http-equiv="Content-Type" content="text/html; charset=UTF-8">
9  <title>test04</title>
10 </head>
11 <body>
12    <%--在 request 对象中存入 course 属性 --%>
13    <c:set var="course" value="Java Web" scope="request"></c:set>
14    Course:<c:out value="${course}"></c:out>
15    <br>
16    使用移除标签后
17    <c:remove var="course" scope="request"></c:remove>
18    <br>
19    Course:<c:out value="${course}"></c:out>
20 </body>
21 </html>
```

（2）打开浏览器，访问 http://localhost:8080/chapter11/jsp/test04.jsp，浏览器显示的页面如图 11.7 所示。

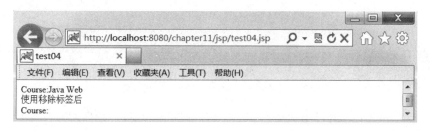

图 11.7　访问 test04.jsp 的页面

从图 11.7 可以看出，在使用移除标签之前，request 域中的 Course 属性值为 Java Web，在使用移除标签之后，request 域中的 Course 属性值为空，这说明，<c:remove>标签已经将域对象中的 Course 属性值删除。

4．<c:catch>标签

<c:catch>标签用于捕获嵌套在标签体中的代码块抛出的异常，其语法格式如下。

```
<c:catch var="varName">
    容易产生异常的代码块
</c:catch>
```

其中，var 属性表示捕获的异常的名称，并将异常保存在对应的域对象中，若未指定 var 属性，则仅捕获异常而不在域对象中保存异常对象。

接下来将通过一个实例来演示<c:catch>标签的使用方法，具体步骤如下。

（1）在 WebContent 目录的 jsp 目录下新建 test05.jsp，具体代码如例 11.7 所示。

【例 11.7】 test05.jsp

```
1  <%@ page language="java" contentType="text/html; charset=UTF-8"
2      pageEncoding="UTF-8"%>
3  <%@taglib prefix="c" uri="http://java.sun.com/jsp/jstl/core"%>
4  <!DOCTYPE html PUBLIC "-//W3C//DTD HTML 4.01 Transitional//EN"
5      "http://www.w3.org/TR/html4/loose.dtd">
6  <html>
7  <head>
8  <meta http-equiv="Content-Type" content="text/html; charset=UTF-8">
9  <title>test05</title>
10 </head>
11 <body>
12     <c:catch var="myException">
13         <%
14         int a =1;
15         int b =0;
16         out.print(a/b);
17         %>
18     </c:catch>
19     <c:out value="${myException}"></c:out>
20     <br>
21     <c:out value="${myException.message}"></c:out>
22 </body>
23 </html>
```

（2）打开浏览器，访问 http://localhost:8080/chapter11/jsp/test05.jsp，浏览器显示的页面如图 11.8 所示。

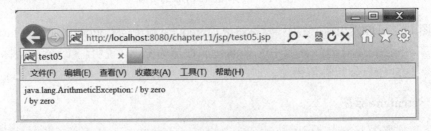

图 11.8　访问 test05.jsp 的页面

从图 11.8 可以看出，test05.jsp 页面出现了一个算术异常，并且这个异常是由 0 作为除数引起的。由此可见，在程序的执行过程中，<c:catch>标签能够捕获异常信息并将其保存在对应的域对象中，test05.jsp 最终通过 EL 表达式获取异常信息并将它们显示到页面上。

11.2.2 条件标签

条件标签主要用于逻辑判断，包含<c:if>、<c:choose>、<c:when>和<c:otherwise>等四个标签。

1. <c:if>标签

<c:if>标签用于条件判断，功能等同于 if 语句，其语法格式如下。

```
<c:if test="condition" var="varName" [scope="{page|request|session|
application}"]>
condition 为 True 时执行的代码
</c:if>
```

其中，test 属性指定条件表达式，该表达式返回一个 Boolean 类型的值，如果返回 True，执行标签体中的代码，否则，不执行标签体中的代码；var 属性指定条件表达式中变量的名称；scope 属性指定 var 变量的作用范围，默认值为 page。

接下来将通过一个实例来演示<c:if>标签的使用方法，具体步骤如下。

（1）在 WebContent 目录的 jsp 目录下新建 test06.jsp，具体代码如例 11.8 所示。

【例 11.8】 test06.jsp

```
1   <%@ page language="java" contentType="text/html; charset=UTF-8"
2       pageEncoding="UTF-8"%>
3   <%@taglib prefix="c" uri="http://java.sun.com/jsp/jstl/core"%>
4   <!DOCTYPE html PUBLIC "-//W3C//DTD HTML 4.01 Transitional//EN"
5       "http://www.w3.org/TR/html4/loose.dtd">
6   <html>
7   <head>
8   <meta http-equiv="Content-Type" content="text/html; charset=UTF-8">
9   <title>test06</title>
10  </head>
11  <body>
12      <%--在 session 域中存入 author 属性 --%>
13      <c:set var="author" value="千锋教育" scope="session"></c:set>
14      <c:if test="${not empty sessionScope.author}">
15       欢迎您，${author}
16      </c:if>
17  </body>
18  </html>
```

在以上代码中，<c:set>标签向 session 域存入 author 属性的值"千锋教育"，<c:if>标签的 test 属性返回 True，最终会输出标签体中的内容。

（2）打开浏览器，访问 http://localhost:8080/chapter11/jsp/test06.jsp，浏览器显示的页面如图 11.9 所示。

图 11.9　访问 test06.jsp 的页面

从图 11.9 可以看出，test06.jsp 页面显示了<c:if>标签体中的内容。由此可见，<c:if>标签可以实现条件判断的功能。

2．<c:choose>标签、<c:when>标签、<c:otherwise>标签

<c:choose>标签用于多个条件的判断，功能类似于 if…else 语句或 if…elseif…else 语句。<c:choose>标签没有属性，它可以通过嵌套<c:when>标签和<c:otherwise>标签实现功能。

当实现类似于 if…else 语句的功能时，其语法格式如下。

```
<c:choose>
      <c:when test="condition">
          condition 为 True 时执行的代码块
      </c:when>
      <c:otherwise>
          执行的代码块
      </c:otherwise>
</c:choose>
```

当实现类似于 if…elseif…else 语句的功能时，其语法格式如下。

```
<c:choose>
      <c:when test="condition">
          condition 为 True 时执行的代码块
      </c:when>
      <c:when test="condition">
          condition 为 True 时执行的代码块
      </c:when>
      <c:otherwise>
          执行的代码块
      </c:otherwise>
</c:choose>
```

其中，<c:when>标签的 test 属性指定条件表达式，该表达式返回一个 Boolean 类型的值，如果返回 True，执行标签体中的代码，否则，不执行标签体中的代码；<c:otherwise>标签没有属性，它作为<c:choose>标签的最后分支出现，当所有的<c:when>标签的 test 属性都返回 False 时，才执行<c:otherwise>标签体中的内容。这里需要注意的是，同一个<c:choose>标签中的所有<c:when>标签都必须出现在<c:otherwise>标签之前。

接下来将通过一个实例来演示以上三个标签的使用方法，具体步骤如下。

（1）在 WebContent 目录的 jsp 目录下新建 test07.jsp，具体代码如例 11.9 所示。

【例 11.9】 test07.jsp

```
1  <%@ page language="java" contentType="text/html; charset=UTF-8"
2      pageEncoding="UTF-8"%>
3  <%@taglib prefix="c" uri="http://java.sun.com/jsp/jstl/core"%>
4  <!DOCTYPE html PUBLIC "-//W3C//DTD HTML 4.01 Transitional//EN"
5      "http://www.w3.org/TR/html4/loose.dtd">
6  <html>
7  <head>
8  <meta http-equiv="Content-Type" content="text/html; charset=UTF-8">
9  <title>test07</title>
10 </head>
11 <body>
12     <%--在 session 域中存入 author 属性--%>
13     <c:set var="score" value="95" scope="page"></c:set>
14     <c:choose>
15         <c:when test="${score>=90}">
16             成绩优秀
17         </c:when>
18         <c:when test="${score<90&&score>=80}">
19             成绩良好
20         </c:when>
21         <c:when test="${score<80&&score>=60}">
22             成绩合格
23         </c:when>
24         <c:otherwise>
25             没有通过考试,要加油哦
26         </c:otherwise>
27     </c:choose>
28 </body>
29 </html>
```

在以上代码中，<c:set>标签向 session 域存入了 score 属性的值 95，<c:choose>标签会根据<c:when>标签指定的条件进行判断，进而确定要输出的内容。

（2）打开浏览器，访问 http://localhost:8080/chapter11/jsp/test07.jsp，浏览器显示的页面如图 11.10 所示。

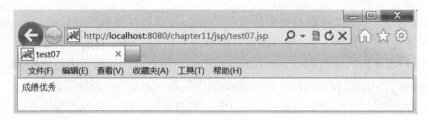

图 11.10　访问 test07.jsp 的页面

从图 11.10 可以看出，test07.jsp 页面根据<c:when>标签指定的条件显示了相关内容。

11.2.3　迭代标签

迭代标签主要用于对 JSP 页面的数据进行迭代操作，包含<c:forEach>和<c:forTokens>两个标签。

1．<c:forEach>标签

<c:forEach>标签用于迭代数组、集合对象中的元素，功能上等同于在 JSP 的脚本元素中使用 for 循环语句，其语法格式如下。

```
<c:forEach [var="varName"] items="collection" [varStatus="varStatusName"]
[begin="begin"] [end="end"] [step="step"]>
标签体内容
</c:forEach>
```

其中，var 属性指定将当前迭代到的元素保存到 page 域中的属性名称，items 属性指定将要迭代的集合对象，varStatus 指定将当前迭代状态信息的对象保存到域对象中的名称，begin 属性指定迭代的起始索引，end 属性指定迭代的结束索引，step 属性指定迭代的步长。

接下来将通过一个实例来演示使用<c:forEach>标签迭代数组中的元素，具体步骤如下。

（1）在 WebContent 目录的 jsp 目录下新建 test08.jsp，具体代码如例 11.10 所示。

【例 11.10】　test08.jsp

```
1  <%@ page language="java" contentType="text/html; charset=UTF-8"
2      pageEncoding="UTF-8"%>
3  <%@taglib prefix="c" uri="http://java.sun.com/jsp/jstl/core"%>
4  <!DOCTYPE html PUBLIC "-//W3C//DTD HTML 4.01 Transitional//EN"
5      "http://www.w3.org/TR/html4/loose.dtd">
6  <html>
7  <head>
8  <meta http-equiv="Content-Type" content="text/html; charset=UTF-8">
9  <title>test08</title>
```

```
10    </head>
11    <body>
12        <%
13        String[] arr ={"千锋教育","好程序员","扣丁学堂"};
14        request.setAttribute("arr", arr);
15        %>
16        <c:forEach var="name"  items="${arr}">
17            ${name} <br>
18        </c:forEach>
19    </body>
20    </html>
```

在以上代码中，使用 JSP 脚本元素生成一个数组，并将数组存入到 request 对象中，然后使用<c:forEach>标签对该数组中的元素进行迭代，最终获取数组中的每个元素。

（2）打开浏览器，访问 http://localhost:8080/chapter11/jsp/test08.jsp，浏览器显示的页面如图 11.11 所示。

图 11.11　访问 test08.jsp 的页面

从图 11.11 可以看出，test08.jsp 页面显示了数组 arr 中的所有元素。由此可见，<c:forEach>标签可以完成对数组或集合中的所有元素的迭代。

除了迭代数组或集合中的所有元素外，<c:forEach>标签还可以迭代数组或集合内的指定范围的元素。接下来将通过一个实例对该功能进行演示，具体步骤如下。

（1）在 WebContent 目录的 jsp 目录下新建 test09.jsp，具体代码如例 11.11 所示。

【例 11.11】　test09.jsp

```
1    <%@ page language="java" contentType="text/html; charset=UTF-8"
2        pageEncoding="UTF-8"%>
3    <%@taglib prefix="c" uri="http://java.sun.com/jsp/jstl/core"%>
4    <!DOCTYPE html PUBLIC "-//W3C//DTD HTML 4.01 Transitional//EN"
5        "http://www.w3.org/TR/html4/loose.dtd">
6    <html>
7    <head>
8    <meta http-equiv="Content-Type" content="text/html; charset=UTF-8">
9    <title>test09</title>
10   </head>
11   <body>
```

```
12      <%
13          String[] arr ={"千锋教育","好程序员","扣丁学堂"};
14          request.setAttribute("arr", arr);
15      %>
16      <c:forEach var="name" items="${arr}" begin="0" step="2">
17          ${name }<br>
18      </c:forEach>
19  </body>
20  </html>
```

在以上代码中，<c:forEach>标签的 begin 属性指定了迭代的起始索引为 0，step 属性指定了迭代的步长为 2。

（2）打开浏览器，访问 http://localhost:8080/chapter11/jsp/test09.jsp，浏览器显示的页面如图 11.12 所示。

图 11.12　访问 test09.jsp 的页面

从图 11.12 可以看出，test09.jsp 页面显示了数组 arr 中索引为 0、2 的元素。由此可见，<c:forEach>标签能够控制将要迭代的元素的范围。

2．<c:forTokens>标签

<c:forTokens>标签用于按指定的分隔符对字符串进行迭代，其语法格式如下。

```
<c:forTokens items="sourceStr" delims="delimiters" [var="varName"]
[varStatus="varStatusName"] [begin="begin"] [end="end"] [step="step"]>
标签体内容
</c:forTokens>
```

其中，items 属性指定将要迭代的字符串，delims 属性指定一个或多个分隔符，var 属性指定将当前迭代到的子字符串保存到域对象中的属性名称，varStatus 属性指定当前迭代状态信息的对象保存到域对象中的名称，begin 属性指定迭代的起始索引，end 属性指定迭代的结束索引，step 属性指定迭代的步长。

接下来将通过一个实例来演示<c:forTokens>标签的使用方法，具体步骤如下。

（1）在 WebContent 目录的 jsp 目录下新建 test10.jsp，具体代码如例 11.12 所示。

【例 11.12】　test10.jsp

```
1   <%@ page language="java" contentType="text/html; charset=UTF-8"
```

```
2       pageEncoding="UTF-8"%>
3   <%@taglib prefix="c" uri="http://java.sun.com/jsp/jstl/core"%>
4   <!DOCTYPE html PUBLIC "-//W3C//DTD HTML 4.01 Transitional//EN"
5       "http://www.w3.org/TR/html4/loose.dtd">
6   <html>
7   <head>
8   <meta http-equiv="Content-Type" content="text/html; charset=UTF-8">
9   <title>test10</title>
10  </head>
11  <body>
12      <c:forTokens var="str" items="a|b|c|d,e" delims="|,">
13          ${str} <br>
14      </c:forTokens>
15  </body>
16  </html>
```

（2）打开浏览器，访问 http://localhost:8080/chapter11/jsp/test10.jsp，浏览器显示的页面如图 11.13 所示。

图 11.13　访问 **test10.jsp** 的页面

从图 11.13 可以看出，test10.jsp 页面成功显示了分割后的字符串。经过分析发现，<c:forTokens>标签按照分隔符"|"和","将字符串"a|b|c|d,e"分隔为 a、b、c、d、e。

11.2.4　URL 相关标签

在实际开发中，有时需要在 JSP 页面中完成 URL 的重写以及重定向等特殊功能，为实现这些功能，JSTL 提供了一些与 URL 操作相关的标签，包括<c:url>、<c:param>、<c:redirect>和<c:import>标签。

1. <c:url>标签、<c:param>标签

<c:url>标签用于在 JSP 页面中构造一个新的 URL 地址，并实现 URL 重写；<c:param>标签一般嵌套在<c:url>标签内，用于设置提交的参数。<c:url>和<c:param>标签的语法格式如下。

```
<c:url value="value" [context="context"]  [var="varName"]
```

```
    [scope="{page|request|session|application}"]>
      <c:param name="name" value="value"></c:param>
</c:url>
```

其中，在<c:url>标签中，value 属性指定要构造的 URL，context 属性指定导入同一服务器下其他 Web 应用的名称，var 属性指定构造出的 URL 地址保存到域对象中的属性名称，scope 属性指定构造出的 URL 保存的域对象。在<c:param>标签中，name 属性指定将要提交的参数名称，value 属性指定将要提交的参数的值。这里需要注意的是，除了使用<c:param>标签提交参数外，也可以通过<c:url>标签的 value 属性，将参数附加到要构造的 URL 中。

接下来将通过一个实例来演示以上两个标签的使用方法，具体步骤如下。

（1）在 WebContent 目录的 jsp 目录下新建 test11.jsp，具体代码如例 11.13 所示。

【例 11.13】 test11.jsp

```
1  <%@ page language="java" contentType="text/html; charset=UTF-8"
2      pageEncoding="UTF-8"%>
3  <%@taglib prefix="c" uri="http://java.sun.com/jsp/jstl/core"%>
4  <!DOCTYPE html PUBLIC "-//W3C//DTD HTML 4.01 Transitional//EN"
5      "http://www.w3.org/TR/html4/loose.dtd">
6  <html>
7  <head>
8  <meta http-equiv="Content-Type" content="text/html; charset=UTF-8">
9  <title>test11</title>
10 </head>
11 <body>
12     <%--直接在 URL 后追加参数 --%>
13     <c:url var="myURL01" value="/jsp/test12.jsp?username=xiaoqian">
14     </c:url>
15     <a href="${myURL01}">myURL01.jsp</a>
16     <br>
17     <%--使用<c:param>标签提交参数 --%>
18     <c:url var="myURL02" value="/jsp/test12.jsp" >
19         <c:param name="username" value="xiaofeng"></c:param>
20     </c:url>
21     <a href="${myURL02}">myURL02.jsp</a>
22 </body>
23 </html>
```

在以上代码中，第一个<c:url>标签在 value 值指定的 URL 后追加参数，第二个<c:url>标签采用嵌套<c:param>标签的方式传递参数。

（2）在 WebContent 目录的 jsp 目录下新建 test12.jsp，具体代码如例 11.14 所示。

【例 11.14】 test12.jsp

```
1  <%@ page language="java" contentType="text/html; charset=UTF-8"
```

```
2        pageEncoding="UTF-8"%>
3  <!DOCTYPE html PUBLIC "-//W3C//DTD HTML 4.01 Transitional//EN"
4       "http://www.w3.org/TR/html4/loose.dtd">
5  <html>
6  <head>
7  <meta http-equiv="Content-Type" content="text/html; charset=UTF-8">
8  <title>test12</title>
9  </head>
10 <body>
11     <%--获取请求参数 username 的值 --%>
12     username: ${param.username}
13 </body>
14 </html>
```

(3)打开浏览器,访问 http://localhost:8080/chapter11/jsp/test11.jsp,浏览器显示的页面如图 11.14 所示。

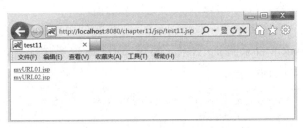

图 11.14 访问 test11.jsp 的页面

从图 11.14 可以看出,test11.jsp 页面成功显示了使用<c:url>标签构造出的 URL 的超链接。

(4)单击 myURL01.jsp 超链接,浏览器显示的页面如图 11.15 所示。

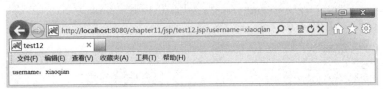

图 11.15 单击 myURL01.jsp 显示的页面

从图 11.15 可以看出,浏览器成功跳转至 test12.jsp 并显示出传递的参数值,这说明使用<c:url>标签构造的 URL 有效。

(5)单击浏览器的"后退"按钮,返回到如图 11.14 所示的 test11.jsp 页面,在 test11.jsp 页面中单击 myURL02.jsp 超链接,浏览器显示的页面如图 11.16 所示。

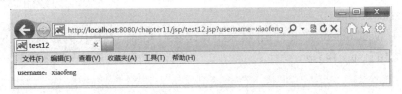

图 11.16 单击 myURL02.jsp 显示的页面

从图 11.16 可以看出,浏览器成功跳转至 test12.jsp 并显示出传递的参数的值,这说明使用<c:url>标签构造的 URL 有效,并且使用<c:param>标签指定的参数能够被成功提交。

2. <c:redirect>标签

<c:redirect>标签用于将请求重定向到其他 Web 资源,功能上等同于 response 对象的 sendRedirect()方法,其语法格式如下。

```
<c:redirect url="value" [context="context"]>
    <c:param name="name" value="value"></c:param>
</c:redirect>
```

其中,在<c:redirect>标签中,url 属性指定重定向的目标资源的 URL 地址,context 属性指定重定向到同一个服务器中其他 Web 应用的名称。在<c:param>标签中,name 属性指定将要提交的参数名称,value 属性指定参数的值。

接下来将通过一个实例来演示<c: redirect >标签的使用方法,具体步骤如下。

(1)在 WebContent 目录的 jsp 目录下新建 test13.jsp,具体代码如例 11.15 所示。

【例 11.15】 test13.jsp

```
1  <%@ page language="java" contentType="text/html; charset=UTF-8"
2      pageEncoding="UTF-8"%>
3  <%@taglib prefix="c" uri="http://java.sun.com/jsp/jstl/core"%>
4  <!DOCTYPE html PUBLIC "-//W3C//DTD HTML 4.01 Transitional//EN"
5      "http://www.w3.org/TR/html4/loose.dtd">
6  <html>
7  <head>
8  <meta http-equiv="Content-Type" content="text/html; charset=UTF-8">
9  <title>test13</title>
10 </head>
11 <body>
12     <%--将请求重定向到 test14.jsp --%>
13     <c:redirect url="test14.jsp">
14         <c:param name="username" value="xiaoqian"></c:param>
15     </c:redirect>
16 </body>
17 </html>
```

在以上代码中,<c: redirect >标签将请求重定向到 test14.jsp,并传递<c:param>标签设置的参数 username。

(2)在 WebContent 目录的 jsp 目录下新建 test14.jsp,具体代码如例 11.16 所示。

【例 11.16】 test14.jsp

```
1  <%@ page language="java" contentType="text/html; charset=UTF-8"
2      pageEncoding="UTF-8"%>
```

```
 3  <!DOCTYPE html PUBLIC "-//W3C//DTD HTML 4.01 Transitional//EN"
 4      "http://www.w3.org/TR/html4/loose.dtd">
 5  <html>
 6  <head>
 7  <meta http-equiv="Content-Type" content="text/html; charset=UTF-8">
 8  <title>test14</title>
 9  </head>
10  <body>
11      ${param.username}
12  </body>
13  </html>
```

（3）打开浏览器，访问 http://localhost:8080/chapter11/jsp/test13.jsp，浏览器显示的页面如图 11.17 所示。

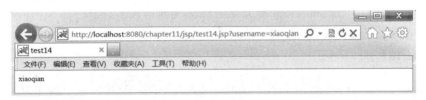

图 11.17　访问 test13.jsp 的页面

从图 11.17 可以看出，浏览器的地址栏发生变化，页面跳转到 test14.jsp 并显示出参数 username 的值，这说明使用<c: redirect >标签可以实现 JSP 页面的重定向。

3．<c:import>标签

<c:import>标签用于在 JSP 页面中导入一个 URL 地址指向的 Web 资源，功能上类似于<jsp:include>动作指令，其语法格式如下。

```
<c:import url="value" [var="varName"] [context="context"]
[scope="{page|request|session|application}"]
[charEncoding="charEncoding"] >
</c:import>
```

其中，url 属性指定要导入资源的 URL 地址，var 属性指定导入资源保存在域对象中的属性名称，scope 属性指定导入资源保存的域对象，context 属性指定导入资源所属的同一个服务器中的 Web 应用的名称，charEncoding 属性指定导入的资源内容转化成字符串时所使用的字符集编码。

接下来将通过一个实例中演示<c:import>标签的使用方法，具体步骤如下。

（1）在 WebContent 目录的 jsp 目录下新建 test15.jsp，具体代码如例 11.17 所示。

【例 11.17】　test15.jsp

```
1  <%@ page language="java" contentType="text/html; charset=UTF-8"
2      pageEncoding="UTF-8"%>
```

```
3    <%@taglib prefix="c" uri="http://java.sun.com/jsp/jstl/core"%>
4    <!DOCTYPE html PUBLIC "-//W3C//DTD HTML 4.01 Transitional//EN"
5      "http://www.w3.org/TR/html4/loose.dtd">
6    <html>
7    <head>
8    <meta http-equiv="Content-Type" content="text/html; charset=UTF-8">
9    <title>test15</title>
10   </head>
11   <body>
12       <c:import url="test16.jsp"> </c:import>
13   </body>
14   </html>
```

在以上代码中，<c: import>标签为 test15.jsp 文件引入了 test16.jsp 中的内容。

（2）在 WebContent 目录的 jsp 目录下新建 test16.jsp，具体代码如例 11.18 所示。

【例 11.18】 test16.jsp

```
1    <%@ page language="java" contentType="text/html; charset=UTF-8"
2        pageEncoding="UTF-8"%>
3    <!DOCTYPE html PUBLIC "-//W3C//DTD HTML 4.01 Transitional//EN"
4      "http://www.w3.org/TR/html4/loose.dtd">
5    <html>
6    <head>
7    <meta http-equiv="Content-Type" content="text/html; charset=UTF-8">
8    <title>test16</title>
9    </head>
10   <body>
11     ${"Hello JSTL"}
12   </body>
13   </html>
```

（3）打开浏览器，访问 http://localhost:8080/chapter11/jsp/test15.jsp，浏览器显示的页面如图 11.18 所示。

图 11.18 访问 test15.jsp 的页面

从图 11.18 可以看出，当访问 test15.jsp 时，它所引入的 test16.jsp 的内容也被显示在浏览器中。

11.3 I18N 标签库

为了使 JSP 能够支持多种国家（或地区）和语言，并向不同的用户提供符合他们阅读习惯的页面和数据，JSTL 提供了 I18N 标签库。I18N 是英文单词 internationalization（国际化）的简写，该单词的首末字符分别为 I 和 N，中间有 18 个字符，故其被简称为 I18N。I18N 标签库主要提供实现国际化和格式化功能的标签，在 JSP 页面中使用 I18N 标签库，首先要使用 taglib 指令导入标签库，具体语法格式如下。

```
<%@taglib prefix="fmt" uri="http://java.sun.com/jsp/jstl/fmt"%>
```

其中，prefix 属性指定 I18N 标签库的前缀，通常设置值为 fmt，uri 属性指定 I18N 标签库的 URI。

11.3.1 国际化标签

I18N 标签库中的国际化标签主要包括<fmt:setLocale>、<fmt:setBundle>、<fmt:bundle>、<fmt:message>和<fmt:param>等。在实际开发中，需要被国际化的信息会从 JSP 文件中分离出来，放在独立的资源文件（.properties 文件）中，JSP 文件通过国际化标签完成对国际化信息的设置、读取和输出。

1．<fmt:setLocale>标签

<fmt:setLocale>标签用于在 JSP 页面中设置用户的本地化语言环境，环境设置完成后，国际化标签库的其他标签将使用本地化信息。<fmt:setLocale>标签的语法格式如下。

```
<fmt:setLocale value="value" [variant="variant"]
[scope="{page|request|session|application}"]/>
```

其中，value 属性指定用户的本地化信息，主要是语言或国家（或地区）信息，其值可以是字符串或 java.util.Locale 类的对象；variant 属性指定创建 Locale 对象的变量部分；scope 属性指定 Locale 对象保存的域对象。

2．<fmt:setBundle>标签

<fmt:setBundle>标签用于根据<fmt:setLocale>标签设置的本地化信息创建一个资源包（ResourceBundle）对象，其语法格式如下。

```
<fmt:setBundle basename="basename" [var="varName"]
[scope="{page|request|session|application}"]/>
```

其中，basename 属性指定 ResourceBundle 对象的基名，var 属性指定构造出的 ResourceBundle 对象保存到域对象中的属性名称，scope 属性指定 ResourceBundle 对象保存的域对象。

3．<fmt:bundle>标签

<fmt:bundle>标签与<fmt:setBundle>标签的功能类似，但它创建的资源包对象只对其标签体有效，其语法格式如下。

```
<fmt:bundle basename="basename" [prefix="prefix"]
    标签体
</fmt:bundle>
```

其中，basename 属性指定 ResourceBundle 对象的基名，prefix 属性指定嵌套在<fmt:bundle>标签内的<fmt:message>标签的 key 属性值的前缀。

4．<fmt:message>标签

<fmt:message>标签用于从资源包中读取信息并进行格式化输出，其语法格式如下。

```
<fmt:message key="messageKey" bundle="resourceBundle" var="varName"
[scope="{page|request|session|application}"]>
</fmt:message>
```

其中，key 属性指定资源文件（.properties 文件）中的键，bundle 属性指定使用的资源包，var 属性指定将显示信息保存到域对象中的属性名称，scope 属性指定显示信息保存的域对象。

5．<fmt:param>标签

<fmt:param>标签用于为资源文件中的占位符设置参数值，它只能嵌套在<fmt:message>标签内使用，仅有一个属性，其语法格式如下。

```
<fmt:param value="value"></fmt:param>
```

其中，value 属性指定替换资源文件（.properties 文件）中占位符的参数值。

接下来将通过一个实例来演示国际化标签的使用方法，具体步骤如下。

（1）在工程 chapter11 的 src 目录下新建 msgResource.properties 文件，该文件为默认的资源文件，具体内容如下。

```
title=the I18N of JSP
heading=Hello, {0}
message=Nice to meet you
```

其中，"{0}"是占位符，JSP 页面可以通过<fmt:param>标签传递参数来替代它。

（2）在工程 chapter11 的 src 目录下新建 msgResource_zh_CN.properties 文件，该文件为简体中文环境下的资源文件，具体内容如下。

```
title=the I18N of JSP
heading=你好, {0}
message=很高兴见到你
```

这里需要注意的是，由于 Properties 文件采用 ASCII 字符保存内容，因此中文字符只有转换成相应的 Unicode 码后才能被正确识别。为了解决这个问题，Eclipse 采用自带的 Properties File Editor 插件对中文字符进行转换，转换后的文件内容如下。

```
title=the I18N of JSP
heading=\u4F60\u597D, {0}
message=\u5F88\u9AD8\u5174\u89C1\u5230\u4F60
```

（3）在 WebContent 目录的 jsp 目录下新建 test17.jsp，具体代码如例 11.19 所示。

【例 11.19】 test17.jsp

```
1  <%@ page language="java" contentType="text/html; charset=UTF-8"
2    pageEncoding="UTF-8"%>
3  <%@ taglib prefix="fmt" uri="http://java.sun.com/jsp/jstl/fmt"%>
4  <!DOCTYPE html PUBLIC "-//W3C//DTD HTML 4.01 Transitional//EN"
5    "http://www.w3.org/TR/html4/loose.dtd">
6  <html>
7  <head>
8  <meta http-equiv="Content-Type" content="text/html; charset=UTF-8">
9  <title>test17</title>
10 </head>
11 <body>
12     <fmt:setLocale value="zh_CN"/>
13     <fmt:bundle basename="msgResource">
14         <fmt:message key="heading">
15             <fmt:param value="I18N"></fmt:param>
16         </fmt:message>  <br>
17         <fmt:message key="message">
18         </fmt:message>
19     </fmt:bundle>
20 </body>
21 </html>
```

（4）打开浏览器，访问 http://localhost:8080/chapter11/jsp/test17.jsp，浏览器显示的页面如图 11.19 所示。

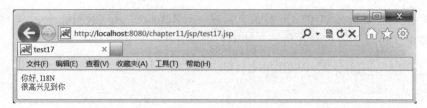

图 11.19　访问 test17.jsp 的页面

从图 11.19 可以看出，test17.jsp 页面显示了 msgResource_zh_CN.properties 文件中的内容。

（5）修改 test17.jsp，将第 12 行<fmt:setLocale>标签中的 value 的值改为 en，这时 JSP 的本地化信息被调整为英文状态，具体代码如下。

```
<fmt:setLocale value="en"/>
```

（6）刷新浏览器，重新访问 test17.jsp，浏览器显示的页面如图 11.20 所示。

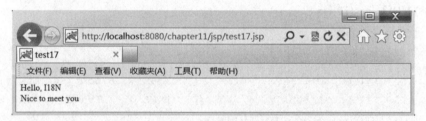

图 11.20　修改代码后访问 test17.jsp 的页面

从图 11.20 可以看出，test17.jsp 页面显示了 msgResource.properties 文件中的内容。

11.3.2　格式化标签

I18N 标签库中的格式化标签主要包括<fmt:formatDate>、<fmt:formatNumber>等。

1．<fmt:formatDate>标签

<fmt:formatDate>标签用于对日期和时间按本地化信息或用户自定义的格式进行格式化，其语法格式如下。

```
<fmt:formatDate value="date"
    [type="{time|date|both}"]
    [dateStyle="{default|short|medium|long|full}"]
    [timeStyle="{default|short|medium|long|full}"]
    [pattern="customPattern"]
    [timeZone="timeZone"]
    [var="varName"]
```

```
                [scope="{page|request|session|application}"]/>
```

其中，value 属性指定要格式化的日期或时间；type 属性指定要输出日期部分还是时间部分，或者两者都输出；dateStyle 属性指定日期部分的输出格式；timeStyle 属性指定时间部分的输出格式；pattern 属性指定一个自定义的日期或时间的输出格式；timeZone 属性指定当前采用的时区；var 属性指定格式化结果保存到域对象中的属性名称；scope 属性指定格式化结果保存的域对象。

dateStyle 属性对应的值是 default、short、medium、long、full，它们代表日期的五种输出格式，具体如表 11.2 所示。

表 11.2　日期的输出格式

格　式	说　明	示　例
default	表示默认的输出格式，它的值为 medium	2018-1-7
short	完全是数字，年份的值只有后两位	18-1-7
medium	完全是数字，年份的值是完整的	2018-1-7
long	加入汉语字符	2018 年 1 月 7 日
full	日期的完整格式	2018 年 1 月 7 日 星期日

和 dateStyle 属性类似，timeStyle 属性对应的时间的五种输出格式如表 11.3 所示。

表 11.3　时间的输出格式

格　式	说　明	示　例
default	表示默认的输出格式，它的值为 medium	14:38:23
short	相对较短的输出格式	下午 2:38
medium	完全是数字	14:38:23
long	加入汉语字符	下午 02 时 38 分 23 秒
full	时间的完整格式	下午 02 时 38 分 23 秒 CST

接下来将通过一个实例来演示<fmt:formatDate>标签的使用方法，具体步骤如下。

（1）在 WebContent 目录的 jsp 目录下新建 test18.jsp，具体代码如例 11.20 所示。

【例 11.20】　test18.jsp

```
1   <%@ page language="java" contentType="text/html; charset=UTF-8"
2       pageEncoding="UTF-8"%>
3   <%@page import="java.util.Date" %>
4   <%@ taglib prefix="fmt" uri="http://java.sun.com/jsp/jstl/fmt"%>
5   <!DOCTYPE html PUBLIC "-//W3C//DTD HTML 4.01 Transitional//EN"
6       "http://www.w3.org/TR/html4/loose.dtd">
7   <html>
8   <head>
9   <meta http-equiv="Content-Type" content="text/html; charset=UTF-8">
10  <title>test18</title>
11  </head>
```

```
12    <body>
13        <%--在session对象中存入date属性 --%>
14        <% session.setAttribute("date", new Date()); %>
15        <fmt:formatDate value="${date}"/> <br>
16        <fmt:formatDate value="${date}" pattern="yyyy-MM-dd HH:mm:ss"/><br>
17        <fmt:formatDate value="${date}" type="both" dateStyle="full"
18           timeStyle="medium"/> <br>
19    </body>
20 </html>
```

(2)打开浏览器，访问http://localhost:8080/chapter11/jsp/test18.jsp，浏览器显示的页面如图11.21所示。

图 11.21 访问 test18.jsp 的页面

从图 11.21 可以看出，test18.jsp 页面根据<fmt:formatDate>标签设置的格式显示出对应的日期和时间。

2．<fmt:formatNumber>标签

<fmt:formatNumber>标签用于将数值、货币或百分数按本地化信息或用户自定义的格式进行格式化，其语法格式如下。

```
<fmt:formatNumber value="numericValue"
    [type="{number|currency|percent}"]
    [pattern="customPattern"]
    [currencyCode="currencyCode"]
    [currencySymbol="currencySymbol"]
    [groupingUsed="{true|false}"]
    [var="varName"]
    [scope="{page|request|session|application}"]/>
```

其中，value 属性指定要格式化的数字；type 属性指定值的类型，包括数字、货币和百分比；pattern 属性指定一个自定义的数字的输出格式；currencyCode 指定货币编码；currencySymbol 指定货币符号；groupingUsed 指定格式化后的结果是否使用间隔符；var 属性指定格式化结果保存到域对象中的属性名称；scope 属性指定格式化结果保存的域对象。

接下来将通过一个实例来演示<fmt:formatNumber>标签的使用方法，具体步骤如下。

（1）在 WebContent 目录的 jsp 目录下新建 test19.jsp，具体代码如例 11.21 所示。

【例 11.21】 test19.jsp

```
1   <%@ page language="java" contentType="text/html; charset=UTF-8"
2       pageEncoding="UTF-8"%>
3   <%@ taglib prefix="fmt" uri="http://java.sun.com/jsp/jstl/fmt"%>
4   <!DOCTYPE html PUBLIC "-//W3C//DTD HTML 4.01 Transitional//EN"
5       "http://www.w3.org/TR/html4/loose.dtd">
6   <html>
7   <head>
8   <meta http-equiv="Content-Type" content="text/html; charset=UTF-8">
9   <title>test19</title>
10  </head>
11  <body>
12      <fmt:formatNumber value="12345.6" pattern="#,#00.0#"/> <br>
13      <fmt:formatNumber value="12345.678" pattern="#,#00.0#"/> <br>
14      <fmt:formatNumber value="12345.678" pattern="#,#00.00#"/> <br>
15      <fmt:formatNumber value="12345.6" type="currency"/> <br>
16      <fmt:formatNumber value="0.12" type="percent"/> <br>
17  </body>
18  </html>
```

（2）打开浏览器，访问 http://localhost:8080/chapter11/jsp/test19.jsp，浏览器显示的页面如图 11.22 所示。

图 11.22 访问 **test19.jsp** 的页面

从图 11.22 可以看出，test19.jsp 页面根据<fmt:formatNumber>标签设置的格式显示出对应的数字。

11.4 Functions 标签库

Functions 标签库又称函数标签库，它提供了很多对字符串进行操作的函数，具体如表 11.4 所示。

表 11.4　Functions 标签库提供的函数

函数名称	说明
contains(String string, String substring)	判断字符串 string 是否包含字符串 substring
containsIgnoreCase(String string, String substring)	判断字符串 string 是否包含字符串 substring，忽略大小写
endsWith(String string, String suffix)	判断字符串 string 是否以字符串 suffix 结尾
escapeXml(String string)	将字符串 string 中的 XML 特殊字符转换为转义字符
indexOf(String string, String substring)	返回字符串 substring 在字符串 string 中第一次出现的位置
join(String[] array, String separator)	将数组 array 中的每个字符串用间隔符 separator 连成一个新的字符串并返回
length(Object item)	返回参数 item 中包含元素的数量，参数 item 的类型可以是数组、集合或字符串
replace(String string, String before, String after)	用字符串 after 替换字符串 string 中的所有字符串 before，并返回替换后的结果
split(String string, String separator)	以字符串 separator 为分割符分割字符串 string，将分割后的每个部分存入数组中并返回
startsWith(String string, String prefix)	判断字符串 string 是否以字符串 prefix 开头
substring(String string, int begin, int end)	返回字符串 string 从索引值 begin 开始（包括 begin）到索引值 end 结束（不包括 end）的部分
substringAfter(String string, String substring)	返回字符串 substring 在字符串 string 中后面的内容
substringBefore(String string, String substring)	返回字符串 substring 在字符串 string 中前面的内容
toLowerCase(String string)	将字符串 string 的所有字符变为小写并返回
toUpperCase(String string)	将字符串 string 的所有字符变为大写并返回
trim(String string)	去除字符串 string 首尾的空格并返回

表 11.4 列举了 Functions 标签库提供的函数，这些函数通常和 EL 表达式结合使用，具体语法格式如下。

```
${fn:函数名(参数列表)}
```

在 JSP 页面中使用 Functions 标签库，首先要使用 taglib 指令导入标签库，具体语法格式如下。

```
<%@taglib prefix="fn" uri="http://java.sun.com/jsp/jstl/functions"%>
```

其中，prefix 属性指定 Functions 标签库的前缀，通常设置值为 fn；uri 属性指定 Functions 标签库的 URI。

接下来以函数 substring() 为例来演示 Functions 标签库中函数的使用方法，具体步骤如下。

（1）在 WebContent 目录的 jsp 目录下新建 test20.jsp，具体代码如例 11.22 所示。

【例 11.22】　test20.jsp

```
1    <%@ page language="java" contentType="text/html; charset=UTF-8"
2        pageEncoding="UTF-8"%>
```

```
3    <%@taglib prefix="fn" uri="http://java.sun.com/jsp/jstl/functions"%>
4    <!DOCTYPE html PUBLIC "-//W3C//DTD HTML 4.01 Transitional//EN"
5        "http://www.w3.org/TR/html4/loose.dtd">
6    <html>
7    <head>
8    <meta http-equiv="Content-Type" content="text/html; charset=UTF-8">
9    <title>test20</title>
10   </head>
11   <body>
12       fn:substring("www.qfedu.com",4,9)的执行结果:
13       ${fn:substring("www.qfedu.com",4,9)}
14   </body>
15   </html>
```

（2）打开浏览器，访问 http://localhost:8080/chapter11/jsp/test20.jsp，浏览器显示的页面如图 11.23 所示。

图 11.23　访问 **test20.jsp** 的页面

从图 11.23 可以看出，test20.jsp 页面显示出函数 substring() 的执行结果。由于 Functions 标签库提供的函数和 java.lang.String 类的 API 是相互对应的，因此大家理解起来相对容易，这里就不再逐一演示其余各个函数的功能。

11.5　本章小结

本章首先讲解了 JSTL 标签库的基本知识，包括 JSTL 的概念、JSTL 相关 jar 包的下载安装等，接着对 JSTL 的 Core 标签库、I18N 标签库、Functions 标签库展开详细的讲解。通过对本章知识的学习，大家要理解 JSTL 标签库的概念及体系，掌握各种标签及函数的用法，能够熟练使用 Core 标签库实现 JSP 页面的常用功能。

11.6　习　题

1. 填空题

（1）JSTL 共提供了＿＿＿＿＿种标签库。

(2)提供通用操作标签的标签库是_____。
(3)提供函数标签的标签库是_____。
(4)提供国际化标签的标签库是_____。
(5)用于将请求重定向到其他 Web 资源的标签是_____。

2. 选择题

(1)关于 JSTL 标签库，下列说法错误的是（   ）。
　　A．JSTL 简化了 JSP 和 Web 应用程序的开发
　　B．JSTL 以一种统一的方式减少了 JSP 中的脚本代码数量
　　C．JSTL 为条件判断、迭代、国际化、数据库访问等提供支持
　　D．JSTL 是 JSP 2.0 的重要特性，编写 JSP 页面时不需要引入标签库

(2)下列 JSTL 标签中，不属于条件标签的是（   ）。
　　A．<c:if>　　　　　　　　B．<c:choose>
　　C．<c:when>　　　　　　D．<c:set>

(3)下列关于<c:out>标签的说法，错误的是（   ）。
　　A．<c:out>标签用于输出数据
　　B．<c:out>标签能够实现类似于 JSP 表达式的功能
　　C．<c:out>标签的 value 属性指定要输出的数据
　　D．<c:out>标签的 value 属性不能是 EL 表达式

(4)下列 JSTL 标签中，不属于 URL 相关标签的是（   ）。
　　A．<c:url>　　　　　　　B．< c:set >
　　C．<c:redirect>　　　　　D．<c:import>

(5)下列代码中，可以取得 String 类型的变量 str 的字符数的是（   ）。
　　A．${fn:length(str)}　　　　B．${ fn:size(str)}
　　C．< fn:length(str)>　　　　D．< fn:size(str)>

3. 思考题

简述 JSTL 标签库的功能及体系。

4. 编程题

编写 JSP 页面，实现以下功能。
(1)编写 exercise_01.jsp，在 JSP 页面中使用 JSTL 将字符串 abcde 反向输出，即输出 edcba。
(2)编写 exercise_02.jsp，在 JSP 页面中使用 JSTL 输出 1～20 的偶数。

第 12 章

Filter 详解

本章学习目标
- 理解 Filter 的概念。
- 理解 Filter 的工作原理。
- 掌握 Filter 的创建及配置。
- 掌握 Filter 常用 API 的使用。

当用户访问 Web 应用中的不同 Web 资源时，这些 Web 资源可能会执行一些相同的操作。例如，有的网站需要在登录后才能浏览，当用户访问该站点时，被访问的资源首先要检查用户是否已登录，如果在每个被访问的资源中都写入验证登录的代码，势必会造成代码冗余。为解决这个问题，Java EE 中引入了 Filter 技术。接下来，本章将对 Filter 涉及的相关知识进行详细的讲解。

12.1 Filter 概述

12.1.1 Filter 简介

Filter 被称作过滤器，当用户访问 Web 资源时，它能够对服务器调用 Web 资源的过程进行拦截，从而实现一些特定的功能，如设置字符编码、过滤敏感词等。

一个 Filter 就是一个运行在服务器中的特殊 Java 类，当用户的请求到达目标 Web 资源之前，Filter 可以检查 ServletRequest 对象，修改请求头和请求正文的内容，或者对请求进行预处理。执行结果响应到客户端之前，Filter 可以检查 ServletResponse 对象，修改响应头和响应正文。Filter 的拦截过程如图 12.1 所示。

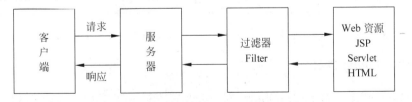

图 12.1 Filter 的拦截过程

图 12.1 展示了 Filter 的拦截过程，具体来讲，Filter 的拦截过程可进一步细分为如下

几个步骤。

（1）当客户端发送请求时，服务器判断请求的资源是否匹配有相应的过滤器，如果有，服务器将请求交给过滤器处理。

（2）过滤器可以修改请求信息或对请求进行预处理，然后将请求直接返回或转发给目标资源。

（3）如果请求被转发给目标资源，则由目标资源对请求进行处理后做出响应。

（4）响应被转发给过滤器。

（5）过滤器可根据业务需要对响应的内容进行修改。

（6）服务器将响应内容发送给客户端。

在 Web 开发中，不同的 Web 资源中的相同操作可以放到同一个 Filter 中来完成，当这些 Web 资源被访问时，对应的 Filter 会帮助它们实现重复的功能。这样一来，相关 Web 资源中的重复代码减少，程序的性能提高。

12.1.2 Filter 相关 API

1. Filter 接口

Filter 接口位于 javax.servlet 包中，它定义了服务器与 Filter 程序交互时遵循的协议。所有 Filter 类必须先实现 Filter 接口，然后才能被服务器识别，进而实现过滤器的功能。

Filter 接口共提供了三种方法，具体如表 12.1 所示。

表 12.1 Filter 接口的常用方法

方 法	说 明
void init(FilterConfig config)	Filter 的初始化方法。服务器创建好 Filter 对象之后，会调用该方法来初始化 Filter 对象。init()方法中有一个类型为 FilterConfig 的参数，服务器通过这个参数向 Filter 传递配置信息
void doFilter(ServletRequest req, ServletResponse res, FilterChain chain)	Filter 的功能实现方法。当用户请求经过时，服务器调用该方法对请求和响应进行处理。该方法由服务器传入三个参数对象，分别是 ServletRequest 对象、ServletResponse 对象和 FilterChain 对象。其中，ServletRequest 对象和 ServletResponse 对象分别封装了请求信息和响应信息，FilterChain 对象用于将请求交给下一个 Filter 或目标资源
void destroy()	Filter 的销毁方法。该方法在 Filter 生命周期结束前由服务器调用，可以释放打开的资源

在实际开发中，一般通过实现 Filter 接口的形式编写 Filter 程序。

2. FilterConfig 接口

FilterConfig 接口用于封装 Filter 程序的配置信息，在 Filter 初始化时，服务器将 FilterConfig 对象作为参数传给 Filter 对象的初始化方法。

FilterConfig 接口共提供了四种方法，具体如表 12.2 所示。

表 12.2　FilterConfig 接口的常用方法

方　　法	说　　明
String getFilterName()	返回配置信息指定的 Filter 的名称
String getInitParameter(String name)	返回配置信息中指定名称的初始化的值
Enumeration getInitParameterNames();	返回配置信息中所有初始化参数的名称的集合
ServletContext getServletContext();	返回 FilterConfig 对象中所包装的 ServletContext 对象

3．FilterChain 接口

FilterChain 接口主要用于调用过滤器链中的下一个过滤器，如果当前过滤器是过滤器链中的最后一个，那么就直接调用目标资源。

FilterChain 接口只有一种方法，具体如下。

```
void doFilter(ServletRequest req,ServletRespons res)
```

在实际应用中，FilterChain 对象被作为参数传给 Filter 对象的 doFilter()方法，如有需要，直接在 doFilter()方法体中调用即可。

12.1.3　Filter 的生命周期

Filter 的生命周期，是指一个 Filter 对象从创建到执行拦截再到销毁的过程。与 Servlet 类似，Filter 也是通过其接口中定义的方法来实现这一过程。

1．初始化阶段

Filter 的初始化阶段分为如下两个步骤。

1）创建 Filter 对象

服务器在启动时，会根据 web.xml 中声明的 Filter 顺序依次生成 Filter 对象。

2）执行 init()方法

创建 Filter 对象之后，服务器将调用 init()方法对 Filter 对象进行初始化。在这个过程中，Filter 对象使用服务器为其提供的 FilterConfig 对象，从 web.xml 文件中获取初始化的参数。在 Filter 的整个生命周期内，init()方法只被执行一次。

2．执行 doFilter()方法

当客户端请求目标资源时，服务器会筛选出符合映射条件的 Filter，并根据 web.xml 中的配置顺序依次调用它们的 doFilter()方法。在调用多个拦截器的过程中，当前过滤器通过 FilterChain 对象的 doFilter()方法将请求传给下一个过滤器或其他资源。

3．销毁阶段

当 Web 应用终止时，服务器调用 destroy()方法来释放资源，然后销毁 Filter 对象。

12.2 Filter 开发

编写一个 Filter 程序主要分为两步，首先要创建一个 Filter 类，使其实现 javax.servlet.filter 接口，其次是将创建好的 Filter 类配置到 Web 应用中。由于 Eclipse 开发工具集成了创建 Filter 类的相关操作，因此，下面通过 Eclipse 来演示如何实现一个 Filter 程序。

12.2.1 Filter 的创建

使用 Eclipse 创建 Filter 相对简单，具体步骤如下。

（1）打开 Eclipse，新建 Web 工程 chapter12，右击工程名，在弹出的菜单中选择 New→Filter 命令，进入创建 Filter 的界面，如图 12.2 所示。

图 12.2　创建 Filter 的界面

（2）在创建 Filter 的界面中，Java package 文本框用于指定 Filter 所在的包名，这里输入 com.qfedu.filter。Class name 文本框用于指定 Filter 的类名，这里输入 TestFilter01。Superclass 文本框用于指定 Filter 的父类，这里暂不填写。单击 Next 按钮，进入配置 Filter 的界面，如图 12.3 所示。

（3）在配置 Filter 的界面中，Name 文本框用于指定 web.xml 文件<filter-name>元素的内容。Filter mappings 区域用于指定 web.xml 文件<url-pattern>元素的内容，这里采用默认的内容。单击 Next 按钮，进入下一个配置 Filter 的界面，如图 12.4 所示。

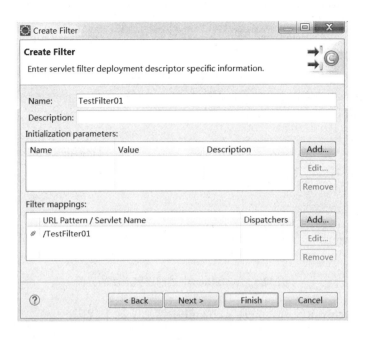

图 12.3 配置 Filter 的界面 1

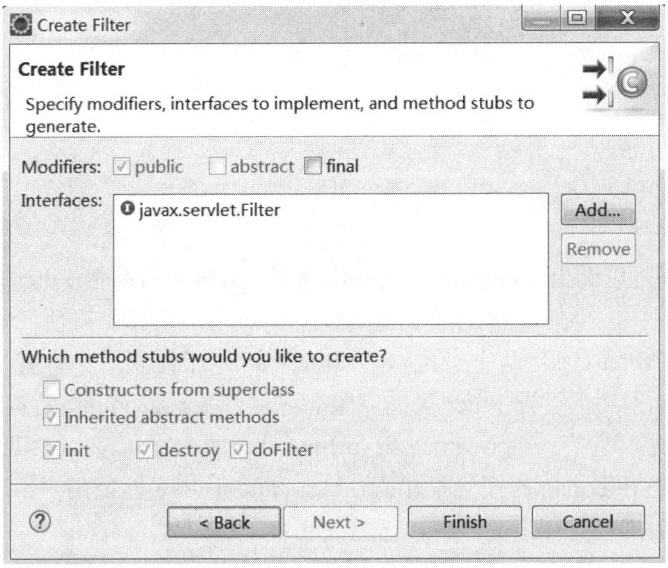

图 12.4 配置 Filter 的界面 2

（4）在该配置 Filter 的界面中，Interfaces 文本框用于指定 Filter 要实现的接口，这里采用默认的 javax.servlet.Filter。单击 Finish 按钮，完成 Filter 的创建。这时，Eclipse 会弹出 TestFilter01 类创建完成后的界面，如图 12.5 所示。

从图 12.5 可以看出，TestFilter01 类实现了 Filter 接口的 init()、doFilter()、desdestroy() 方法。通常情况下，Filter 的功能要通过 doFilter()方法实现。

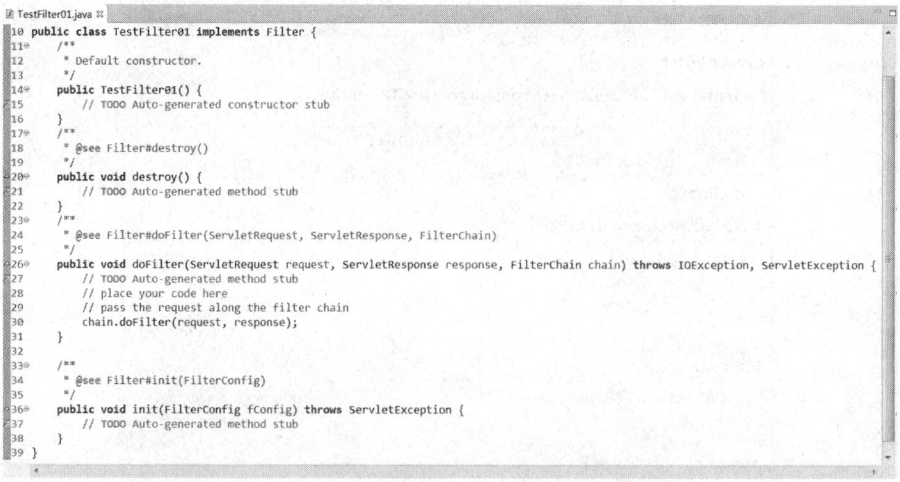

```
10 public class TestFilter01 implements Filter {
11     /**
12      * Default constructor.
13      */
14     public TestFilter01() {
15         // TODO Auto-generated constructor stub
16     }
17     /**
18      * @see Filter#destroy()
19      */
20     public void destroy() {
21         // TODO Auto-generated method stub
22     }
23     /**
24      * @see Filter#doFilter(ServletRequest, ServletResponse, FilterChain)
25      */
26     public void doFilter(ServletRequest request, ServletResponse response, FilterChain chain) throws IOException, ServletException {
27         // TODO Auto-generated method stub
28         // place your code here
29         // pass the request along the filter chain
30         chain.doFilter(request, response);
31     }
32     
33     /**
34      * @see Filter#init(FilterConfig)
35      */
36     public void init(FilterConfig fConfig) throws ServletException {
37         // TODO Auto-generated method stub
38     }
39 }
```

图 12.5　TestFilter01 类创建完成后的界面

（5）打开 web.xml 文件，发现 web.xml 中增加了如下代码。

```
<filter>
    <display-name>TestFilter01</display-name>
    <filter-name>TestFilter01</filter-name>
    <filter-class>com.qfedu.filter.TestFilter01</filter-class>
</filter>
<filter-mapping>
    <filter-name>TestFilter01</filter-name>
    <url-pattern>/TestFilter01</url-pattern>
</filter-mapping>
```

从以上代码可以看出，Eclipse 工具在创建 Filter 时会自动将 Filter 的配置信息添加到 web.xml 文件中。在这些配置信息中，<filter>元素用于声明一个 Filter，它有<filter-name>和<filter-class>两个子元素，<filter-name>子元素用于设置 Filter 的名称，<filter-class>子元素用于设置 Filter 类的完整名称；<filter-mapping>元素用于设置一个过滤器拦截的资源，它有<filter-name>和<url-pattern>两个子元素，<filter-name>必须与<filter>元素中的<filter-name>子元素相同，<url-pattern>用于匹配用户请求的 URL。关于 Filter 的配置，后文会有详细的讲解，这里先初步了解即可。

（6）修改 Filter 类 TestFilter01，在 doFilter()方法中加入功能代码，具体如例 12.1 所示。

【例 12.1】　TestFilter01.java

```
1    package com.qfedu.filter;
2    import java.io.*;
3    import javax.servlet.*;
4    public class TestFilter01 implements Filter {
5        public void destroy() {
```

```
 6      }
 7      public void doFilter(ServletRequest request, ServletResponse response,
 8          FilterChain chain) throws IOException, ServletException {
 9          PrintWriter out = response.getWriter();
10          out.println("Hello Filter");
11      }
12      public void init(FilterConfig arg0) throws ServletException {
13      }
14  }
```

在以上代码中，当客户端请求被 TestFilter01 拦截时，doFilter()方法中的功能代码将被调用。

（7）为了验证 TestFilter01 的功能，需要新建一个 Servlet 类作为拦截目标。在工程 chapter12 的 src 目录下新建 com.qfedu.servlet 包，在该包下创建 Servlet 类 Servlet01，具体代码如例 12.2 所示。

【例 12.2】 Servlet01.java

```
 1  package com.qfedu.servlet;
 2  import java.io.*;
 3  import javax.servlet.ServletException;
 4  import javax.servlet.http.*;
 5  public class Servlet01 extends HttpServlet {
 6      protected void doGet(HttpServletRequest request, HttpServletResponse
 7          response) throws ServletException, IOException {
 8          PrintWriter out = response.getWriter();
 9          out.print("This is Servlet01");
10      }
11      protected void doPost(HttpServletRequest request, HttpServletResponse
12          response) throws ServletException, IOException {
13          doGet(request, response);
14      }
15  }
```

12.2.2 Filter 的配置

Filter 创建完成后，若想让其拦截资源，还需进行配置。若使用 Eclipse 创建 Filter，Eclipse 会自动生成存储于 web.xml 文件中的配置信息，开发人员直接在 web.xml 文件中修改即可。

打开 web.xml 文件，可以看到 Filter 的配置信息。在这些配置信息中，<url-pattern> 元素用于映射用户请求的 URL。实际上，Filter 的<url-pattern>配置方法和 Servlet 的

<url-pattern>配置方法是类似的，都可以使用通配符"*"。除此之外，Filter 配置信息的 <filter-mapping>元素有一个子元素<dispatcher>，该元素用于指定被拦截资源的访问方式，有 REQUEST、INCLUDE、FORWARD、ERROR 四种，具体如下。

1. REQUEST

如果<dispatcher>的属性值被设置为 REQUEST，那么当用户直接访问被拦截的 Web 资源时，服务器将调用 Filter。如果被拦截的 Web 资源是通过 RequestDispatcher 的 include()方法或 forward()方法访问的，那么服务器不调用 Filter。

2. INCLUDE

如果<dispatcher>的属性值被设置为 INCLUDE，那么只有被拦截的 Web 资源是通过 RequestDispatcher 的 include()方法访问时，服务器才调用 Filter。否则，Filter 不会被调用。

3. FORWARD

如果<dispatcher>的属性值被设置为 FORWARD，那么只有被拦截的 Web 资源是通过 RequestDispatcher 的 forward()方法访问时，服务器才调用 Filter。否则，Filter 不会被调用。

4. ERROR

如果<dispatcher>的属性值被设置为 ERROR，那么只有被拦截的 Web 资源是通过异常处理机制调用时，服务器才调用 Filter。否则，Filter 不会被调用。

接下来以 12.2.1 节介绍的 TestFilter01 为例来演示 Filter 的配置。

（1）打开工程 chapter12 的 web.xml 文件，修改 TestFilter01 的配置信息，修改后的代码如下。

```xml
<filter-mapping>
    <filter-name>TestFilter01</filter-name>
    <url-pattern>/Servlet01</url-pattern>
</filter-mapping>
```

根据以上配置信息，所有访问 Servlet01 的请求都被过滤器 TestFilter01 拦截。当客户端访问 Servlet01 时，请求被发送到 TestFilter01 并调用它的 doFilter()方法。

（2）将工程 chapter12 添加到 Tomcat，启动 Tomcat，打开浏览器，访问 http://localhost:8080/ chapter12/Servlet01，浏览器显示的页面如图 12.6 所示。

图 12.6　访问 Servlet01 的页面 1

从图 12.6 可以看出，浏览器显示出 Hello Filter，这是 Web 应用执行 TestFilter01 的 doFilter()方法时响应的内容。

（3）重新打开 web.xml 文件，修改 TestFilter01 的配置信息，修改后的代码如下。

```
<filter-mapping>
    <filter-name>TestFilter01</filter-name>
    <url-pattern></url-pattern>
</filter-mapping>
```

根据以上配置信息，过滤器 TestFilter01 不对任何访问 Web 资源的请求进行拦截。

（4）重启 Tomcat，打开浏览器，访问 http://localhost:8080/chapter12/Servlet01，浏览器显示的页面如图 12.7 所示。

图 12.7　访问 Servlet01 的页面 2

从图 12.7 可以看出，过滤器 TestFilter01 不再拦截任何请求，浏览器显示了 Servlet01 响应的内容。

（5）修改 web.xml 文件中 TestFilter01 的配置信息，修改后的代码如下。

```
<filter-mapping>
  <filter-name>TestFilter01</filter-name>
  <url-pattern>/*</url-pattern>
</filter-mapping>
```

根据以上配置信息，过滤器 TestFilter01 会拦截所有访问 Web 资源的请求。

（6）重启 Tomcat，打开浏览器，访问 http://localhost:8080/chapter12/Servlet01，浏览器显示的页面如图 12.8 所示。

图 12.8　访问 Servlet01 的页面 3

从图 12.8 可以看出，浏览器显示出 Hello Filter，这就说明，过滤器 TestFilter01 被调用。

(7)在工程 chapter12 的 WebContent 目录下新建 jsp 目录,在 jsp 目录下新建 jsp01.jsp,具体代码如例 12.3 所示。

【例 12.3】 jsp01.jsp

```
1   <%@ page language="java" contentType="text/html; charset=UTF-8"
2       pageEncoding="UTF-8"%>
3   <!DOCTYPE html PUBLIC "-//W3C//DTD HTML 4.01 Transitional//EN"
4       "http://www.w3.org/TR/html4/loose.dtd">
5   <html>
6   <head>
7   <meta http-equiv="Content-Type" content="text/html; charset=UTF-8">
8   <title>jsp01</title>
9   </head>
10  <body>
11      This is jsp01
12  </body>
13  </html>
```

(8)修改 Servlet01 的 doGet()方法体中的代码,具体如下。

```
protected void doGet(HttpServletRequest request, HttpServletResponse
    response) throws ServletException, IOException {
    RequestDispatcher dispatcher = request.getRequestDispatcher("/jsp/
    jsp01.jsp");
        dispatcher.forward(request, response);
    }
```

在以上代码中,dispatcher 对象的 forward()方法将访问 Servlet01 的请求转发到 jsp01。

(9)修改 web.xml 文件中 TestFilter01 的配置信息,修改后的代码如下。

```
<filter-mapping>
    <filter-name>TestFilter01</filter-name>
    <url-pattern>/jsp/jsp01.jsp</url-pattern>
</filter-mapping>
```

根据以上配置信息,过滤器 TestFilter01 将拦截访问 jsp01.jsp 的请求。

(10)重启 Tomcat,打开浏览器,访问 http://localhost:8080/chapter12/Servlet01,浏览器显示的页面如图 12.9 所示。

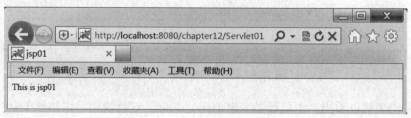

图 12.9 访问 Servlet01 的页面 4

从图 12.9 可以看出，浏览器显示出 jsp01 页面的内容，过滤器 TestFilter01 并没有对转发到 jsp01 的请求进行拦截。经过分析发现，本次访问 jsp01 页面的请求是由 Servlet01 转发而来的，如果要拦截此类请求，还需对拦截器进行相关配置。

（11）修改 web.xml 文件中 TestFilter01 的配置信息，修改后的代码如下。

```
<filter-mapping>
    <filter-name>TestFilter01</filter-name>
    <url-pattern>/jsp/jsp01.jsp</url-pattern>
    <dispatcher>FORWARD</dispatcher>
</filter-mapping>
```

在以上配置信息中加入了<dispatcher>元素，根据这些配置信息，过滤器 TestFilter01 会拦截由其他 Web 资源转发到 jsp01.jsp 的请求。

（12）重启 Tomcat，打开浏览器，访问 http://localhost:8080/chapter12/Servlet01，浏览器显示的页面如图 12.10 所示。

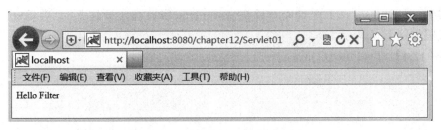

图 12.10　访问 Servlet01 的页面 5

从图 12.10 可以看出，浏览器显示出 Hello Filter，这就说明，过滤器 TestFilter01 拦截了转发到 jsp01.jsp 的请求。

12.3　Filter 的链式调用

在实际开发中，一个 Web 应用往往会部署很多个 Filter，如果多个 Filter 都对同一个被访问的资源进行拦截，这些 Filter 就组成了一个 Filter 链。

当 Filter 链拦截所映射的资源时，服务器会根据 web.xml 文件中的配置顺序依次调用相关的 Filter，每个 Filter 都会通过执行自身的 doFilter()方法完成特定的操作。假如现在有两个 Filter 协同工作，它们的 doFilter()方法均采用如下结构。

```
code1
chain.doFilter()
code2
```

当客户端访问 Web 资源时，这两个 Filter 会组成一个 Filter 链，具体拦截过程如图 12.11 所示。

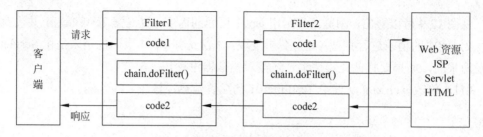

图 12.11　Filter 链的具体拦截过程

图 12.11 描述了 Filter 链的具体拦截过程，当客户端发送请求时，Filter1 会对该请求进行拦截。在执行完代码块 code1 的功能后，Filter1 调用 FilterChain 对象的 doFilter()方法将请求发送到 Filter2，Filter2 以同样的形式完成操作并将请求发送给 Web 资源。当服务器返回响应信息时，响应信息会被 Filter2 拦截并执行代码块 code2 的操作，依此类推，最终响应信息发送到客户端。

接下来，通过一个实例来演示 Filter 链的使用方法。

（1）打开 Eclipse，在工程 chapter12 的 com.qfedu.filter 包下新建 Filter 类 TestFilter02，具体代码如例 12.4 所示。

【例 12.4】 TestFilter02.java

```
1   package com.qfedu.filter;
2   import java.io.*;
3   import javax.servlet.*;
4   public class TestFilter02 implements Filter {
5       public void destroy() {
6       }
7       public void doFilter(ServletRequest request, ServletResponse response,
8           FilterChain chain) throws IOException, ServletException {
9           PrintWriter out = response.getWriter();
10          out.print("TestFilter02 before ");
11          out.print("<br>");
12          //将请求发给下一个Filter或Web资源
13          chain.doFilter(request, response);
14          out.print("TestFilter02 after");
15          out.print("<br>");
16      }
17      public void init(FilterConfig fConfig) throws ServletException {
18      }
19  }
```

在 doFilter()方法体中，第 13 行代码用于将请求发送给下一个 Filter 或其他 Web 资源，第 13 行之前的代码在拦截请求时执行，第 13 行之后的代码在拦截响应时执行。

（2）在工程 chapter12 的 com.qfedu.filter 包下新建 Filter 类 TestFilter03，具体代码如例 12.5 所示。

【例 12.5】 TestFilter03.java

```
1   package com.qfedu.filter;
2   import java.io.*;
3   import javax.servlet.*;
4   public class TestFilter03 implements Filter {
5       public void destroy() {
6       }
7       public void doFilter(ServletRequest request, ServletResponse response,
8           FilterChain chain) throws IOException, ServletException {
9           PrintWriter out = response.getWriter();
10          out.print("TestFilter03 before ");
11          out.print("<br>");
12          //将请求发给下一个 Filter 或 Web 资源
13          chain.doFilter(request, response);
14          out.print("TestFilter03 after");
15          out.print("<br>");
16      }
17      public void init(FilterConfig fConfig) throws ServletException {
18      }
19  }
```

（3）在工程 chapter12 的 com.qfedu.servlet 包下新建 Servlet 类 Servlet02，具体代码如例 12.6 所示。

【例 12.6】 Servlet02.java

```
1   package com.qfedu.servlet;
2   import java.io.IOException;
3   import java.io.PrintWriter;
4   import javax.servlet.ServletException;
5   import javax.servlet.http.*;
6   public class Servlet02 extends HttpServlet {
7       protected void doGet(HttpServletRequest request, HttpServletResponse
8           response) throws ServletException, IOException {
9           PrintWriter out = response.getWriter();
10          out.print("this is Servlet02");
11          out.print("<br>");
12      }
13      protected void doPost(HttpServletRequest request, HttpServletResponse
14          response) throws ServletException, IOException {
15          doGet(request, response);
16      }
17  }
```

当客户端访问 Servlet02 时，服务器向客户端响应字符串 this is Servlet02。
（4）打开 web.xml 文件，修改 TestFilter02 和 TestFilter03 的配置信息。
将 TestFilter02 的<url-pattern>元素值修改为"/Servlet02"，修改后的代码如下。

```
<filter-mapping>
    <filter-name>TestFilter02</filter-name>
    <url-pattern>/Servlet02</url-pattern>
</filter-mapping>
```

将 TestFilter03 的<url-pattern>元素值修改为"/Servlet02"，修改后的代码如下。

```
<filter-mapping>
    <filter-name>TestFilter03</filter-name>
    <url-pattern>/Servlet02</url-pattern>
</filter-mapping>
```

这里需要注意的是，当 TestFilter02 和 TestFilter03 同时对 Servlet02 进行拦截时，服务器会根据 web.xml 文件中的配置顺序决定拦截的优先级，如果 TestFilter02 的配置信息在前，则先执行 TestFilter02。

（5）重启 Tomcat，打开浏览器，访问 http://localhost:8080/chapter12/Servlet02，浏览器显示的页面如图 12.12 所示。

图 12.12　访问 Servlet02 的页面

从图 12.12 可以看出，浏览器显示出 TestFilter02、TestFilter03、Servlet02 的内容。经过分析可以发现，当浏览器发送访问 Servlet02 的请求时，TestFilter02 拦截该请求并执行向页面输出字符串 TestFilter02 before 的代码，请求被发送到 TestFilter03 后，TestFilter03 执行向页面输出字符串 TestFilter03 before 的代码，最后请求被发送到 Servlet02 并执行 Servlet02 的 doGet()方法。当响应信息返回时，顺序相反，最终响应信息被发送到浏览器。

12.4　Filter 的应用

Filter 的特性使它可以处理很多特殊的工作，例如，防止盗链、过滤敏感词、设置字符编码等。接下来将对 Filter 的具体应用进行讲解。

12.4.1 使用 Filter 防止盗链

盗链是指一个网站在未经允许的情况下通过各种方式嵌入其他网站资源的行为。盗链通常会占用被盗链网站的带宽,并给被盗链网站带来资源消耗和性能压力。

对于网站来说,防止本站点的资源被盗链是十分必要的。简单来说,防止盗链就是要实现这样一种效果,即当其他网站要引用本网站的资源时,将会提示一个错误信息,只有本网站内的网页引用时,资源才会正常显示。

接下来,通过一个案例来演示如何使用 Filter 防止盗链。

(1)在工程 chapter12 的 com.qfedu.filter 包下新建 Filter 类 TestFilter04,具体代码如例 12.7 所示。

【例 12.7】 TestFilter04.java

```
1   package com.qfedu.filter;
2   import java.io.IOException;
3   import javax.servlet.*;
4   import javax.servlet.http.*;
5   public class TestFilter04 implements Filter {
6       public void destroy() {
7       }
8       public void doFilter(ServletRequest request, ServletResponse response,
9         FilterChain chain) throws IOException, ServletException {
10          HttpServletRequest req = (HttpServletRequest) request;
11          HttpServletResponse res = (HttpServletResponse) response;
12          //获取请求头中 refer 字段的值
13          String referer = req.getHeader("referer");
14          //如果是浏览器直接发来的请求或其他地址的网站转发的请求,则转发到 error.jpg
15          if (referer==null||!referer.contains(request.getServerName())) {
16              RequestDispatcher dispatcher = req.getRequestDispatcher
17                  ("/pic/error.jpg");
18              dispatcher.forward(req, res);
19          } else {
20              chain.doFilter(request,response);
21          }
22      }
23      public void init(FilterConfig fConfig) throws ServletException {
24      }
25  }
```

在以上代码中,过滤器 TestFilter04 将对拦截的请求进行判断,如果该请求是浏览器直接发送或由其他地址的网站转发而来,那么它将被转发到提示错误信息的页面。

（2）在工程 chapter12 的 WebContent 目录下新建 pic 目录，把 info.jpg 和 error.jpg 两个图片复制到 pic 目录下。

（3）打开 web.xml 文件，修改 TestFilter04 的配置信息，修改后的代码如下。

```xml
<filter-mapping>
    <filter-name>TestFilter04</filter-name>
    <url-pattern>/pic/*</url-pattern>
</filter-mapping>
```

根据以上配置信息，过滤器 TestFilter04 会拦截访问 pic 目录中资源的所有请求。

（4）在 com.qfedu.servlet 包下新建 Servlet 类 Servlet03，具体代码如例 12.8 所示。

【例 12.8】 Servlet03.java

```
1   package com.qfedu.servlet;
2   import java.io.IOException;
3   import javax.servlet.*;
4   import javax.servlet.http.*;
5   public class Servlet03 extends HttpServlet {
6       protected void doGet(HttpServletRequest request, HttpServletResponse
7           response) throws ServletException, IOException {
8           RequestDispatcher dispatcher =request.getRequestDispatcher
9               ("pic/info.jpg");
10          dispatcher.forward(request, response);
11      }
12      protected void doPost(HttpServletRequest request, HttpServletResponse
13          response) throws ServletException, IOException {
14          doGet(request, response);
15      }
16  }
```

在以上代码中，访问 Servlet03 的请求被转发到 info.jpg。

（5）重启 Tomcat，打开浏览器，访问 http://localhost:8080/chapter12/pic/info.jpg，浏览器显示的页面如图 12.13 所示。

图 12.13　访问 info.jpg 的页面

从图 12.13 可以看出，浏览器显示了图片 error.jpg 的内容。这是因为，当通过在浏览器地址栏中输入 URL 的方式访问图片 info.jpg 时，过滤器 TestFilter04 会对请求进行拦截并将该请求发送到 error.jpg。与此相同，其他地址的网站访问 info.jpg 的请求也会被拦截，这就有效防止了当前 Web 应用中的资源被盗链。

（6）关闭如图 12.13 所示的页面，访问 http://localhost:8080/chapter12/Servlet03，浏览器显示的页面如图 12.14 所示。

图 12.14 访问 Servlet03 的页面

从图 12.14 可以看出，浏览器显示了图片 info.jpg 的内容。由此可见，拦截器 TestFilter04 没有拦截当前 Web 应用中访问图片 info.jpg 的请求。

12.4.2 使用 Filter 过滤敏感词

对大多数网站而言，敏感词是指一些违反法律法规、带有暴力或不健康色彩的词语。除此之外，网站也可以根据需要制定本站点的敏感词库。例如，部分电商网站会把"山寨""水货"等作为商品评论中的敏感词，当用户发表带有敏感词的评论时，敏感词会被"*"字符替换。

过滤敏感词的机制有很多，使用 Filter 过滤敏感词是一种较为简便的做法。接下来，通过一个实例来演示如何使用 Filter 过滤敏感词。

（1）在工程 chapter12 的 com.qfedu.filter 包下新建 Filter 类 TestFilter05，具体代码如例 12.9 所示。

【例 12.9】 TestFilter05.java

```
1    package com.qfedu.filter;
2    import java.io.IOException;
3    import javax.servlet.*;
4    import javax.servlet.http.*;
5    public class TestFilter05 implements Filter {
6        public void doFilter(ServletRequest request, ServletResponse response,
```

```
7            FilterChain chain) throws IOException, ServletException {
8            HttpServletRequest req=(HttpServletRequest) request;
9            HttpServletResponse res=(HttpServletResponse) response;
10           req.setCharacterEncoding("utf-8");
11           chain.doFilter(new MyRequest(req), res);
12       }
13       public void destroy() {
14       }
15       public void init(FilterConfig fConfig) {
16       }
17   }
18   class MyRequest extends HttpServletRequestWrapper{
19       private HttpServletRequest request;
20       public MyRequest(HttpServletRequest request) {
21           super(request);
22           this.request=request;
23       }
24       @Override
25       public String getParameter(String name) {
26           if ("info".equals(name)) {
27               String info = request.getParameter("info");
28               //设置敏感词
29               String[]  str ={"SB","fuck","水货"};
30               //将页面提交信息中的敏感词替换为"**"
31               for (String s : str) {
32                   info = info.replace(s, "**");
33               }
34               return info;
35           }
36           return request.getParameter(name);
37       }
38   }
```

在以上代码中，过滤器 TestFilter05 会修改被拦截请求中的敏感词，将敏感词替换为 "**"。

（2）在 com.qfedu.servlet 包下新建 Servlet 类 Servlet04，具体代码如例 12.10 所示。

【例 12.10】 Servlet04.java

```
1   package com.qfedu.servlet;
2   import java.io.*;
3   import javax.servlet.ServletException;
4   import javax.servlet.http.*;
```

```
5   public class Servlet04 extends HttpServlet {
6       protected void doGet(HttpServletRequest request, HttpServletResponse
7           response) throws ServletException, IOException {
8           response.setContentType("text/html;charset=utf-8");
9           String username = request.getParameter("username");
10          String info = request.getParameter("info");
11          PrintWriter out = response.getWriter();
12          out.print("用户名："+username);
13          out.print("<br>");
14          out.print("留言："+info);
15      }
16      protected void doPost(HttpServletRequest request, HttpServletResponse
17          response) throws ServletException, IOException {
18          doGet(request, response);
19      }
20  }
```

在以上代码中，过滤器 TestFilter05 将修改后的请求信息发送给 Servlet04，Servlet04 向页面响应相关信息。

（3）打开 web.xml 文件，修改 TestFilter05 的配置信息，修改后的代码如下。

```
<filter-mapping>
    <filter-name>TestFilter05</filter-name>
    <url-pattern>/Servlet04</url-pattern>
</filter-mapping>
```

根据以上配置信息，过滤器 TestFilter05 会拦截访问 Servlet04 的所有请求。

（4）在工程 chapter12 的 WebContent 目录下新建文件 comment.html，具体代码如例 12.11 所示。

【例 12.11】 comment.html

```
1   <html>
2   <head>
3   <meta charset="UTF-8">
4   <title>comment</title>
5   </head>
6   <body>
7   <form action="/chapter12/Servlet04" method="post">
8       用户名： <input type="text" name="username"/><br/>
9       用户留言：<textarea rows="5" cols="15" name="info"></textarea><br/>
10          <input type="submit" value="提交"/>
11  </form>
```

```
12        </body>
```

（5）重启 Tomcat，打开浏览器，访问 http://localhost:8080/chapter12/comment.html，浏览器显示的页面如图 12.15 所示。

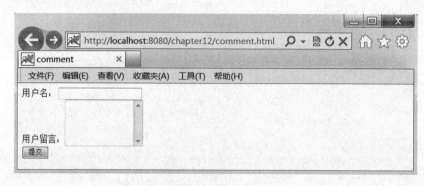

图 12.15　访问 comment.html 的页面

（6）打开 comment.html 页面以后，在"用户名"文本框输入 asd，在"用户留言"文本框中输入"商家 SB，卖给我水货"，单击"提交"按钮，浏览器显示的页面如图 12.16 所示。

图 12.16　显示留言信息的页面

从图 12.16 可以看出，浏览器显示了 comment.html 页面提交的留言信息，其中，敏感词 SB 和"水货"已被屏蔽。由此可见，过滤器 TestFilter05 实现了对敏感词的过滤功能。

12.4.3　使用 Filter 实现字符编码

当客户端和服务器交互时，如果传递的数据中包含中文字符，这些字符可能会出现乱码。前面的章节介绍过，一般通过在 Servlet 程序中设置编码方式来避免出现乱码。但是，这种做法有很大的局限，如果一个 Web 应用中包含很多个 Servlet 程序，势必会造成代码重复并降低程序的性能。为了解决这个问题，在实际开发中一般采用 Filter 实现字符编码。

接下来，通过一个实例来演示如何使用 Filter 实现字符编码。

（1）在工程 chapter12 的 com.qfedu.filter 包下新建 Filter 类 TestFilter06，具体代码如例 12.12 所示。

【例 12.12】 TestFilter06.java

```
1   package com.qfedu.filter;
2   import java.io.IOException;
3   import javax.servlet.*;
4   import javax.servlet.http.*;
5   public class TestFilter06 implements Filter {
6       public void destroy() {
7       }
8       public void doFilter(ServletRequest request, ServletResponse response,
9           FilterChain chain) throws IOException, ServletException {
10          HttpServletRequest req = (HttpServletRequest) request;
11          HttpServletResponse res = (HttpServletResponse) response;
12          req.setCharacterEncoding("utf-8");
13          res.setContentType("text/html;charset=utf-8");
14          chain.doFilter(req, res);
15      }
16      public void init(FilterConfig fConfig) throws ServletException {
17      }
18  }
```

在以上代码中,请求和响应信息的编码方式被转换为 UTF-8。

(2) 在工程 chapter12 的 com.qfedu.servlet 包下新建 Servlet 类 Servlet05,具体代码如例 12.13 所示。

【例 12.13】 Servlet05.java

```
1   package com.qfedu.servlet;
2   import java.io.*;
3   import javax.servlet.*;
4   import javax.servlet.http.*;
5   public class Servlet05 extends HttpServlet {
6       protected void doGet(HttpServletRequest request, HttpServletResponse
7           response) throws ServletException, IOException {
8           //获取参数值并响应到浏览器
9           String username = request.getParameter("username");
10          String password = request.getParameter("password");
11          PrintWriter out = response.getWriter();
12          out.print(username);
13          out.print("<br>");
14          out.print(password);
15      }
16      protected void doPost(HttpServletRequest request, HttpServletResponse
17          response) throws ServletException, IOException {
18          doGet(request, response);
```

```
19      }
20  }
```

（3）打开 web.xml 文件，修改 TestFilter06 的配置信息，修改后的代码如下。

```
<filter-mapping>
    <filter-name>TestFilter06</filter-name>
    <url-pattern>/*</url-pattern>
</filter-mapping>
```

（4）在工程 chapter12 的 WebContent 目录下新建 login.html 文件，具体代码如例 12.14 所示。

【例 12.14】 login.html

```
1   <html>
2   <head>
3   <meta charset="UTF-8">
4   <title>login</title>
5   </head>
6   <body>
7   <form action="/chapter12/Servlet05" method="post">
8   用户名： <input type="text" name="username"><br>
9   密码： <input type="password" name="password"><br>
10          <input type="submit" value="提交">
11  </form>
12  </body>
13  </html>
```

login.html 页面将向 Web 应用提交一个包含用户名和密码的表单，其中在用户名表单中可能会出现中文字符。

（5）重启 Tomcat，打开浏览器，访问 http://localhost:8080/chapter12/login.html，浏览器显示的页面如图 12.17 所示。

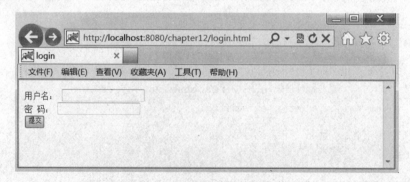

图 12.17　访问 login.html 的页面

（6）打开 login.html 页面以后，在"用户名"文本框中输入"小千"，在"密码"文本框中输入12345，单击"提交"按钮，浏览器显示的页面如图12.18所示。

图12.18　显示用户信息的页面

从图12.18可以看出，浏览器显示了login.html页面提交的用户信息，其中，用户名"小千"虽然是中文字符，但仍然被正确显示。由此可见，过滤器TestFilter06为请求和响应信息的中文字符重新设置了编码方式。

12.5　本章小结

本章首先讲解了Filter的相关知识，包括Filter的概念、工作流程，Filter的相关API，Filter的生命周期等，然后介绍了使用Eclipse开发Filter程序的方法，接着重点讲解了Filter的链式调用，最后通过几个常见场景介绍了Filter的应用。通过对本章知识的学习，大家要认识到Filter技术在JavaWeb开发中的重要作用，要能够使用Filter技术实现一些开发中的特殊功能。

12.6　习　　题

1．填空题

（1）在Filter相关的API中，用于封装Filter配置信息的是_____。
（2）在Filter相关的API中，用于调用过滤器链中的下一个过滤器的是_____。
（3）Filter的初始化需要调用Filter接口的_____方法。
（4）Filter的功能实现需要调用Filter接口的_____方法。
（5）Filter的销毁需要调用Filter接口的_____方法。

2．选择题

（1）关于Filter，下列说法正确的是（　　）。
　　A．Filter只能过滤页面
　　B．Filter只能过滤Servlet
　　C．Filter程序必须实现Filter接口

D. 一次请求只能使用一个 Filter

(2) 下列接口中，用于调用过滤器链中下一个过滤器的是（　　）。

    A. Filter 接口　　　　　　　　　B. FilterChain 接口

    C. FilterConfig 接口　　　　　　　D. ServletResponse 接口

(3) 关于 Filter 的生命周期，下列说法错误的是（　　）。

    A. 创建 Filter 对象之后，服务器调用 init() 方法对 Filter 对象初始化

    B. 在 Filter 的整个生命周期内，init() 方法将被执行很多次

    C. Filter 的生命周期与其接口中的三个方法对应

    D. 在 Filter 的整个生命周期内，doFilter() 方法将被执行很多次

(4) 在 Filter 的配置信息中，用于映射将要拦截的 URL 的元素是（　　）。

    A. <filter-name>　　　　　　　　B. <filter-class>

    C. <url-pattern>　　　　　　　　D. <filter>

(5) 在 Filter 的配置信息中，不属于元素 <dispatcher> 的可选值的是（　　）。

    A. REQUEST　　　　　　　　　　B. INCLUDE

    C. FORWARD　　　　　　　　　　D. RESPONSE

3. 思考题

简述 Filter 的工作流程。

4. 编程题

编写程序，请完成以下功能。

(1) 编写一个 Filter，验证当前 session 对象中是否存有登录用户。

(2) 如果 session 对象中存有登录用户，Filter 将请求发给目标 Web 资源；否则，Filter 将请求发给登录页面。

第 13 章

Listener 详解

本章学习目标
- 理解 Listener 的概念。
- 理解 Listener 的工作原理。
- 掌握 Listener 的创建及配置。
- 熟练掌握 Listener 常用 API 的使用。

在 Web 的开发过程中,根据业务需求,有时需要对一些关键事件进行监听,例如,Web 应用的启动、某些类对象的创建或销毁等。在监听过程中,当执行被监听的事件时,还要能触发与其相对应的方法。为了实现这些功能,Java EE 中引入了 Listener 技术。接下来,本章将对 Listener 涉及的相关知识进行详细的讲解。

13.1 Listener 简介

Listener 又称监听器,用于对 Web 应用中特定的事件进行监听。当被监听的事件发生时,Listener 将会触发对应的方法来实现一些特殊的功能。

一个 Listener 就是一个实现特定接口的 Java 类,它用于监听另一个 Java 类对象的方法调用或属性改变,当被监听的对象出现方法调用或属性改变后,Listener 的某个方法将立即被执行。Listener 的工作原理如图 13.1 所示。

图 13.1　Listener 的工作原理

图 13.1 展示了 Listener 的工作原理,事件监听涉及三个组件,即事件源对象、事件对象、Listener 对象。首先,事件源对象要和 Listener 对象绑定,当事件源对象执行某一

个动作时，它会调用 Listener 对象的一个方法，并在调用该方法时传入事件对象（即 Event 对象）。事件对象中封装了事件源对象和与其动作相关的信息。Listener 对象通过传入的事件对象可以获取事件源对象，从而对事件源对象进行操作。

为了简化开发，降低程序的业务复杂程度，Java 语言封装了 Web 开发中事件触发和调用 Listener 的过程，并提供了多种 Listener 接口用于实现对不同事件的监听。在实际开发中，开发人员无须关注事件如何触发以及怎么调用对应的 Listener，只需记住常用 Listener 接口的功能并能根据这些接口编写相应的 Listener 实现类即可。编写完成以后，当事件触发 Listener 时，服务器会自动调用 Listener 实现类中的方法完成指定的操作。

JavaEE 中定义了一系列的 Listener 接口，其中常用的有八种，这八种 Listener 接口主要用于监听 ServletContext、HttpSession 和 ServletRequest 三个类的对象。按照具体功能，这八种 Listener 接口又可分为以下三类。

1. 与 ServletContext 相关的 Listener 接口

ServletContextListener 接口、ServletContextAttributeListener 接口。

2. 与会话相关的 Listener 接口

HttpSessionListener 接口、HttpSessionAttributeListener 接口、HttpSessionBindingListener 接口、HttpSessionActivationListener 接口。

3. 与请求相关的 Listener 接口

ServletRequestListener 接口、ServletRequestAttributeListener 接口。

以上接口分别用于实现各种不同的功能，关于这些 Listener 接口，后文会有详细的介绍，这里不再展开讲解。

13.2　Listener 开发

编写一个 Listener 程序主要分两步：首先要创建一个 Listener 类，使其实现对应的接口；其次是将创建好的 Listener 类配置到 Web 应用中。接下来，通过一个实例来演示如何编写一个 Listener 程序。

（1）打开 Eclipse，新建 Web 工程 chapter13，右击工程名，在弹出的菜单中选择 New →Listener 命令，进入创建 Listener 的界面，如图 13.2 所示。

（2）在创建 Listener 的界面中，Java package 文本框用于指定 Listener 所在的包名，这里输入 com.qfedu.listener。Class name 文本框用于指定 Listener 的类名，这里输入 TestListener01。Superclass 用于指定 Listener 的父类，这里暂不填写。单击 Next 按钮，进入下一个界面，这个界面用于选择当前编写的 Listener 类要实现的接口，如图 13.3 所示。

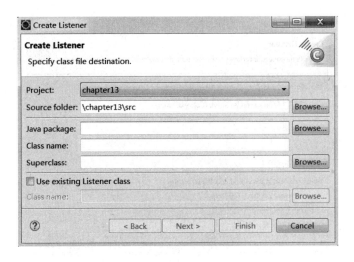

图 13.2　创建 Listener 的界面 1

图 13.3　创建 Listener 的界面 2

（3）如图 13.3 所示的界面显示了实际开发中常用的八种 Listener 接口，本次选择 Servlet context events 选项区域下的 Lifecycle 选项。这将意味着，当前编写的 Listener 类可用于监听 ServletContext 对象的创建及销毁。完成选择后，单击 Next 按钮进入下一个界面，如图 13.4 所示。

（4）如图 13.4 所示的界面用于选择当前编写的 Listener 类要实现的其他类型的接口，这里采用默认的 javax.servlet.ServletContextListener。单击 Finish 按钮，完成 Listener 的创建。这时，Eclipse 会弹出 TestListener01 类创建完成后的界面，如图 13.5 所示。

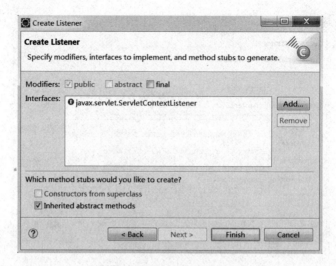

图 13.4　创建 Listener 的界面 3

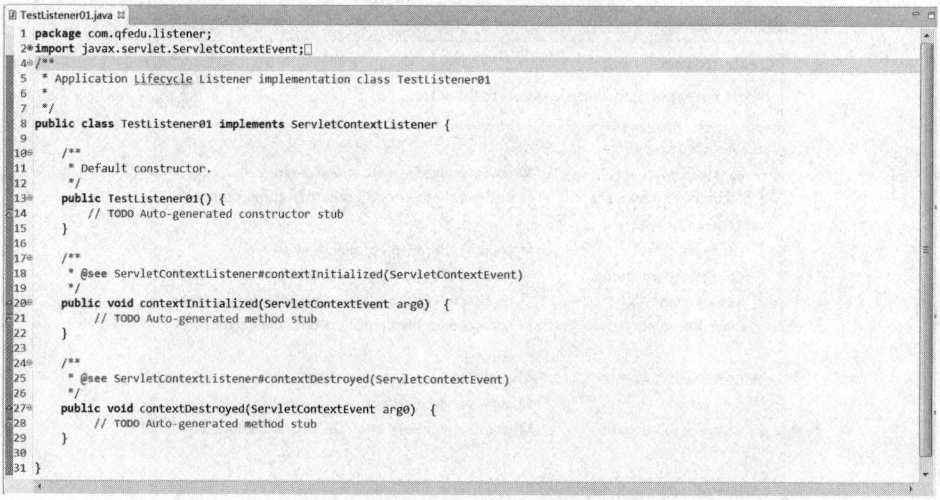

图 13.5　TestListener01 创建完成的界面

（5）打开 web.xml 文件，发现 web.xml 中增加了如下代码。

```
<listener>
    <listener-class>com.qfedu.listener.TestListener01</listener-class>
</listener>
```

从以上代码可以看出，Eclipse 工具在创建 Listener 时会自动将 Listener 的配置信息添加到 web.xml 文件中。在这些配置信息中，<listener>元素用于声明一个 Listener，<listener-class>元素是<listener>元素的子元素，用于设置 Listener 类的完整名称。这里需要注意的是，一个 web.xml 文件中可以配置多个 Listener，触发的时候服务器会按照配置顺序依次调用。

（6）修改 Listener 类 TestListener01，重写 ServletContextListener 接口中的方法，具

体代码如例 13.1 所示。

【例 13.1】 TestListener01.java

```
1   package com.qfedu.listener;
2   import javax.servlet.*;
3   public class TestListener01 implements ServletContextListener {
4       public void contextInitialized(ServletContextEvent arg0) {
5           System.out.println("ServletContext 对象被创建了");
6       }
7       public void contextDestroyed(ServletContextEvent arg0) {
8           System.out.println("ServletContext 对象被销毁了");
9       }
10  }
```

分析以上代码可以得知，TestListener01 对象可以监听 ServletContext 对象的生命周期。当 ServletContext 对象被创建或销毁时，控制台窗口将输出对应的提示信息。

（7）将工程 chapter13 添加到 Tomcat，启动 Tomcat，此时控制台窗口显示的信息如图 13.6 所示。

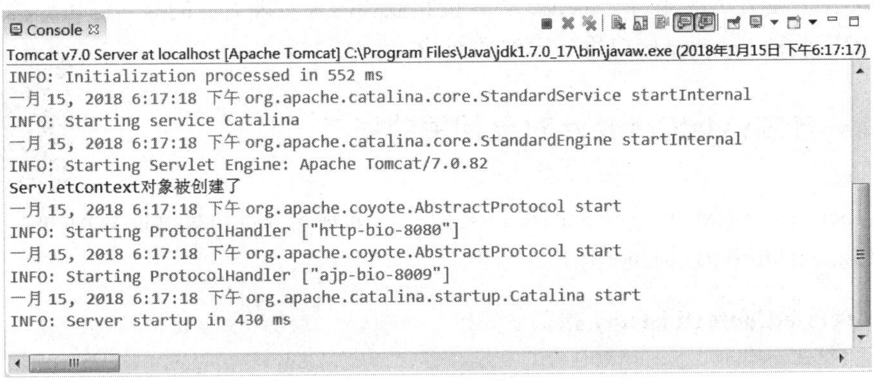

图 13.6 控制台窗口 1

从图 13.6 可以看出，控制台窗口显示了 ServletContext 对象被创建的信息。经过分析发现，当服务器启动时，服务器会为 Web 应用 chapter13 创建 ServletContext 对象。由于 TestListener01 类实现了 ServletContextListener 接口，当 ServletContext 对象创建时，服务器会调用 TestListener01 类的 contextInitialized()方法，因此控制台窗口输出字符串"ServletContext 对象被创建了"。

（8）关闭 Tomcat，此时控制台窗口显示的信息如图 13.7 所示。

从图 13.7 可以看出，控制台窗口显示了 ServletContext 对象被销毁的信息。这就说明，当服务器关闭时，Web 应用 chapter13 的 ServletContext 对象被销毁，同时，服务器调用了 TestListener01 类中的 contextInitialized()方法，控制台窗口最终输出字符串"ServletContext 对象被销毁了"。

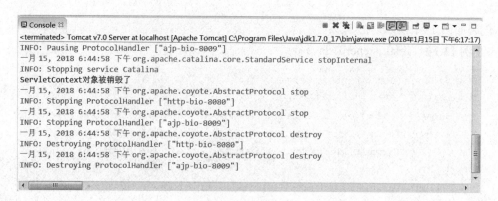

图 13.7　控制台窗口 2

13.3　Listener 的 API

前文介绍，Java EE 提供了八种 Listener 接口，这八种 Listener 接口分别用于实现不同的功能，开发人员在编写 Listener 类时按照业务需求实现对应的接口即可。接下来，本节将对这八种 Listener 接口进行详细的介绍。

13.3.1　与 ServletContext 对象相关的接口

与 ServletContext 对象相关的接口有两个，分别是 ServletContextListener 接口和 ServletContextAttributeListener 接口。

1. ServletContextListener 接口

ServletContextListener 接口用于监听 Web 应用中 ServletContext 对象的创建和销毁。当 Web 应用中配置有实现了 ServletContextListener 接口的 Listener 时，如果 ServletContext 对象被创建或销毁，服务器会产生一个事件对象并调用 Listener 中对应的事件处理方法。

ServletContextListener 接口中定义了两个方法，具体如表 13.1 所示。

表 13.1　ServletContextListener 接口的方法

方　　法	说　　明
void contextInitialized(ServletContextEvent arg0)	用于监听 ServletContext 对象的创建
void contextDestroyed(ServletContextEvent arg0)	用于监听 ServletContext 对象的销毁

1）contextInitialized()方法

当 ServletContext 对象创建时，服务器将调用 contextInitialized()方法并传入一个 ServletContextEvent 对象。contextInitialized()方法通过 ServletContextEvent 对象可获得 ServletContext 对象并执行相应的操作。

2）contextDestroyed ()方法

当 ServletContext 对象销毁时，服务器将调用 contextDestroyed() 方法。contextDestroyed()方法通过传入的 ServletContextEvent 对象执行相应的操作。

前文已经演示过 ServletContextListener 接口的使用方法，这里不再赘述。

2．ServletContextAttributeListener 接口

ServletContextAttributeListener 接口用于监听 ServletContext 对象内属性的创建、删除和修改。ServletContext 对象可以作为存储数据的容器，当 Web 应用中配置有实现了 ServletContextAttributeListener 接口的 Listener 时，如果 ServletContext 对象存储的属性发生变化，服务器会产生一个事件对象并调用 Listener 中对应的事件处理方法。

ServletContextAttributeListener 接口中定义了三个方法，具体如表 13.2 所示。

表 13.2　ServletContextAttributeListener 接口的方法

方　　法	说　　明
void attributeAdded(ServletContextAttributeEvent scae)	用于监听 ServletContext 对象内属性的创建
void attributeRemoved(ServletContextAttributeEvent scae)	用于监听 ServletContext 对象内属性的删除
void attributeReplaced(ServletContextAttributeEvent scae)	用于监听 ServletContext 对象内属性的修改

1）attributeAdded ()方法

在 Web 应用的运行过程中，当程序把一个属性存入 ServletContext 对象时，服务器将调用 attributeAdded ()方法并传入一个 ServletContextAttributeEvent 对象。

2）attributeRemoved ()方法

在 Web 应用的运行过程中，当程序把一个属性从 ServletContext 对象中删除时，服务器将调用 attributeRemoved ()方法并传入一个 ServletContextAttributeEvent 对象。

3）attributeReplaced ()方法

在 Web 应用的运行过程中，当程序修改 ServletContext 对象中的属性时，服务器将调用 attributeReplaced ()方法并传入一个 ServletContextAttributeEvent 对象。

接下来，通过一个实例来演示 ServletContextAttributeListener 接口的使用方法。

（1）打开 Eclipse，在工程 chapter13 的 com.qfedu.listener 包下新建 Listener 类 TestListener02，具体代码如例 13.2 所示。

【例 13.2】　TestListener02.java

```
1    package com.qfedu.listener;
2    import javax.servlet.*;
3    public class TestListener02 implements ServletContextAttributeListener {
4        public void attributeAdded(ServletContextAttributeEvent event) {
5            //获取 ServletContext 对象中添加的属性名称
6            String name = event.getName();
7            //获取 ServletContext 对象
8            ServletContext servletContext = event.getServletContext();
```

```
9           //输出信息
10          servletContext.log("添加属性"+name);
11      }
12      public void attributeReplaced(ServletContextAttributeEvent event) {
13          String name = event.getName();
14          ServletContext servletContext = event.getServletContext();
15          servletContext.log("修改属性"+name);
16      }
17      public void attributeRemoved(ServletContextAttributeEvent event) {
18          String name = event.getName();
19          ServletContext servletContext = event.getServletContext();
20          servletContext.log("删除属性"+name);
21      }
22  }
```

在以上代码中，TestListener02 类实现了 ServletContextAttributeListener 接口并重写了相应的方法。在 attributeAdded()方法被调用时，控制台窗口将输出 ServletContext 对象中被添加的属性信息；在 attributeReplaced ()方法被调用时，控制台窗口将输出 ServletContext 对象中被修改的属性信息；在 attributeRemoved ()方法被调用时，控制台窗口将输出 ServletContext 对象中被删除的属性信息。

（2）在工程 chapter13 的 src 目录下新建 com.qfedu.servlet 包，在该包下创建 Servlet 类 Servlet01，具体代码如例 13.3 所示。

【例 13.3】 Servlet01.java

```
1   package com.qfedu.servlet;
2   import java.io.IOException;
3   import javax.servlet.*;
4   import javax.servlet.http.*;
5   public class Servlet01 extends HttpServlet {
6       protected void doGet(HttpServletRequest request, HttpServletResponse
7           response) throws ServletException, IOException {
8           ServletContext servletContext = request.getServletContext();
9           servletContext.setAttribute("username", "xiaoqian");
10          servletContext.setAttribute("username", "xiaofeng");
11          servletContext.removeAttribute("username");
12      }
13      protected void doPost(HttpServletRequest request, HttpServletResponse
14          response) throws ServletException, IOException {
15          doGet(request, response);
16      }
17  }
```

在以上代码中，ServletContext 对象首先存入属性 username，然后修改属性 username 的值，最后删除属性 username。如果当前 Web 应用中配置有实现 ServletContextAttribute

Listener 接口的 Listener，那么该 Listener 中的方法将被调用。

（3）重启 Tomcat，打开浏览器，访问 http://localhost:8080/chapter13/Servlet01，此时控制台窗口显示的信息如图 13.8 所示。

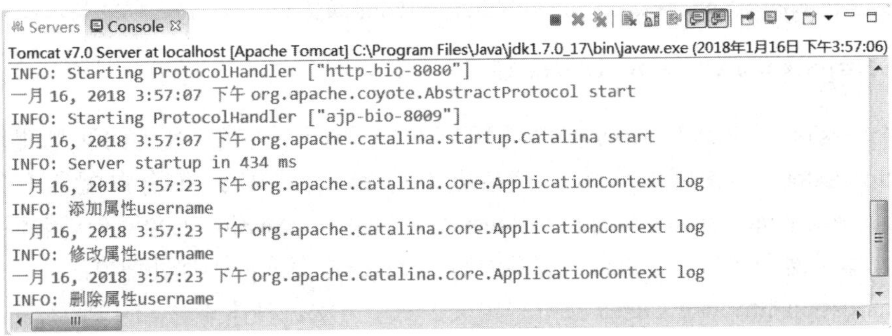

图 13.8　控制台窗口 3

从图 13.8 可以看出，控制台窗口输出了 TestListener02 类执行时的信息。这就说明，当 ServletContext 对象中存储的属性发生变化时，服务器调用了 TestListener02 对象中的方法，最终，TestListener02 类实现了对 ServletContext 对象中属性变化的监听。

13.3.2　与 HttpSession 对象相关的接口

与 HttpSession 对象相关的接口有四个，分别是 HttpSessionListener 接口、HttpSessionAttributeListener 接口、HttpSessionBindingListener 接口和 HttpSessionActivationListener 接口。

1．HttpSessionListener 接口

HttpSessionListener 接口用于监听 HttpSession 对象的创建和销毁。HttpSession 对象封装了客户端与服务器的会话信息，当 Web 应用中配置有实现了 HttpSessionListener 接口的 Listener 时，如果 HttpSession 对象被创建或销毁，服务器会产生一个事件对象并调用 Listener 中对应的事件处理方法。

HttpSessionListener 接口中定义了两个方法，具体如表 13.3 所示。

表 13.3　HttpSessionListener 接口的方法

方　　法	说　　明
void sessionCreated(HttpSessionEvent arg0)	用于监听 HttpSession 对象的创建
void sessionDestroyed(HttpSessionEvent arg0)	用于监听 HttpSession 对象的销毁

1）sessionCreated ()方法

当 HttpSession 对象创建时，服务器将调用 sessionCreated()方法并传入一个 HttpSessionEvent 对象。sessionCreated ()方法通过 HttpSessionEvent 对象可获得

HttpSession 对象并执行相应的操作。

2）sessionDestroyed ()方法

当 HttpSession 对象销毁时，服务器将调用 sessionDestroyed ()方法。sessionDestroyed ()方法通过传入的 HttpSessionEvent 对象执行相应的操作。

2. HttpSessionAttributeListener 接口

HttpSessionAttributeListener 接口用于监听 HttpSession 对象内属性的创建、删除和修改。HttpSession 对象可以作为存储数据的容器，当 Web 应用中配置有实现了 HttpSessionAttributeListener 接口的 Listener 时，如果 HttpSession 对象存储的属性对象发生变化，服务器会产生一个事件对象并调用 Listener 中对应的事件处理方法。

HttpSessionAttributeListener 接口中定义了三个方法，具体如表 13.4 所示。

表 13.4　HttpSessionAttributeListener 接口的方法

方　　法	说　　明
void attributeAdded(HttpSessionBindingEvent arg0)	用于监听 HttpSession 对象内属性的创建
void attributeRemoved(HttpSessionBindingEvent arg0)	用于监听 HttpSession 对象内属性的删除
void attributeReplaced(HttpSessionBindingEvent arg0)	用于监听 HttpSession 对象内属性的修改

1）attributeAdded ()方法

在 Web 应用的运行过程中，当程序把一个属性存入 HttpSession 对象时，服务器将调用 attributeAdded ()方法并传入一个 HttpSessionBindingEvent 对象。HttpSessionBindingEvent 对象中封装了 HttpSession 对象及保存到 HttpSession 对象中的属性对象。attributeAdded ()方法可通过 HttpSessionBindingEvent 对象获取这些信息并执行相应的操作。

2）attributeRemoved ()方法

在 Web 应用的运行过程中，当程序把一个属性从 HttpSession 对象中删除时，服务器将调用 attributeRemoved ()方法并传入一个 HttpSessionBindingEvent 对象。

3）attributeReplaced ()方法

在 Web 应用的运行过程中，当程序修改 HttpSession 对象中的属性时，服务器将调用 attributeReplaced ()方法并传入一个 HttpSessionBindingEvent 对象。

接下来，通过一个实例来演示 HttpSessionListener 接口和 HttpSessionAttributeListener 接口的使用方法。

（1）在工程 chapter13 的 com.qfedu.listener 包下新建 Listener 类 TestListener03，具体代码如例 13.4 所示。

【例 13.4】 TestListener03.java

```
1  package com.qfedu.listener;
2  import javax.servlet.http.*;
3  public class TestListener03 implements HttpSessionListener {
4      public void sessionCreated(HttpSessionEvent event) {
```

```
5        System.out.println("HttpSession 对象被创建了");
6    }
7    public void sessionDestroyed(HttpSessionEvent event) {
8        System.out.println("HttpSession 对象被销毁了");
9    }
10 }
```

在以上代码中，TestListener03 类实现了 HttpSessionListener 接口并重写了相应的方法。当 HttpSession 对象被创建或销毁时，控制台窗口将输出对应的提示信息。

（2）在工程 chapter13 的 com.qfedu.listener 包下新建 Listener 类 TestListener04，具体代码如例 13.5 所示。

【例 13.5】 TestListener04.java

```
1  package com.qfedu.listener;
2  import javax.servlet.http.*;
3  public class TestListener04 implements HttpSessionAttributeListener {
4      public void attributeRemoved(HttpSessionBindingEvent event) {
5          String name = event.getName();
6          System.out.println("HttpSession 对象删除"+name+"属性");
7      }
8      public void attributeAdded(HttpSessionBindingEvent event) {
9          String name = event.getName();
10         System.out.println("HttpSession 对象添加"+name+"属性");
11     }
12     public void attributeReplaced(HttpSessionBindingEvent event) {
13         String name = event.getName();
14         System.out.println("HttpSession 对象修改"+name+"属性");
15     }
16 }
```

在以上代码中，TestListener04 类实现了 HttpSessionAttributeListener 接口并重写了相应的方法。当相应的方法被调用时，控制台窗口会输出对应的信息。

（3）在工程 chapter13 的 com.qfedu.servlet 包下创建 Servlet 类 Servlet02，具体代码如例 13.6 所示。

【例 13.6】 Servlet02.java

```
1  package com.qfedu.servlet;
2  import java.io.IOException;
3  import javax.servlet.ServletException;
4  import javax.servlet.http.*;
5  public class Servlet02 extends HttpServlet {
6      protected void doGet(HttpServletRequest request, HttpServletResponse
```

```
 7           response) throws ServletException, IOException {
 8               //获取 HttpSession 对象
 9               HttpSession session = request.getSession();
10               session.setAttribute("username", "xiaoqian");
11               session.setAttribute("username", "xiaofeng");
12               session.removeAttribute("username");
13               //销毁 HttpSession 对象
14               session.invalidate();
15           }
16       protected void doPost(HttpServletRequest request, HttpServletResponse
17           response) throws ServletException, IOException {
18               doGet(request, response);
19           }
20       }
```

在以上代码中，Web 应用实现了对 HttpSession 对象的一系列操作。如果当前 Web 应用中配置有实现 HttpSessionListener 接口或 HttpSessionAttributelistener 接口的 Listener，那么该 Listener 中的相关方法将被调用。

（4）重启 Tomcat，打开浏览器，访问 http://localhost:8080/chapter13/Servlet02，此时控制台窗口显示的信息如图 13.9 所示。

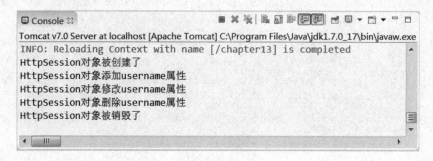

图 13.9　控制台窗口 4

从图 13.9 可以看出，控制台窗口输出了监听器 TestListener03、TestListener04 执行时的信息。这就说明，当 HttpSession 对象及其存储的属性发生变化时，服务器调用了 TestListener03 类、TestListener04 类中对应的方法。

3．HttpSessionBindingListener 接口

HttpSessionBindingListener 接口用于监听实现了该接口的类的对象在 HttpSession 对象中的绑定和解绑。当实现了 HttpSessionBindingListener 接口的类的对象被绑定到 HttpSession 对象或从 HttpSession 对象中解绑时，服务器会产生一个事件对象并调用 Listener 中对应的事件处理方法。

HttpSessionBindingListener 接口中定义了两个方法，具体如表 13.5 所示。

表 13.5　HttpSessionBindingListener 接口的方法

方　　法	说　　明
void valueBound (HttpSessionBindingEvent arg0)	用于监听 HttpSession 对象内特定对象的绑定
void valueUnbound (HttpSessionBindingEvent arg0)	用于监听 HttpSession 对象内特定对象的解绑

1）valueBound ()方法

在 Web 应用的运行过程中，当程序把一个实现 HttpSessionBindingListener 接口的类对象绑定到 HttpSession 对象时，服务器将调用 valueBound ()方法并传入一个 HttpSessionBindingEvent 对象。HttpSessionBindingEvent 对象中封装了 HttpSession 对象，valueBound ()方法可通过 HttpSessionBindingEvent 对象获取这些信息并执行相应的操作。

2）valueUnbound ()方法

在 Web 应用的运行过程中，当程序把一个实现了 HttpSessionBindingListener 接口的类的对象从 HttpSession 对象中解绑时，服务器将调用 valueUnbound ()方法并传入一个 HttpSessionBindingEvent 对象。

接下来，通过一个实例来演示 HttpSessionBindingListener 接口的使用方法。

（1）打开 Eclipse，在工程 chapter13 的 com.qfedu.listener 包下新建 Listener 类 TestListener05，具体代码如例 13.7 所示。

【例 13.7】　TestListener05.java

```
1   package com.qfedu.listener;
2   import javax.servlet.http.*;
3   public class TestListener05 implements HttpSessionBindingListener {
4       public void valueUnbound(HttpSessionBindingEvent event) {
5           String name = event.getName();
6           System.out.println(name+"对象从HttpSession对象解绑");
7       }
8       public void valueBound(HttpSessionBindingEvent event) {
9           String name = event.getName();
10          System.out.println(name+"对象被绑定到HttpSession对象");
11      }
12  }
```

在以上代码中，TestListener05 类实现了 HttpSessionBindingListener 接口并重写了相应的方法。当 valueBound ()方法被调用时，控制台窗口将输出 HttpSession 对象绑定的对象信息；当 valueUnbound ()方法被调用时，控制台窗口将输出从 HttpSession 对象解绑的对象信息。

（2）打开 Eclipse，在工程 chapter13 的 com.qfedu.servlet 包下新建 Servlet 类 Servlet03，具体代码如例 13.8 所示。

【例 13.8】　Servlet03.java

```
1   package com.qfedu.servlet;
2   import java.io.IOException;
```

```
3    import javax.servlet.ServletException;
4    import javax.servlet.http.*;
5    import com.qfedu.listener.TestListener05;
6    public class Servlet03 extends HttpServlet {
7        protected void doGet(HttpServletRequest request, HttpServletResponse
8            response) throws ServletException, IOException {
9            HttpSession session = request.getSession();
10           session.setAttribute("TestListener05", new TestListener05());
11           session.removeAttribute("TestListener05");
12       }
13       protected void doPost(HttpServletRequest request, HttpServletResponse
14           response) throws ServletException, IOException {
15           doGet(request, response);
16       }
17   }
```

在以上代码中，HttpSession 对象首先绑定 TestListener05 对象，然后解绑 TestListener05 对象，这些操作将会触发 TestListener05 类中的方法。

（3）为了避免 TestListener03 类、TestListener04 类影响执行结果，打开 web.xml 文件，将 TestListener03 类、TestListener04 类的配置信息删除，要删除的代码如下。

```
<listener>
    <listener-class>com.qfedu.listener.TestListener03</listener-class>
</listener>
<listener>
    <listener-class>com.qfedu.listener.TestListener04</listener-class>
</listener>
```

（4）重启 Tomcat，打开浏览器，访问 http://localhost:8080/chapter13/Servlet03，此时控制台窗口显示的信息如图 13.10 所示。

图 13.10　控制台窗口 5

从图 13.10 可以看出，控制台窗口输出了 TestListener05 类执行时的信息。这就说明，当 TestListener05 类的对象绑定到 HttpSession 对象或从 HttpSession 对象中解绑时，服务器调用了 TestListener05 类的方法。

4．HttpSessionActivationListener 接口

在 Web 开发中，为了使会话中的重要数据能够永久保存，服务器可以把 HttpSession 对象持久化到硬盘，这个过程被称为钝化。当 Web 应用需要读取存储在硬盘中的会话信息时，服务器可以从硬盘中重新加载这些信息，这个过程称为活化。

HttpSessionActivationListener 接口用于监听特定类对象的钝化和活化，当实现了 HttpSessionActivationListener 接口的类对象绑定到 HttpSession 对象后，如果它随着 HttpSession 对象被钝化和活化，服务器会产生一个事件对象并调用 Listener 中对应的事件处理方法。

HttpSessionActivationListener 接口中定义了两个方法，具体如表 13.6 所示。

表 13.6　HttpSessionActivationListener 接口的方法

方　　法	说　　明
void sessionWillPassivate(HttpSessionEvent arg0)	用于监听 HttpSession 对象内特定对象的钝化
void sessionDidActivate(HttpSessionEvent arg0)	用于监听 HttpSession 对象内特定对象的活化

1）sessionWillPassivate ()方法

当一个实现了 HttpSessionActivationListener 接口的类对象绑定到 HttpSession 对象并随 HttpSession 对象钝化时，服务器将调用 sessionWillPassivate ()方法并传入一个 HttpSessionEvent 对象。sessionWillPassivate ()方法可通过传入的 HttpSessionEvent 对象执行相应的操作。

2）sessionDidActivate ()方法

当绑定了 HttpSession 对象并实现 HttpSessionActivationListener 接口的类对象被活化时，服务器将调用 sessionDidActivate ()方法并传入一个 HttpSessionEvent 对象。

接下来，通过一个实例来演示 HttpSessionActivationListener 接口的使用方法。

（1）打开 Eclipse，在工程 chapter13 的 com.qfedu.listener 包下新建 Listener 类 TestListener06，具体代码如例 13.9 所示。

【例 13.9】　TestListener06.java

```
1    package com.qfedu.listener;
2    import java.io.Serializable;
3    import javax.servlet.http.*;
4    public class TestListener06 implements HttpSessionActivationListener,
5        Serializable {
6        private String info;
7        public String getInfo() {
8            return info;
9        }
10       public void setInfo(String info) {
11           this.info = info;
12       }
```

```
13      public void sessionDidActivate(HttpSessionEvent event) {
14          System.out.println("TestListener06 的对象被活化了");
15      }
16      public void sessionWillPassivate(HttpSessionEvent event) {
17          System.out.println("TestListener06 的对象被钝化了");
18      }
19  }
```

在以上代码中，TestListener06 类实现了 HttpSessionActivationListener 和 Serializable 接口，其中，Serializable 接口是序列化接口，在实现了 Serializable 接口后，TestListener06 的类对象能够被序列化到硬盘。此外，TestListener06 类提供了一个属性 info 用于存储信息。在 sessionDidActivate ()方法被调用时，控制台窗口将输出特定对象被活化的信息；在 sessionWillPassivate ()方法被调用时，控制台窗口将输出特定对象被钝化的信息。

（2）在工程 chapter13 的 com.qfedu.servlet 包下新建 Servlet 类 Servlet04，具体代码如例 13.10 所示。

【例 13.10】 Servlet04.java

```
1   package com.qfedu.servlet;
2   import java.io.IOException;
3   import javax.servlet.ServletException;
4   import javax.servlet.http.*;
5   import com.qfedu.listener.TestListener06;
6   public class Servlet04 extends HttpServlet {
7       protected void doGet(HttpServletRequest request, HttpServletResponse
8           response) throws ServletException, IOException {
9           HttpSession session = request.getSession();
10          TestListener06 bean = new TestListener06();
11          bean.setInfo("Hello Listener");
12          session.setAttribute("bean",bean);
13      }
14      protected void doPost(HttpServletRequest request, HttpServletResponse
15          response) throws ServletException, IOException {
16          doGet(request, response);
17      }
18  }
```

在以上代码中，HttpSession 对象存入了 TestListener06 对象及其属性信息。

（3）在工程 chapter13 的 com.qfedu.servlet 包下新建 Servlet 类 Servlet05，具体代码如例 13.11 所示。

【例 13.11】 Servlet05.java

```
1   package com.qfedu.servlet;
2   import java.io.IOException;
3   import javax.servlet.ServletException;
```

```
4    import javax.servlet.http.*;
5    import com.qfedu.listener.TestListener06;
6    public class Servlet05 extends HttpServlet {
7        protected void doGet(HttpServletRequest request, HttpServletResponse
8            response) throws ServletException, IOException {
9            HttpSession session = request.getSession();
10           TestListener06 bean=(TestListener06) session.getAttribute("bean");
11           String info = bean.getInfo();
12           response.getWriter().print(info);
13       }
14       protected void doPost(HttpServletRequest request, HttpServletResponse
15           response) throws ServletException, IOException {
16           doGet(request, response);
17       }
18   }
```

在以上代码中，Web 应用获取 HttpSession 中存储的值并响应到浏览器。

（4）为了让 Web 应用自动实现 HttpSession 对象的钝化和活化，需要对 Tomcat 服务器进行配置。在 Tomcat 的安装目录的 conf 目录下打开 context.xml 文件，在<Context>元素中增加配置信息，具体代码如下。

```
<Manager className="org.apache.catalina.session.PersistentManager"
    maxIdleSwap="1">
    <Store className="org.apache.catalina.session.FileStore"
        directory="qfedu"/>
</Manager>
```

其中，<Manager>元素用于配置管理会话的类，它的 axIdleSwap 属性指定 HttpSession 对象被钝化前的时间间隔；<Store>元素用于配置具体完成持久化任务的类，它的 directory 属性用于指定持久化文件的目录。完成以上配置后，当 Tomcat 服务器或单个 Web 应用终止时，HttpSession 对象会自动钝化；当 Web 应用需要读取保存到硬盘中的会话信息时，HttpSession 对象会自动活化。

（5）重启 Tomcat，打开浏览器，访问 http://localhost:8080/chapter13/Servlet04，当 Servlet04 被请求时，相关数据被存入 HttpSession 对象中。

（6）关闭 Tomcat，此时控制台窗口显示的信息如图 13.11 所示。

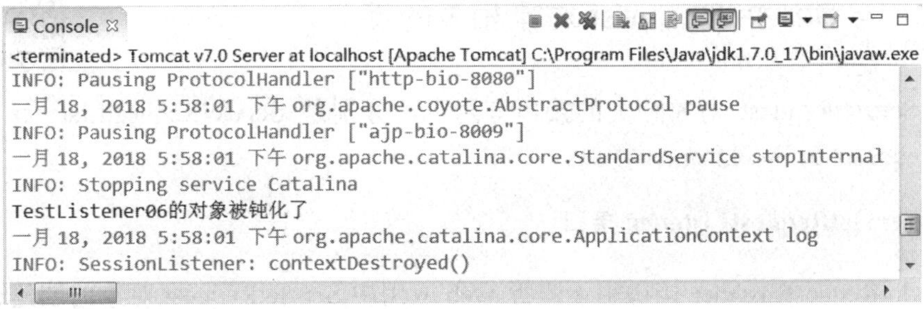

图 13.11　控制台窗口 6

从图 13.11 可以看出，控制台窗口输出了 TestListener06 的对象被钝化的信息。这就说明，当 TestListener06 的对象随着 HttpSession 对象被钝化时，服务器调用了 TestListener06 类的 sessionWillPassivate()方法。

（7）启动 Tomcat，使用浏览器访问 http://localhost:8080/chapter13/Servlet05，浏览器显示的页面如图 13.12 所示。

图 13.12　访问 Servlet05 的页面

从图 13.12 可以看出，浏览器显示了 HttpSession 对象中存储的信息。由此可见，钝化的 HttpSession 对象及其存储的信息被加载到内存，此时控制台窗口显示的信息如图 13.13 所示。

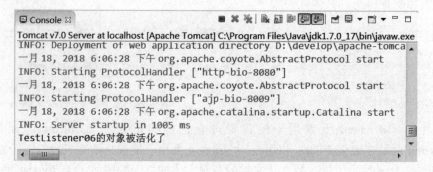

图 13.13　控制台窗口 7

从图 13.13 可以看出，控制台窗口输出了 TestListener06 的对象被活化的信息。这就说明，当 TestListener06 类的对象随着 HttpSession 对象被活化时，服务器调用了 TestListener06 类的 sessionDidActivate ()方法。

13.3.3　与 ServletRequest 对象相关的接口

与 ServletRequest 对象相关的接口有两个，分别是 ServletRequestListener 接口和 ServletRequestAttributeListener 接口。

1．ServletRequestListener 接口

ServletRequestListener 接口用于监听 Web 应用中 ServletRequest 对象的创建和销毁。ServletRequest 对象封装了客户端发送的请求信息，当 Web 应用中配置有实现了

ServletRequestListener 接口的 Listener 时，如果 ServletRequest 对象被创建或销毁，服务器会产生一个事件对象并调用 Listener 中对应的事件处理方法。

ServletRequestListener 接口中定义了两个方法，具体如表 13.7 所示。

表 13.7　ServletRequestListener 接口的方法

方　　法	说　　明
void requestInitialized(ServletRequestEvent arg0)	用于监听 ServletRequest 对象的创建
void requestDestroyed(ServletRequestEvent arg0)	用于监听 ServletRequest 对象的销毁

1）requestInitialized ()方法

当 ServletRequest 对象创建时，服务器将调用 requestInitialized ()方法并传入一个 ServletRequestEvent 对象。requestInitialized ()方法通过 ServletRequestEvent 对象可获得 ServletRequest 对象并执行相应的操作。

2）requestDestroyed ()方法

当 ServletRequest 对象销毁时，服务器将调用 requestDestroyed ()方法。requestDestroyed() 方法通过传入的 ServletRequestEvent 对象执行相应的操作。

2．ServletRequestAttributeListener 接口

ServletRequestAttributeListener 接口用于监听 ServletRequest 对象内属性的创建、删除和修改。ServletRequest 对象可以作为存储数据的容器，当 Web 应用中配置有实现了 ServletRequestAttributeListener 接口的 Listener 时，如果 ServletRequest 对象内存储的属性发生变化，服务器会产生一个事件对象并调用 Listener 中对应的事件处理方法。

ServletRequestAttributeListener 接口中定义了三个方法，具体如表 13.8 所示。

表 13.8　ServletRequestAttributeListener 接口的方法

方　　法	说　　明
void attributeAdded(ServletRequestAttributeEvent arg0)	用于监听 ServletRequest 对象内属性的创建
void attributeRemoved(ServletRequestAttributeEvent arg0)	用于监听 ServletRequest 对象内属性的删除
void attributeReplaced(ServletRequestAttributeEvent arg0)	用于监听 ServletRequest 对象内属性的修改

1）attributeAdded ()方法

在 Web 应用的运行过程中，当程序把一个属性存入 ServletRequest 对象时，服务器将调用 attributeAdded ()方法并传入一个 ServletRequestAttributeEvent 对象。attributeAdded ()方法可通过 ServletRequestAttributeEvent 对象获取这些信息并执行相应的操作。

2）attributeRemoved ()方法

在 Web 应用的运行过程中，当程序把一个属性从 ServletRequest 对象中删除时，服务器将调用 attributeRemoved ()方法并传入一个 ServletRequestAttributeEvent 对象。

3）attributeReplaced ()方法

在 Web 应用的运行过程中，当程序修改 ServletRequest 对象中的属性时，服务器将调用 attributeReplaced ()方法并传入一个 ServletRequestAttributeEvent 对象。

接下来，通过一个实例来演示 ServletRequestListener 接口和 ServletRequestAttributeListener 接口的使用方法。

（1）在工程 chapter13 的 com.qfedu.listener 包下新建 Listener 类 TestListener07，具体代码如例 13.12 所示。

【例 13.12】 TestListener07.java

```java
1    package com.qfedu.listener;
2    import javax.servlet.*;
3    public class TestListener07 implements ServletRequestListener {
4        public void requestDestroyed(ServletRequestEvent event) {
5            System.out.println("ServletRequest 对象被销毁了");
6        }
7        public void requestInitialized(ServletRequestEvent event) {
8            System.out.println("ServletRequest 对象被创建了");
9        }
10   }
```

在以上代码中，TestListener07 类实现了 ServletRequestListener 接口并重写了相应的方法。当 ServletRequest 对象被创建或销毁时，控制台窗口将输出对应的提示信息。

（2）在工程 chapter13 的 com.qfedu.listener 包下新建 Listener 类 TestListener08，具体代码如例 13.13 所示。

【例 13.13】 TestListener08.java

```java
1    package com.qfedu.listener;
2    import javax.servlet.*;
3    public class TestListener08 implements ServletRequestAttributeListener {
4        public void attributeAdded(ServletRequestAttributeEvent event) {
5            String name = event.getName();
6            System.out.println("ServletRequest 对象添加"+name+"属性");
7        }
8        public void attributeRemoved(ServletRequestAttributeEvent event) {
9            String name = event.getName();
10           System.out.println("ServletRequest 对象删除"+name+"属性");
11       }
12       public void attributeReplaced(ServletRequestAttributeEvent event) {
13           String name = event.getName();
14           System.out.println("ServletRequest 对象修改"+name+"属性");
15       }
16   }
```

在以上代码中，TestListener08 类实现了 ServletRequestAttributeListener 接口并重写了相应的方法。当相应的方法被调用时，控制台窗口会输出对应的信息。

（3）在工程 chapter13 的 src 目录下新建 com.qfedu.servlet 包，在该包下创建 Servlet 类 Servlet06，具体代码如例 13.14 所示。

【例 13.14】 Servlet06.java

```
1   package com.qfedu.servlet;
2   import java.io.IOException;
3   import javax.servlet.ServletException;
4   import javax.servlet.http.*;
5   public class Servlet06 extends HttpServlet {
6       protected void doGet(HttpServletRequest request, HttpServletResponse
7           response) throws ServletException, IOException {
8           request.setAttribute("username", "xiaoqian");
9           request.setAttribute("username", "xiaofeng");
10          request.removeAttribute("username");
11      }
12      protected void doPost(HttpServletRequest request, HttpServletResponse
13          response) throws ServletException, IOException {
14          doGet(request, response);
15      }
16  }
```

在以上代码中，Web 应用实现了对 ServletRequest 对象的一系列操作。如果当前 Web 应用中配置有实现 ServletRequestListener 接口或 ServletRequestAttributeListener 接口的 Listener，那么该 Listener 中的相关方法将被调用。

（4）重启 Tomcat，打开浏览器，访问 http://localhost:8080/chapter13/Servlet06，此时控制台窗口显示的信息如图 13.14 所示。

图 13.14 控制台窗口 8

从图 13.14 可以看出，控制台窗口输出了监听器 TestListener07、TestListener08 执行时的信息。这就说明，当 ServletRequest 对象及其存储的属性发生变化时，服务器调用了 TestListener07、TestListener08 类中的对应方法。

13.4 Listener 的应用

Listener 的特性使它可以实现很多特殊的功能，例如，统计在线用户、保存登录信息等，而且它不会与 Servlet 耦合，保证了程序的可扩展性。接下来，通过一个实例来演示如何使用 Listener 统计在线用户。

（1）在工程 chapter13 的 com.qfedu.listener 包下新建 Listener 类 TestListener09，具体代码如例 13.15 所示。

【例 13.15】 TestListener09.java

```
1   package com.qfedu.listener;
2   import javax.servlet.http.*;
3   import com.qfedu.bean.UserInfo;
4   public class TestListener09 implements HttpSessionBindingListener {
5       private String id;
6       private String username;
7       private String password;
8       public String getId() {
9           return id;
10      }
11      public void setId(String id) {
12          this.id = id;
13      }
14      public String getUsername() {
15          return username;
16      }
17      public void setUsername(String username) {
18          this.username = username;
19      }
20      public String getPassword() {
21          return password;
22      }
23      public void setPassword(String password) {
24          this.password = password;
25      }
26      public void valueUnbound(HttpSessionBindingEvent arg0) {
27          UserInfo.getInstance().removeBean(this);
28      }
29      public void valueBound(HttpSessionBindingEvent arg0) {
30          UserInfo.getInstance().addBean(this);
31      }
32  }
```

在以上代码中，TestListener09 类实现了 HttpSessionBindingListener 接口并重写了相应的方法。除此之外，TestListener09 类提供了 id、username、password 三个属性用于存储信息。

（2）在工程 chapter13 的 src 目录下新建 com.qfedu.bean 包，在该包下新建类 UserInfo，具体代码如例 13.16 所示。

【例 13.16】 UserInfo.java

```
1   package com.qfedu.bean;
2   import java.util.*;
3   import com.qfedu.listener.TestListener09;
4   public class UserInfo {
5       private UserInfo(){}
6       private Map userMap = new HashMap<>();
7       private static UserInfo instance =new UserInfo();
8       public  static UserInfo getInstance(){
9           return instance;
10      }
11      public void addBean(TestListener09 bean){
12          userMap.put(bean.getId(), bean.getUsername());
13      }
14      public void removeBean(TestListener09 bean){
15          userMap.remove(bean.getId());
16      }
17      public Map getBeanMap(){
18          return userMap;
19      }
20  }
```

UserInfo 类是一个单例模式的类，它封装了一个 Map 集合，用于存储和获取所有在线用户的信息。

（3）在工程 chapter13 的 WebContext 目录下新建 login.html，具体代码如例 13.17 所示。

【例 13.17】 login.html

```
1   <html>
2   <head>
3   <meta charset="UTF-8">
4   <title>login</title>
5   </head>
6   <body>
7   <form action="/chapter13/Servlet07" method="post">
8   用户名： <input type="text" name="username"><br>
9   密码： <input type="password" name="password"><br>
```

```
10            <input type="submit" value="提交">
11      </form>
12    </body>
13 </html>
```

（4）在工程 chapter13 的 com.qfedu.servlet 包下新建 Servlet 类 Servlet07，具体代码如例 13.18 所示。

【例 13.18】 Servlet07.java

```
1  package com.qfedu.servlet;
2  import java.io.IOException;
3  import java.util.*;
4  import javax.servlet.ServletException;
5  import javax.servlet.http.*;
6  import com.qfedu.bean.UserInfo;
7  import com.qfedu.listener.TestListener09;
8  public class Servlet07 extends HttpServlet {
9      protected void doGet(HttpServletRequest request, HttpServletResponse
10         response) throws ServletException, IOException {
11         request.setCharacterEncoding("utf-8");
12         String username = request.getParameter("username");
13         String password = request.getParameter("password");
14         TestListener09 bean = new TestListener09();
15         bean.setUsername(username);
16         bean.setPassword(password);
17         String id = UUID.randomUUID().toString();
18         bean.setId(id);
19         request.getSession().setAttribute("bean", bean);
20         Map beanMap = UserInfo.getInstance().getBeanMap();
21         request.setAttribute("beanMap", beanMap);
22         request.getRequestDispatcher("/jsp/jsp01.jsp").forward
23             (request, response);
24     }
25     protected void doPost(HttpServletRequest request, HttpServletResponse
26         response) throws ServletException, IOException {
27         doGet(request, response);
28     }
29 }
```

在以上代码中，Web 应用获取页面提交的用户信息，再将用户信息存储到相应的容器对象中。

（5）在工程 chapter13 的 WebContext 目录下新建 jsp 目录，在 jsp 目录下新建 jsp01.jsp 文件，具体代码如例 13.19 所示。由于 jsp01.jsp 文件中使用了 JSTL 标签，因此需要将第

11 章介绍的 JSTL 的四个 jar 包复制到 WebContent\WEB-IN\lib 目录下，完成导包。

【例 13.19】 jsp01.jsp

```jsp
1   <%@ page language="java" contentType="text/html; charset=UTF-8"
2       pageEncoding="UTF-8"%>
3   <%@taglib prefix="c" uri="http://java.sun.com/jsp/jstl/core"%>
4   <!DOCTYPE html PUBLIC "-//W3C//DTD HTML 4.01 Transitional//EN"
5       "http://www.w3.org/TR/html4/loose.dtd">
6   <html>
7   <head>
8   <meta http-equiv="Content-Type" content="text/html; charset=UTF-8">
9   <title>jsp01</title>
10  </head>
11  <body>
12      <c:choose>
13          <c:when test="${null==sessionScope.bean }">
14          <a href="${pageContext.request.contextPath}/login.html">登录
15              </a><br><br>
16          </c:when>
17          <c:otherwise>
18          你好，${sessionScope.bean.username}
19          <a href="${pageContext.request.contextPath}/Servlet08">注销
20              </a><br><br>
21          </c:otherwise>
22      </c:choose>
23      在线用户列表：<br>
24      <c:forEach var="map" items="${requestScope.beanMap}">
25          ${map.value}<br>
26      </c:forEach>
27  </body>
28  </html>
```

jsp01.jsp 文件用于显示当前登录用户和所有在线用户的信息。当用户登录时，页面会显示问候信息，当用户退出登录时，页面会显示登录链接。

（6）在工程 chapter13 的 com.qfedu.servlet 下新建 Servlet 类 Servlet08，具体代码如例 13.20 所示。

【例 13.20】 Servlet08.java

```java
1   package com.qfedu.servlet;
2   import java.io.IOException;
3   import java.util.Map;
4   import javax.servlet.ServletException;
5   import javax.servlet.http.*;
```

```
6    import com.qfedu.bean.UserInfo;
7    public class Servlet08 extends HttpServlet {
8        protected void doGet(HttpServletRequest request, HttpServletResponse
9            response) throws ServletException, IOException {
10           request.getSession().removeAttribute("bean");
11           Map beanMap = UserInfo.getInstance().getBeanMap();
12           request.setAttribute("beanMap", beanMap);
13           request.getRequestDispatcher("/jsp/jsp01.jsp").forward(request,
14               response);;
15       }
16       protected void doPost(HttpServletRequest request, HttpServletResponse
17           response) throws ServletException, IOException {
18           doGet(request, response);
19       }
20   }
```

在以上代码中，Web 应用从 HttpSession 对象中删除登录用户的信息。当 HttpSession 对象绑定的属性被删除时，将会调用 TestListener09 类中的方法。

（7）重启 Tomcat，打开浏览器，访问 http://localhost:8080/chapter13/login.html，此时浏览器显示的页面如图 13.15 所示。

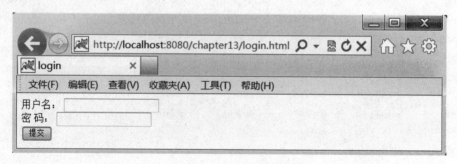

图 13.15　访问 login.html 的页面

（8）重启 Tomcat，在"用户名"文本框中输入 xiaoqian，在"密码"文本框中输入 12345，单击"提交"按钮，此时浏览器显示的页面如图 13.16 所示。

图 13.16　登录成功的页面 1

（9）为了避免同一会话影响执行效果，下面使用新建会话的方式打开一个新的浏览器窗口。在浏览器的工具栏中，选择"文件"菜单中的"新建会话"命令，在打开的窗口中访问 http://localhost:8080/chapter13/login.html，在"用户名"文本框中输入 xiaofeng，在"密码"文本框中输入 12345，单击"提交"按钮，此时浏览器显示的页面如图 13.17 所示。

图 13.17　登录成功的页面 2

从图 13.17 可以看出，浏览器显示了当前登录用户和所有在线用户的信息。

（10）单击"退出"超链接，浏览器显示的页面如图 13.18 所示。

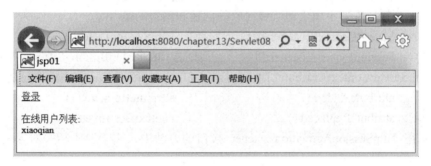

图 13.18　退出登录的页面

从图 13.18 可以看出，浏览器显示了"登录"超链接和所有在线用户的信息。

13.5　本章小结

本章首先讲解了 Listener 的基础知识，包括 Listener 的概念、运行机制，然后介绍了使用 Eclipse 开发 Listener 程序的方法，接着重点讲解了 Listener 的八种接口，最后通过一个案例介绍了 Listener 的应用。通过对本章知识的学习，大家要理解 Listener 的机制和功能，能够熟练使用八种 Listener 接口编写对应的 Listener 程序，进而完成 Web 开发中的一些特殊功能。

13.6 习题

1．填空题

（1）用于监听 ServletContext 对象的创建和销毁的接口是_____。
（2）用于监听 ServletContext 对象内属性的变化的接口是_____。
（3）用于监听 HttpSession 对象的创建和销毁的接口是_____。
（4）用于监听特定类对象的钝化和活化的接口是_____。
（5）用于监听 ServletRequest 对象的创建和销毁的接口是_____。

2．选择题

（1）关于 Listener，下列说法错误的是（　　）。
　　A．Listener 针对事件源实现监听
　　B．Listener 程序必须实现 Listener 接口
　　C．Listener 程序无须在 web.xml 文件中配置
　　D．在客户端和服务器的一次会话中，可能会触发多个 Listener
（2）下列接口中，不属于监听域对象的创建和销毁的是（　　）。
　　A．ServletContextListener 接口　　　B．HttpSessionListener 接口
　　C．ServletRequestListener 接口　　　D．HttpSessionBindingListener 接口
（3）在 ServletContextAttributeListener 接口的方法中，用于监听属性删除的是（　　）。
　　A．attributeAdded ()　　　　　　　B．attributeRemoved ()
　　C．attributeReplaced ()　　　　　　D．contextDestroyed ()
（4）在 HttpSessionActivationListener 接口的方法中，用于监听相关对象钝化的是
（　　）。
　　A．WillPassivate()　　　　　　　　B．DidActivate()
　　C．valueBound()　　　　　　　　　D．valueUnbound()
（5）在 ServletRequestListener 接口的方法中，用于监听 ServletRequest 对象销毁的是
（　　）。
　　A．requestInitialized()　　　　　　B．requestDestroyed()
　　C．attributeAdded()　　　　　　　D．attributeReplaced()

3．思考题

简述 Listener 的概念和功能。

4．编程题

编写一个 Listener 程序，监控当前 Web 应用被访问的次数。

第 14 章

文件上传和下载

本章学习目标
- 理解文件上传的原理。
- 掌握 common-fileupload 组件的下载。
- 掌握 common-fileupload 组件中 API 的使用。
- 理解文件下载的原理。
- 掌握文件下载的实现过程。

随着 Web 技术的发展，处理文件资源成为每个 Web 应用的标配功能，其中最常用的是文件的上传和下载。在日常生活中，人们往往会在不经意间使用这些功能，例如，把一张照片上传到服务器、把邮箱中的附件下载到本地磁盘等。接下来，本章将对文件上传和下载涉及的知识进行详细的讲解。

14.1 文件上传简介

文件上传是 Web 应用程序中的常见操作，简单来说，它指的是将本地文件通过数据流上传到服务器端的某一个特定的目录下。

在 Java Web 开发中，文件上传通常按照固定的流程进行，具体如图 14.1 所示。

图 14.1 文件上传的流程

从图 14.1 可以看出，文件上传要经过表单页面、浏览器、服务器三个环节。首先，浏览器提供给用户一个包含文件上传元素的表单页面，用户选择提交内容后提交请求，文件数据和其他表单信息被浏览器编码并上传至服务器端，服务器端解码上传的内容，提取出 HTML 表单中的信息，然后将文件数据存入磁盘。

这里需要注意的是，为了使服务器端的程序能够正确地读取上传文件的数据，要将

<form>元素的 method 属性设置为 POST，enctype 属性设置为 multipart/form-data。multipart/form-data 是一种编码方式，它会使用分界符将数据流中的数据段分开，从而帮助服务器端识别文件内容。在实现文件上传的功能时，表单页面的<form>元素的语法格式如下。

```
<form action="" method="post" enctype="multipart/form-data">
    <input type="file" />
</form>
```

当文件以数据流的形式提交到服务器端之后，如果直接以 Servlet 程序获取并解析数据流是比较烦琐的。为了节省资源、简化操作，在实际开发中一般使用各种组件来完成数据流的获取和解析。这些组件中封装了许多底层操作并提供了相应的 API，开发人员只需调用相应的 API 即可实现文件上传的功能。

目前比较常用的文件上传组件是 Commons FileUpload，该组件是 Apache 组织提供的一个免费的开源组件，它可以方便地将 multipart/form-data 类型请求中的各种表单域解析出来，并能实现一个或多个文件的上传，同时也可以限制上传文件的大小等。

14.2 文件上传的实现

14.2.1 Commons FileUpload 组件的核心 API

为实现文件上传的功能，Commons FileUpload 组件提供了一系列操作文件的 API，其中最重要的是 FileItem 接口、DiskFileItemFactory 类和 ServletFileUpload 类，接下来将对 Commons FileUpload 组件的这三个类或接口进行详细的讲解。

1. FileItem 接口

FileItem 接口用于封装单个表单字段元素的数据，在程序运行时，实际完成数据封装的是 FileItem 接口的一个实现类，这里简称为 FileItem 类。开发人员无须关注 FileItem 类的封装细节，在使用时直接调用 FileItem 接口的方法即可获得相关表单字段元素的数据。

FileItem 接口的方法如表 14.1 所示。

表 14.1 FileItem 接口的方法

方 法	说 明
boolean isFormField()	用于判断封装的数据是否为普通表单字段，如果是普通表单字段则返回 True，如果是文件表单字段则返回 False
String getName()	用于获取文件表单字段中的文件名，如果封装的数据为普通表单字段，则返回 Null
String getFieldName()	用于获取表单元素的 name 属性值

续表

方法	说明
void write(File file)	用于将 FileItem 对象存储的主体内容保存到某个指定的文件中
String getString()	使用默认的字符编码将 FileItem 对象存储的主体内容转换成字符串
String getString(String encoding)	使用指定的字符编码将 FileItem 对象存储的主体内容转换成字符串
String getContentType()	用于获取上传文件的类型,如果封装的数据为普通表单字段,则返回 Null
boolean isInMemory()	用于判断 FileItem 类对象封装的主体内容是否存储在内存中,如果存储在内存中则返回 True
void delete()	清空 FileItem 类对象中存储的主体内容

2. DiskFileItemFactory 类

DiskFileItemFactory 类用于将请求消息实体中的每一个文件封装成 FileItem 对象。在创建 FileItem 对象时,DiskFileItemFactory 类会将较小的 FileItem 对象保存在内存中,将较大的 FileItem 对象缓存到磁盘上的临时文件中。这里需要注意的是,存储到磁盘上的内容的大小阈值和创建临时文件的目录是可以设置的。

DiskFileItemFactory 类的方法如表 14.2 所示。

表 14.2 DiskFileItemFactory 类的方法

方法	说明
DiskFileItemFactory()	构造方法。采用默认的临界值和系统临时文件夹构造文件项工厂对象
DiskFileItemFactory(int sizeThreshold, File repository)	构造方法。采用指定的临界值和系统临时文件夹构造文件项工厂对象
FileItem createItem()	用于根据 DiskFileItemFactory 的相关配置创建 FileItem 对象
void setSizeThreshold(int sizeThreshold)	用于设置是否将上传的文件以临时文件的形式保存在磁盘的临界值,参数是以字节为单位的 int 型数值
int getSizeThreshold()	用于获取将上传的文件以临时文件的形式保存在磁盘的临界值
void setRepository(File repository)	用于设置将文件以临时文件的形式保存在磁盘上的存放目录
File getRespository()	用于获取将文件以临时文件的形式保存在磁盘上的存放目录

3. ServletFileUpload 类

ServletFileUpload 类是 Commons FileUpload 组件处理文件上传的高级 API,负责解析客户端请求并将封装好的 FileItem 对象以 List 集合的形式返回。

在使用 ServletFileUpload 对象解析请求时,需要设置解析客户端请求后获得数据的存储位置,存储位置有内存和临时文件两种方式,如果是临时文件,还需设置临时文件所在的目录。ServletFileUpload 对象需要通过 DiskFileItemFactory 对象设置数据存储的位置,因此,在开始解析工作前要构造好 DiskFileItemFactory 对象,然后通过

ServletFileUpload 对象的构造方法或 setFileItemFactory()方法设置 ServletFileUpload 对象的 fileItemFactory 属性。

ServletFileUpload 类的方法如表 14.3 所示。

表 14.3 ServletFileUpload 类的方法

方　　法	说　　明
ServletFileUpload	构造方法。该构造方法会创建一个未初始化的对象，需要在解析请求前先调用 setFileItemFactory() 方法设置 fileItemFactory 属性
ServletFileUpload(FileItemFactory fileItemFactory)	构造方法。该构造方法会根据参数指定的 FileItemFactory 对象设置 fileItemFactory 属性
void setSizeMax(long sizeMax)	用于设置请求消息实体内容的最大尺寸，参数是以字节为单位的 long 型数值
long getSizeMax()	用于获取请求消息实体内容的最大尺寸
void setFileSizeMax(long fileSizeMax)	用于设置单个上传文件的最大尺寸，参数是以字节为单位的 long 型数值
long getFileSizeMax()	用于获取单个上传文件的最大尺寸
List parseRequest(HttpServletRequest request)	用于对请求消息体的内容进行解析，将表单中的每个字段的数据分别封装成独立的 FileItem 对象，然后将这些 FileItem 对象存入一个 List 集合对象中并返回
FileItemIterator getItemIterator (HttpServletRequest request)	与 parseRequest() 方法的功能类似，返回封装 FileItemStream 对象的迭代器。与 parseRequest()方法相比，getItemIterator 是基于数据流的操作，性能更高，但后续处理略微烦琐
stiatc boolean isMultipartContent (HttpServletRequest request)	用于判断请求消息中的内容是否是 multipart/form-data 类型
setFileItemFactory(FileItemFactory factory)	用于设置 fileItemFactory 属性
FileItemFactory getFileItemFactory()	用于获取 fileItemFactory 属性
void setProgressListener(ProgressListener pListener)	用于设置文件上传进度监听器
ProgressListener getProgressListener()	用于获取文件上传进度监听器
void setHeaderEncoding(String encoding)	用于设置字符编码
String getHeaderEncoding()	用于获取字符编码

14.2.2　Commons FileUpload 组件的下载

由于 Commons FileUpload 组件由第三方组织提供，因此使用 Commons FileUpload 组件时需要导入相应的 jar 包，这些 jar 包可以从 Apache 官网下载。接下来将演示 Commons FileUpload 组件相关 jar 包的下载，具体步骤如下。

（1）打开浏览器，访问 Commons FileUpload 组件的官方下载地址 http://commons.apache.org/proper/commons-fileupload/，浏览器显示的页面如图 14.2 所示。

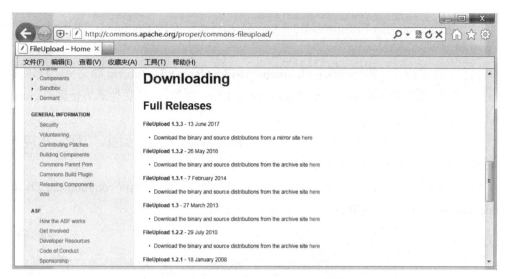

图 14.2　Commons FileUpload 组件的下载页面 1

（2）单击 FileUpload 1.3.2 版本的 here 超链接，浏览器显示的界面如图 14.3 所示。

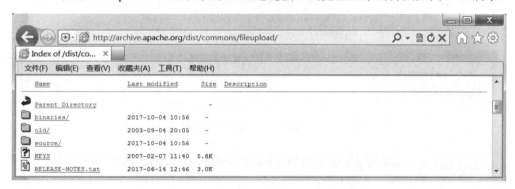

图 14.3　Commons FileUpload 组件的下载页面 2

（3）单击 binaries/超链接，页面显示出 Commons FileUpload 组件的大部分版本的下载超链接，如图 14.4 所示。

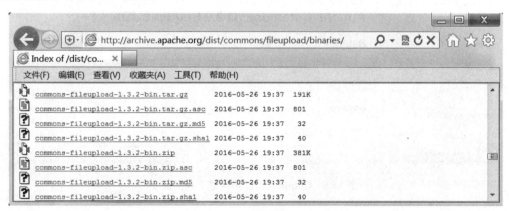

图 14.4　Commons FileUpload 组件的下载页面 3

（4）单击 commons-fileupload-1.3.2-bin.zip 超链接，完成 Commons FileUpload 组件的下载。

（5）下载完成后，将得到名称为 commons-fileupload-1.3.2-bin.zip 的文件，将该文件解压，找到 lib 文件夹下的 commons-fileupload-1.3.2.jar 文件，这个文件即为使用 Commons FileUpload 组件时必需的 jar 包。

因为 Commons FileUpload 组件需要 Commons IO 组件的支持，因此，还需下载 Commons IO 组件的 jar 包，具体步骤如下。

（1）打开浏览器，访问 Commons IO 组件的官方下载地址：http://commons.apache.org/proper/commons-io/，浏览器显示的页面如图 14.5 所示。

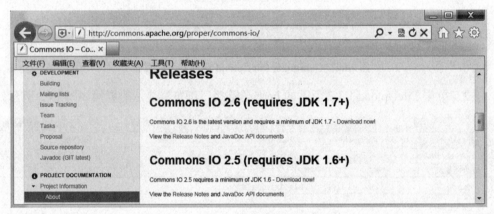

图 14.5　Commons IO 组件的下载页面 1

（2）单击 Commons IO 2.6 版本的 Download now!超链接，浏览器显示的界面如图 14.6 所示。

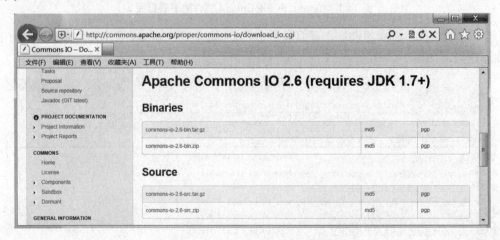

图 14.6　Commons IO 组件的下载页面 2

（3）单击 commons-io-2.6-bin.zip 超链接，完成 Commons IO 组件的下载。

（4）下载完成后，将得到名称为 commons-io-2.6-bin.zip 的文件，将该文件解压，找到 commons-io-2.6.jar 文件，这个文件即为使用 Commons IO 组件时必需的 jar 包。

14.2.3 实现单个文件上传

前文介绍过，Commons FileUpload 组件提供了三个核心 API 用于文件上传，接下来，通过一个实例来演示使用 Commons FileUpload 组件实现文件上传的具体过程。

（1）打开 Eclipse，新建 Web 工程 chapter14，在工程 chapter14 的 WebContent 目录下新建 upload01.html 文件，具体代码如例 14.1 所示。

【例 14.1】 upload01.html

```
1   <html>
2   <head>
3   <meta charset="UTF-8">
4   <title>upload01</title>
5   </head>
6   <body>
7       <form action="Servlet01" method="post" enctype="multipart/form-data">
8           用户名<input type="text" name="username"/><br>
9           头像<input type="file" name="myPic" /><br>
10          <input type="submit" value="提交" />
11      </form>
12  </body>
13  </html>
```

在以上代码中，表单元素 method 属性的值设置为 post、enctype 属性的值设置为 multipart/form-data，这种设置方式是为了让 Commons FileUpload 组件能够正确地解析并处理表单提交的内容。

（2）将 14.2.2 节介绍的 commons-io-2.6.jar 文件和 commons-fileupload-1.3.2.jar 文件复制到工程 chapter14 的 WebContent\WEB-INF\lib 目录下，完成导包。

（3）在工程 chapter14 的 src 目录下新建 com.qfedu.servlet 包，在该包下新建 Servlet 类 Servlet01，具体代码如例 14.2 所示。

【例 14.2】 Servlet01.java

```
1   package com.qfedu.servlet;
2   import java.io.*;
3   import java.util.*;
4   import javax.servlet.ServletException;
5   import javax.servlet.http.*;
6   import org.apache.commons.fileupload.*;
7   public class Servlet01 extends HttpServlet {
8       protected void doGet(HttpServletRequest request, HttpServletResponse
```

```
9              response) throws ServletException, IOException {
10                 response.setContentType("text/html;charset=utf-8");
11                 PrintWriter out = response.getWriter();
12                 //创建DiskFileItemFactory对象
13                 DiskFileItemFactory df = new DiskFileItemFactory();
14                 //设置文件上传后保存的目录
15                 File fileDir = new
16                     File(this.getServletContext().getRealPath("\\fileDir"));
17                 if (!fileDir.exists()) {
18                     fileDir.mkdirs();
19                 }
20                 //设置临时文件目录
21                 File tempDir = new
22                     File(this.getServletContext().getRealPath("\\tempDir"));
23                 if (!tempDir.exists()) {
24                     tempDir.mkdirs();
25                 }
26                 df.setRepository(tempDir);
27                 //创建ServletFileUpload对象
28                 ServletFileUpload upload = new ServletFileUpload(df);
29                 //设置编码
30                 upload.setHeaderEncoding("utf-8");
31                 //处理request对象,获取表单提交的全部内容,将封装的FileItem对象存储进List
32                 List<FileItem> fileItemList;
33                 try {
34                     fileItemList = upload.parseRequest(request);
35                     for (FileItem fileItem : fileItemList) {
36                         //如果是普通表单字段
37                         if (fileItem.isFormField()) {
38                             String name = fileItem.getFieldName();
39                             String value = fileItem.getString("utf-8");
40                             out.print("用户名："+value+"<br>");
41                         } else {
42                             //如果是文件表单字段
43                             String fileName = fileItem.getName();
44                             out.print("图片："+fileName+"<br>");
45                             //获取文件名
46                             fileName=fileName.substring
47                                 (fileName.lastIndexOf("\\")+1);
48                             //保证文件名唯一
49                             fileName=UUID.randomUUID().toString()+"_"+fileName;
50                             String filePath= fileDir+"\\"+fileName;
51                             File file = new File(filePath);
```

```
52                      InputStream inputStream=fileItem.getInputStream();
53                      FileOutputStream outputStream = new
54                          FileOutputStream(file);
55                      byte[] buffer =new byte[1024];
56                      int len;
57                      while ((len=inputStream.read(buffer))>0) {
58                          outputStream.write(buffer, 0, len);
59                      }
60                      //关流
61                      inputStream.close();
62                      outputStream.close();
63                  }
64              }
65          } catch (FileUploadException e) {
66              e.printStackTrace();
67          }
68      }
69      protected void doPost(HttpServletRequest request, HttpServletResponse
70          response) throws ServletException, IOException {
71          doGet(request, response);
72      }
73  }
```

在以上代码中，ServletFileUpload 类会获取所有的上传内容，如果是文件表单字段，可以通过 FileItem 类获取文件的 InputStream 流，然后通过 OutputStream 流将文件内容依次输出，最后保存到磁盘。

（4）将工程 chapter14 添加到 Tomcat，启动 Tomcat，打开浏览器，访问 http://localhost:8080/chapter14/upload01.html，浏览器显示的页面如图 14.7 所示。

图 14.7　访问 upload01.html 页面

（5）在"用户名"文本框中输入 xiaoqian，单击"浏览"按钮，选择预先准备的图片，本次选择图片文件"千锋教育.png"，单击"提交"按钮，此时浏览器显示的页面如图 14.8 所示。

图 14.8 执行结果 1

从图 14.8 可以看出,浏览器显示了用户名和上传文件的名称,这就说明,ServletFileUpload 对象成功获取了请求对象中封装的数据。

(6)打开保存上传文件的目录。在 Tomcat 安装目录下展开 webapps\chapter14\fileDir 文件夹,发现图片文件"千锋教育.png"已上传成功,如图 14.9 所示。

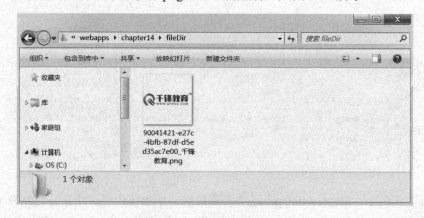

图 14.9 上传文件保存的目录

14.2.4 实现多文件批量上传

14.2.3 节介绍了使用 Commons FileUpload 组件完成单个文件的上传,接下来,通过一个实例来演示使用 Commons FileUpload 组件实现多文件批量上传。

(1)在工程 chapter14 的 WebContent 目录下新建 upload02.html 文件,具体代码如例 14.3 所示。

【例 14.3】 upload02.html

```
1    <html>
2    <head>
3    <meta charset="UTF-8">
4    <title>upload02</title>
5    </head>
6    <body>
7        <form action="Servlet01" method="post" enctype="multipart/form-data">
8            用户名<input type="text" name="username"/><br>
```

```
9                    头像01<input type="file" name="myPic1" /><br>
10                   头像02<input type="file" name="myPic2" /><br>
11                   头像03<input type="file" name="myPic3" /><br>
12               <input type="submit" value="提交" />
13               <input type="reset" value="重置" />
14         </form>
15     </body>
16 </html>
```

在以上代码中，type 属性为 file 的<input>元素共有三个，这就说明，upload02.html 页面可以完成三个文件的批量上传。

（2）重启 Tomcat，打开浏览器，访问 http://localhost:8080/chapter14/upload02.html，浏览器显示的页面如图 14.10 所示。

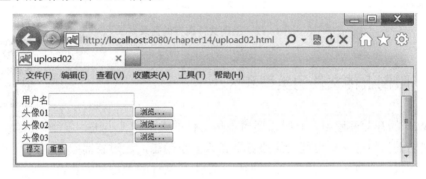

图 14.10　访问 upload02.html 页面

（3）在"用户名"文本框中输入 xiaofeng，依次单击三个"浏览"按钮，选择预先准备的图片，这里选择图片文件"千锋教育.png""千锋01.jpg""千锋02.png"，单击"提交"按钮，此时浏览器显示的页面如图 14.11 所示。

图 14.11　执行结果 2

从图 14.11 可以看出，浏览器显示了用户名和三个上传文件的名称，这就说明，当多个文件批量上传时，ServletFileUpload 对象成功获取请求对象中封装的数据，并能够对多个上传文件进行批量处理。

（4）打开保存上传文件的目录。在 Tomcat 安装目录下展开 webapps\chapter14\fileDir

文件夹，发现图片文件"千锋教育.png""千锋 01.jpg""千锋 02.png"已上传成功，如图 14.12 所示。

图 14.12 上传文件保存的目录

14.2.5 限制上传文件的类型和大小

在 Web 的开发过程中，有时需要对上传文件的类型和大小进行限制，例如，以.exe 作为扩展名的可执行文件可能会给服务器带来安全隐患，这时就需要限制用户上传这类文件。接下来，通过一个实例来演示如何限制上传文件的类型和大小。

（1）在工程 chapter14 的 WebContent 目录下新建 upload03.html 文件，具体代码如例 14.4 所示。

【例 14.4】 upload03.html

```
1   <html>
2   <head>
3   <meta charset="UTF-8">
4   <title>upload03</title>
5   </head>
6   <body>
7       <form action="Servlet02" method="post" enctype="multipart/form-data">
8           请选择要上传的文件<br>
9           <input type="file" name="myPic" /><br>
10          <input type="submit" value="上传" />
11          <input type="reset" value="取消" />
12      </form>
13  </body>
14  </html>
```

（2）在工程 chapter14 的 com.qfedu.servlet 包下新建 Servlet 类 Servlet02，具体代码如例 14.5 所示。

【例 14.5】 Servlet02.java

```java
1   package com.qfedu.servlet;
2   import java.io.*;
3   import java.util.*;
4   import javax.servlet.ServletException;
5   import javax.servlet.http.*;
6   import org.apache.commons.fileupload.*;
7   import org.apache.commons.fileupload.disk.DiskFileItemFactory;
8   import org.apache.commons.fileupload.servlet.ServletFileUpload;
9   import org.apache.commons.io.filefilter.SuffixFileFilter;
10  public class Servlet02 extends HttpServlet {
11      protected void doGet(HttpServletRequest request, HttpServletResponse
12              response) throws ServletException, IOException {
13          response.setContentType("text/html;charset=utf-8");
14          PrintWriter out = response.getWriter();
15          //创建DiskFileItemFactory对象
16          DiskFileItemFactory df = new DiskFileItemFactory();
17          //设置文件上传后保存的目录
18          File fileDir = new
19              File(this.getServletContext().getRealPath("\\fileDir"));
20          if (!fileDir.exists()) {
21              fileDir.mkdirs();
22          }
23          //设置临时文件目录
24          File tempDir = new
25              File(this.getServletContext().getRealPath("\\tempDir"));
26          if (!tempDir.exists()) {
27              tempDir.mkdirs();
28          }
29          df.setRepository(tempDir);
30          //创建ServletFileUpload组件
31          ServletFileUpload upload = new ServletFileUpload(df);
32          //设置编码
33          upload.setHeaderEncoding("utf-8");
34          //处理request对象,获取表单提交的全部内容,将封装的FileItem对象存入List
35          List<FileItem> fileItemList;
36          try {
37              fileItemList = upload.parseRequest(request);
38              for (FileItem fileItem : fileItemList) {
39                  //如果是文件表单字段
40                  if (!fileItem.isFormField()) {
41                      String fileName = fileItem.getName();
42                      //获取文件名
```

```java
43                    fileName=fileName.substring
44                        (fileName.lastIndexOf("\\")+1);
45                    //保证文件名唯一
46                    String fileNameUUID=UUID.randomUUID().toString()
47                        +"_"+fileName;
48                    String filePath= fileDir+"\\"+fileNameUUID;
49                    File file = new File(filePath);
50                    //设置要限制的文件扩展名
51                    String[] suffixes = new String[]{".exe",".bat"};
52                    //设置上传文件的最大尺寸为10M
53                    long maxSize = 10*1024*1024;
54                    //创建文件扩展名过滤器,它可以调用accept()方法检测文件扩展名
55                    SuffixFileFilter fileFilter = new
56                        SuffixFileFilter(suffixes);
57                    //如果文件名以".exe" ".bat"结尾
58                    if (fileFilter.accept(file)) {
59                        out.print("禁止上传.exe 和.bat 文件");
60                    }else if (fileItem.getSize()>maxSize) {
61                        out.print("文件大小不能超过10M");
62                    }else {
63                        InputStream inputStream =
64                            fileItem.getInputStream();
65                        FileOutputStream outputStream = new
66                            FileOutputStream(file);
67                        byte[] buffer =new byte[1024];
68                        int len;
69                        while ((len=inputStream.read(buffer))>0) {
70                            outputStream.write(buffer, 0, len);
71                        }
72                        //关流
73                        inputStream.close();
74                        outputStream.close();
75                        fileItem.delete();
76                        out.print("已成功上传文件:"+fileName);
77                    }
78                }
79            }
80        } catch (FileUploadException e) {
81            e.printStackTrace();
82        }
83    }
84    protected void doPost(HttpServletRequest request, HttpServletResponse
85        response) throws ServletException, IOException {
86        doGet(request, response);
```

```
87        }
88  }
```

在以上代码中，SuffixFileFilter 对象将对上传文件的扩展名进行检测，当文件的扩展名是.exe 或.bat 时，文件上传将被终止，同时，浏览器页面将显示禁止这些文件上传的提示信息。当文件的扩展名不是.exe 或.bat 时，文件上传会继续进行。除此之外，当上传文件的大小超过 10M 时，文件上传将被终止，同时，浏览器页面将显示文件大小不能超过 10M 的提示信息。最终，如果文件上传完成，浏览器页面将显示文件上传成功的提示信息。

（3）重启 Tomcat，打开浏览器，访问 http://localhost:8080/chapter14/upload03.html，浏览器显示的页面如图 14.13 所示。

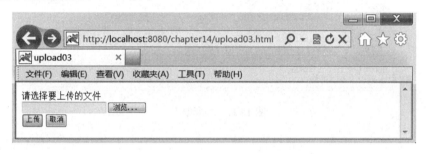

图 14.13　访问 upload03.html 页面

（4）单击"浏览"按钮，选择预先准备的.exe 文件，这里选择 QQ.exe 文件，单击"上传"按钮，此时浏览器显示的页面如图 14.14 所示。

图 14.14　执行结果 3

（5）打开保存上传文件的目录。在 Tomcat 安装目录下展开 webapps\chapter14\fileDir 文件夹，发现 QQ.exe 文件没有被上传，由此可见，Servlet02 类实现了对.exe 文件的上传限制。

（6）通过浏览器重新访问 http://localhost:8080/chapter14/upload03.html，单击"浏览"按钮，选择任意一个大于 10M 的文件，这里选择"压缩.rar"文件，单击"上传"按钮，此时浏览器显示的页面如图 14.15 所示。

（7）打开保存上传文件的目录。在 Tomcat 安装目录下展开 webapps\chapter14\fileDir 文件夹，发现"压缩.rar"文件没有被上传，由此可见，Servlet02 类实现了对大于 10M 的文件的上传限制。

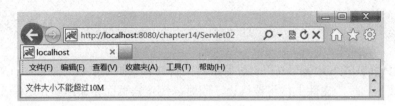

图 14.15　执行结果 4

（8）通过浏览器重新访问 http://localhost:8080/chapter14/upload03.html，选择预先准备的图片，本次选择图片文件"千锋 03.jpg"，单击"提交"按钮，此时浏览器显示的页面如图 14.16 所示。

图 14.16　执行结果 5

从图 14.16 可以看出，浏览器显示了上传文件的名称，这就说明，ServletFileUpload 对象成功获取了请求对象中封装的数据。

（9）打开保存上传文件的目录。在 Tomcat 安装目录下展开 \webapps\chapter14\fileDir 文件夹，发现图片文件"千锋 03.jpg"已上传成功，如图 14.17 所示。

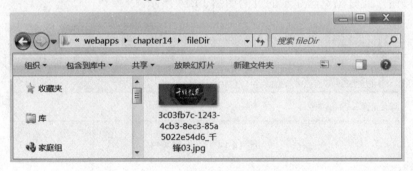

图 14.17　上传文件保存的目录

14.3　文件下载简介

文件下载是将服务器端特定目录下的文件通过 IO 流下载到本地磁盘。与文件上传相比，文件下载相对简单，在编写文件下载程序时，开发人员无须关注表单元素的操作，直接使用 Servlet 类和 IO 流即可实现相关功能。

通常情况下，实现文件的下载功能要经过以下几个步骤。

- 获取文件在服务器端存储的绝对路径；
- 将文件读入数据流；
- 设置编码格式；
- 设置响应头；
- 循环取出数据流中的数据；
- 关闭数据流。

当 Web 应用运行时，如果用户单击下载超链接，那么发送的请求会被提交到处理下载操作的 Servlet 中，该 Servlet 首先获取目标文件的存储路径，然后通过文件输入流读取目标文件，最后通过文件输出流将读取到的内容响应到客户端。

14.4 文件下载的实现

接下来，通过一个实例来演示如何实现文件的下载功能。

（1）在工程 chapter14 的 WebContent 目录下新建 download.html 文件，具体代码如例 14.6 所示。

【例 14.6】 download.html

```
1   <html>
2   <head>
3   <meta charset="UTF-8">
4   <title>download</title>
5   </head>
6   <body>
7       <a href="Servlet03">文件下载</a>
8   </body>
9   </html>
```

（2）在工程 chapter14 的 WebContent 目录下新建 download 目录，将文件"千锋 01.jpg"复制到 download 目录下。

（3）在工程 chapter14 的 com.qfedu.servlet 包下新建 Servlet 类 Servlet03，具体代码如例 14.7 所示。

【例 14.7】 Servlet03.java

```
1   package com.qfedu.servlet;
2   import java.io.*;
3   import java.net.URLEncoder;
4   import javax.servlet.*;
5   import javax.servlet.http.*;
```

```java
6  public class Servlet03 extends HttpServlet {
7      protected void doGet(HttpServletRequest request, HttpServletResponse
8          response) throws ServletException, IOException {
9          //获取目标文件的绝对路径
10         String realPath = this.getServletContext().getRealPath
11             ("\\download\\千锋01.jpg");
12         File file = new File(realPath);
13         //获取目标文件的输入流
14         FileInputStream inputStream = new FileInputStream(file);
15         //设置编码格式和响应头
16         response.setContentType("application/x-msdownload");
17         response.setHeader("Content-Disposition", "attachment;filename=" +
18             URLEncoder.encode(file.getName(), "UTF-8"));
19         //通过 response 对象获取输出流
20         ServletOutputStream outputStream = response.getOutputStream();
21         byte[] buffer = new byte[1024];
22         int len = 0;
23         while ((len = inputStream.read(buffer)) != -1) {
24             outputStream.write(buffer, 0, len);
25         }
26         outputStream.close();
27         inputStream.close();
28     }
29     protected void doPost(HttpServletRequest request, HttpServletResponse
30         response) throws ServletException, IOException {
31         doGet(request, response);
32     }
33 }
```

（4）重启 Tomcat，打开浏览器，访问 http://localhost:8080/chapter14/download.html，浏览器显示的页面如图 14.18 所示。

图 14.18　访问 download.html 页面

（5）单击"文件下载"超链接，此时浏览器显示的页面如图 14.19 所示。
（6）单击"保存"按钮，将文件下载到指定目录，至此，文件下载功能最终完成。

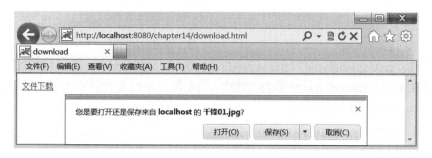

图 14.19　单击"文件下载"超链接的界面

14.5　本章小结

本章首先讲解了文件上传的基本原理，然后介绍了文件上传的相关知识，包括 Commons FileUpload 组件的核心 API、Commons FileUpload 组件的下载、使用 Commons FileUpload 组件实现文件上传等，接着讲解了文件下载的具体步骤，最后介绍了文件下载的代码实现。通过对本章知识的学习，大家要理解文件上传、下载的原理，掌握 Commons FileUpload 组件的使用，能够根据业务需求熟练编写实现文件上传和下载功能的程序。

14.6　习　　题

1．填空题

（1）Commons FileUpload 组件是＿＿＿＿＿＿组织提供的一个免费的开源组件。

（2）在 Commons FileUpload 组件中，用于封装单个表单字段元素数据的 API 是＿＿＿＿＿＿。

（3）使用 Commons FileUpload 组件上传文件时，需要将表单元素的 method 属性设置为＿＿＿＿＿＿，enctype 属性设置为＿＿＿＿＿＿。

（4）ServletFileUpload 类的＿＿＿＿＿＿方法用于设置单个上传文件的大小。

（5）ServletFileUpload 类的＿＿＿＿＿＿方法用于设置 fileItemFactory 属性。

2．选择题

（1）关于 Commons FileUpload 组件，下列说法错误的是（　　）。

　　A．它是由 Apache 组织提供的一个免费的开源组件

　　B．它一次只能实现一个文件的上传

　　C．使用该组件时，要将 form 表单的 enctype 属性设置为 multipart/form-data

　　D．它的功能需要 commons-io 包的支持

（2）在 FileItem 接口的方法中，用于获取文件表单字段的文件名的是（　　）。
  A．getName()　 B．getFieldName()
  C．getContentType()　 D．isInMemory()
（3）在 DiskFileItemFactory 类的方法中，用于设置临时文件的存放目录的是（　　）。
  A．setSizeThreshold()　 B．getSizeThreshold()
  C．setRepository(File repository)　 D．getRespository()
（4）在 ServletFileUpload 类的方法中，用于解析请求消息体内容的是（　　）。
  A．parseRequest()　 B．setFileItemFactory()
  C．getFileItemFactory()　 D．getFileSizeMax()
（5）当处理文件下载时，需要将 response 对象的 ContentType 属性设置为（　　）。
  A．application/x-msdownload　 B．application/xml
  C．text/html　 D．image/jpg

3．思考题

（1）请简述文件上传的原理。
（2）请简述文件下载的原理。

4．编程题

编写一个程序，要求该程序能够实现文件上传的功能，并将上传文件存储在 Web 应用的 WEB-INF 目录下。

第 15 章

MVC 设计模式

本章学习目标
- 理解 MVC 设计模式的原理。
- 理解 JSP Model1 模式的结构。
- 理解 JSP Model2 模式的结构。
- 掌握 JSP Model1 模式和 JSP Model2 模式的应用。

Web 应用由 Servlet、JSP 等组件构成，在早期的 Java Web 应用中，JSP 既包括处理业务逻辑的代码，又包括 HTML、CSS 等页面代码，还包括与数据库交互的代码，这些功能不同的代码混杂在一起，使代码高度耦合并降低了程序的可读性和可扩展性。为解决这个问题，MVC 设计模式被引入到 Java Web 开发中，接下来，本章将对 MVC 设计模式涉及的相关知识进行详细的讲解。

15.1 MVC 设计模式简介

MVC 的全称是 Model View Controller，即模型—视图—控制器。它是由 Xerox PARC 机构发明的一种软件设计模式，后被 SUN 公司推荐为 JavaEE 平台的设计模式，受到越来越多 Java 开发者的欢迎。

MVC 设计模式提供了一种按功能对软件进行模块划分的方式，它把应用程序分为三个核心模块：模型、视图、控制器。每个模块具有不同的功能，同一个模块中的组件保持高内聚性，各模块之间则以松散耦合的方式协同工作，具体如图 15.1 所示。

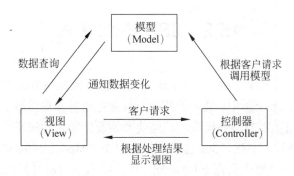

图 15.1　MVC 设计模式的结构

图 15.1 显示了 MVC 设计模式三个模块之间的相互关系，这三个模块分别代表了程序的三个层级：模型层、视图层、控制层。

1．模型层

模型层负责封装数据模型和业务模型，数据模型用来对用户请求的数据和数据库查询的数据进行封装，业务模型用来对业务处理逻辑进行封装。模型发生变化时通知视图更新数据，一个模型可以为多个视图提供数据，因此模型的可重用性得到提高。除此之外，开发人员在后期变动业务逻辑时，只需修改模型层，而不需要涉及视图层。

2．视图层

视图层负责向用户显示相关的数据并与用户交互。视图层将处理后的信息显示给用户并能接收用户输入的数据，但它并不进行任何实际的业务处理。视图层可以从模型层查询业务状态，但不能改变模型。此外，视图还能接收模型发出的数据更新事件，从而对用户界面进行同步更新。

3．控制层

控制层通常介于视图层和模型层之间，主要负责程序的流程控制。当用户通过视图层与程序互动时，控制层接受用户的请求和数据，然后将请求和数据交给相关的模型进行处理。数据处理完毕后，控制层根据处理结果选择对应的视图，视图将模型返回的数据显示给用户。

总的来说，MVC 模式的处理流程为：首先控制器接收用户的请求并调用对应的模型进行处理，然后模型根据用户请求处理业务逻辑并返回数据，最后控制器调用相应的视图来格式化模型返回的数据并将处理结果显示给用户。

MVC 模式被广泛运用于各类程序设计中，很多应用系统，尤其是一些大型的 Web 应用，更需要灵活地使用 MVC 模式对其系统架构进行设计。在 Java Web 开发中，模型一般由 JavaBean 充当，视图一般由 JSP 充当，这样 JSP 就可以专注于显示数据并与用户互动。控制器一般使用 Servlet 充当，因为 Servlet 是一个 Java 类，因此控制流程的代码很容易被添加，同时程序的可扩展性也得到提高。

15.2　JSP 开发模式

虽然 MVC 设计模式很早就出现了，但是它被引入到 Java Web 开发却经历了一番周折。在早期的 Java Web 应用中，实现流程控制、业务逻辑和页面展示的代码是混在一起的，因而很难分离出单独的业务模型，从而使产品设计的弹性很小，难以满足用户的变化性需求。为了改善以上状况，Sun 公司先后提出 JSP Model 1 和 JSP Model 2 两种开发模式，其中，JSP Model 2 模式是在 JSP Model 1 模式的基础上发展而来的，并且，JSP Model 2 模式是完全实现 MVC 的一种模式。接下来将对 JSP 的两种开发模式进行详细的讲解。

15.2.1　JSP Model 1 模式

在早期的 Java Web 开发中，由于 JSP 页面可以将处理业务逻辑的代码和 HTML 代码结合并快速构建一套小型系统，因此 JSP 页面成为 Java Web 开发的主要组件。在使用 JSP 开发的 Web 应用中，JSP 文件是一个独立的、能自主完成所有任务的模块，它负责处理业务逻辑、控制网页流程和用户展示页面。

早期的 JSP 模式结构如图 15.2 所示。

图 15.2　早期的 JSP 模式结构

从图 15.2 可以看出，当用户发出请求时，Web 应用中的 JSP 页面负责处理请求并操作数据库，处理完成后，JSP 页面将结果响应给浏览器。

在使用上述模式时，开发人员无须编写额外的 Servlet 和 JavaBean，节省了开发时间并降低了编码工作量。但是，只使用 JSP 的模式也存在缺点，当开发大型系统时，数据、业务逻辑、流程控制的代码混合在一起，使得程序的重复利用性降低，当业务逻辑需要更改时，就必须修改所有相关的 JSP 文件，造成较大的维护成本。为解决以上问题，Sun 公司提出了 JSP 开发的 JSP Model 1 模式。

JSP Model 1 模式采用 JSP+JavaBean 的结构，其中，JavaBean 对象负责封装数据和业务逻辑，JSP 页面负责流程控制和页面显示。

JSP Model 1 模式的结构如图 15.3 所示。

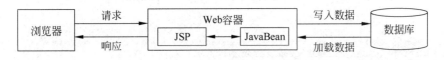

图 15.3　JSP Model 1 模式的结构

图 15.3 展示了 JSP Model 1 模式的结构，相对于早期只使用 JSP 页面的结构，开发人员可将部分重复利用的组件抽取并编写为 JavaBean。当浏览器发送请求时，Web 应用通过 JSP 调用 JavaBean 进行数据存取、业务逻辑的处理，最后将结果回传到 JSP 页面并显示出来。

JSP Model 1 模式具有如下优点。

1）提高程序的可读性

在 JSP Model 1 模式中，负责封装数据和业务逻辑功能的代码被写在 JavaBean 中，这减少了它们和页面显示代码混合的情况，提高了程序的可读性。

2)提高各个模块的可重复利用率

在实际开发中,如果使用 JavaBean 实现一些通用的业务逻辑功能,就能使不同的 JSP 共享这些通用的 JavaBean,从而减少重复代码,提高开发效率。

3)降低程序的维护难度

JavaBean 将实现业务逻辑的代码从 JSP 中分离,如果后期需要对业务逻辑进行修改,开发人员只要修改对应的 JavaBean 即可,无须过多关注 JSP。

15.2.2　JSP Model 1 模式的应用

15.2.1 节讲解了 JSP Model 1 模式的基础知识,接下来通过一个实例来讲解 JSP Model 1 模式的应用。

(1)打开 Eclipse,新建 Web 工程 chapter15,在工程 chapter15 的 src 目录下新建 com.qfedu.bean 包,在该包下新建 JavaBean 类 User,具体代码如例 15.1 所示。

【例 15.1】　User.java

```
1    package com.qfedu.bean;
2    import com.qfedu.util.DBUtil;
3    public class User {
4        private String username;
5        private String password;
6        public User() {
7            super();
8        }
9        public String getUsername() {
10           return username;
11       }
12       public void setUsername(String username) {
13           this.username = username;
14       }
15       public String getPassword() {
16           return password;
17       }
18       public void setPassword(String password) {
19           this.password = password;
20       }
21       public boolean loginSuccess(User user){
22           DBUtil util = DBUtil.getInstance();
23           User findUser = util.getUser(user.username);
24           if (null!=findUser) {
25               if(user.getPassword().equals(findUser.getPassword())){
26                   return true;
27               }
```

```
28          }
29          return false;
30      }
31  }
```

User 类是一个 JavaBean，用于封装验证登录权限和操作数据库的代码，将实现业务逻辑的内容从 JSP 页面分离。

（2）在工程 chapter15 的 src 目录下新建 com.qfedu.util 包，在该包下新建 Java 类 DBUtil，具体代码如例 15.2 所示。

【例 15.2】 DBUtil.java

```
1   package com.qfedu.util;
2   import java.util.*;
3   import com.qfedu.bean.User;
4   public class DBUtil {
5       public static DBUtil instance = new DBUtil();
6       private Map<String,User> map = new HashMap<String,User>();
7       private DBUtil() {
8           User user01 = new User();
9           user01.setUsername("xiaoqian");
10          user01.setPassword("12345");
11          User user02 = new User();
12          user02.setUsername("xiaofeng");
13          user02.setPassword("12345");
14          map.put("xiaoqian", user01);
15          map.put("xiaofeng", user02);
16      }
17      public static DBUtil getInstance(){
18          return instance;
19      }
20      public User getUser(String username){
21          return map.get(username);
22      }
23  }
```

以上代码用于模拟数据库的功能，其中 HashMap 集合相当于一个数据库，此处假设数据库中存有两条用户信息并分别用两个 User 对象来表示，DBUtil 类向外界提供 getUser()方法来查询这两条用户信息。

（3）将本书第 11 章介绍的 JSTL 标签库的四个 jar 包复制到工程 chapter15 的 WebContent\WEB-INF\lib 目录下，完成对 JSTL 标签库的导包。

（4）在工程 chapter15 的 WebContent 目录下新建 jsp 目录，在 jsp 目录下新建 JSP 文件 jsp01.jsp，具体代码如例 15.3 所示。

【例 15.3】 jsp01.jsp

```jsp
1  <%@ page language="java" contentType="text/html; charset=UTF-8"
2      pageEncoding="UTF-8"%>
3  <%@taglib prefix="c" uri="http://java.sun.com/jsp/jstl/core"%>
4  <!DOCTYPE html PUBLIC "-//W3C//DTD HTML 4.01 Transitional//EN"
5      "http://www.w3.org/TR/html4/loose.dtd">
6  <html>
7  <head>
8  <meta http-equiv="Content-Type" content="text/html; charset=UTF-8">
9  <title>jsp01</title>
10 </head>
11 <body>
12     <form action="jsp01.jsp" method="post">
13     用户名：<input type="text" name="username"/><br>
14     密码：<input type="password" name="password"/><br>
15     <input type="submit" value="登录"/>
16     <input type="reset" value="重置"/>
17     </form>
18     <!--引入JavaBean类User  -->
19     <jsp:useBean id="loginUser" class="com.qfedu.bean.User"
20         scope="request"></jsp:useBean>
21     <!--判断是否已登录  -->
22     <c:if test="${not empty sessionScope.loginUser}">
23             <jsp:forward page="jsp02.jsp"></jsp:forward>
24     </c:if>
25     <!--判断是否提交参数  -->
26     <c:if test="${not empty param.username}">
27         <jsp:setProperty property="*" name="loginUser"/>
28         <%request.setCharacterEncoding("utf-8");
29         loginUser.setUsername(request.getParameter("username"));
30         loginUser.setPassword(request.getParameter("password"));
31         if(loginUser.loginSuccess(loginUser)){
32             session.setAttribute("loginUser", loginUser);
33         }%>
34         <jsp:forward page="jsp02.jsp"></jsp:forward>
35     </c:if>
36 </body>
37 </html>
```

jsp01.jsp 页面用于接收用户提交的信息并与用户交互。在以上代码中，<jsp:useBean>元素引入 User 对象，当表单提交参数时，<jsp:setProperty>完成对 User 对象的赋值，当登录验证通过时，session 对象存入通过验证的 User 对象，最后请求被转发到 jsp02.jsp 页面。

（5）在 WebContent 目录的 jsp 目录下新建 JSP 文件 jsp02.jsp，具体代码如例 15.4 所示。

【例 15.4】 jsp02.jsp

```
1   <%@ page language="java" contentType="text/html; charset=UTF-8"
2       pageEncoding="UTF-8"%>
3   <%@taglib prefix="c" uri="http://java.sun.com/jsp/jstl/core"%>
4   <!DOCTYPE html PUBLIC "-//W3C//DTD HTML 4.01 Transitional//EN"
5       "http://www.w3.org/TR/html4/loose.dtd">
6   <html>
7   <head>
8   <meta http-equiv="Content-Type" content="text/html; charset=UTF-8">
9   <title>jsp02</title>
10  </head>
11  <body>
12      <c:choose>
13          <c:when test="${null==sessionScope.loginUser}">
14              您输入的用户名或密码不正确<br>
15              <a href="${pageContext.request.contextPath}/jsp/jsp01.jsp">登录
16              </a>
17          </c:when>
18          <c:otherwise>
19              欢迎您,${sessionScope.loginUser.username}
20              <a href="${pageContext.request.contextPath}/jsp/jsp02.jsp?
21                  action=logout">退出</a>
22          </c:otherwise>
23      </c:choose>
24      <c:if test="${param.action=='logout'}">
25              <% session.invalidate();
26                  response.sendRedirect("jsp01.jsp");%>
27      </c:if>
28  </body>
29  </html>
```

以上代码用于显示登录成功或失败的信息。如果用户登录成功，页面将显示欢迎信息；如果用户登录失败，页面将显示相应的提示信息。

（6）将工程 chapter15 添加到 Tomcat，启动 Tomcat，打开浏览器，访问 http://localhost:8080/chapter15/jsp/jsp01.jsp，浏览器显示的页面如图 15.4 所示。

（7）在"用户名"文本框中输入 xiaoqian，在"密码"文本框中输入 12345，单击"登录"按钮，浏览器显示的页面如图 15.5 所示。

图 15.4　访问 jsp01 的页面

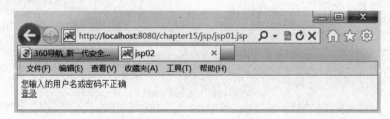

图 15.5　登录成功的页面 1

从图 15.5 可以看出，jsp01.jsp 接收用户请求，并调用 JavaBean 完成数据封装和业务逻辑处理，登录验证通过后，请求被转发到 jsp02.jsp 页面。

（8）单击"退出"超链接，此时 session 对象被销毁，浏览器显示如图 15.4 所示的页面。在"用户名"文本框中输入 aaaaa，在"密码"文本框中输入 12345，单击"登录"按钮，浏览器显示的页面如图 15.6 所示。

图 15.6　登录失败的页面 1

从图 15.6 可以看出，当用户输入不正确的用户名或密码后，jsp02.jsp 显示出相应的提示信息。

JSP Model1 模式在一定程度上实现了程序开发的模块化，降低了修改和维护的难度，但是 JSP 页面仍然承担流程控制和展示页面的双重功能，视图和控制器这两个模块未能完全分离，这是此模式最大的缺点。在本节的实例中，JSP 页面不仅要产生用户界面，还需要设置请求对象的编码方式、验证 session 对象存储的内容、确认用户的身份权限等，这使得 JSP 页面中依旧嵌入大量的 Java 代码，给项目管理和维护带来一定的困难。为了解决上述问题，在 MVC 设计模式的指导下，Sun 公司在 JSP Model1 模式的基础上提出了 JSP Model 2 模式。

15.2.3　JSP Model 2 模式

JSP Model 2 模式采用 JSP+Servlet+JavaBean 的结构，它引入 Servlet 并将 JSP 页面的流程控制功能转交给 Servlet，这就实现了 Web 应用中页面展示模块、流程控制模块和业务逻辑模块的相互分离。

JSP Model 2 模式其实是一种基于 MVC 结构的开发模式，它通过 JavaBean 实现 MVC 的模型层，通过 JSP 实现 MVC 的视图层，通过 Servlet 实现 MVC 的控制层。这些组件的交互和重用可以弥补 JSP Model1 模式的不足。

JSP Model 2 模式的结构如图 15.7 所示。

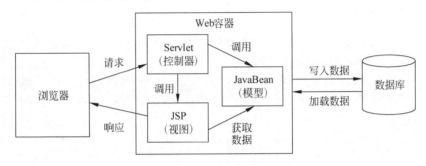

图 15.7　JSP Model 2 模式的结构

图 15.7 展示了采用 JSP Model2 模式的 Web 应用在提供服务时的工作流程，具体如下。

（1）用户通过浏览器将请求发送到 Servlet。

（2）Servlet 根据用户请求调用相应的 JavaBean 完成对请求数据、业务操作、结果数据的处理和封装。

（3）Servlet 根据处理结果选择相应的 JSP 页面。

（4）JSP 页面调用 JavaBean 获取页面所需的结果数据。

（5）包含结果数据的 JSP 页面被响应回客户端。

JSP Model 2 模式使得程序分层更加清晰，它的出现为大型系统的开发提供了便利，总的来说，JSP Model 2 模式具有如下优点。

1）开发流程更加明确

JSP Model 2 模式分离了页面展示模块、流程控制模块和业务逻辑模块，这使得整个项目可以分模块实现功能，开发人员各司其职、互不干扰，项目管理更加精准、明确。

2）流程管控更加集中

JSP Model 2 模式采用 Servlet 集中控制每个请求的处理流程，简化了 JSP 页面的功能并降低了流程控制代码的耦合度。由于 Servlet 本身就是一个 Java 类，因此使用它接收请求参数和实现页面跳转等功能是非常合适的。

3）程序维护更加简单

JSP Model 2 模式具有组件化的特点，各模块代码的重用度高，可以被反复调用。除此之外，模块化的代码有更好的扩展性，在后期维护的过程中，如果要为程序修改或增加功能，只需修改一些关联代码即可。

15.2.4　JSP Model 2 模式的应用

15.2.3 节讲解了 JSP Model 2 模式的基础知识，实际上，项目越复杂，使用 Model 2 模式的优势就越明显。接下来，通过一个实例来讲解 JSP Model 2 模式的应用，该实例将通过 JSP Model 2 模式对 15.2.2 小节中讲到的实例进行改写。

（1）在 WebContent 目录的 jsp 目录下新建 JSP 文件 jsp03.jsp，具体代码如例 15.5 所示。

【例 15.5】 jsp03.jsp

```
1   <%@ page language="java" contentType="text/html; charset=UTF-8"
2       pageEncoding="UTF-8"%>
3   <%@taglib prefix="c" uri="http://java.sun.com/jsp/jstl/core"%>
4   <!DOCTYPE html PUBLIC "-//W3C//DTD HTML 4.01 Transitional//EN"
5       "http://www.w3.org/TR/html4/loose.dtd">
6   <html>
7   <head>
8   <meta http-equiv="Content-Type" content="text/html; charset=UTF-8">
9   <title>jsp03</title>
10  </head>
11  <body>
12      <!--判断是否已登录 -->
13      <c:if test="${not empty sessionScope.loginUser}">
14              <jsp:forward page="jsp04.jsp"></jsp:forward>
15      </c:if>
16      <form action="${pageContext.request.contextPath}/LoginServlet"
17          method="post">
18      用户名：<input type="text" name="username"/><br>
19      密码：<input type="password" name="password"/><br>
20      <input type="submit" value="登录"/>
21      <input type="reset" value="重置"/>
22      </form>
23  </body>
24  </html>
```

与 jsp01.jsp 文件相比，jsp03.jsp 文件中没有写入负责流程控制的代码，此时 jsp03.jsp 文件只负责展示页面并与用户交互，它将用户提交的信息提交给相应的 Servlet 处理。

（2）在工程 chapter15 的 src 目录下新建 com.qfedu.servlet 包，在该包下新建 Servlet 类 LoginServlet，具体代码如例 15.6 所示。

【例 15.6】 LoginServlet.java

```
1   package com.qfedu.servlet;
2   import java.io.IOException;
3   import javax.servlet.ServletException;
4   import javax.servlet.http.*;
5   import com.qfedu.bean.User;
6   public class LoginServlet extends HttpServlet {
7       protected void doGet(HttpServletRequest request, HttpServletResponse
8           response) throws ServletException, IOException {
9           request.setCharacterEncoding("utf-8");
10          HttpSession session = request.getSession();
11          String username = request.getParameter("username");
12          String password = request.getParameter("password");
13          User loginUser = new User();
14          loginUser.setUsername(username);
15          loginUser.setPassword(password);
16          if (loginUser.loginSuccess(loginUser)) {
17              session.setAttribute("loginUser", loginUser);
18              response.sendRedirect("jsp/jsp04.jsp");
19          }else {
20              response.sendRedirect("jsp/jsp05.jsp");
21          }
22      }
23      protected void doPost(HttpServletRequest request, HttpServletResponse
24          response) throws ServletException, IOException {
25          doGet(request, response);
26      }
27  }
```

LoginServlet 用于接收用户发出的请求，然后调用 JavaBean 执行业务操作，最后将 JavaBean 对象包含的数据作为动态内容转发给对应的 JSP 文件。

（3）在 WebContent 目录的 jsp 目录下新建 JSP 文件 jsp04.jsp，具体代码如例 15.7 所示。

【例 15.7】 jsp04.jsp

```
1   <%@ page language="java" contentType="text/html; charset=UTF-8"
2       pageEncoding="UTF-8"%>
3   <%@taglib prefix="c" uri="http://java.sun.com/jsp/jstl/core"%>
4   <!DOCTYPE html PUBLIC "-//W3C//DTD HTML 4.01 Transitional//EN"
5       "http://www.w3.org/TR/html4/loose.dtd">
6   <html>
```

```
7   <head>
8   <meta http-equiv="Content-Type" content="text/html; charset=UTF-8">
9   <title>jsp04</title>
10  </head>
11  <body>
12      欢迎您,${sessionScope.loginUser.username}
13      <a href="${pageContext.request.contextPath}/jsp/jsp04.jsp?
14          action=logout">退出</a>
15      <c:if test="${param.action=='logout'}">
16          <% session.invalidate();
17          response.sendRedirect("jsp03.jsp");%>
18      </c:if>
19  </body>
20  </html>
```

（4）在 WebContent 目录的 jsp 目录下新建 JSP 文件 jsp05.jsp，具体代码如例 15.8 所示。

【例 15.8】 jsp05.jsp

```
1   <%@ page language="java" contentType="text/html; charset=UTF-8"
2       pageEncoding="UTF-8"%>
3   <%@taglib prefix="c" uri="http://java.sun.com/jsp/jstl/core"%>
4   <!DOCTYPE html PUBLIC "-//W3C//DTD HTML 4.01 Transitional//EN"
5       "http://www.w3.org/TR/html4/loose.dtd">
6   <html>
7   <head>
8   <meta http-equiv="Content-Type" content="text/html; charset=UTF-8">
9   <title>jsp05</title>
10  </head>
11  <body>
12      您输入的用户名或密码不正确<br>
13      <a href="${pageContext.request.contextPath}/jsp/jsp03.jsp">
14          登录</a>
15  </body>
16  </html>
```

（5）打开浏览器，访问 http://localhost:8080/chapter15/jsp/jsp03.jsp，浏览器显示的页面如图 15.8 所示。

（6）在"用户名"文本框中输入 xiaofeng，在"密码"文本框中输入 12345，单击"登录"按钮，浏览器显示的页面如图 15.9 所示。

图 15.8 访问 jsp03.jsp 的页面

图 15.9 登录成功的页面 2

（7）单击"退出"超链接，此时 session 对象被销毁，浏览器显示如图 15.8 所示的页面。在"用户名"文本框中输入 zzzzz，在"密码"文本框中输入 12345，单击"登录"按钮，浏览器显示的页面如图 15.10 所示。

图 15.10 登录失败的页面 2

当使用 JSP Model 2 模式进行 Web 开发时，需要根据业务需求对各个模块进行精心的设计。对于存在有大量展示页面和复杂业务逻辑的大型应用程序而言，JSP Model 2 模式会增加代码的健壮性和复用性，大大提升开发和维护的效率。

15.3 本章小结

本章首先讲解了 MVC 设计模式，然后介绍了 JSP 组件的开发模式，包括 JSP Model 1 模式和 JSP Model 2 模式，此外，本章还通过实例演示了 JSP Model 1 模式和 JSP Model 2 模式的具体应用。通过对本章知识的学习，大家要理解 MVC 设计模式的概念，理解 JSP 开发模式的发展历程，理解两种 JSP 开发模式的结构和特点，能够根据 JSP Model 2 模式编写 Java Web 程序。

15.4 习　　题

1. 填空题

（1）MVC 的全称是_____。
（2）MVC 设计模式把程序分为三个核心模块：_____、_____和_____。
（3）JSP Model 1 模式采用_____的结构。
（4）JSP Model 2 模式采用_____的结构。
（5）JSP Model 2 模式在 JSP Model 1 模式的基础上引入了_____。

2. 选择题

（1）在 MVC 设计模式中，M 代表的是（　　）。
　　A．模型　　　　　　　　　　B．视图
　　C．控制器　　　　　　　　　D．页面展示
（2）在 MVC 设计模式中，V 代表的是（　　）。
　　A．模型　　　　　　　　　　B．视图
　　C．控制器　　　　　　　　　D．页面展示
（3）在 MVC 设计模式中，C 代表的是（　　）。
　　A．模型　　　　　　　　　　B．视图
　　C．控制器　　　　　　　　　D．页面展示
（4）在 Java Web 应用中，充当 MVC 设计模式的 V 的是（　　）。
　　A．JSP　　　　　　　　　　 B．JavaBean
　　C．Servlet　　　　　　　　　D．Action
（5）在 Java Web 应用中，充当 MVC 设计模式的 C 的是（　　）。
　　A．JSP　　　　　　　　　　 B．JavaBean
　　C．Servlet　　　　　　　　　D．Action

2. 思考题

（1）请简述 MVC 模式的含义。
（2）请简述 JSP Model 1 模式和 JSP Model 2 模式的区别。

3. 编程题

使用 JSP Model 2 模式编写一个计算矩形面积的程序，请完成以下操作。

（1）编写页面 exercise01.jsp，该页面用于用户填写数据（矩形的长与宽）。

（2）编写 Servlet 类 ExerciseServlet，该 Servlet 用于接收页面提交的数据并实现页面跳转。

（3）编写 JavaBean 类 RectangularBean，该 JavaBean 用于存储并处理图形参数。

（4）编写页面 exercise02.jsp，该页面用于显示计算结果。

（5）编写页面 exercise03.jsp，该页面用于显示错误信息。

第 16 章

程序日志工具

本章学习目标
- 理解日志机制。
- 理解程序日志工具及其功能。
- 理解 Log4j 工具的功能。
- 掌握 Log4j 工具相关 jar 包的下载。
- 掌握 Log4j 工具配置文件的使用。
- 掌握 Log4j 工具相关 API 的使用。

日志是 Web 应用必备的一个功能，通过日志，开发人员可以快速定位问题的根源、追踪程序执行的过程、追踪数据的变化等。随着 Java 技术体系的发展和演变，早期的通过 System.out.println()语句向控制台输出调试信息的方法已经被替代，目前的 Java 编程已经发展出一套成熟的日志机制，以 Log4j 为代表的日志工具的功能越来越强大，使用也越来越方便。接下来，本章将对程序日志涉及的相关知识进行详细的讲解。

16.1 日志机制简介

日志（Log）是指记录程序运行状态的信息。在程序运行的过程中，它可以记录代码中变量的变化情况，跟踪代码运行时的轨迹，向文件或控制台输出代码的调试信息等。总体来说，日志共有以下几种功能。

1）状态监控

通过分析日志，开发人员可以实时监控系统在一段时期内的运行状态，从而做到及时发现问题、及时解决问题。

2）问题追踪

日志可以帮助开发人员定位问题的根源，当程序发生异常时，开发人员可以通过日志查看第一手的信息。例如，用户当时做了哪些操作、环境有无异常、数据有什么变化、是否反复发生等，进而定位问题的根源并研究出对应的解决方案。

3）安全审计

清晰详尽的日志信息对于保证系统的安全是十分必要的，通过分析日志，程序维护人员可以发现是否存在非授权的操作。在排查安全风险的过程中，日志既是程序维护人员寻找非安全因素的地图，也是定性非授权操作最直接的证据。

要在程序中集中输出日志，早期的做法是在代码中嵌入输出语句，例如，System.out.println()等，这种方式可以把日志信息输出到文件或控制台，但缺点也很明显，具体如下。

- 不能有效控制被输出信息的级别、输出地、格式化等，所有的运行信息都将被输出。
- 日志的可读性非常差，而且输出到控制台或文件需要消耗资源，大量的 IO 操作造成很大的资源消耗。
- 代码中充斥着大量的输出语句，复用性差，造成程序臃肿。

为了避免以上状况，各种日志记录工具逐渐被引入到 Java 开发中，如 JDK1.4 以上版本中内置的 Logger、开源的第三方工具 SimpleLog、开源的第三方工具 Log4j 等。

其中，JDK 自带的 Logger 不需要任何类库的支持，只要有 Java 运行环境即可使用。但是，与其他第三方日志工具相比，JDK Logger 在功能、复用性、易用性上都略逊一筹，因此，JDK Logger 的象征意义大于实际意义，在实际开发中很少使用。

在所有的日志工具中，目前使用最广泛的是 Log4j 工具，接下来，本书将对 Log4j 工具展开详细的介绍。

16.2　Log4j 基础

16.2.1　Log4j 简介

Log4j 是 Apache 的一个开源项目，它同时是一个日志操作工具包，能以更加简单、灵活的方式追踪程序的运行状况。

通过使用 Log4j 工具，开发人员可以控制每一条日志的输出格式、优先级，同时也可以控制日志信息的目的地（包括控制台、文件等），进而以更加细致的方式控制日志的生成过程。除此之外，当需要修改输出日志的优先级、目的地、格式时，只需修改 Log4j 工具提供的配置文件即可，而不必改动程序代码。

Log4j 主要由 Logger、Appender 和 Layout 三大组件构成。

- **Logger**：负责生成日志并对日志信息进行分类筛选，决定日志信息是否输出。
- **Appender**：定义了日志信息输出的目的地，目的地可以是控制台、文件或网络设备。
- **Layout**：指定日志信息的输出格式。

这三个组件协同工作，使开发人员能够依据日志信息的类别去记录信息，并能够在程序运行期间，控制日志信息的输出格式及日志的存放地点。

一个 Logger 可以有多个 Appender，这意味着日志信息可以输出到多个目的地，并且每个 Appender 对应一种 Layout，可以有单独的输出格式。

16.2.2　Logger

Logger 是 Log4j 的核心组件，它代表了 Log4j 的日志记录器。Log4j 为输出的日志信息定义五种级别，分别是 DEBUG、INFO、WARN、ERROR、FATAL，具体如表 16.1 所示。

表 16.1　日志信息的五种级别

日志级别	消息类型	说明
DEBUG	Object	输出调试级别的日志信息，它是最低的日志级别
INFO	Object	输出信息级别的日志信息，它高于 DEBUG 日志级别
WARN	Object	输出警告级别的日志信息，它高于 INFO 日志级别
ERROR	Object	输出错误级别的日志信息，它高于 WARN 日志级别
FATAL	Object	输出致命错误级别的日志信息，它是最高的日志级别

Log4j 的优先级由高到低依次是 FATAL、ERROR、WARN、INFO、DEBUG，如果定义的级别较高，则较低级别的日志将不会被输出。例如，把日志的级别设置为 INFO 级别，那么程序中所有 INFO 级别以上的日志信息将会被输出，而 DEBUG 级别的日志信息不会被输出。

Logger 组件主要由 Logger 类来实现，为了实现输出日志的功能，Logger 类提供了一系列的方法，具体如表 16.2 所示。

表 16.2　Logger 类的方法

方法	说明
static Logger getLogger(Class clazz)	根据指定的类信息获取日志记录器对象
static Logger getLogger(String name)	根据指定的名称获取日志记录器对象
static Logger getRootLogger()	获取根日志记录器
void debug(Object message)	用于输出调试级别的日志信息
void info(Object message)	用于输出信息级别的日志信息
void warn(Object message)	用于输出警告级别的日志信息
void error(Object message)	用于输出错误级别的日志信息
void fatal(Object message)	用于输出致命错误级别的日志信息

日志信息的级别是在 Log4j 的配置文件中指定的，后文会对 Log4j 的配置文件进行详细的介绍。

16.2.3　Appender

Log4j 的 Appender 组件决定日志输出的目的地，当程序输出日志信息时，Logger 对象将日志的记录请求发送至 Appender，然后由 Appender 将输出结果写入到指定的目的地。

Appender 组件主要由 Appender 接口来实现，Appender 接口有多种实现类，它们负责将日志输出到不同的目的地，例如，ConsoleAppender 类负责将日志输出到控制台。
Appender 接口的常用实现类如表 16.3 所示。

表 16.3　Appender 接口的常用实现类

Appender 接口的实现类	说　　明
org.apache.log4j.ConsoleAppender	用于将日志信息输出到控制台
org.apache.log4j.FileAppender	用于将日志信息输出到文件
org.apache.log4j.DailyRollingFileAppender	每隔一段时间生成一个新的日志文件
org.apache.log4j.RollingFileAppender	当日志文件大小超出限制时，重新生成新的日志文件，可以设置日志文件的备份数量
org.apache.log4j.WriterAppender	将日志信息以流的形式发送到任意指定的目的地
org.apache.log4j.jdbc.JDBCAppender	用于将日志信息通过 JDBC 连接输出到数据库中，需要配置对应的驱动、URL、用户名、密码
org.apache.log4j.net.SocketAppender	用于将日志信息通过网络 TCP 协议发送给远程服务器
org.apache.log4j.net.SMTPAppender	用于将日志信息以邮件形式发送出去

表 16.3 列举了 Appender 接口的常用实现类，当需要指定日志输出的目的地时，只需在 Log4j 的配置文件中配置相应的 Appender 实现类即可。

16.2.4　Layout

Layout 组件决定日志信息的输出格式，它负责格式化日志信息。在使用 Log4j 输出日志的过程中，一个 Appender 必须使用一个与之关联的 Layout。

Log4j 提供了几种类型的日志输出格式，具体如表 16.4 所示。

表 16.4　Log4j 提供的日志输出格式

日志输出格式	说　　明
org.apache.log4j.SimpleLayout	简单布局。该布局的输出中仅包含日志信息级别和信息字符串
org.apache.log4j.PatternLayout	模式布局。可以根据指定的模式字符串来决定日志信息的输出格式，它是最常用的一种格式化方式
org.apache.log4j.HTMLLayout	将日志信息以 HTML 格式输出，输出为文件后，可以直接用浏览器打开
org.apache.log4j.TTCCLayout	日志的格式包含日志产生的时间、线程、类别等信息

表 16.4 列举了四种类型的日志输出格式，其中最常用的是 PatternLayout 格式，PatternLayout 格式可以让开发者通过一些预定义的符号来指定日志的内容和格式。PatternLayout 格式中定义的转换符如表 16.5 所示。

表 16.5　PatternLayout 格式中定义的转换符

转 换 符	说　　明
%c	输出 Logger 名称空间的全称，允许使用%c{数字}的形式输出部分名称
%C	输出日志操作所在类的全称，允许使用%C{数字}的形式输出部分类名
%d	输出产生日志的时间和日期

转 换 符	说 明
%F	输出日志操作所在类的源文件名称
%l	输出日志操作代码所在类的名称、所在方法的名称、所在源文件的名称以及所在的行号
%L	输出日志操作代码所在的源文件的行号
%M	输出日志操作代码所在的源文件的方法名
%n	日志信息中的换行符
%p	以大写的格式输出日志的级别
%r	输出从程序启动到记录该条日志的时间间隔,单位是 ms
%t	输出产生日志信息的线程名称
%x	按 NDC(Nested Diagnostic Context,线程堆栈)的顺序输出日志
%X	按 MDC(Mapped Diagnostic Context,线程映射表)的顺序输出日志
%%	输出一个百分号

表 16.5 列举了 PatternLayout 格式中定义的转换符,这些转换符无须死记硬背,开发人员在需要时查找即可。

16.3 Log4j 应用

16.3.1 Log4j 工具的下载

由于 Log4j 工具由第三方组织提供,因此在使用 Log4j 工具时需要导入相应的 jar 包,这些 jar 包可以从 Apache 官网下载。Log4j 工具相关 jar 包的下载步骤具体如下。

(1)打开浏览器,访问 Log4j 工具的官方下载地址:http://www.apache.org/dyn/closer.cgi/logging/log4j/1.2.17/log4j-1.2.17.zip,浏览器显示的页面如图 16.1 所示。

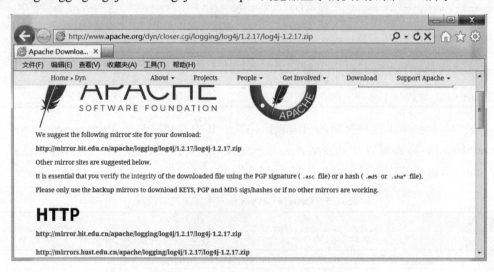

图 16.1 Log4j 工具的下载页面

（2）单击 HTTP 栏目下的 http://mirror.bit.edu.cn/apache/logging/log4j/1.2.17/log4j-1.2.17.zip 超链接，将 Log4j 工具下载到本地硬盘。

（3）下载完成后，将得到名称为 log4j-1.2.17.zip 的文件，将该文件解压，找到 log4j-1.2.17.jar 文件，这个文件即为使用 Log4j 工具时必需的 jar 包。

16.3.2 Log4j 工具的配置

Log4j 工具有三个重要的组件：Logger、Appender、Layout。要在 Web 程序中使用 Log4j，开发人员可以通过配置文件来设置这些组件的属性，然后在程序中通过 Log4j API 操作日志。Log4j 支持两种格式的配置文件，一种是 XML 格式的文件，另一种是 Java 属性的文件（.properties 文件），在实际开发中使用 Java 属性的文件居多，一般将该文件命名为 log4j.properties。接下来，本节将详细讲解如何以 Java 属性的文件格式来创建 Log4j 的配置文件。

Java 属性文件格式的配置文件有样板文件，该样板文件可以从 log4j-1.2.17.zip 压缩包中获得。解压 log4j-1.2.17.zip 压缩包，打开 examples 文件夹，其中的 sort1.properties 文件提供了 Log4j 的常用配置方式。

1. 配置 Logger 组件

Logger 组件分为 rootLogger 和自定义 Logger。如果配置 rootLogger，则语法格式如下。

```
log4j.rootLogger= [ level ] , appenderName1, appenderName2, …
```

其中，level 用于指定日志记录的最低级别，可设的值有 OFF、FATAL、ERROR、WARN、INFO、DEBUG 和 ALL。Log4j 建议只使用中间四个级别，通过设定级别，可以控制应用程序中相应级别的日志信息的开关。例如，此处设定 INFO 级别，则程序中所有 DEBUG 级别的日志信息不会被打印。appenderName 用于指定 Appender 组件，如果要指定多个 Appender，需要用逗号隔开。

如果配置自定义 Logger，则语法格式如下。

```
log4j.logger.loggerName= [ level ] , appenderName1, appenderName2, …
```

其中，loggerName 用于指定自定义 Logger 的名称，其余配置项和 rootLogger 配置方法相同。

2. 配置 Appender 组件

配置 Appender 的语法格式如下。

```
log4j.appender.appenderName = fully.qualified.name.of.appender.class
    log4j.appender.appenderName.option1 = value1
    log4j.appender.appenderName.option2 = value2
    …
```

其中，appenderName 是日志输出目的地的别名，与 Logger 中配置的 appenderName 对应；fully.qualified.name.of.appender.class 用于指定日志目的地实现类的全限定名，它的可选值在前面的章节中已有介绍，这里不再赘述；option、value 用来指定输出目的地的详细配置参数名和值。

3．配置 Layout 组件

配置 Layout 的语法格式如下。

```
log4j.appender.appenderName.layout =
    fully.qualified.name.of.appender.class
```

其中，appenderName 与 Logger 中配置的 appenderName 对应，fully.qualified.name.of.appender.class 用于指定日志输出格式实现类的全限定名，它的可选值在前文已有介绍，这里不再赘述。如果采用 PatternLayout 格式，可通过转换符设置具体的输出样式。由于这种方式相对灵活，因此，PatternLayout 格式在实际开发中应用较广。

16.3.3　Log4j 工具的使用

在 Web 开发中，使用 Log4j 打印日志信息的步骤如下。

（1）获取 Logger 对象。Logger 对象负责控制日志信息。一般通过调用 Logger 类的 getLogger()方法获取 Logger 对象，如果想要获取 rootLogger 对象，可以调用 Logger 类的 getRootLogger()方法。

（2）读取配置文件。通过调用 PropertyConfigurator 的 configure()方法可以获取配置文件的信息，在默认情况下，Log4j 会自动读取类路径下的配置文件，所以，该步骤一般省略。

（3）输出日志信息。在程序代码中需要生成日志的地方调用 Logger 类的方法输出日志信息。

接下来，通过一个实例来演示如何在 Web 应用中使用 Log4j。

（1）打开 Eclipse，新建 Web 工程 chapter16，在工程 chapter16 的 src 目录下新建 log4j.properties 文件，具体代码如例 16.1 所示。

【例 16.1】 log4j.properties

```
1   #Logger
2   log4j.rootLogger=INFO,console
3   log4j.logger.onelogger=DEBUG,file
4   #Appender
5   log4j.appender.console=org.apache.log4j.ConsoleAppender
6   log4j.appender.file=org.apache.log4j.FileAppender
7   log4j.appender.file.File=c:/log.txt
8   #Layout
9   log4j.appender.console.layout=org.apache.log4j.SimpleLayout
```

```
10  log4j.appender.file.layout=org.apache.log4j.PatternLayout
11  log4j.appender.file.layout.ConversionPattern=%d{yyyy-MM-dd HH:mm:ss}
12  [%p] %m [%t] %c [%l]%n
```

从以上配置信息可以看出，Log4j 为该 Web 程序配置了两个 Logger 组件，它们分别为 rootLogger 和自定义的 onelogger。除此之外，Log4j 还为这两个 Logger 组件配置了对应的 Appender 和 Layout。

（2）将 log4j-1.2.17.jar 文件复制到工程 chapter16 的 WebContent\WEB-INF\lib 目录下，完成导包。

（3）在工程 chapter16 的 src 目录下新建 com.qfedu.servlet 包，在 com.qfedu.servlet 包下新建 Servlet 类 Servlet01，具体代码如例 16.2 所示。

【例 16.2】 Servlet01.java

```
1   package com.qfedu.servlet;
2   import java.io.IOException;
3   import java.util.Date;
4   import javax.servlet.ServletException;
5   import javax.servlet.http.*;
6   import org.apache.log4j.Logger;
7   public class Servlet01 extends HttpServlet {
8       protected void doGet(HttpServletRequest request, HttpServletResponse
9           response) throws ServletException, IOException {
10          //获取 Logger 对象
11          Logger oneLogger = Logger.getLogger("onelogger");
12          //打印日志信息
13          oneLogger.debug("调试：当前日期是"+new
14              Date().toLocaleString()+",Log4j 初始化完毕");
15          oneLogger.debug("这是一条 DEBUG 信息");
16          oneLogger.info("这是一条 INFO 信息");
17          oneLogger.warn("这是一条 WARN 信息");
18          oneLogger.error("这是一条 ERROR 信息");
19          oneLogger.fatal("这是一条 FATAL 信息");
20      }
21      protected void doPost(HttpServletRequest request, HttpServletResponse
22          response) throws ServletException, IOException {
23          doGet(request, response);
24      }
25  }
```

在以上代码中，通过调用 Logger 类的 getLogger()方法获取 Logger 对象，然后通过 Logger 对象输出对应的日志信息。

（4）将工程 chapter16 添加到 Tomcat，启动 Tomcat，打开浏览器，访问 http://localhost:8080/chapter16/Servlet01，控制台显示的信息如图 16.2 所示。

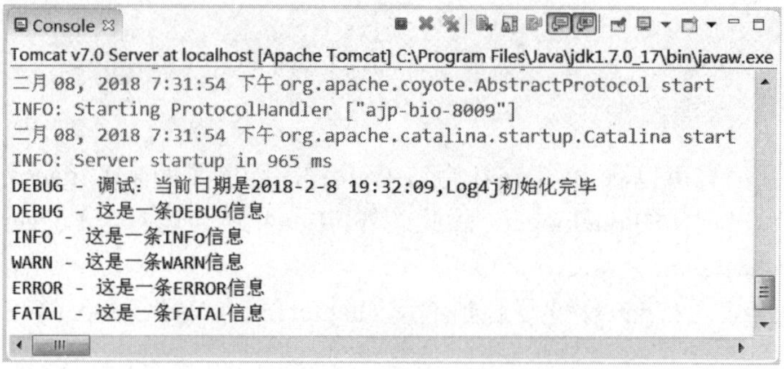

图 16.2　控制台显示的信息

（5）打开 C 盘，可以发现 C 盘目录下生成了 log.txt 文件，打开 log.txt 文件，发现 log.txt 文件中存储了 Servlet01 类执行时输出的日志信息，具体内容如图 16.3 所示。

图 16.3　log.txt 文件显示的信息

从图 16.3 可以看出，log.txt 文件中存储了按照 log4j.properties 中配置的格式输出的日志信息。

16.4　本章小结

本章首先讲解了 Web 程序的日志机制，然后介绍了常用的程序日志工具 Log4j，包括 Log4j 的 Logger 组件、Log4j 的 Appender 组件、Log4j 的 Layout 组件，接着重点讲解了 Log4j 工具的下载和配置，最后通过一个实例介绍了 Log4j 工具的具体应用。通过对本章知识的学习，大家要理解 Web 应用的日志机制，理解 Log4j 工具的体系结构和功能，掌握 Log4j 工具的下载、配置和使用，能够通过 Log4j 工具维护 Web 程序的日志。

16.5　习　　题

1．填空题

（1）日志具有_____、_____、_____等功能。

（2）Log4j 工具主要有_____、_____、_____三大组件。

（3）Log4j 为日志信息定义了_____、_____、_____、_____和_____五种级别。

（4）用于将日志信息输出到文件的 Appender 类是_____。

（5）用于将日志信息的输出格式设置为 HTML 的 Layout 类是_____。

2．选择题

（1）在 Log4j 工具中，代表日志记录器的组件是（　　）。
  A．Logger   B．Appender
  C．Layout   D．ConsoleAppender

（2）在 Log4j 工具中，决定日志输出目的地的组件是（　　）。
  A．Logger   B．Appender
  C．Layout   D．JDK Logger

（3）在 Log4j 组件中，决定日志信息输出格式的组件是（　　）。
  A．Logger   B．Appender
  C．Layout   D．ConsoleAppender

（4）在 Appender 接口的实现类中，用于将信息输出到控制台的是（　　）。
  A．org.apache.log4j.FileAppender   B．org.apache.log4j.ConsoleAppender
  C．org.apache.log4j.WriterAppender   D．org.apache.log4j.RollingFileAppender

（5）在 Log4j 提供的日志输出格式中，可以通过指定模式字符串来设置输出格式的是（　　）。
  A．org.apache.log4j.SimpleLayout   B．org.apache.log4j.PatternLayout
  C．org.apache.log4j.HTMLLayout   D．org.apache.log4j.TTCCLayout

3．思考题

（1）请简述日志的功能。
（2）请简述 Log4j 工具的体系及功能。

4．编程题

使用 Log4j 工具输出程序异常日志信息，请完成以下操作。

（1）创建 log4j.properties 文件，完成 Log4j 工具的配置，将日志信息分别输出到控制台和 C 盘的 myLog.txt 文件中。

（2）编写 Servlet 类 Exercise_Servlet，该 Servlet 用于产生一个异常并通过 Log4j 的 API 将异常信息输出到指定的目的地。

（3）使用浏览器访问 Exercise_Servlet，查看控制台显示的日志信息，查看 C 盘下是否生成 myLog.txt 文件，打开 myLog.txt 文件，查看其中的日志信息。

第 17 章 人力资源管理系统

本章学习目标
- 理解本章项目案例的业务流程。
- 掌握 Web 程序的开发流程。
- 掌握 MVC 的开发模式。
- 掌握 Java Web 开发的核心技术。

在前面的章节中,本书详细讲解了 Java Web 开发涉及的基础知识与核心技术,包括 Servlet、Filter、Listener 等。为了帮助大家串联和巩固之前学习的知识,本书将通过一个项目案例来讲解这些知识点在实际开发中的应用,让大家真正理解 Java Web 技术的精髓并做到融会贯通、学以致用。

17.1 系统概述

17.1.1 开发背景

当今社会正快速向高度信息化社会迈进,智能化信息处理已成为提高效率、规范管理的最有效途径。对于大中型企业来说,利用计算机高效率地完成人力资源管理的日常事务,是适应现代企业制度要求的体现,同时也是提升企业管理水平和竞争能力的重要途径。

一直以来,传统的文件档案管理方式存在着许多缺点,例如,效率低,保密性差,不利于查找、更新、维护等。而人力资源管理系统的出现有力地解决了这些问题,它具有检索迅速、查找方便、可靠性高、存储量大、寿命长等优点,能够为用户提供充足的信息和快捷的查询手段,对企业的决策和管理起着至关重要的作用。

目前,几乎所有的大中型企业都建设有人力资源管理系统,不同企业的人力资源管理系统略有不同,但基础业务功能大同小异。接下来,本书将详细讲解人力资源管理系统相关基础功能的开发步骤。

17.1.2 需求分析

人力资源管理系统是典型的信息管理系统(MIS)，其开发主要包括数据库的建立和维护，以及服务端应用程序的设计和编码。前者要求建立数据完整性好、安全性高的库，后者则要求应用程序功能完备、便于使用等。如果要开发一个实现基础功能的人力资源管理系统，从用户角度出发，以高效管理、满足用户需求为原则，那么该人力资源管理系统要实现以下功能。

- 招聘管理，提供针对应聘人员信息的添加、查询、入库、删除等功能。
- 培训管理，提供针对培训计划、培训总结的添加、查询、删除等功能。
- 薪金管理，提供针对员工薪金的添加、查询、修改、删除等功能。
- 系统管理，提供针对系统用户的登录、退出、添加、查询、修改、删除等功能。

在理清功能需求以后，数据库、表的设计和服务端的程序开发将围绕这些功能需求执行，并且必须保证程序的可维护性和可扩展性。

17.1.3 开发环境

在开发该人力资源管理系统时，需要配备以下开发环境，如表 17.1 所示。

表 17.1 人力资源管理系统的开发环境

名　　称	系统配置条件
硬件环境	4GB 以上内存的计算机
操作系统	Windows 7、Windows 10 等
语言	Java、JavaScript、HTML、CSS 等
开发工具	Eclipse
服务器软件	Tomcat 7
数据库	MySQL 5.5
浏览器	Firefox、Chrome

为了减少一些不必要的麻烦，大家在学习时应尽量按照表 17.1 中列举的内容配置开发环境，从而保证系统运行平稳、响应及时。

17.1.4 系统预览

人力资源管理系统包含四大功能模块，其中每个模块都由若干个页面组成。接下来将对人力资源管理系统的关键页面进行预览，大家可以在预览的过程中对本系统做初步了解。

首先，在浏览器的地址栏中输入人力资源管理系统的地址，就可以进入到人力资源管理系统的登录页面，登录页面如图 17.1 所示。

图 17.1 登录页面

在登录页面中输入相应的用户名和密码信息,单击"确认登录"按钮,进入到人力资源管理系统的首页,系统首页如图 17.2 所示。

图 17.2 系统首页

首页展示了人力资源管理系统的常用功能,左侧是管理菜单,用户可以使用这些管理菜单实现对应的操作。

在系统窗口的左侧单击"招聘管理""培训管理""薪金管理""系统管理"等选项,可以将这些选项下的对应子选项展开或隐藏。当单击子选项时,窗口的右侧会弹出对应的页面。以"招聘管理"下的"应聘信息录入"为例,当单击"应聘信息录入"选项时,窗口的右侧会弹出录入应聘信息的页面,如图 17.3 所示。

与此类似,当单击其他选项的子选项时,右侧页面都会跳转到选项所指向的内容。由于篇幅有限,这里仅展示几个相对重要的页面。在开始学习编写人力资源管理系统之前,大家可以在本书配套资源中获得项目源码,然后访问其中的全部页面,进而对该项目的功能做更加全面的了解。

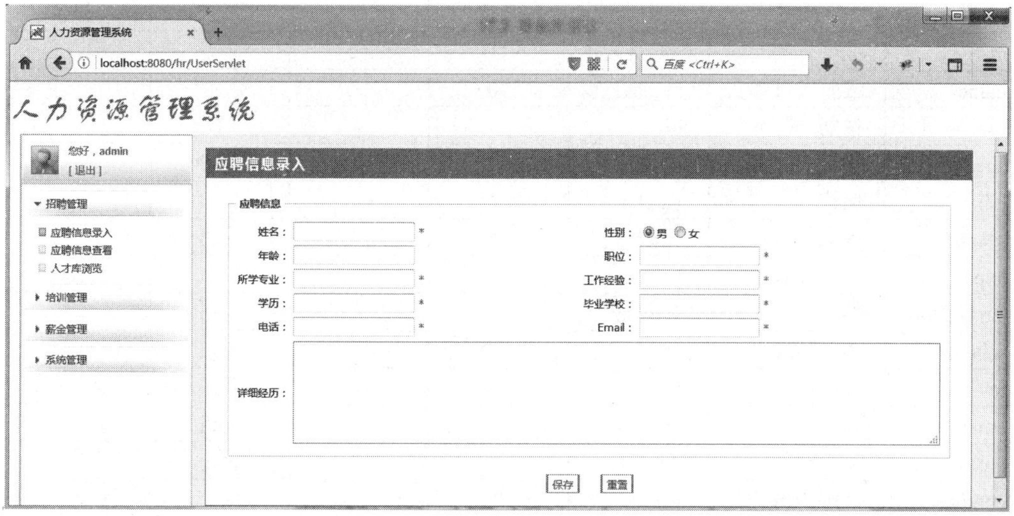

图 17.3　显示录入应聘信息的页面

17.2　数据库设计

应用系统的运行离不开数据库的支持，数据库设计的好坏直接决定着系统的好坏，一个设计良好的数据库可以提高开发效率，方便维护，并为以后扩展功能留有空间。本系统采用 MySQL 数据库，根据系统功能的设计要求和模块划分，数据表主要包括用户信息、应聘信息、培训信息、薪金信息共四张数据表，所有数据表的定义如下。

1）user（用户信息表）

该表用于存储用户信息，具体表结构如表 17.2 所示。

表 17.2　user 表的表结构

字段名称	字段描述	数据类型	长度	允许空	默认值	备注
id	编号	int	11			主键，自增
username	用户名	varchar	50			
password	用户密码	varchar	50			
sex	性别	bit	1	√	1	
birthday	生日	datetime				
createtime	创建时间	datetime				
content	人员简介	text				

2）applicant（应聘信息表）

该表用于存储应聘人员信息，具体表结构如表 17.3 所示。

表 17.3　applicant 表的表结构

字段名称	字段描述	数据类型	长度	允许空	默认值	备注
id	编号	int	11			主键，自增
name	应聘人员姓名	varchar	50			
sex	性别	bit	1	√	1	
age	年龄	int	11	√	Null	
job	岗位	varchar	50	√	Null	
specialty	专业	varchar	50	√	Null	
experience	工作经验	varchar	50	√	Null	
studyeffort	学历	varchar	50	√	Null	
school	毕业学校	varchar	50	√	Null	
tel	电话	varchar	50	√	Null	
email	邮箱	varchar	50	√	Null	
createtime	创建时间	datetime		√	Null	
context	详细经历	text				
isstock	是否入库	bit	1		0	

3）train（培训信息表）

该表用于存储培训信息，具体表结构如表 17.4 所示。

表 17.4　train 表的表结构

字段名称	字段描述	数据类型	长度	允许空	默认值	备注
id	编号	int	11			主键，自增
name	培训名称	varchar	100			
purpose	培训目的	varchar	500			
begintime	开始时间	datetime		√	Null	
endtime	结束时间	datetime		√	Null	
datum	培训材料	text				
teacher	讲师	varchar	50	√	Null	
student	培训人员	varchar	50	√	Null	
createtime	创建时间	datetime		√	Null	
educate	是否完成	bit	1			
effect	培训效果	varchar	500	√	Null	
summarize	培训总结	text				

4）salary（薪金信息表）

该表用于存储薪金信息，具体表结构如表 17.5 所示。

表 17.5　salary 表的表结构

字段名称	字段描述	数据类型	长度	允许空	默认值	备注
id	编号	int	11			主键，自增
name	员工姓名	varchar	50			
basic	基本薪金	double		√	Null	
eat	饭补	double		√	Null	

续表

字段名称	字段描述	数据类型	长度	允许空	默认值	备注
house	房补	double		√	Null	
duty	全勤奖	double		√	Null	
scot	扣税	double		√	Null	
punishment	罚款	double		√	Null	
other	额外补助	double		√	Null	
granttime	发放时间	datetime		√	Null	
totalize	总计	double		√	Null	

在分析所有数据表的结构之后,大家可根据表结构编写 SQL 语句并创建数据表,同时,也可直接使用本书配套资源中提供的 SQL 文件创建数据表。

17.3 搭建开发环境

在完成数据库和数据表的创建后,接下来开始搭建开发环境,具体步骤如下。

(1) 打开 Eclipse,新建 Web 工程 hr。

(2) 将项目所需的 jar 包导入到工程 hr 的 WEB-INF\lib 目录下,本书已在配套资源中提供了相关 jar 包,为提高学习效率,减少版本冲突,大家应尽量使用本书配套资源中提供的 jar 包。

(3) 将本书配套资源中提供的 css 文件夹、images 文件夹、js 文件夹及 21 个页面文件复制到工程 hr 的 WebContent 目录下。其中,css 文件夹中存有项目所需的 css 文件,images 文件夹中存有项目所需的图片文件,js 文件夹中存有项目所需的 js 文件。

17.4 通 用 模 块

通用模块主要用于实现系统的通用功能,对整个系统起到支撑性作用。编写通用模块的步骤如下。

(1) 编写工具类 C3P0Utils 并完成配置。在工程 hr 的 src 目录下新建 com.qfedu.utils 包,在 com.qfedu.utils 包下新建类 C3P0Utils,该类用于获取数据库连接,具体代码如例 17.1 所示。

【例 17.1】 C3P0Utils.java

```
1    package com.qfedu.utils;
2    import java.sql.*;
3    import com.mchange.v2.c3p0.ComboPooledDataSource;
4    public class C3P0Utils {
5        private static ComboPooledDataSource dataSource = new
6            ComboPooledDataSource();
```

```
7       public static DataSource getDataSource(){
8           return dataSource;
9       }
10      //创建一个ThreadLocal对象,以当前线程作为key
11      private static ThreadLocal<Connection> threadLocal = new
12          ThreadLocal<Connection>();
13      //提供当前线程中的Connection
14      public static Connection getConnection() throws SQLException{
15          Connection conn = threadLocal.get();
16          if (null==conn) {
17              conn = dataSource.getConnection();
18              threadLocal.set(conn);
19          }
20          return conn;
21      }
22  }
```

在工程 hr 的 src 目录下新建配置文件 c3p0-config.xml,具体代码如例 17.2 所示。

【例 17.2】 c3p0-config.xml

```
1   <?xml version="1.0" encoding="UTF-8"?>
2   <c3p0-config>
3       <default-config>
4           <property name="driverClass">com.mysql.jdbc.Driver</property>
5           <property name="jdbcUrl">jdbc:mysql://localhost:3306/db_hr
6           </property>
7           <property name="user">root</property>
8           <property name="password">root</property>
9       </default-config>
10  </c3p0-config>
```

(2)编写工具类 DateUtil。在 com.qfedu.utils 包下新建类 DateUtil,该类用于将 String 类型转为 Date 类型,具体代码如例 17.3 所示。

【例 17.3】 DateUtil.java

```
1   package com.qfedu.utils;
2   import java.text.*;
3   import java.util.Date;
4   public class DateUtil {
5       public static final String yyyyMMdd="yyyy-MM-dd";
6       public static Date parseToDate(String s, String style) {
7           SimpleDateFormat simpleDateFormat = new SimpleDateFormat();
8           simpleDateFormat.applyPattern(style);
9           Date date = null;
10          if(s==null||s.length()<8)
```

```
11            return null;
12        try {
13            date = simpleDateFormat.parse(s);
14        } catch (ParseException e) {
15            e.printStackTrace();
16        }
17        return date;
18    }
19    public static String parseToString(Date date, String style) {
20        SimpleDateFormat simpleDateFormat = new SimpleDateFormat();
21        simpleDateFormat.applyPattern(style);
22        String str=null;
23        if(date==null)
24            return null;
25        str=simpleDateFormat.format(date);
26        return str;
27    }
28 }
```

（3）编写工具类 StringUtil。在 com.qfedu.utils 包下新建类 StringUtil，该类用于将 Null 转为空字符串，具体代码如例 17.4 所示。

【例 17.4】 StringUtil.java

```
1  package com.qfedu.utils;
2  public class StringUtil {
3      public static String notNull(String s){
4          if(s==null||s.length()<1)
5              return "";
6          return s;
7      }
8  }
```

（4）编写过滤器 EncodingFilter。在工程 hr 的 src 目录下新建 com.qfedu.filter 包，在该包下新建过滤器 EncodingFilter，该过滤器用于统一全站的中文编码，具体代码如例17.5所示。

【例 17.5】 EncodingFilter.java

```
1  package com.qfedu.filter;
2  import java.io.*;
3  import javax.servlet.*;
4  import javax.servlet.http.*;
5  public class EncodingFilter implements Filter {
6      public void doFilter(ServletRequest request, ServletResponse response,
7          FilterChain chain) throws IOException, ServletException {
8          //强转
```

```
9           HttpServletRequest req=(HttpServletRequest) request;
10          HttpServletResponse res=(HttpServletResponse) response;
11          req.setCharacterEncoding("utf-8");
12          //放行
13          chain.doFilter(new MyRequest(req), res);
14          res.setContentType("text/html;charset=utf-8");
15      }
16   public void destroy() {
17   }
18   public void init(FilterConfig fConfig) throws ServletException {
19   }
20   class MyRequest extends HttpServletRequestWrapper{
21       private HttpServletRequest request;
22       public MyRequest(HttpServletRequest request) {
23           super(request);
24           this.request=request;
25       }
26       @Override
27       public String getParameter(String name) {
28           // post 请求
29           if (request.getMethod().equalsIgnoreCase("post")){
30               return request.getParameter(name);
31           }
32           // get 请求
33           String value = request.getParameter(name);
34           if (value == null){
35               return null;
36           }
37           try {
38             value = new String(request.getParameter(name).
39               getBytes("iso8859-1"), "utf-8");
40           } catch (UnsupportedEncodingException e) {
41           };
42           return value;
43       }
44   }
45 }
```

（5）编写 Servlet 类 BaseServlet。在工程 hr 的 src 目录下新建 com.qfedu.web 包，在该包下新建 Servlet 类 BaseServlet，该 Servlet 类用于为客户端请求匹配对应的处理方法，具体代码如例 17.6 所示。

【例 17.6】 BaseServlet.java

```
1   package com.qfedu.web;
```

```java
2   import java.io.IOException;
3   import java.lang.reflect.Method;
4   import javax.servlet.ServletException;
5   import javax.servlet.http.*;
6   public class BaseServlet extends HttpServlet {
7       @Override
8       public void service(HttpServletRequest req, HttpServletResponse
9           resp) throws ServletException, IOException {
10          String method = req.getParameter("method");
11          if (null == method || "".equals(method) ||method.trim()
12              .equals("")) {
13              method = "execute";
14          }
15          //为页面请求匹配具体的处理方法
16          Class clazz = this.getClass();
17          try {
18              Method md=clazz.getMethod(method,HttpServletRequest.class,
19                  HttpServletResponse.class);
20              if(null!=md){
21                  String jspPath = (String) md.invoke(this, req, resp);
22                  if (null != jspPath) {
23                      req.getRequestDispatcher(jspPath).forward(req,
24                          resp);
25                  }
26              }
27          } catch (Exception e) {
28              e.printStackTrace();
29          }
30      }
31      // 默认方法
32      public String execute(HttpServletRequest req, HttpServletResponse
33          resp) throws ServletException, IOException {
34          return null;
35      }
36  }
```

17.5 用 户 模 块

用户模块主要用于实现两种功能，首先是系统的登录、退出，其次是用户的添加、查询、更新和删除。接下来，将对用户模块的编写步骤做详细讲解。

（1）编写 JavaBean 类 User。在工程 hr 的 src 目录下新建 com.qfedu.pojo 包，在该包下新建类 User，该类用于封装用户信息，其主要代码如下。

```
public class User {
    private Long id;                    //员工编号
    private String username;            //员工用户名
    private String password;            //登录密码
    private Byte sex;                   //性别
    private Date birthday;              //生日
    private Date createtime;            //创建时间
    private String content;             //人员简介
    ...
}
```

以上代码列举了 User 类的属性，作为一个完整的 JavaBean，User 类还需要有无参构造方法和 getter/setter 方法，这些需要大家在开发过程中自行编写。

（2）编写 dao 层。在工程 hr 的 src 目录下新建 com.qfedu.dao 包，在该包下新建接口 UserDao，该接口用于定义用户模块的持久层方法，具体代码如例 17.7 所示。

【例 17.7】 UserDao.java

```
1   package com.qfedu.dao;
2   import java.util.List;
3   import com.qfedu.pojo.User;
4   public interface UserDao {
5       User findUserByUsernameAndPassword(String username, String password);
6       void saveUser(User user);
7       List findAllUsers();
8       User findUserById(String id);
9       void updateUser(User user);
10      void delete(String id);
11  }
```

在工程 hr 的 src 目录下新建 com.qfedu.dao.impl 包，在该包下新建 UserDao 接口的实现类 UserDaoImpl，该类用于实现用户模块对数据库的操作，具体代码如例 17.8 所示。

【例 17.8】 UserDaoImpl.java

```
1   package com.qfedu.dao.impl;
2   import java.sql.SQLException;
3   import java.util.List;
4   import org.apache.commons.dbutils.*;
5   import com.qfedu.dao.UserDao;
6   import com.qfedu.pojo.User;
7   import com.qfedu.utils.C3P0Utils;
8   public class UserDaoImpl implements UserDao {
9       private QueryRunner queryRunner = new
10          QueryRunner(C3P0Utils.getDataSource());
11      @Override
```

```java
12    public User findUserByUsernameAndPassword(String username, String
13        password) {
14        String sql ="select * from user where username= ? and password = ?";
15        Object[] params = new Object[]{username,password};
16        User user = null;
17        try {
18            user = queryRunner.query(sql, new
19                BeanHandler(User.class),params);
20        } catch (SQLException e) {
21            e.printStackTrace();
22        }
23        return user;
24    }
25    @Override
26    public void saveUser(User user) {
27        String sql ="insert into
28            user(username,password,sex,birthday,createtime,content)
29            values(?,?,?,?,?,?)";
30        Object[] params = new Object[]{user.getUsername(),
31            user.getPassword(),user.getSex(),user.getBirthday(),
32            user.getCreatetime(),user.getContent()};
33        try {
34            queryRunner.update(sql, params);
35        } catch (SQLException e) {
36            e.printStackTrace();
37        }
38    }
39    @Override
40    public List findAllUsers() {
41        String sql ="select * from user";
42        List<User> list = null;
43        try {
44            list = queryRunner.query(sql, new
45                BeanListHandler<User>(User.class) );
46        } catch (SQLException e) {
47            e.printStackTrace();
48        }
49        return list;
50    }
51    @Override
52    public User findUserById(String id) {
53        String sql ="select * from user where id = ?";
54        User user = null;
55        try {
```

```
56                user = queryRunner.query(sql,newBeanHandler<>(User.class),id);
57            } catch (SQLException e) {
58                e.printStackTrace();
59            }
60            return user;
61        }
62        @Override
63        public void updateUser(User user) {
64            String sql ="update user set username=?,password=?,sex=?,
65                birthday=?,createtime=?,content=? where id=? ";
66            Object[] params={user.getUsername(),user.getPassword(),
67                user.getSex(),user.getBirthday(),user.getCreatetime(),
68                user.getContent(),user.getId()};
69            try {
70                queryRunner.update(sql, params);
71            } catch (SQLException e) {
72                e.printStackTrace();
73            }
74        }
75        @Override
76        public void delete(String id) {
77            String sql ="delete from user where id =? ";
78            try {
79                queryRunner.update(sql, id);
80            } catch (SQLException e) {
81                e.printStackTrace();
82            }
83        }
84    }
```

（3）编写 service 层。在工程 hr 的 src 目录下新建 com.qfedu.service 包，在该包下新建接口 UserService，该接口用于定义用户模块的业务层方法，具体代码如例 17.9 所示。

【例 17.9】 UserService.java

```
1    package com.qfedu.service;
2    import java.util.List;
3    import com.qfedu.pojo.User;
4    public interface UserService {
5        User findUserByUsernameAndPassword(String username, String password);
6        void saveUser(User user);
7        List findAllUsers();
8        User findUserById(String id);
9        void updateUser(User user);
```

```
10      void delete(String id);
11  }
```

在工程 hr 的 src 目录下新建 com.qfedu.service.impl 包,在该包下新建 UserService 接口的实现类 UserServiceImpl,该类用于实现用户模块的业务层方法,具体代码如例 17.10 所示。

【例 17.10】 UserServiceImpl.java

```
1   package com.qfedu.service.impl;
2   import java.util.List;
3   import com.qfedu.dao.UserDao;
4   import com.qfedu.dao.impl.UserDaoImpl;
5   import com.qfedu.pojo.User;
6   import com.qfedu.service.UserService;
7   public class UserServiceImpl implements UserService {
8       private UserDao userDao = new UserDaoImpl();
9       @Override
10      public User findUserByUsernameAndPassword(String username, String
11          password) {
12          User user = userDao.findUserByUsernameAndPassword(username,
13              password);
14          return user;
15      }
16      @Override
17      public void saveUser(User user) {
18          userDao.saveUser(user);
19      }
20      @Override
21      public List findAllUsers() {
22          return userDao.findAllUsers();
23      }
24      @Override
25      public User findUserById(String id) {
26          User user=userDao.findUserById(id);
27          return user;
28      }
29      @Override
30      public void updateUser(User user) {
31          userDao.updateUser(user);
32      }
33      @Override
34      public void delete(String id) {
```

```
35          userDao.delete(id);
36      }
37  }
```

（4）编写 Web 层。在 src 目录下的 com.qfedu.web 包下新建 Servlet 类 UserServlet，使 UserServlet 继承 BaseServlet，该类主要用于实现用户模块的 Web 层方法，具体代码如例 17.11 所示。

【例 17.11】 UserServlet.java

```
1   package com.qfedu.web;
2   import java.io.*;
3   import java.sql.SQLException;
4   import java.util.List;
5   import javax.servlet.ServletException;
6   import javax.servlet.http.*;
7   import com.qfedu.pojo.User;
8   import com.qfedu.service.UserService;
9   import com.qfedu.service.impl.UserServiceImpl;
10  import com.qfedu.utils.DateUtil;
11  public class UserServlet extends BaseServlet {
12      private UserService userService=new UserServiceImpl();
13      public String userLogin(HttpServletRequest request,
14          HttpServletResponse response) throws ServletException,
15              IOException, SQLException {
16          String username=request.getParameter("username");
17          String password=request.getParameter("password");
18          User user=userService.
19              findUserByUsernameAndPassword(username,password);
20          if(null!=user){
21              request.getSession().setAttribute("user",user);
22          request.getRequestDispatcher("/manage.jsp").
23              forward(request, response);
24          }else{
25              request.setAttribute("error", "登录失败");
26          request.getRequestDispatcher("/login.jsp").forward(request,
27              response);
28          }
29          return null;
30      }
31      public String userLogout(HttpServletRequest request,
32          HttpServletResponse response) throws ServletException,
33              IOException, SQLException {
34          request.getSession().removeAttribute("user");
35          response.sendRedirect("login.jsp");
```

```java
36          return null;
37      }
38      public String toAddPage(HttpServletRequest request,
39          HttpServletResponse response) throws Exception {
40          request.getRequestDispatcher("/adduser.jsp").forward(request,
41              response);
42          return null;
43      }
44      public String userAdd(HttpServletRequest request,
45          HttpServletResponse response) throws Exception{
46          User user = new User();
47          user.setUsername(request.getParameter("username"));
48          user.setPassword(request.getParameter("password"));
49          user.setSex(new Byte(request.getParameter("sex")));
50          user.setBirthday(DateUtil.parseToDate(request.getParameter
51              ("birthday"), DateUtil.yyyyMMdd));
52          user.setCreatetime(new java.util.Date());
53          user.setContent(request.getParameter("content"));
54          userService.saveUser(user);
55          List userList=userService.findAllUsers();
56          request.setAttribute("userList", userList);
57          request.getRequestDispatcher("/listuser.jsp").forward
58              (request, response);
59          return null;
60      }
61      public List userList(HttpServletRequest request,
62          HttpServletResponse response) throws Exception{
63          List userList=userService.findAllUsers();
64          request.setAttribute("userList", userList);
65          request.getRequestDispatcher("/listuser.jsp").forward
66              (request, response);
67          return null;
68      }
69      public String toUpdatePage(HttpServletRequest request,
70          HttpServletResponse response) throws Exception {
71          String id = request.getParameter("id");
72          User user =userService.findUserById(id);
73          request.setAttribute("user", user);
74          request.getRequestDispatcher("/updateuser.jsp").forward
75              (request, response);
76          return null;
77      }
78      public String updateUser(HttpServletRequest request,
79          HttpServletResponse response) throws Exception{
```

```
80          User user = new User();
81          user.setId(new Long(request.getParameter("id")));
82          user.setUsername(request.getParameter("username"));
83          user.setPassword(request.getParameter("password"));
84          user.setSex(new Byte(request.getParameter("sex")));
85          user.setBirthday(DateUtil.parseToDate(request.getParameter
86              ("birthday"), DateUtil.yyyyMMdd));
87          user.setCreatetime(new java.util.Date());
88          user.setContent(request.getParameter("content"));
89          userService.updateUser(user);
90          List userList=userService.findAllUsers();
91          request.setAttribute("userList", userList);
92          request.getRequestDispatcher("/listuser.jsp").forward
93              (request, response);
94          return null;
95      }
96      public String deleteUser(HttpServletRequest request,
97          HttpServletResponse response) throws Exception{
98          String id = request.getParameter("id");
99          userService.delete(id);
100         List userList=userService.findAllUsers();
101         request.setAttribute("userList", userList);
102         request.getRequestDispatcher("/listuser.jsp").forward
103             (request,response);
104         return null;
105     }
106 }
```

（5）编写页面 index.jsp。index.jsp 是本系统默认的欢迎页面，该页面将请求跳转到登录页面，具体代码如例 17.12 所示。这里需要注意的是，由于搭建开发环境时已经导入所有的 JSP 页面文件，因此，书中不再给出 JSP 页面文件的全部代码，同时，大家在学习编写本系统时无须自行编写 JSP 页面文件，只需理解 JSP 页面文件的主要代码即可。

【例 17.12】 index.jsp

```
1 <%@ page language="java" contentType="text/html; charset=UTF-8"
2     pageEncoding="UTF-8"%>
3 <jsp:forward page="/login.jsp"></jsp:forward>
```

（6）编写页面 login.jsp。login.jsp 用于显示登录页面和回显登录失败的信息，它提供了提交登录信息的表单，主要代码如下。

```
<form name="usersForm" method="post" action="UserServlet?
    method=userLogin">
    <table width="100%" border="0" cellspacing="0" cellpadding="0">
        <tr>
```

```
        <td colspan="2" align="center"><fontcolor="red">
            ${requestScope.error}</font></td>
        </tr>
        ...
    </table>
</form>
```

从以上代码可以看出，表单信息将被提交给 UserServlet 的 userLogin()方法处理，当出现登录错误时，页面将通过 requestScope 对象获取错误信息并回显。

（7）编写页面 adduser.jsp。adduser.jsp 用于显示添加用户的页面，它提供了提交用户信息的表单，主要代码如下。

```
<form name="userForm" method="post" action="UserServlet?method=userAdd"
    onSubmit="return userValidate();">
    <div class="MainDiv">
        <table width="99%" border="0" cellpadding="0" cellspacing="0"
            class="CContent">
            ...
        </table>
    </div>
</form>
```

从以上代码可以看出，表单信息将被提交给 UserServlet 的 userAdd()方法处理。

（8）编写页面 listuser.jsp。listuser.jsp 用于展示用户列表信息，主要代码如下。

```
<tr bgcolor="#FFFFFF">
    <td height="22" align="center" >
        <%=StringUtil.notNull(u.getUsername())%> </td>
    <td height="22" align="center" >
        <%=StringUtil.notNull(u.getPassword())%> </td>
    <td height="22" align="center" >
        <%=new Byte("1").equals(u.getSex())?"男":"女"%></td>
    <td height="22" align="center" >
        <%=StringUtil.notNull(DateUtil.parseToString(u.getBirthday()
            ,DateUtil.yyyyMMdd))%> </td>
    <td height="22" align="center" >
        <%=StringUtil.notNull(u.getContent())%> </td>
    <td height="22" align="center" ><a href="UserServlet?
        method=toUpdatePage&id=<%=u.getId()%>">修改</a>  
        <a href="UserServlet?method=deleteUser&id=<%=u.getId()%>">删除
        </a></td>
</tr>
```

从以上代码可以看出，listuser.jsp 获取 request 对象中存储的 userList 对象，并将 userList 对象遍历并显示。

（9）编写页面 updateuser.jsp。updateuser.jsp 用于更新用户信息，它提供了提交用户信息的表单，主要代码如下。

```
<form name="userForm" method="post" action="UserServlet?method=updateUser"
    onSubmit="return userValidate();">
    <div class="MainDiv">
    <table width="99%" border="0" cellpadding="0" cellspacing="0"
        class="CContent">
      <tr>
         <th class="tablestyle_title" >人员信息更新</th>
      </tr>
      ...
</form>
```

从以上代码可以看出，表单信息将被提交给 UserServlet 的 updateUser()方法处理。

（10）功能演示。将工程 hr 添加到 Tomcat，启动 Tomcat，打开 Firefox 浏览器，访问 localhost:8080/hr/，浏览器跳转到登录页面。在"用户名"文本框和"密码"文本框中分别输入 admin 和 12345，浏览器跳转到系统首页。

单击首页左上角的"退出"超链接，浏览器跳转到登录页面，在"用户名"文本框和"密码"文本框中输入错误的用户名和密码，页面出现登录失败的提示信息，如图 17.4 所示。

图 17.4　登录失败后的页面

重新登录系统，进入系统首页，单击左侧"系统管理"选项下的"显示用户"子选项，浏览器跳转到查看所有用户信息的页面，具体如图 17.5 所示。

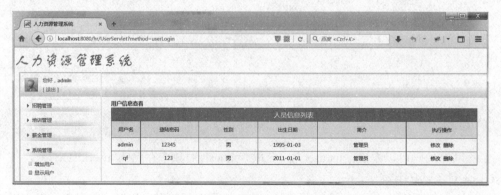

图 17.5　查看所有用户信息的页面 1

单击"增加用户"子选项,浏览器跳转到录入用户信息的页面,如图 17.6 所示。在文本框中输入相应内容,单击"保存"按钮,浏览器跳转到查看所有用户信息的页面,如图 17.7 所示。

图 17.6　录入用户信息的页面

图 17.7　查看所有用户信息的页面 2

在查看所有用户信息的页面单击用户"小千"的"修改"超链接,浏览器跳转到更新用户信息的页面,这里将密码修改为 12345。单击"更新"按钮,浏览器跳转到查看所有用户信息的页面,此时该用户信息已被修改,如图 17.8 所示。

图 17.8　查看所有用户信息的页面 3

在用户信息列表页面单击用户"小千"的"删除"超链接，浏览器跳转到查看所有用户信息的页面，此时该用户信息已被删除，如图 17.9 所示。

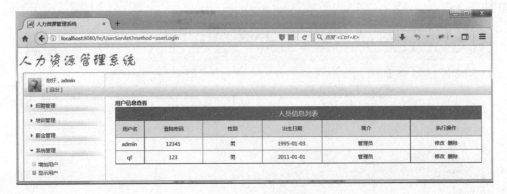

图 17.9　查看所有用户信息的页面 4

17.6　招聘管理模块

招聘管理模块主要用于实现对应聘人员信息的管理，包括添加、查询、入库和删除。接下来，将对招聘管理模块的编写步骤做详细讲解。

（1）编写 JavaBean 类 Applicant。在 src 目录下的 com.qfedu.pojo 包下新建类 Applicant，该类用于封装应聘人员信息，其主要代码如下。

```
public class Applicant {
    private Long id;                    //编号
    private String name;                //姓名
    private Byte sex;                   //性别
    private Integer age;                //年龄
    private String job;                 //职位
    private String specialty;           //所学专业
    private String experience;          //工作经验
    private String studyeffort;         //学历
    private String school;              //毕业学校
    private String tel;                 //电话号码
    private String email;               //Email
    private Date createtime;            //创建时间
    private String content;             //详细经历
    private Byte isstock;               //是否入库
    ...
}
```

以上代码块列举了 Applicant 类的属性，作为一个完整的 JavaBean，Applicant 类还需要有无参构造方法和 getter/setter 方法，这些需要大家在开发过程中自行编写。

（2）编写 dao 层。在 src 目录下的 com.qfedu.dao 包下新建接口 ApplicantDao，该接口用于定义招聘管理模块的持久层方法，具体代码如例 17.13 所示。

【例 17.13】 ApplicantDao.java

```
1   package com.qfedu.dao;
2   import java.util.List;
3   import com.qfedu.pojo.Applicant;
4   public interface ApplicantDao {
5       void saveApplicant(Applicant applicant);
6       List findAllApplicants();
7       Applicant findApplicantById(String id);
8       void deleteApplicant(String id);
9       void updateApplicant(String id);
10      List findApplicantByIsstock(String isstock);
11  }
```

在 src 目录下的 com.qfedu.dao.impl 包下新建 ApplicantDao 接口的实现类 ApplicantDaoImpl，该类用于实现招聘管理模块对数据库的操作，具体代码如例 17.14 所示。

【例 17.14】 ApplicantDaoImpl.java

```
1   package com.qfedu.dao.impl;
2   import java.sql.SQLException;
3   import java.util.List;
4   import org.apache.commons.dbutils.QueryRunner;
5   import org.apache.commons.dbutils.handlers.*;
6   import com.qfedu.dao.ApplicantDao;
7   import com.qfedu.pojo.Applicant;
8   import com.qfedu.utils.C3P0Utils;
9   public class ApplicantDaoImpl implements ApplicantDao {
10      private QueryRunner queryRunner = new
11          QueryRunner(C3P0Utils.getDataSource());
12      @Override
13      public void saveApplicant(Applicant applicant) {
14          String sql ="insert into applicant(name,sex,age,job,specialty,
15          experience,studyeffort,school,tel,email,createtime,
16          content) values(?,?,?,?,?,?,?,?,?,?,?)";
17          Object[] params = new Object[]{applicant.getName(),
18          applicant.getSex(),applicant.getAge(),applicant.getJob(),
19          applicant.getSpecialty(),applicant.getExperience(),
20          applicant.getStudyeffort(),applicant.getSchool(),
21          applicant.getTel(),applicant.getEmail(),
22          applicant.getCreatetime(),applicant.getContent()};
23          try {
```

```java
24            queryRunner.update(sql, params);
25        } catch (SQLException e) {
26            e.printStackTrace();
27        }
28    }
29    @Override
30    public List findAllApplicants() {
31        String sql ="select * from applicant";
32        List<Applicant> list = null;
33        try {
34            list = queryRunner.query(sql, new
35                BeanListHandler<Applicant>(Applicant.class) );
36        } catch (SQLException e) {
37            e.printStackTrace();
38        }
39        return list;
40    }
41    @Override
42    public Applicant findApplicantById(String id) {
43        String sql ="select * from applicant where id = ?";
44        Applicant applicant = null;
45        try {
46            applicant = queryRunner.query(sql,new
47                BeanHandler<>(Applicant.class),id);
48        } catch (SQLException e) {
49            e.printStackTrace();
50        }
51        return applicant;
52    }
53    @Override
54    public void deleteApplicant(String id) {
55        String sql ="delete from applicant where id =? ";
56        try {
57            queryRunner.update(sql, id);
58        } catch (SQLException e) {
59            e.printStackTrace();
60        }
61    }
62    @Override
63    public void updateApplicant(String id) {
64        String sql ="update applicant set isstock = 1 where id =? ";
65        try {
66            queryRunner.update(sql, id);
67        } catch (SQLException e) {
```

```
68              e.printStackTrace();
69          }
70      }
71      @Override
72      public List findApplicantByIsstock(String isstock) {
73          String sql ="select * from applicant where isstock = ?";
74          List applicantList = null;
75          try {
76              applicantList = queryRunner.query(sql,new
77                  BeanListHandler<>(Applicant.class),isstock);
78          } catch (SQLException e) {
79              e.printStackTrace();
80          }
81          return applicantList;
82      }
83  }
```

(3)编写 service 层。在 src 目录下的 com.qfedu.service 包下新建接口 ApplicantService，该接口用于定义招聘管理模块的业务层方法，具体代码如例 17.15 所示。

【例 17.15】 ApplicantService.java

```
1   package com.qfedu.service;
2   import java.util.List;
3   import com.qfedu.pojo.Applicant;
4   public interface ApplicantService {
5       void saveApplicant(Applicant applicant);
6       List findAllApplicants();
7       Applicant findApplicantById(String id);
8       void deleteApplicant(String id);
9       void updateApplicant(String id);
10      List findApplicantByIsstock(String isstock);
11  }
```

在 src 目录下的 com.qfedu.service.impl 包下新建接口 ApplicantService 的实现类 ApplicantServiceImpl，该类用于实现招聘管理模块的业务层方法，具体代码如例 17.16 所示。

【例 17.16】 ApplicantServiceImpl.java

```
1   package com.qfedu.service.impl;
2   import java.util.List;
3   import com.qfedu.dao.ApplicantDao;
4   import com.qfedu.dao.impl.ApplicantDaoImpl;
5   import com.qfedu.pojo.Applicant;
6   import com.qfedu.service.ApplicantService;
```

```
7    public class ApplicantServiceImpl implements ApplicantService {
8        private ApplicantDao applicantDao = new ApplicantDaoImpl();
9        @Override
10       public void saveApplicant(Applicant applicant) {
11           applicantDao.saveApplicant(applicant);
12       }
13       @Override
14       public List findAllApplicants() {
15           return applicantDao.findAllApplicants();
16       }
17       @Override
18       public Applicant findApplicantById(String id) {
19           return applicantDao.findApplicantById(id);
20       }
21       @Override
22       public void deleteApplicant(String id) {
23           applicantDao.deleteApplicant(id);
24       }
25       @Override
26       public void updateApplicant(String id) {
27           applicantDao.updateApplicant(id);
28       }
29       @Override
30       public List findApplicantByIsstock(String isstock) {
31           return applicantDao.findApplicantByIsstock(isstock) ;
32       }
33   }
```

（4）编写 Web 层。在 src 目录下的 com.qfedu.web 包下新建 Servlet 类 ApplicantServlet，使 ApplicantServlet 继承 BaseServlet，该类主要用于实现招聘管理模块的 Web 层方法，具体代码如例 17.17 所示。

【例 17.17】 ApplicantServlet.java

```
1    package com.qfedu.web;
2    import java.util.List;
3    import javax.servlet.http.*;
4    import com.qfedu.pojo.Applicant;
5    import com.qfedu.service.ApplicantService;
6    import com.qfedu.service.impl.ApplicantServiceImpl;
7    public class ApplicantServlet extends BaseServlet {
8        private ApplicantService applicantService=new ApplicantServiceImpl();
9        public String toAddPage(HttpServletRequest request,
10           HttpServletResponse response) throws Exception {
```

```java
11      request.getRequestDispatcher("/addapplicant.jsp").forward
12          (request,response);
13      return null;
14  }
15  public String applicantAdd(HttpServletRequest request,
16      HttpServletResponse response) throws Exception{
17      Applicant applicant = new Applicant();
18      applicant.setName(request.getParameter("name"));
19      applicant.setSex(new Byte(request.getParameter("sex")));
20      applicant.setAge(Integer.valueOf(request.getParameter
21          ("age")));
22      applicant.setJob(request.getParameter("job"));
23      applicant.setSpecialty(request.getParameter("specialty"));
24      applicant.setSchool(request.getParameter("school"));
25      applicant.setExperience(request.getParameter("experience"));
26      applicant.setStudyeffort(request.getParameter
27          ("studyeffort"));
28      applicant.setTel(request.getParameter("tel"));
29      applicant.setEmail(request.getParameter("email"));
30      applicant.setCreatetime(new java.util.Date());
31      applicant.setContent(request.getParameter("content"));
32      applicantService.saveApplicant(applicant);
33      List applicantList=applicantService.findApplicantByIsstock("0");
34      request.setAttribute("applicantList", applicantList);
35      request.getRequestDispatcher("/listapplicant.jsp").forward
36          (request, response);
37      return null;
38  }
39  public List applicantList(HttpServletRequest request,
40      HttpServletResponse response) throws Exception{
41      List applicantList=applicantService.findApplicantByIsstock("0");
42      request.setAttribute("applicantList", applicantList);
43      request.getRequestDispatcher("/listapplicant.jsp").forward
44          (request, response);
45      return null;
46  }
47  public List applicantDetail(HttpServletRequest request,
48      HttpServletResponse response) throws Exception{
49      String id = request.getParameter("id");
50      Applicant applicant = applicantService.findApplicantById(id);
51      request.setAttribute("applicant", applicant);
52      request.getRequestDispatcher("/detailapplicant.jsp").forward
53          (request, response);
54      return null;
```

```
55        }
56        public String applicantDelete(HttpServletRequest request,
57            HttpServletResponse response) throws Exception{
58            String id = request.getParameter("id");
59            Applicant applicant = applicantService.findApplicantById(id);
60            applicantService.deleteApplicant(id);
61            List applicantList=applicantService.findApplicantByIsstock
62                (applicant.getIsstock().toString());
63            request.setAttribute("applicantList", applicantList);
64            request.getRequestDispatcher("/listapplicant.jsp").forward
65                (request, response);
66            return null;
67        }
68        public String applicantUpdate(HttpServletRequest request,
69            HttpServletResponse response) throws Exception{
70            String id = request.getParameter("id");
71            applicantService.updateApplicant(id);
72            List applicantList=applicantService.findApplicantByIsstock("1");
73            request.setAttribute("applicantList", applicantList);
74            request.getRequestDispatcher("/listapplicant.jsp").forward
75                (request, response);
76            return null;
77        }
78        public String findApplicantByIsstock(HttpServletRequest request,
79            HttpServletResponse response) throws Exception{
80            String isstock = request.getParameter("isstock");
81            List<Applicant> applicantList=applicantService.
82                findApplicantByIsstock(isstock);
83            request.setAttribute("applicantList", applicantList);
84            request.getRequestDispatcher("/listapplicant.jsp").forward
85                (request, response);
86            return null;
87        }
88    }
```

（5）编写页面 addapplicant.jsp。addapplicant.jsp 用于显示添加应聘信息的页面，它提供了提交应聘信息的表单，主要代码如下。

```
<form name="jobForm" method="post" action="ApplicantServlet?method=
    applicantAdd" onSubmit="return jobValidate();" >
    <div class="MainDiv">
        <table width="99%" border="0" cellpadding="0" cellspacing="0"
            class="CContent">
            …
        </table>
```

```
            </div>
        </form>
```

从以上代码可以看出，表单信息将被提交给 ApplicantServlet 的 applicantAdd()方法处理。

（6）编写页面 listapplicant.jsp。listapplicant.jsp 用于展示应聘信息列表，主要代码如下。

```
<tr bgcolor="#FFFFFF">
    <td height="22" align="center" ><%=j.getName()%></td>
    <td height="22" align="center" ><%=new Byte("1").equals(j.getSex())?"
        男":"女"%></td>
    <td height="22" align="center" ><%=j.getAge()%></td>
    <td height="22" align="center" ><%=j.getJob()%></td>
    <td height="22" align="center" ><%=j.getSpecialty()%></td>
    <td height="22" align="center" ><%=j.getExperience()%></td>
    <td height="22" align="center" ><a href="ApplicantServlet?method=
        applicantDetail&id=<%=j.getId()%>">详细</a>  
        <a href="ApplicantServlet?method=applicantDelete&id=<%=j.getId()
            %>">删除</a>
        <%if(j.getIsstock()!=null&&j.getIsstock().intValue()==0){%>
        <a href="ApplicantServlet?method=applicantUpdate&id=<%=j.getId()
            %>&isstock=1">入库</a></td><%}%>
</tr>
```

从以上代码可以看出，listapplicant.jsp 获取 request 对象中存储的 applicantList 对象，并将 applicantList 对象遍历并显示。

（7）功能演示。单击左侧"招聘管理"下的"应聘信息查看"子选项，浏览器跳转到查看所有应聘信息的页面，如图 17.10 所示。

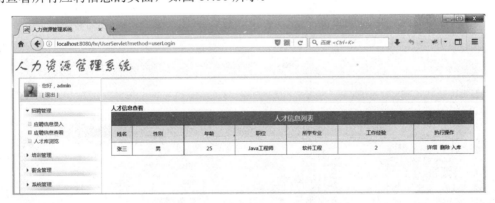

图 17.10　查看所有应聘信息的页面

单击"应聘信息录入"子选项，浏览器跳转到录入应聘信息的页面，如图 17.11 所示。

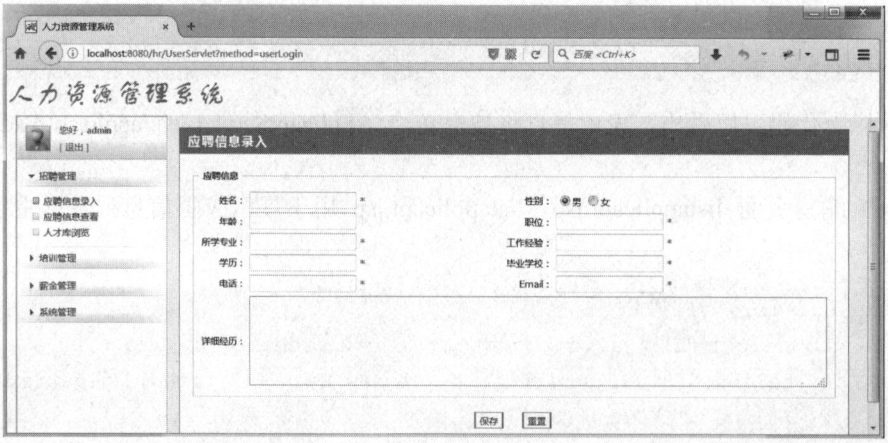

图 17.11　录入应聘信息的页面

在该页面的文本框中输入相应内容，单击"保存"按钮，浏览器跳转到查看所有应聘信息的页面，如图 17.12 所示。

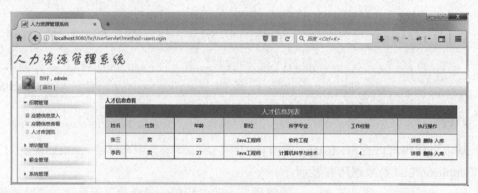

图 17.12　查看所有应聘信息的页面 2

在查看所有应聘信息的页面单击"李四"的"详细"超链接，浏览器跳转到应聘信息详情页面，如图 17.13 所示。

图 17.13　应聘信息详情页面

单击"返回"按钮回到查看所有应聘信息的页面,单击"李四"的"入库"超链接,浏览器跳转到显示人才库信息的页面,具体如图 17.14 所示。

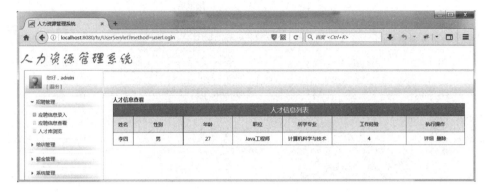

图 17.14　显示人才库信息的页面 1

单击"李四"的"删除"超链接,浏览器跳转到显示人才库信息的页面,此时"李四"的信息已被删除,如图 17.15 所示。

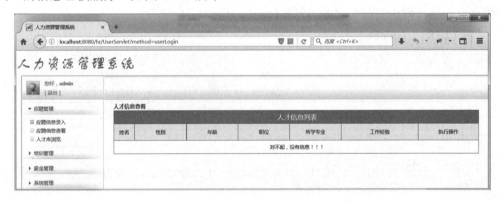

图 17.15　显示人才库信息的页面 2

17.7　培训管理模块

培训管理模块主要用于实现对培训信息的管理,包括培训计划和培训总结的添加、查询、删除等。接下来,将对培训管理模块的编写步骤做详细说明。

(1)编写 JavaBean 类 Train。在 src 目录下的 com.qfedu.pojo 包下新建类 Train,该类用于封装员工培训信息,其主要代码如下。

```
package com.qfedu.pojo;
import java.util.Date;
public class Train {
    private Long id;                //培训编号
```

```
    private String name;           //培训名称
    private String purpose;        //培训目的
    private Date begintime;        //培训开始时间
    private Date endtime;          //培训结束时间
    private String datum;          //培训材料
    private String teacher;        //培训讲师
    private String student;        //培训人员
    private Date createtime ;      //创建时间
    private Byte educate;          //培训是否完成
    private String effect;         //培训效果
    private String summarize;      //总结
    ...
}
```

以上代码块列举了 Train 类的属性，作为一个完整的 JavaBean，Train 类还需要有无参构造方法和 getter/setter 方法，这些需要大家在开发过程中自行编写。

（2）编写 dao 层。在 src 目录下的 com.qfedu.dao 包下新建接口 TrainDao，该接口用于定义培训管理模块的持久层方法，具体代码如例 17.18 所示。

【例 17.18】 TrainDao.java

```
1   package com.qfedu.dao;
2   import java.util.List;
3   import com.qfedu.pojo.Train;
4   public interface TrainDao {
5       void save(Train train);
6       List findAllTrains();
7       List<Train> findTrainByEducate(String educate);
8       Train findTrainById(String id);
9       void updateTrain(Train train);
10      void delete(String id);
11  }
```

在 src 目录下的 com.qfedu.dao.impl 包下新建接口 TrainDao 的实现类 TrainDaoImpl，该类用于实现培训管理模块对数据库的操作，具体代码如例 17.19 所示。

【例 17.19】 TrainDaoImpl.java

```
1   package com.qfedu.dao.impl;
2   import java.sql.SQLException;
3   import java.util.List;
4   import org.apache.commons.dbutils.QueryRunner;
5   import org.apache.commons.dbutils.handlers.*;
6   import com.qfedu.dao.TrainDao;
7   import com.qfedu.pojo.Train;
8   import com.qfedu.utils.C3P0Utils;
9   public class TrainDaoImpl implements TrainDao {
```

```java
10      private QueryRunner queryRunner = new
11          QueryRunner(C3P0Utils.getDataSource());
12      @Override
13      public void save(Train train) {
14          String sql ="insert into train(name,purpose,begintime,endtime,
15              datum,teacher,student,educate) values(?,?,?,?,?,?,?,?)";
16          Object[] params = new
17              Object[]{train.getName(),train.getPurpose(),
18              train.getBegintime(),train.getEndtime(),train.getDatum(),
19              train.getTeacher(),train.getStudent(),train.getEducate()};
20          try {
21              queryRunner.update(sql, params);
22          } catch (SQLException e) {
23              e.printStackTrace();
24          }
25      }
26      @Override
27      public List findAllTrains() {
28          String sql ="select * from train";
29          List<Train> list = null;
30          try {
31              list = queryRunner.query(sql, new
32                  BeanListHandler<Train>(Train.class) );
33          } catch (SQLException e) {
34              e.printStackTrace();
35          }
36          return list;
37      }
38      @Override
39      public List<Train> findTrainByEducate(String educate) {
40          String sql ="select * from train where educate = ?";
41          List<Train> list = null;
42          try {
43              list = queryRunner.query(sql, new
44                  BeanListHandler<Train>(Train.class),educate);
45          } catch (SQLException e) {
46              e.printStackTrace();
47          }
48          return list;
49      }
50      @Override
51      public Train findTrainById(String id) {
52          String sql ="select * from train where id = ?";
53          Train train = null;
```

```
54          try {
55              train = queryRunner.query(sql,new
56                  BeanHandler<>(Train.class),id);
57          } catch (SQLException e) {
58              e.printStackTrace();
59          }
60          return train;
61      }
62      @Override
63      public void updateTrain(Train train) {
64          String sql ="update train set educate = ?, effect = ? ,summarize
65              = ?  where id =?";
66          Object[] params ={1,train.getEffect(),train.getSummarize(),
67              train.getId()};
68          try {
69              queryRunner.update(sql, params);
70          } catch (SQLException e) {
71              e.printStackTrace();
72          }
73      }
74      @Override
75      public void delete(String id) {
76          String sql ="delete from train where id =? ";
77          try {
78              queryRunner.update(sql, id);
79          } catch (SQLException e) {
80              e.printStackTrace();
81          }
82      }
83  }
```

（3）编写 service 层。在 src 目录下的 com.qfedu.service 包下新建接口 TrainService，该接口用于定义培训管理模块的业务层方法，具体代码如例 17.20 所示。

【例 17.20】 TrainService.java

```
1   package com.qfedu.dao;
2   package com.qfedu.service;
3   import java.util.List;
4   import com.qfedu.pojo.Train;
5   public interface TrainService {
6       void saveTrain(Train train);
7       List findAllTrains();
8       List<Train> findTrainByEducate(String educate);
9       Train findTrainById(String id);
```

```
10    void updateTrain(Train train);
11    void delete(String id);
12 }
```

在 src 目录下的 com.qfedu.service.impl 包下新建接口 TrainService 的实现类 TrainServiceImpl,该类用于实现培训管理模块的业务层方法,具体代码如例 17.21 所示。

【例 17.21】 TrainServiceImpl.java

```
1  package com.qfedu.service.impl;
2  import java.util.List;
3  import com.qfedu.dao.TrainDao;
4  import com.qfedu.dao.impl.TrainDaoImpl;
5  import com.qfedu.pojo.Train;
6  import com.qfedu.service.TrainService;
7  public class TrainServiceImpl implements TrainService {
8      private TrainDao trainDao = new TrainDaoImpl();
9      @Override
10     public void saveTrain(Train train) {
11         trainDao.save(train);
12     }
13     @Override
14     public List findAllTrains() {
15         return trainDao.findAllTrains();
16     }
17     @Override
18     public List<Train> findTrainByEducate(String educate) {
19         return trainDao.findTrainByEducate(educate);
20     }
21     @Override
22     public Train findTrainById(String id) {
23         return trainDao.findTrainById(id);
24     }
25     @Override
26     public void updateTrain(Train train) {
27         trainDao.updateTrain(train);
28     }
29     @Override
30     public void delete(String id) {
31         trainDao.delete(id);
32     }
33 }
```

(4)编写 Web 层。在 src 目录下的 com.qfedu.web 包下新建 Servlet 类 TrainServlet,使 TrainServlet 继承 BaseServlet,该类主要用于实现培训管理模块的 Web 层方法,具体代码如例 17.22 所示。

【例 17.22】 TrainServlet.java

```java
1   package com.qfedu.web;
2   import java.util.List;
3   import javax.servlet.http.*;
4   import com.qfedu.pojo.Train;
5   import com.qfedu.service.TrainService;
6   import com.qfedu.service.impl.TrainServiceImpl;
7   import com.qfedu.utils.DateUtil;
8   public class TrainServlet extends BaseServlet {
9       private TrainService trainService = new TrainServiceImpl();
10      public String toAddPage(HttpServletRequest request,
11          HttpServletResponse response) throws Exception {
12          request.getRequestDispatcher("/addtrain.jsp").forward
13              (request, response);
14          return null;
15      }
16      public String trainAdd(HttpServletRequest request,
17          HttpServletResponse response) throws Exception{
18          Train train = new Train();
19          train.setName(request.getParameter("name"));
20          train.setPurpose(request.getParameter("purpose"));
21          train.setBegintime(DateUtil.parseToDate(request.getParameter
22              ("begintime"), DateUtil.yyyyMMdd));
23          train.setEndtime(DateUtil.parseToDate(request.getParameter
24              ("endtime"), DateUtil.yyyyMMdd));
25          train.setTeacher(request.getParameter("teacher"));
26          train.setStudent(request.getParameter("student"));
27          train.setDatum(request.getParameter("datum"));
28          train.setEducate(new Byte("0"));
29          trainService.saveTrain(train);
30          List trainList=trainService.findTrainByEducate("0");
31          request.setAttribute("trainList", trainList);
32          request.getRequestDispatcher("/listtrain.jsp").forward
33              (request, response);
34          return null;
35      }
36      public String findTrainByEducate(HttpServletRequest request,
37          HttpServletResponse response) throws Exception{
38          String educate = request.getParameter("educate");
39          List<Train> trainList=trainService.findTrainByEducate(educate);
40          request.setAttribute("trainList", trainList);
41          request.getRequestDispatcher("/listtrain.jsp").forward
42              (request, response);
```

```
43          return null;
44      }
45      public List trainDetail(HttpServletRequest request,
46          HttpServletResponse response) throws Exception{
47          String id = request.getParameter("id");
48          Train train = trainService.findTrainById(id);
49          request.setAttribute("train", train);
50          request.getRequestDispatcher("/detailtrain.jsp").forward
51              (request, response);
52          return null;
53      }
54      public List trainList(HttpServletRequest request,
55          HttpServletResponse response) throws Exception{
56          List trainList=trainService.findAllTrains();
57          request.setAttribute("trainList", trainList);
58          request.getRequestDispatcher("/listtrain.jsp").forward
59              (request, response);
60          return null;
61      }
62      public String toUpdatePage(HttpServletRequest request,
63          HttpServletResponse response) throws Exception {
64          String id = request.getParameter("id");
65          Train train =trainService.findTrainById(id);
66          request.setAttribute("train", train);
67          request.getRequestDispatcher("/updatetrain.jsp").forward
68              (request, response);
69          return null;
70      }
71      public String updateTrain(HttpServletRequest request,
72          HttpServletResponse response) throws Exception{
73          Train train = new Train();
74          train.setId(Long.valueOf(request.getParameter("id")));
75          train.setEffect(request.getParameter("effect"));
76          train.setSummarize(request.getParameter("summarize"));
77          trainService.updateTrain(train);
78          List<Train> trainList=trainService.findTrainByEducate("1");
79          request.setAttribute("educate", "1");
80          request.setAttribute("trainList", trainList);
81          request.getRequestDispatcher("/listtrain.jsp").forward
82              (request, response);
83          return null;
84      }
85      public String deleteTrain(HttpServletRequest request,
86          HttpServletResponse response) throws Exception{
```

```
87          String id = request.getParameter("id");
88          Train train =trainService.findTrainById(id);
89          trainService.delete(id);
90          List<Train> trainList=trainService.findTrainByEducate
91              (train.getEducate().toString());
92          request.setAttribute("educate",train.getEducate().toString());
93          request.setAttribute("trainList", trainList);
94          request.getRequestDispatcher("/listtrain.jsp").forward
95              (request,response);
96          return null;
97      }
98  }
```

（5）编写页面 addtrain.jsp。addtrain.jsp 用于显示添加培训信息的页面，它提供了提交培训信息的表单，主要代码如下。

```
<form name="educateForm" method="post" action="TrainServlet?method=
    trainAdd" onSubmit="return trainValidate();">
    <div class="MainDiv">
        <table width="99%" border="0" cellpadding="0" cellspacing="0"
                class="CContent">
            ...
        </table>
    </div>
</form>
```

从以上代码可以看出，表单信息将被提交给 TrainServlet 的 trainAdd()方法处理。

（6）编写页面 listtrain.jsp。listtrain.jsp 用于展示培训信息列表，主要代码如下。

```
<tr bgcolor="#FFFFFF">
    <td height="22" align="center" ><%=j.getName()%></td>
    <td height="22" align="center" ><%=j.getTeacher()%></td>
    <td height="22" align="center" ><%=j.getStudent()%></td>
    <td height="22"align="center" ><%=StringUtil.notNull(DateUtil.
        parseToString(j.getBegintime(),DateUtil.yyyyMMdd))%></td>
    <td height="22"align="center" ><%=StringUtil.notNull(DateUtil.
        parseToString(j.getEndtime(),DateUtil.yyyyMMdd))%></td>
    <td height="22" align="center" ><a href="TrainServlet?method=
        trainDetail&id=<%=j.getId()%>&educate=<%=j.getEducate()%>">详细
            </a>  
        <a href="TrainServlet?method=deleteTrain&id=<%=j.getId()%>&
            educate=<%=j.getEducate()%>">删除</a>
        <%if(!"1".equals(educate)){%>  <a href="TrainServlet?
            method=toUpdatePage&id=<%=j.getId()%>">培训完成</a><%}%></td>
</tr>
```

从以上代码可以看出，listtrain.jsp 获取 request 对象中存储的 trainList 集合，并将 trainList 集合遍历并显示。

（7）编写页面 detailtrain.jsp。detailtrain.jsp 用于展示培训信息详情，主要代码如下。

```
<table border="0" cellpadding="8" cellspacing="1" style="width:100%">
    <tr>
        <td nowrap align="right" width="11%">培训名称：</td>
        <td colspan="3"><%=e.getName()%></td>
    </tr>
    <tr>
        <td nowrap align="right" width="11%">培训目的：</td>
        <td colspan="3"><%=e.getPurpose()%></td>
    </tr>
    <tr>
        <td nowrap align="right">培训开始时间：</td>
        <td width="29%"><%=StringUtil.notNull(DateUtil.parseToString
            (e.getBegintime(),DateUtil.yyyyMMdd))%></td>
        <td width="18%">培训结束时间：</td>
        <td width="42%"><%=StringUtil.notNull(DateUtil.parseToString
            (e.getEndtime(),DateUtil.yyyyMMdd))%></td>
    </tr>
    <tr>
        <td nowrap align="right">讲师：</td>
        <td><%=e.getTeacher()%></td>
        <td>培训人员：</td>
        <td><%=e.getStudent()%></td>
    </tr>
    <tr>
        <td width="11%" nowrap align="right">培训材料：</td>
        <td colspan="3"><%=e.getDatum()%></td>
    </tr>
    <%if("1".equals(educate)){%>
    <tr>
        <td width="11%" nowrap align="right">培训效果：</td>
        <td colspan="3"><%=StringUtil.notNull(e.getEffect())%> </td>
    </tr>
    <tr>
        <td width="11%" nowrap align="right">培训总结：</td>
        <td colspan="3"><%=StringUtil.notNull(e.getSummarize())%> </td>
    </tr><%}%>
</table>
```

从以上代码可以看出，detailtrain.jsp 获取 request 对象中存储的 Train 对象，并显示 Train 对象的属性。

（8）编写页面 updatetrain.jsp。updatetrain.jsp 用于展示增加培训总结的页面，它提供了提交培训总结信息的表单，主要代码如下。

```
<form name="educateForm" method="post" action="TrainServlet?
    method=updateTrain" onSubmit="return educateValidate();">
```

```
<div class="MainDiv">
<table width="99%" border="0" cellpadding="0" cellspacing="0"
       class="CContent">
    <tr>
    <th class="tablestyle_title" >培训总结</th>
    </tr>
    ...
</form>
```

从以上代码可以看出,表单信息将被提交给 TrainServlet 的 updateTrain()方法处理。

(9)功能演示。单击左侧"培训管理"下的"培训计划查看"子选项,浏览器跳转到查看所有培训计划的页面,如图 17.16 所示。

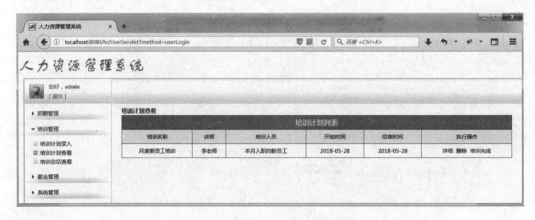

图 17.16 查看所有培训计划的页面 1

单击"培训总结查看"子选项,浏览器跳转到查看所有培训总结的页面,如图 17.17 所示。

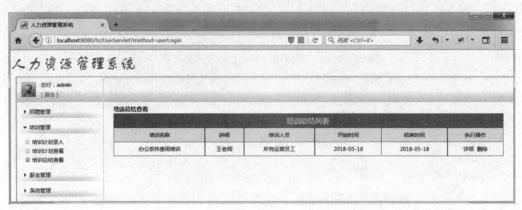

图 17.17 查看所有培训总结的页面 1

单击"培训计划录入"子选项,浏览器跳转到录入培训计划的页面,如图 17.18 所示。在文本框中输入相应内容后,单击"保存"按钮,浏览器跳转到查看所有培训计划的页面,如图 17.19 所示。

图 17.18　录入培训计划的页面

图 17.19　查看所有培训计划的页面 2

在查看所有培训计划的页面中单击"编码规约学习"的"培训完成"超链接，浏览器跳转到录入培训总结的页面，如图 17.20 所示。

图 17.20　录入培训总结的页面

在录入培训总结的页面中输入培训效果和培训总结等相关内容,单击"保存"按钮,浏览器跳转到查看所有培训总结的页面,如图 17.21 所示。

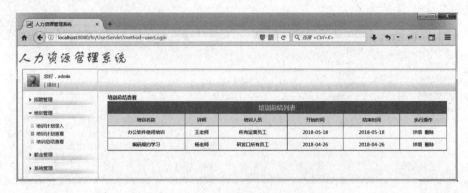

图 17.21　查看所有培训总结的页面 2

单击"编码规约学习"的"详细"超链接,浏览器跳转到培训总结详情页面,如图 17.22 所示。

图 17.22　培训总结详情页面

单击浏览器的"返回"按钮,回到查看所有培训总结的页面,单击"编码规约学习"的"删除"超链接,浏览器跳转到查看所有培训总结的页面,如图 17.23 所示,这时,该条信息已被删除。

图 17.23　查看所有培训总结的页面 3

17.8 薪金管理模块

薪金管理模块主要用于实现对员工薪金信息的管理，包括添加、查询、更新和删除。接下来，将对薪金管理模块的编写步骤做详细说明。

（1）编写 JavaBean 类 Salary。在 src 目录下的 com.qfedu.pojo 包下新建类 Salary，该类用于封装员工薪金信息，其主要代码如下。

```java
package com.qfedu.pojo;
import java.util.Date;
public class Salary {
    private Long id;                //薪金信息编号
    private String name;            //员工姓名
    private Double basic;           //基本薪金
    private Double eat;             //饭补
    private Double house;           //房补
    private Date granttime;         //工资发放时间
    private Double duty;            //全勤奖
    private Double scot;            //扣税
    private Double punishment;      //罚款
    private Double other;           //额外补助
    private Double totalize;        //总计
    ...
}
```

以上代码块列举了 Salary 类的属性，作为一个完整的 JavaBean，Salary 类还需要有无参构造方法和 getter/setter 方法，这些需要大家在开发过程中自行编写。

（2）编写 dao 层。在 src 目录下的 com.qfedu.dao 包下新建接口 SalaryDao，该接口用于定义薪金管理模块的持久层方法，具体代码如例 17.23 所示。

【例 17.23】 SalaryDao.java

```
1   package com.qfedu.dao;
2   import java.util.List;
3   import com.qfedu.pojo.Salary;
4   public interface SalaryDao {
5       List findAllSalaries();
6       void saveSalary(Salary salary);
7       void updateSalary(Salary salary);
8       Salary findSalaryById(String id);
9       void deleteSalary(String id);
10  }
```

在 src 目录下的 com.qfedu.dao.impl 包下新建接口 SalaryDao 的实现类 SalaryDaoImpl，

该类用于实现薪金管理模块对数据库的操作，具体代码如例 17.24 所示。

【例 17.24】 SalaryDaoImpl.java

```
1   package com.qfedu.dao.impl;
2   import java.sql.SQLException;
3   import java.util.List;
4   import org.apache.commons.dbutils.QueryRunner;
5   import org.apache.commons.dbutils.handlers.*;
6   import com.qfedu.dao.SalaryDao;
7   import com.qfedu.pojo.Salary;
8   import com.qfedu.utils.C3P0Utils;
9   public class SalaryDaoImpl implements SalaryDao {
10      private QueryRunner queryRunner = new
11          QueryRunner(C3P0Utils.getDataSource());
12      @Override
13      public List findAllSalaries() {
14          String sql ="select * from salary";
15          List<Salary> list = null;
16          try {
17              list = queryRunner.query(sql, new
18                  BeanListHandler<Salary>(Salary.class));
19          } catch (SQLException e) {
20              e.printStackTrace();
21          }
22          return list;
23      }
24      @Override
25      public void saveSalary(Salary salary) {
26          String sql ="insert into salary(name,basic,eat,house,duty,scot,
27              punishment,other,granttime,totalize)
28              values(?,?,?,?,?,?,?,?,?,?)";
29          Object[] params=new Object[]{salary.getName(),salary.getBasic(),
30              salary.getEat(),salary.getHouse(),salary.getDuty(),
31              salary.getScot(),salary.getPunishment(),salary.getOther(),
32              salary.getGranttime(),salary.getTotalize()};
33          try {
34              queryRunner.update(sql, params);
35          } catch (SQLException e) {
36              e.printStackTrace();
37          }
38      }
39      @Override
40      public Salary findSalaryById(String id) {
41          String sql ="select * from salary where id = ? ";
```

```
42          Salary salary = null;
43          try {
44              salary = queryRunner.query(sql, new
45                  BeanHandler<>(Salary.class), id);
46          } catch (SQLException e) {
47              e.printStackTrace();
48          }
49          return salary;
50      }
51      @Override
52      public void updateSalary(Salary salary) {
53          String sql ="update  salary set name = ?,basic= ?,eat= ?,house= ?,
54              duty= ?,scot= ?,punishment= ?,other= ?,granttime= ?,
55              totalize= ? where id = ?";
56          Object[] params = new Object[]{salary.getName(),salary.getBasic(),
57              salary.getEat(),salary.getHouse(),salary.getDuty(),
58              salary.getScot(),salary.getPunishment(),salary.getOther(),
59              salary.getGranttime(),salary.getTotalize(),salary.getId()};
60          try {
61              queryRunner.update(sql, params);
62          } catch (SQLException e) {
63              e.printStackTrace();
64          }
65
66      }
67      @Override
68      public void deleteSalary(String id) {
69          String sql ="delete from salary where id = ? ";
70          try {
71              queryRunner.update(sql, id);
72          } catch (SQLException e) {
73              e.printStackTrace();
74          }
75      }
76  }
```

（3）编写 service 层。在 src 目录下的 com.qfedu.service 包下新建接口 SalaryService，该接口用于定义薪金管理模块的业务层方法，具体代码如例 17.25 所示。

【例 17.25】 SalaryService.java

```
1  package com.qfedu.service;
2  import java.util.List;
3  import com.qfedu.pojo.Salary;
4  public interface SalaryService {
```

```
5       List findAllSalaries();
6       void saveSalary(Salary salary);
7       void updateSalary(Salary salary);
8       Salary findSalaryById(String id);
9       void delete(String id);
10  }
```

在 src 目录下的 com.qfedu.service.impl 包下新建接口 SalaryService 的实现类 SalaryServiceImpl，该类用于实现薪金管理模块的业务层方法，具体代码如例 17.26 所示。

【例 17.26】 SalaryServiceImpl.java

```
1   package com.qfedu.service.impl;
2   import java.util.List;
3   import com.qfedu.dao.SalaryDao;
4   import com.qfedu.dao.impl.SalaryDaoImpl;
5   import com.qfedu.pojo.Salary;
6   import com.qfedu.service.SalaryService;
7   public class SalaryServiceImpl implements SalaryService{
8       private SalaryDao salaryDao = new SalaryDaoImpl();
9       @Override
10      public List findAllSalaries() {
11          return salaryDao.findAllSalaries();
12      }
13      @Override
14      public void saveSalary(Salary salary) {
15          salaryDao.saveSalary(salary);
16      }
17      @Override
18      public Salary findSalaryById(String id) {
19          return salaryDao. findSalaryById(id);
20      }
21      @Override
22      public void updateSalary(Salary salary) {
23          salaryDao.updateSalary(salary);
24      }
25      @Override
26      public void delete(String id) {
27          salaryDao.deleteSalary(id);
28      }
29  }
```

（4）编写 Web 层。在 src 目录下的 com.qfedu.web 包下新建 Servlet 类 SalaryServlet，使 SalaryServlet 继承 BaseServlet，该类主要用于实现薪金管理模块的 Web 层方法，具体代码如例 17.27 所示。

【例 17.27】 SalaryServlet.java

```
1   package com.qfedu.web;
2   import java.util.List;
3   import javax.servlet.http.*;
4   import com.qfedu.pojo.Salary;
5   import com.qfedu.service.SalaryService;
6   import com.qfedu.service.impl.SalaryServiceImpl;
7   import com.qfedu.utils.DateUtil;
8   public class SalaryServlet extends BaseServlet {
9       private SalaryService salaryService=new SalaryServiceImpl();
10      public List salaryList(HttpServletRequest request, HttpServletResponse
11          response) throws Exception{
12          List salaryList=salaryService.findAllSalaries();
13          request.setAttribute("salaryList", salaryList);
14          request.getRequestDispatcher("/listsalary.jsp").forward(request,
15              response);
16          return null;
17      }
18      public String toAddPage(HttpServletRequest request, HttpServletResponse
19          response) throws Exception {
20          request.getRequestDispatcher("/addsalary.jsp").forward(request,
21              response);
22          return null;
23      }
24      public List salaryAdd(HttpServletRequest request, HttpServletResponse
25          response) throws Exception{
26          Salary salary = new Salary();
27          salary.setName(request.getParameter("name"));
28          salary.setBasic(Double.parseDouble(request.getParameter
29              ("basic")));
30          salary.setEat(Double.parseDouble(request.getParameter("eat")));
31          salary.setHouse(Double.parseDouble(request.getParameter
32              ("house")));
33          salary.setGranttime(DateUtil.parseToDate(request.getParameter
34              ("granttime"), DateUtil.yyyyMMdd));
35          salary.setDuty(Double.parseDouble(request.getParameter("duty")));
36          salary.setOther(Double.parseDouble(request.getParameter
37              ("other")));
38          salary.setPunishment(Double.parseDouble(request.getParameter
39              ("punishment")));
40          salary.setScot(Double.parseDouble(request.getParameter("scot")));
41          salary.setTotalize(salary.getBasic()+salary.getDuty()+
```

```java
42              salary.getEat()+salary.getHouse()+salary.getOther()-
43              salary.getPunishment()-salary.getScot());
44          salaryService.saveSalary(salary);
45          List salaryList=salaryService.findAllSalaries();
46          request.setAttribute("salaryList", salaryList);
47          request.getRequestDispatcher("/listsalary.jsp").forward(request,
48              response);
49          return null;
50      }
51      public String toUpdatePage(HttpServletRequest request,
52          HttpServletResponse response) throws Exception{
53          String id = request.getParameter("id");
54          Salary salary = salaryService.findSalaryById(id);
55          request.setAttribute("salary", salary);
56          request.getRequestDispatcher("/updatesalary.jsp").forward
57              (request,response);
58          return null;
59      }
60      public String salaryUpdate(HttpServletRequest request,
61          HttpServletResponse response) throws Exception{
62          Salary salary = new Salary();
63          salary.setId(Long.valueOf(request.getParameter("id")));
64          salary.setName(request.getParameter("name"));
65          salary.setBasic(Double.parseDouble(request.getParameter
66              ("basic")));
67          salary.setEat(Double.parseDouble(request.getParameter("eat")));
68          salary.setHouse(Double.parseDouble(request.getParameter
69              ("house")));
70          salary.setGranttime(DateUtil.parseToDate(request.getParameter
71              ("granttime"), DateUtil.yyyyMMdd));
72          salary.setDuty(Double.parseDouble(request.getParameter("duty")));
73          salary.setOther(Double.parseDouble(request.getParameter
74              ("other")));
75          salary.setPunishment(Double.parseDouble(request.getParameter
76              ("punishment")));
77          salary.setScot(Double.parseDouble(request.getParameter("scot")));
78          salary.setTotalize(salary.getBasic()+salary.getDuty()+
79              salary.getEat()+salary.getHouse()+salary.getOther()-
80              salary.getPunishment()-salary.getScot());
81          salaryService.updateSalary(salary);
82          List salaryList=salaryService.findAllSalaries();
83          request.setAttribute("salaryList", salaryList);
```

```
84          request.getRequestDispatcher("/listsalary.jsp").forward(request,
85              response);
86          return null;
87      }
88      public String salaryDelete(HttpServletRequest request,
89              HttpServletResponse response) throws Exception{
90          String id = request.getParameter("id");
91          salaryService.delete(id);
92          List salaryList=salaryService.findAllSalaries();
93          request.setAttribute("salaryList", salaryList);
94          request.getRequestDispatcher("/listsalary.jsp").forward(request,
95              response);
96          return null;
97      }
98  }
```

(5) 编写页面 addsalary.jsp。addsalary.jsp 用于显示添加薪金信息的页面，它提供了提交薪金信息的表单，主要代码如下。

```
<form name="stipendForm" method="post" action="SalaryServlet?method=
    salaryAdd" onsubmit="return salaryValidate();">
    <div class="MainDiv">
        <table width="99%" border="0" cellpadding="0" cellspacing="0"
            class="CContent">
            <tr>
            <th class="tablestyle_title" >薪金数据更新</th>
            </tr>
            ...
        </table>
    </div>
</form>
```

从以上代码可以看出，表单信息将被提交给 SalaryServlet 的 salaryAdd()方法处理。
(6) 编写页面 listsalary.jsp。listsalary.jsp 用于展示薪金信息列表，主要代码如下。

```
<tr bgcolor="#FFFFFF">
    <td height="22" align="center" ><%=j.getName()%></td>
    <td height="22" align="center" ><%=j.getBasic()%></td>
    <td height="22" align="center" ><%=j.getEat()%></td>
    <td height="22" align="center" ><%=j.getHouse()%></td>
    <td height="22" align="center" ><%=j.getDuty()%></td>
    <td height="22" align="center" ><%=j.getScot()%></td>
    <td height="22" align="center" ><%=j.getOther()%></td>
    <td height="22" align="center" ><%=j.getPunishment()%></td>
```

```
            <td height="22" align="center" >
            <%=StringUtil.notNull(DateUtil.parseToString(j.getGranttime(),
                DateUtil.yyyyMMdd))%> </td>
            <td height="22" align="center" ><%=j.getTotalize()%></td>
            <td height="22" align="center" ><a href="SalaryServlet?
                method=toUpdatePage&id=<%=j.getId()%>">修改</a>  
                <a href="SalaryServlet?method=salaryDelete&id=<%=j.getId()%>">删除
                </a></td>
        </tr>
```

从以上代码可以看出，listsalary.jsp 获取 request 对象中存储的 salaryList 集合，并将 salaryList 集合遍历并显示。

（7）编写页面 updatesalary.jsp。updatesalary.jsp 用于展示修改薪金信息的页面，主要代码如下。

```
<form name="stipendForm" method="post" action="SalaryServlet?method=
    salaryUpdate" onSubmit="return salaryValidate()">
    <div class="MainDiv">
        <table width="99%" border="0" cellpadding="0" cellspacing="0"
            class="CContent">
        <tr>
            <th class="tablestyle_title" >薪金数据更新</th>
        </tr>
        ...
        </table>
    </div>
</form>
```

从以上代码可以看出，表单信息将被提交给 SalaryServlet 的 salaryUpdate()方法处理。

（8）功能演示。单击左侧"薪金管理"下的"薪金数据查看"子选项，浏览器跳转到查看所有薪金数据的页面，如图 17.24 所示。

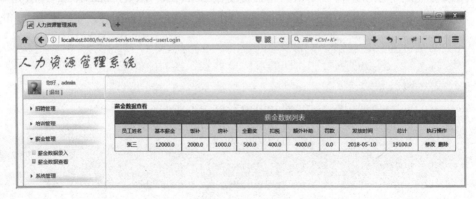

图 17.24　查看所有薪金数据的页面 1

单击"薪金数据录入"子选项,浏览器跳转到录入薪金数据的页面,如图 17.25 所示。

图 17.25 录入薪金数据的页面

在该页面的文本框中输入相应内容,单击"保存"按钮,浏览器跳转到查看所有薪金数据的页面,如图 17.26 所示。

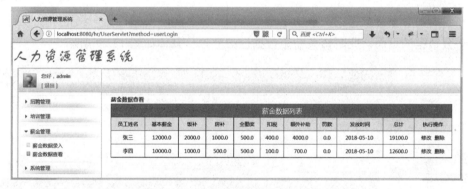

图 17.26 查看所有薪金数据的页面 2

在查看所有薪金数据的页面中单击"李四"的"修改"超链接,浏览器跳转到修改薪金数据的页面,具体如图 17.27 所示。

图 17.27 修改薪金数据的页面

在修改薪金数据的页面中输入要修改的内容,单击"更新"按钮,浏览器跳转到查看所有薪金数据的页面,此时该条薪金数据已被修改,如图 17.28 所示。

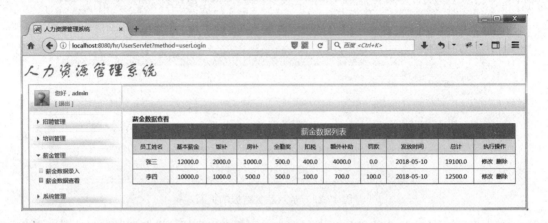

图 17.28　查看所有薪金数据的页面 3

在查看所有薪金数据的页面中单击"李四"的"删除"超链接,浏览器跳转到查看所有薪金数据的页面,此时该条薪金数据已被删除,具体如图 17.29 所示。

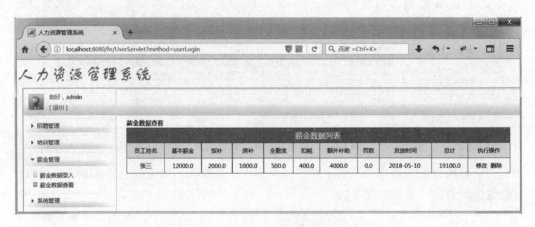

图 17.29　查看所有薪金数据的页面 4

17.9　本章小结

本章首先从开发背景、需求分析、开发环境、系统预览等层面对项目案例(人力资源管理系统)做概括性介绍,然后讲解了该系统数据库的设计与创建,接着讲解了开发环境的搭建,最后分模块讲解了项目的编码实现。通过对本章知识的学习,大家要掌握 Web 程序的开发流程,掌握 Java Web 核心技术在项目开发中的具体应用。

17.10 习　　题

思考题

（1）请简述本章项目案例中通用模块的功能。
（2）请简述本章项目案例中招聘管理模块的实现思路。